计算机
科学与技术丛书

区块链
原理、架构与应用
（第2版）

Blockchain
Principle, Architecture and Application
Second Edition

魏翼飞◎编著

清华大学出版社

北京

内 容 简 介

本书首先梳理了区块链和数字货币的历史与现状,详细阐述区块链的基础理论和运行原理;然后根据区块链技术的发展路线,分别阐述区块链 1.0 比特币、区块链 2.0 以太坊和区块链 3.0 的基本概念、核心技术、架构特点和运行机制,分析总结当前热门的一些数字货币和商业应用,深入分析区块链常见问题;最后探讨区块链与虚拟化、人工智能、物联网等新技术结合的概念、思路和关键技术,并结合课题组目前正在进行的研究工作,详细介绍深度学习常用框架及其与区块链的融合方案。

本书可作为学习区块链技术的参考书,也可作为高等院校相关课程的教材,还可供从事区块链技术领域工作的工程技术人员阅读。

本书封面贴有清华大学出版社防伪标签,无标签者不得销售。

版权所有,侵权必究。举报: 010-62782989,beiqinquan@tup.tsinghua.edu.cn。

图书在版编目(CIP)数据

区块链原理、架构与应用/魏翼飞编著. —2 版. —北京:清华大学出版社,2022.8
(计算机科学与技术丛书)
ISBN 978-7-302-59391-1

Ⅰ. ①区… Ⅱ. ①魏… Ⅲ. ①区块链技术 Ⅳ. ①TP311.135.9

中国版本图书馆 CIP 数据核字(2021)第 211600 号

责任编辑: 盛东亮
封面设计: 李召霞
责任校对: 时翠兰
责任印制: 曹婉颖

出版发行: 清华大学出版社
   网 址: http://www.tup.com.cn, http://www.wqbook.com
   地 址: 北京清华大学学研大厦 A 座 **邮 编:** 100084
   社 总 机: 010-83470000 **邮 购:** 010-62786544
   投稿与读者服务: 010-62776969,c-service@tup.tsinghua.edu.cn
   质量反馈: 010-62772015,zhiliang@tup.tsinghua.edu.cn
   课件下载: http://www.tup.com.cn,010-83470236
印 装 者: 三河市君旺印务有限公司
经 销: 全国新华书店
开 本: 186mm×240mm **印 张:** 20.25   **字 数:** 455 千字
版 次: 2019 年 7 月第 1 版 2022 年 8 月第 2 版 **印 次:** 2022 年 8 月第 1 次印刷
印 数: 1~2000
定 价: 79.00 元

产品编号:090176-01

前 言
PREFACE

随着互联网由信息网络到价值网络的转变，区块链技术因其"去中心、数据透明、可追溯、安全、匿名"等特点，被普遍认为是未来替代传统"信任中心"的有效解决方案，加上资本市场的推波助澜，引起了各行各业的关注和重视，掀起了学习区块链的热潮。然而目前市面上关于区块链的图书多是商业类图书，缺乏比较系统和学术意义的图书。本书全面、系统、深入地介绍区块链技术的原理、架构和应用，根据区块链技术的发展路线，分别阐述了区块链1.0比特币、区块链2.0以太坊和区块链3.0的基本原理、核心技术、架构特点和运行机制，总结了当前热门的数字货币和商业应用，深入分析了区块链常见问题，探讨了区块链与虚拟化、人工智能、物联网等新技术结合的概念、思路和关键技术，最后结合课题组目前正在进行的研究工作，介绍深度学习常用的框架以及与区块链深度融合的几种方案。

全书分为9章。第1章介绍区块链和数字货币的基本概念，首先分析区块链技术的发展与现状和应用场景，然后回顾比特币和以太币的历史，并简单介绍数字钱包以及数字货币的现状。第2章介绍区块链的基础理论，分别对区块链的运行方式、体系结构、数据结构、哈希算法及安全机制、共识算法进行详细阐述。第3章先从使用者的角度介绍如何加入比特币网络，创建比特币账户，进行比特币交易，然后重点阐述比特币底层技术，包括比特币的共识机制、安全机制，以及目前的扩容方案。第4章阐述以太坊的基本原理、加密机制、共识机制及扩容方案，介绍智能合约的概念和去中心化应用的开发实例，还介绍以太坊运行及开发环境。第5章介绍区块链3.0的基本概念、关键技术与发展现状，并对商用操作系统(EOS)、艾达币(Cardano)、Zilliqa以及超级账本进行详细的介绍和分析。第6章分析总结当前热门的一些数字货币和商业应用，如瑞波币、波场币、AE币、IPFS、汗币等。第7章对区块链一些常见问题进行深入分析，包括区块链分叉、51％攻击、交易费、跨链、可扩展性、中心化等问题。第8章探讨当前学术研究领域的"区块链＋新技术"的概念、思路和方案，阐述各行业在推进的"区块链＋新应用"的设计实现原理及其项目应用情况。第9章结合课题组目前正在进行的研究工作，介绍深度学习的基本概念和关键技术以及移动端深度学习框架，并阐述几种深度学习与区块链深度融合的方案。

本书的目的是给区块链学习者一个全面的、综合的介绍，偏向区块链的学术和技术内容。为便于读者有针对性地学习某些区块链知识点或掌握某些数字货币的原理，读者也可以根据自身需要，有选择性地阅读相关的章节。本书可作为学习区块链技术的参考书，或作为高等院校相关课程的教材，也可供从事区块链技术领域工作的工程技术人员阅读。

　　本书的编撰工作得到了北京邮电大学宋梅、张勇、满毅、王莉、滕颖蕾、刘洋、郭达、王小娟等教师的指点和帮助。刘雨童、刘晓伟、薛晨子、汪昭颖、顾博、屈银翔、郑颖、何欣等参与了本书部分内容的整理或校对工作，在此向他们表示衷心的感谢。

　　由于编者水平和视野所限，以及编写时间仓促，加之区块链技术发展一日千里，书中难免有疏漏和欠妥之处，恳请读者批评指正。

编著者

2022 年 5 月

致读者
——迎接数字经济时代到来

2008—2009 年我在加拿大卡尔顿大学做博士课题研究时,主要研究无线 P2P 网络中基于马尔可夫决策的中继节点选择策略,无意中在网上看到了 *Bitcoin：A Peer-to-Peer Electronic Cash System*,当时我只是觉得这篇论文是学术圈炒作 P2P 的一个噱头,所以只是大概看了看实现思路,觉得没有实际价值。2013 年我从爱尔兰回国时,发现实验室有些博士生在讨论比特币、莱特币、挖矿,生活中也接触到了各种互联网金融产品,突然觉得数字货币、虚拟资产在未来人们的资产配置中或许会占重要位置,于是带着学习和体验新事物的好奇心,开始尝试用显卡挖矿和小额参与数字货币。当时觉得挖矿是做无用功,数字货币没有使用价值,只是击鼓传花的游戏,没想到 2016—2017 年,我在美国访问学习的一年多时间里,以比特币为代表的数字货币价格飙涨,各种 ICO 和代币漫天横飞,考虑这种突然爆发或许预示着新的时代来临,为了不再错过历史大机遇,我也开始研究数字货币的底层技术——区块链。

区块链是一个多方参与、共同维护、不可篡改的分布式账本数据库。那么,它和现有的分布式数据库有什么区别呢?第一,没有任何一个参与方拥有区块链的所有权,没有任何一个机构或个人专职维护它,而分布式数据库则由拥有所有权的超级用户负责运维和数据管理。第二,区块链采用链式数据结构,是一个不断增长的列表,由一个个区块以加密的方式连接而成,能保证上链数据存放的可靠性。第三,区块链账本没有传统数据库的"删除"和"更改"这两项基本功能,只有"增加"和"查询"功能,这种类似"日志"的记录形式可以确保链上的数据不能被任何一个节点改动,可以实现代码信任、机器信任。第四,区块链代码一旦发布运行后是无法改变的,必须按照既定的程序运行,迫使每个参与方按既定规则去执行某个商业逻辑。第五,区块链的任何参与节点都拥有从创世区块开始的所有历史数据,因此可以追根溯源,可以约束参与者的行为。

区块链技术能为社会带来哪些价值呢?第一,促进国家向诚信社会转型。如果一个国家能发挥后发优势,经济社会是可以实现跨越式发展的。例如,当年我国固定电话发展落后,但是移动通信发展迅猛;信用卡支付不普及,但是移动支付发展很快。同理,当前中国社会很多层面存在诚信缺失的现象,区块链很可能又是一次弯道超车的好机会。我们迫切需要构建社会诚信体系。区块链技术把中心化的个人信任和制度信任转向去中心化的机器信任,减少人为参与的环节,区块链产业的创新发展和普及应用将促进我国向诚信社会转型。第二,改变生产关系。数据作为数字经济的核心关键要素,目前掌握在垄断型的大公手里，它们可以对搜索结果搞竞价排名，可以对商品评价结果任意修改，可以对游戏装备任意调整。区块链一个基本特点就是所有参与节点都拥有完整的数据，生产要素属于大家共有，无论参与方是小是大，在链上都是平等的。区块链从理念上来说，避免了生产要素的垄断，也会颠覆当前互联网行业依赖垄断的盈利模式。另外，区块链的各种激励机制被市场广泛认可，能促使参与方愿意共享数据和资源，能改变人与人之间的协作关系，产生协作效益，促进参与多方共同创建一个可信的生产关系。第三，实现价值互联网。互联网能够把信息低成本地从一个地址传输（复制）到另一个地址，而区块链能够把价值低成本地从一个节点转移到另一个节点，让原来属于 A 的资金低成本地转变为属于 B 的资金，而 A 与 B 可能处于地球的不同角落，因此区块链将对整个金融体系带来巨大的冲击。

区块链技术本身并不复杂，也没有重大的学术创新，只是很多现有技术的整合与集成，用巧妙的技术组合解决了信任问题，所以在学术研究领域受到很多质疑和争论。看多的人认为区块链技术因其"去中心化、公开透明、不可篡改、多方参与"等特点将颠覆传统的信任权威，将改变互联网行业依靠垄断盈利的商业模式，将激励多方协作、提高协作效益，是继互联网之后对各行业的第二次革命，将促进信息互联网时代到价值互联网时代的转变；看空的人认为区块链所有节点备份完整的数据，带来资源严重浪费、隐私泄露、安全风险，块链式的数据结构导致查询效率低下，分布式共识导致交易确认时间太慢，参与方要公开数据而落地困难。关于区块链技术的争论随着数字货币的泡沫还在继续发酵，但是无论区块链技术是不可逆的时代潮流还是一场庞氏骗局，其声势和对金融系统的影响已经足够引起社会各界的极大重视。政府已经把区块链作为核心技术自主创新的重要突破口，互联网巨头们很早就布局并试图引领区块链的发展，产业各方都开始加大区块链相关的投入，各行各业都开始探索与区块链的结合，很多知名学术期刊和会议已经开始发表有关区块链的专刊。所谓技不压身，既然世界上这么多人看好区块链技术，我们何不跟着时代的步伐，一起学习一下这个新技术？在了解了技术的真相后，每个人可以有自己的认识和判断，让我们用新的认知一起经历和感受这风口浪尖的精彩吧！

魏翼飞

北京邮电大学

2022 年 5 月

致读者
——序幕的尾声

若干年后,当我们回首往事,会对我们当前所处的时代有怎样的结论? 又会对当前区块链以及数字货币的发展大潮进行怎样的定论?

比特币自 2009 年诞生以来,伴随着不断的争议,在几百次"将要死亡"的预言中,愈挫愈奋,在世界成功地进行了"诺曼底登陆",不但自己抢占了滩头,站稳脚跟,同时还让区块链、加密数字货币(Cypto Currency)得到了世人的关注,甚至掀起了狂热的追捧。整个加密数字货币市场,在一次次的牛熊循环中,市值峰值也在 2018 年接近 1 万亿美元,这是一个让人震惊的数字,甚至超出了绝大多数坚定的信仰者和乐观者的预期。

这是一场伟大的社会实验,比特币自诞生以来,在没有中心化组织介入的情况下已经运转了接近 10 年,而目前随着全球挖矿算力的持续迅猛增长以及应用场景的不断拓展,它的生命力也变得愈加强大。

如何理解所发生的一切? 如何理解区块链、比特币以及加密货币迅速从边缘领域走入关注的核心? 如何理解无数投资者对加密货币市场的沉迷,对着 24 小时不间断的 K 线波动如醉如痴? 如何理解区块链在未来到底意味着什么,它能够改变什么?

有太多谜团及太多对未来的疑问。我们还很少看到一个领域,技术天才、投资者(投机者)、黑客、矿机公司、矿场主、开发者、项目方、媒体从业者、金融/证券从业者、创业者等多种角色糅合在一起,形成了一个空前复杂的生态环境,而这一切都始于中本聪关于比特币论文的发表。

从这个领域的发展历史上看,先有比特币,后有区块链。在 2008 年全球金融危机后,比特币横空出世,作为一种点对点金融支付手段出现在人们面前。比特币的出现有着很强的时代背景,在全球金融的衰退周期中,中本聪看到了精英掌控的金融世界对普罗大众的掠夺,由此提出了一种发行数量恒定的电子现金支付方案。他将自己的理念贯彻其中,形成了集总量恒定、去中心化运作、不可篡改、匿名等特性于一身的比特币。比特币的诞生,仿佛地球上某个角落的蝴蝶扇动了一下翅膀,最终掀起了滔天巨浪。

中本聪是谁? 他是一个人还是一个团队? 他为什么要保持如此神秘? 他发明比特币的目的到底是什么? 由于他行动隐秘且是非常善于反追踪的极客,因此他的身份从来没有被真正揭示过。笼罩在中本聪身上的神秘也成为区块链迷雾中的一部分,并为这个领域添加了一丝宗教的意味,一代代区块链的信仰者承担了区块链布道、发展和壮大的责任,他们甚至有着连创始人都没有的狂热精神和感染力,在他们的坚持和努力下,区块链一步步走向普罗大众。

这其中，就包括以太坊的创始人 Vitalik。这个在人海中毫不起眼的少年，却创建了比特币之外排名第二的数字加密货币，只用了不到 4 年时间，市值峰值超过 1000 亿美元，发展速度人类历史罕见。充满争议的 BM（真名 Daniel Larimer），BTS 和 EOS 项目的创始人，其最近的项目 EOS 也在未上线的情况下就融资超过 40 亿美元，让人惊掉下巴，更勿提各种山寨项目受到的狂热追捧，将这个领域完全推到了绝大多数人都看不懂的局面。

发生的太多事情都超出了我们传统的商业常识，以至于连一直充满优越感热衷于谈论互联网思维的大佬们，也突然错愕地发现自己所从事的行业也成了传统行业，被迅速归类到"古典互联网"领域，面对区块链成了彻彻底底的门外汉和旁观者。无论在各自领域有多少显赫成果的大佬，面对区块链都成了小学生，忙不迭地交学费，生怕被时代的列车抛下。

这背后的逻辑到底是什么？

区块链的诞生，以及采用区块链技术的比特币和衍生出的多种数字货币，为我们在现实的物理（原子）世界外，开拓出一个新的世界，即数字（比特）世界。不同于以往的中心化存在的数字经济（思考一下谷歌关掉了它所有的服务器，或者在 BAT 所创造的数字世界中他们所拥有的裁判权和决定权），在这个以区块链分布式技术为基础、加密算法为保证的比特世界中，它的存在不依赖于中心化节点，只要分布式网络能够运转就可以存在并通过共识算法进行管理（比特币的 POW 算法，以及 POS 或 DPOS 等）。这使得我们在原子世界外，第一次真正创造了一种具有不依赖中心化节点、拥有永恒属性的数字（比特）资产，用户不再受制于中心化节点的统治，进而实现共治甚至自治，这一切都将给予用户更大的自由度和发展空间。在这个新被发现的世界中，一幅巨卷才刚刚展开，由于其中蕴藏的发展可能性和财富规模是如此庞大，让人们不觉陷入对它的狂热，甚至不切实际的预期中，这一幕在人类历史中不断上演，例如几百年前发生的密西西比泡沫、南海公司股票引起的投机狂潮。人们对于一件想象空间可能十分巨大的新事物，出现了估值失灵的情况，狂热地进行追逐，由赚钱效应引入更多狂热的参与者，直到泡沫破灭，这也是 2017—2018 年这一波数字货币超级大牛市背后的逻辑，而这一切跟科技史上的网络泡沫又何其相似，各种山寨项目的起舞，多么类似当年中华网等公司靠一个域名就在美股 IPO 融到巨量的资金，而各个公链当前步步为营在行业进行探索的姿态，难道不正如瀛海威当年不知道信息高速公路到底通向何方吗？

太阳底下无新事，历史总在不断重演。

那么，未来将会发生什么？

首先需要做个大判断，区块链技术以及加密数字货币产业是否具有远大的前景？我个人给出的答案是 Yes，当前覆盖到全球超过 2000 万人，总市值超过 2000 亿美元。如果最终这个领域能够成长到覆盖超过 40 亿人、产值达到几十万亿美元，那么未来还会有几百倍的成长，发展机会巨大。

同时可以看到，目前区块链领域虽然身处熊市，但是有一个非常有趣的现象，那就是大量的钱和聪明的人都在涌入，这是一个领域是否有前景最直接的证明。这个行业在过去很长一段时间内其实是一个边缘领域，大量从业者，甚至包括行业顶端的人物在传统领域中并没有太多的建树,随着行业的爆炸式增长,其中的幸运儿被趋势推到了一个自己都未曾想过的高度,被山脚下的人仰望。

随着 2018 年一波牛市带来的惊人的财富效应,带来产业人才结构的升级,已经有大量在原有行业发展较好的精英阶层进入这个领域,并有大量的传统投资机构开始关注并且投资这个领域。这对区块链行业是个重大利好,只有正规军入场和行业原住民一起,才能将这个领域的产业水平迅速推高。但这也不可避免地带来行业洗牌,会有现在所谓的"大佬"逐渐掉队乃至脱离人们的视线逐渐被遗忘,就像当年改革开放刚开始诞生的万元户,依靠体制改革释放出来的巨大空间趁势爆发但逐渐随着时间的流逝泯然众人矣,同时,也会有更加优秀的创始人和团队出现,在这个领域中真正做出具有行业和用户价值的产品,尽管他们的名字之前从来没有在这个领域内被提起过。而现在头部的区块链公司,如果不能够在商业上持续推出优秀的方案和产品,逐渐也会掉队,就好像当年四大门户网站,一度是中国互联网不可逾越的高峰,转眼却成了历史。

整个行业的发展,会向着更加符合商业逻辑的方向前进。区块链行业正变得越来越务实。到底会走向何方?不论有什么样的猜测,时间最终会揭晓答案。而在答案揭晓前,你我都在路上,我们当前所看到的这一幕,也许只是这个伟大浪潮中序幕的尾声而已。

让我们一起拭目以待!

李晓东

波场币生态业务负责人

2019 年 6 月

目 录

CONTENTS

第 1 章
初识区块链和数字货币

近年来,区块链(blockchain)技术成为计算机科学中发展最迅速的领域之一,是继互联网技术之后可能在各行各业引起颠覆性变革的一项新技术。同时,基于区块链技术的加密数字货币近年来引发的财富效应,吸引了越来越多的参与者,也激发了更多的商业创新,几乎每天都有新项目出现。

本章首先简单介绍区块链的基本概念、发展现状和应用场景,然后介绍经典的加密数字货币:比特币和以太币,最后介绍如何购买、存放、交易数字货币。

1.1 区块链简史

区块链技术被认为是继蒸汽机、电力、互联网之后,下一代颠覆性的核心技术。如果说蒸汽机释放了人们的生产力,电力解决了人们基本的生活需求,互联网彻底改变了人们信息传递的方式,那么区块链作为构造信任的机器,将可能彻底改变整个人类社会价值传递的方式。下面分别介绍区块链的基本概念、发展现状和应用场景。

1.1.1 区块链是什么

中本聪(Satoshi Nakamoto)在《比特币:一种点对点式的电子现金系统》论文中开创性地提出了基于密码学原理而非信用的电子支付系统——比特币。它是一种去中心化的数字货币,其原理是使用公共密钥密码来管理所有权,并通过一种称为"工作量证明"的一致性算法来跟踪货币的持有者。这种"工作量证明"算法提供了一种有效的、简单有节制的共识算法,允许网络中的节点一起同意比特币总账状态的一组更新。该算法还提供了一种允许任何节点自由达成共识的处理机制,这一机制解决了不同节点之间建立信任、获取权益等难题,同时阻止了女巫攻击①。之后,人们提出了"权益证明"这一新方案,通过选举的形式,其中的任意节点被随机选择来验证下一个区块,节点需要提供一定数量加密货币的所有权作

---

① 在对等网络中,因为节点随时加入、退出等原因,为了维持网络稳定,同一份数据通常需要备份到多个分布式节点上。如果网络中存在一个恶意节点(该恶意节点可以伪装成多重身份),原来需要备份到多个节点的数据被欺骗地备份到了同一个恶意节点,这就是女巫攻击,是攻击数据冗余机制的一种有效手段。

为权益，权益份额的大小决定了被选为验证者的概率，从而得以创建下一个区块。这两种方法都可以作为加密数字货币的支柱算法。

区块链作为比特币底层技术，伴随着比特币和之后各种数字货币的大热，逐渐吸引了大家的关注。什么是区块链？这个问题已经成为各类搜索引擎中的热门话题。

狭义上讲，区块链是一个开放的分布式账本或分布式数据库，也就是一个不断增长的列表，这个列表是由一个个区块以加密的方式连接而成的，每个区块都记录了一系列交易，并且每一个区块都包含了前一个区块的哈希值、时间戳和交易数据。广义上讲，区块链技术是利用加密链式区块结构来验证和存储数据、利用分布式节点共识算法来生成和更新数据、利用自动化脚本代码（智能合约）来编程和操作数据的一种全新的去中心化基础架构和分布式计算范式。

可以将区块链想象为一个遍布全球的公共账簿，任何参与节点都能够拥有这个账簿的所有记录，可以追根溯源。因为所有的参与节点共同维护这个公共账簿，所以任何一个节点不能随意更改、伪造。假设有一个可信任的中央服务器，那么按照需求所描述的去编写代码，就可以轻松地把状态记录在中央服务器的硬盘上。但如果试图去建立一个像比特币一样的去中心化的货币系统，就需要考虑将状态转移系统与一致性系统相结合，从而确保每个人都同意一笔交易的顺序。比特币去中心化的一致性处理进程要求网络中的节点连续不断地尝试对交易打包，每个以这种方式打成的包就称为一个"区块"，每个区块都包含一个时间戳、一个随机数、一个对上一区块的引用和从上一个区块开始的所有交易的列表。这样的区块每隔十分钟左右就会被网络创建出来，随着时间的推移，就能够创建一个持久的、不断增长的区块链，这个区块链不断地被更新，保证了其始终代表着最新的比特币总账的状态。

区块链上面的代码一旦发布运行之后是无法改变的，因为区块链的原创思想就是应用一旦推出，就再也无法修改，必须按照既定的代码运行。区块链的革命性在于其利用本身不可篡改的特性实现了人类社会从中心化的个人信任和制度信任转变为去中心化的机器信任模式。区块链记录了所有状态的初始情况，以及之后每次更改和变动记录，不依赖于任何组织或者个人。通过一条条不可更改的历史记录，区块链实现了让互不信任的个体就历史状态达成一致。

互联网行业的特点是强者越来越强，最终进入了巨头垄断时代，形成权利和信用中心。而"区块链解决了操纵问题"（Vitalik Buterin，以太坊发明者），区块链网络中的数据是完全公开透明的，链状结构代表的每条记录都能够追溯到初始状态，想要更改区块链上的任何一个信息单元都需要付出和全网作对的昂贵算力代价。中心化权利被下放，不再依赖单点或单一可信的仲裁者，每个人都将自己的所有记录保存在一个不属于任何人的不可篡改的数据库里。如果网络能够真正实现全球参与，那么分布式的特性保证了区块链能够跨越国界和任何物理因素的制约，实现真实世界和网络世界的完美结合。

区块链技术因为比特币而受到关注，但是它的应用并不仅仅局限于数字货币。作为"未来诚信的沃土"，区块链正在改变未来，而有幸的是，我们正作为见证者，或者说参与者。

1.1.2 区块链的发展与现状

随着人们对区块链的关注和投入的日益增多,区块链技术从比特币的一部分发展到与金融业和各行各业的融合,大致经历了三个阶段:区块链 1.0、区块链 2.0、区块链 3.0。对于什么是区块链 3.0,现在仍是众说纷纭,没有一个绝对的说法,但是普遍认为可以将区块链技术发展的前两个阶段分为:以比特币为首的数字货币时代和智能合约以太坊带来的技术革新时代。区块链总体阶段大致描述如下。

(1) 区块链 1.0:以比特币为代表的数字货币的应用,实现跨境支付、可编程货币。

(2) 区块链 2.0:智能合约的开发和应用,低成本高可靠地实现博彩、拍卖、抵押等契约行为,实现可编程金融、保险、证券。

(3) 区块链 3.0:紧密地结合社会各个行业的实际应用,如医疗、物联网、社交、共享经济等,目的在于实现可编程社会。

下面详细介绍这三个阶段。

1. 区块链 1.0:比特币和区块链

区块链缘起比特币,比特币也是区块链的第一款杀手级应用。2008 年中本聪匿名发表《比特币:一种点对点式的电子现金系统》一文,在文中他通过结合密码学、博弈论和计算机科学中分布式数据库的相关知识,解决了前期数字货币中有关双重支付的问题,比特币从此作为数字货币界的翘楚走进了大众视野。而区块链技术正是其核心所在,它解决了无第三方情况下的交易信任问题。因为金钱作为一般等价物,可以说是自人类有交易历史以来最有效的和普遍的互信体系的基础,比特币作为一种巨大的创新,通过区块链的分布式记录存储,建立了真正意义上的数字货币。

比特币的发行和随后的暴涨引起了数字货币市场的火热,基于比特币底层技术或者在此基础上进行革新的数字货币层出不穷,数字货币市场也迎来了百花齐放的时代。因此,人们将以比特币为首的数字货币和支付行为组成的区块链技术阶段,称作区块链 1.0。

1) 密码朋克

"The root problem with conventional currencies is all the trust that's required to make it work. The central bank must be trusted not to debase the currency, but the history of fiat currencies is full of breaches of that trust."(传统货币的根本问题是其运作建立在使用者的全部信任的基础上,必须信任中央银行,信任货币不会产生贬值,然而法定货币的历史却充满了对这种信任的破坏)——中本聪。

人们对于数字货币的探索,并非始于比特币,而是在更早之前,20 世纪 80、90 年代人们就已经开始了不断地尝试和创新。比特币的缘起涉及一个略显神秘的组织——密码朋克(CypherPunk),它是由一群密码天才组成的松散联盟,在他们的沟通邮件里,常见数字加密货币的想法和一些实践,比特币的底层技术中包含很多之前探路者的理论和实践。

1992 年蒂莫西·梅(英特尔前首席科学家)在加州的家里,正式发起了密码朋克邮件列表组织,共同发起人还包括埃里克·休斯和约翰·吉尔莫。1993 年,埃里克·休斯正式提出密码朋克的概念，它宣扬计算机化空间下的个体精神，使用强加密（密文）保护个人隐私。密码朋克提倡使用强加密算法，宣扬保持个体安全的私密性，反对任何政府规定的密码系统。他们甚至容许罪犯和恐怖分子来开发和使用强加密系统，认为这是为个人隐私付出的风险，是必须接受的。

密码朋克组织讨论的话题包括数学、加密技术、计算机技术、政治和哲学。早期成员有非常多的知名精英，如菲利普·西莫曼（P2P技术的开发者）、阿桑奇（"维基解密"的创始人）、伯纳斯·李（万维网的创始人）、布拉姆·科恩（BT下载的作者）、尼克·萨博（BitGold、智能合约的发明人），当然还包括中本聪，最初他就是在密码朋克组织中发布了自己有关比特币的设想。而在比特币之前，密码朋克成员讨论和实践过的数字货币，就多达十多种。

比特币中涉及的工作量证明机制、时间戳方法等原理都来源于组织成员的理论或者之前的实践。

工作量证明机制来自亚当·贝克，一位英国的密码学家。他于1997年发明的哈希现金（Hash cash）用到了工作量证明机制（proof of work）。而时间戳保证数字文件安全的协议则来源于哈伯和斯托尼塔，之后这个协议便成为比特币区块链协议的原型。

密码朋克中有一位备受尊崇的密码学专家戴维，中本聪在发明比特币的时候，与戴维有很多邮件上的交流，同时借鉴了很多戴维在1998年发明的B-money中的有关思想。B-money强调点对点的交易和不可更改的交易记录。不过在B-money中，每台计算机各自单独书写交易记录，这很容易造成系统账本的不一致。戴伟为此设计了复杂的奖惩机制以防止作弊，但是并没能从根本上解决问题。

哈尔·芬尼是PGP公司的一位顶级开发人员，也是密码朋克组织早期重要的成员。在比特币发展的早期，哈尔·芬尼与中本聪有大量互动与交流，同时第一笔比特币转账的接收者就是他，见证了早期比特币的发展。

2）比特币的诞生

2008年9月，雷曼兄弟在美国联准会拒绝为其提供资金支持援助后提出破产申请，而在同一天美林证券宣布被美国银行收购，标志着各国政府极力控制的全球金融危机开始失控。这场从美国开始并席卷全球的金融危机，使得世界各国为之震惊。华尔街对金融衍生产品的滥用和对次贷危机的估计不足终酿苦果。

2008年10月31日纽约时间下午2点10分，一个自称是中本聪的人在密码朋克的邮件群组中，发布了对比特币的假说。"我一直在研究一个新的电子现金系统，这完全是点对点的，无须任何可信的第三方。"一种全新的货币体系横空出世，同年11月16日，中本聪发布了比特币代码的先行版本。

2009年1月3日，比特币网络诞生，第一版开源比特币客户端发布。中本聪还在位于芬兰赫尔辛基的一个小型服务器上挖出了比特币的第一个区块——创世区块（genesis block），并获得了50个比特币的挖矿奖励。

在创世区块中，中本聪写下这样一句话："The Times 03/Jan/2009 Chancellor on brink of second bailout for banks"（财政大臣站在第二次救助银行的边缘）。

这句话是当天《泰晤士报》头版的标题。中本聪将它写进创世区块,不但清晰地展示了比特币的诞生时间,还表达了对现实金融世界的嘲弄和对比特币未来的期待和信心。作为一种通货紧缩型货币,比特币完全杜绝了类似政府为刺激经济选择的"量化宽松"政策带来的通货膨胀惨剧。

而现在,比特币通过其本身的区块链机制已经造就了一个正向循环的经济系统,并自然地生长壮大。

2. 区块链 2.0:智能合约

以比特币为代表的数字货币在价格疯狂上涨、引来广泛关注的同时,人们对其局限性和存在的问题也产生了越来越多的质疑和争议。因为以比特币为代表的区块链 1.0 在设计之初只考虑了作为数字货币的交易属性,区块链技术只需要保证交易双方信任的实现和交易的安全性,没有考虑其他应用功能和要求,因此区块链 1.0 只能够支撑一些简单的指令集。也正是比特币的这种局限性促使了其他数字货币对于底层技术的改进,区块链技术因此呈现出了蓬勃发展的势头。

区块链 2.0 是人们试图将区块链技术和现实产业结合的第一次试水,是针对经济、市场和金融领域的区块链应用。为了突破比特币的编程限制,维塔利克(Vitalik),作为比特币代码库最初的贡献者,在 2013 年推动了可塑性区块链——以太坊的发展。他在以太坊中创建了一种编程语言,修改了比特币中区块链只单调地记录交易的功能,以太坊区块链允许转移和记录其他资产。以太坊又能够和数字货币的发行相联系,可将平台用作 ICO 项目的众筹平台。根据以太坊白皮书的规划设计,以太坊的目标是建立一个开源、开放的智能合约平台,开发者可以在以太坊上建立自己的应用,发行自己的代币,开发不限应用场景的分布式应用(DApp)。

以太坊的最大亮点在于智能合约的出现,所谓智能合约实际上是一组决定区块链如何传递信息的可编程规则或程序指令,很多场景可以采用智能合约的形式来运转,无须第三方进行担保和信任。"智能合约"这个概念是由跨领域法律学者尼克·萨博(Nick Szabo)在 1995 年提出来的,其灵感来自于自动售货机。投币进去,就会触发选择商品的选项,选择以后售货机的商品就会掉下来。符合条件投币就可以拿商品,不符合条件或者不投就拿不到商品,这就是一个最简单的智能合约。智能合约可以高效率地存储和传输价值(区块链资产),将区块链的商用范围从货币扩展到了一切数字化信息,将区块链技术的发展从数字货币中解放出来。微软、瑞士银行等公司都对智能合约表现了很大的兴趣,因为智能合约能够大幅降低管理、保护、解析和存储信息的成本。

3. 区块链 3.0

区块链作为颠覆性技术,其应用并不仅仅局限于金融业。要预测区块链的方向是一件很困难的事情,因为互联网时代技术日新月异。谁能在一开始就预见到社交网络的未来?谁又能想到人们对于电视机的喜爱只有那么一段时间,它就不敌手机的魅力。区块链要发生的变化无法预估,甚至无法想象。但是可以预见,随着技术的不断完善和更多人员的关注与加入,区块链技术会实现对人们真实生活的可编程。

德勤公司对 2018 年区块链在全球的情况进行调研，调查对象是来自七个国家（加拿大、中国、法国、德国、墨西哥、英国和美国）的 1053 名精通区块链的高管。大家的普遍看法是，虽然区块链还没有进入真正的黄金时期，但是每个时刻，区块链都在对之前的旧技术和应用进行革新，每天都在接近突破时刻，一些关于区块链的学术假设正在逐步稳健地成为现实。

报告显示，对比 2017 年 34％的受访者比例，2018 年全球范围内有将近 39％的受访者认为区块链被过分夸大，尤其在美国，这个比例上升到了 44％。这种看法可能是由于受访者将区块链技术和价值急剧增长的基于区块链技术的数字货币混为一谈。但是从区块链发展早期阶段来看，随着区块链和现实应用的逐步结合以及人们认识的逐渐成熟，会有越来越多的区块链实用主义者出现。区块链因为比特币而被熟知，但现在已经脱胎于比特币，它的创新性和独特性证明了区块链不单单是一项技术的革新，而且是一种全新的去中心化的思想浪潮。它的应用和发展，不仅仅局限于数字货币，大家都试图用区块链来挑战传统的商业模式，因此未来可期。

1.1.3　区块链的应用场景

区块链吸引众多关注的原因是它自身具有独特的商业价值，下面根据其技术特点和业务特性进行介绍。

区块链的技术特点如下。

（1）去中心/弱中心：区块链是一种分布式数据存储结构，没有中心节点，所有节点都保存全部的相同区块信息。对于特殊的应用场景，可以适当地采用弱中心化的管理节点。

（2）不可篡改、可追溯：一致提交后的数据会一直存在，不可被销毁或修改。单个甚至多个节点对数据的篡改无法影响其他节点的数据存储。区块链上记录的信息可以准确地追溯。

（3）透明、去信任：运行规则和数据信息都是透明的，节点间无须证明身份，无须相互信任。

（4）匿名性：区块链中使用假名技术来切断账号和真实身份的联系。例如，对用户公钥进行一系列的 Hash（哈希）运算，得到的固定长度的 Hash 值作为对应的电子账号。

（5）隐私保护性：密码学保证了未经授权者能访问到数据，但无法解析数据。

区块链的业务特性如下。

（1）可信任性：区块链技术可以提供天然可信的分布式账本平台，不需要额外第三方中介机构。

（2）降低成本：与传统技术相比，区块链技术可能带来更短的时间、更少的人力和维护成本。

（3）增强安全：区块链技术将有利于实现安全可靠的审计管理和账目清算，减少犯罪可能性和规避各种风险。

区块链技术在金融业上的应用尤其广泛，如大幅度降低交易成本，在不需要任何中介机构的情况下，省去了核实等烦琐复杂的环节，在区块确认交易的速度够快的情况下，可能一笔交易的时间能缩短到几秒，甚至更快。下面分别介绍区块链技术在金融服务、征信和权属管理方面的应用。

1．金融服务

在金融管理方面，中央银行为整个社会的金融体系提供了最终的信用担保，普通银行基于央行的信用，作为中介担保，协助完成多方的金融交易。为了确保货币发行、存款、贷款、汇款等大量交易的确定性，银行必须在交易的审核和清算等诸多环节投入大量人力、物力进行核实，这使得交易确认时间较长、开销较大。在证券、保险等金融领域普遍存在着类似的问题。利用区块链技术的诸多优势，可以避免人工参与，节省核实时间、流程消耗和人力成本。目前出现的一些新型金融或支付应用举例如下。

（1）Abra：区块链数字钱包。以区块链技术为基础提供 P2P 移动支付服务，能够在任意两台智能设备上进行电子现金转账，无须开设银行账户，没有手续费。

（2）Bitwage：基于比特币区块链的跨境工资支付平台。利用比特币让雇主为全球员工付薪，允许雇主以当地的法定货币或比特币支付工资，目前已支持 25 种法定货币的发薪服务。

（3）BitPOS：低成本的快捷线上支付，使电子商务系统用最小的代价来接受比特币支付。

（4）Circle：由区块链充当支付网络，提供免手续费的跨境快速转账服务。用户可以在手机端将初始货币转换为比特币，通过区块链转至收款人的比特币地址，收款人可以选择接收比特币，也可以直接提取当地货币。

（5）Ripple：开放源码的点到点支付网。是世界上第一个开放的支付网络，通过这个支付网络可以转账任意一种货币，包括美元、欧元、人民币、日元或者比特币，简便易行快捷，交易确认在几秒以内完成，交易费用几乎是零，没有所谓的跨行异地以及跨国支付费用。

但是由于目前区块链容量的限制，这些基于区块链的交易系统无法满足海量交易系统所需的性能要求（每秒 1 万笔以上成交，日处理能力超过 5000 万笔委托、3000 万笔成交）。这个棘手的问题也是区块链技术向 3.0 发展的驱动力。

2．征信和权属管理

目前征信权属管理的市场情况是：大量有效数据主要集中在少数机构手中，严密保护，高行业门槛。互联网企业从各种维度都获取了海量的用户信息，但从征信角度看，这些数据仍然存在若干问题。这些问题体现在：①数据量不足，数据量越大，能获得的价值自然越高，而数据产生有效价值存在一个下限，低于下限的数据量无法产生有效价值；②相关度较差，最核心的数据也往往是最敏感的，在隐私高度敏感的今天，用户都不希望暴露过多的数据给第三方，因此企业获取到的数据中有效成分其实很少；③时效性不足，企业可以从明面上获取到的用户数据往往是过时的，甚至存在虚假信息，对相关分析的可信度造成严重干扰。但是区块链技术存在获取数据的天然优势：记录数据天然无法篡改、不可抵赖，提供前所未有规模的相关性极高的数据，这些数据可以在时空中准确定位，并严格关联到用户，完全依靠数学研究成果，基于区块链的信用机制将天然具备稳定性和中立性。

而权属市场，指的是用于产权、版权等所有权管理和追踪的市场，目前存在的最大的几个难题是：物品所有权的确认和管理、保证交易的安全可靠、一定的隐私保护。其对于数据的要求与征信管理类似，因此选用区块链技术能够保证数据的真实安全性和严密性。目前出现的一些征信和权属方面的应用举例如下。

(1) Factom:尝试使用区块链技术来革新商业社会和政府部门的数据管理和数据记录方式,包括审计系统、医疗信息记录、供应链管理、投票系统、财产契据、法律应用、金融系统等。它将待确权数据的指纹存放到基于区块链的分布式账本中,可以提供资产所有权的追踪服务。

(2) BitShareX:一个去中心化资产交易所,它使用了比特股的开源代码,能够在各种场合提供资金保障,并计划发布包括投票和域名服务等应用。

(3) Everledger:基于区块链的贵重资产检测系统,将钻石或者艺术品加上哈希值记录在区块链上,所有的钻石都有真实的流通记录,保证所有钻石都有自己的来源信息。

(4) Mycelia:基于区块链的产权保护项目,为音乐人实现音乐版权的自由交易提供服务,解决全球授权和版税分配问题。

(5) Monegraph:一种数字艺术和媒体新平台,通过区块链系统保证图片版权的透明交易,使艺术家们从菜单中选择出售、授权、转售以及合成音乐的权利,并允许他们按照自己的计算来规定价格。

(6) Mediachain:一个去中心化的媒体元数据(metadata)协议,参与者可以为自己的原创作品签署加密声明,将内容创造者与作品唯一对应,该项目旨在创建世界上最大的公开媒体元数据库,让所有参与者在一个去中心化的系统中共享图片和信息,同时保护原创作品的版权。

(7) Blockcerts:麻省理工媒体实验室(MIT Media Lab)发布的一个区块链证书项目,这是一个基于比特币区块链的数字学术证书开放标准,提供了一个去中心化的认证系统,其凭证具有防篡改且可验证的特性,可用于发行任何类型的证书,包括专业证书、成绩单、学分或者学位证书。

1.2 数字货币简史

数字货币是一种基于数字技术,依托网络传输,以非物理形式存在的价值承载和转移的载体。广义数字货币包括电子货币(电子现金)、虚拟货币、加密货币、数字现金等。狭义的数字货币特指基于区块链和加密运算等技术,依托互联网来创建、发行和实现流通的电子货币,即加密货币,典型代表是比特币和以太币。近几年,在比特币和以太币的基础上,衍生出了越来越多的数字货币,它们或采用新的货币政策,或改进共识机制,或引进全新的去中心化组织形式,或设计新的应用场景,并由此推进了数以百计的不可思议的创新。下面分别介绍比特币、以太币、数字钱包和数字货币的市场现状。

1.2.1 比特币——数字货币的诞生

无论现金支付,还是电子支付,都有一个共同的问题——中心化,也就是说它们都是由政府、大企业和公司控制。中心化的系统存在着很多问题,例如容易受到黑客攻击、信息不够透明、信息容易出现堵塞等。比特币的初衷就是去中心化,它由大量分布式的节点构成,没有中心服务器。关于比特币的具体技术细节会在后面的章节详细介绍,读者可以结合第3章的内容来学习,本节先给出比特币系统的整体结构和运行机制。

人们平时用到的支付系统，如支付宝是由中心服务器存储用户的每笔花销，即可以将它看作一个账本，这个账本记录了所有用户的每笔消费。这需要中心系统有很大的存储空间和较快的处理速度，而分布式系统，如比特币就是要打破这种格局。比特币是由各个节点来处理每笔交易，而这些节点都是分布在全世界各个地方，它们既可以是个人计算机，也可以是大型的服务器或者专用的设备，称为矿机，这种分布式的架构完全没有传统中心化网络的问题。

但是这么多节点，每个节点都各自运行自己的处理程序，如何保证系统准确无误地记录每笔交易呢？这就是区块链技术所要解决的问题。节点将交易信息打包进区块中，并连接前一个区块，就组成了区块链。整个区块链系统可以看作一个完整的账本，那么每个区块就是账本中的一页。这里存在几个问题：交易信息由哪个节点记录？如何保证记录交易的准确性？每个区块怎么存储交易信息并与上一个区块连接？每个账户怎么记录余额？

在比特币系统中，每个用户都有一个地址存储自己的比特币，这个地址叫作钱包。实际上钱包就是由一串密码控制的地址，一个用户可以拥有多个钱包，也可以只有一个钱包。用户每次交易时都需要提供对应钱包的密码，交易就是比特币由一个地址转移到另一个地址上。在用户发起交易后，整个网络的节点都会收到这笔交易的请求，但是并不是任何节点都有能力来记录交易，比特币系统通过工作量证明（proof of work，PoW）机制来解决记录问题。简单地讲，工作量证明就是通过计算机密码学中的哈希值进行的，每次交易都有一个固定的哈希值，这个哈希值的生成需要一个随机数和一个难度值，所以这个哈希值只能通过不断地尝试得到。最先得到符合要求哈希值的节点才有资格记录这笔交易，一旦产生了这个节点，其他节点就停止尝试，转而验证这个节点的结果。工作量证明的目的之一是提高难度，防止恶意节点攻击，通过这种方法最终产生一个所有节点公认的节点，所以称为共识机制（consensus mechanism）。共识机制除了 PoW 外还有其他的方法，如 PoS、DPoS 等，之后的章节会做详细的介绍。无论通过什么方式，共识机制的目的就是产生一个所有节点都承认的记录节点，同时保证公平性和可靠性。

比特币的运行机制如图 1-1 所示，也就是区块链中每笔交易的验证和打包上链的过程如下。

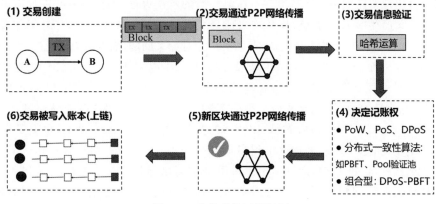

图 1-1　比特币的运行机制

（1）产生新交易，例如 A 与 B 发生了转账交易。

（2）每笔交易产生后，会通过 P2P 网络被广播到所有的参与节点。

（3）网络中收到该广播的各节点都会将数笔新交易进行验证，并各自形成一个等待上链的区块（每个区块可以包含数百笔或上千笔交易，这由区块大小和交易大小决定）。

（4）通过共识算法（PoW、PoS、DPoS 等）选出拥有记账权的节点（矿工），只有它产生的区块才能够上到主链。

（5）获得记账权的矿工通过 P2P 网络广播它的新区块，全网其他节点核对该区块记账的正确性（确认该区块记录的所有交易没被重复花费且具有有效签名），没有错误后就会把该区块加入链中。没有获得记账权的节点会开始竞争下一个区块的记账权。

（6）超过一定数量的节点验证新区块无误后，就可以将这个区块连接到上一个区块上组成区块链，这样就形成了一个合法记账的区块链。

区块链中每个区块的结构如图 1-2 所示。在区块头部包含上一个区块的头哈希值和当前区块的头哈希值，从而保证每个区块的唯一性和顺序。

比特币系统为了奖励矿工，起初每产生一个区块系统会自动给矿工 50 个比特币，每个区块的产生时间大约为 10 分钟。每产生 21 万个区块，也就是每个阶段（大约是 4 年），对矿工奖励的比特币会减半，所以第二个阶段中奖励的比特币是 25 个，目前每产生一个区块，矿工会得到 12.5 个比特币。中本聪设定了比特币系统在第 33 次减半时，每个块产生的新比特币从 0.0021 个直接减为 0 个，由此可以推出比特币的总发行量为 2100 万个。

比特币最大的优点就是在分布式的系统中通过共识机制使每个节点参与到交易中，使得交易不再由单一的中心化组织控制。而且通过区块链形式记录的交易很难被篡改，因为想要改变一个区块内的交易信息就要改变之前所有区块的信息，所以区块链内的攻击常常是双花问题（double spend）。双花问题就是人为的恶意攻击，在进行交易时同一个支付者再发起一笔交易，并将新的交易打包进区块中，而原有的交易就作废了，没有进行支付，但所购买的商品在第一笔交易中已经发出，这时第二笔进行的交易常常是自己对自己或者自己的其他钱包。这种攻击相比于改变区块交易信息所付出的代价更低，所以在区块链中一个高风险就是双花问题。那么一旦出现双花问题怎么解决呢？这时一般的解决办法是分叉，就是在原有的区块链上进行一个分叉产生一条新的链，使从出现问题的区块位置之后的所有交易都作废。截至 2017 年 11 月比特币已经分叉了 7 次，本书第 7 章会对分叉问题做详细的介绍。

比特币产生一个新区块是 10 分钟，每个区块的大小限制在 1 兆字节（MB），这就造成比特币系统的交易速度不会很快。平均每笔交易信息大概会占用 250 字节（B），也就是每个区块能记账 4000 笔交易，因此比特币每秒最多进行 7 笔交易。区块链交易速度一般用 tps（transaction per second，笔每秒）表示，比特币的实际交易速度是 3～4tps，也就是说每秒只能进行 3、4 笔交易，这个速度远远达不到实际应用的需求。此外，如果需要确认某笔交易，需要等待 6 个区块即 60 分钟，而且由于比特币价格高昂导致每笔交易的交易费用奇高，这些都是比特币致命的问题。总之，比特币系统只有支付的功能，没有其他的应用场景，而且一枚比特币上万元的价格也令普通投资者望而却步。

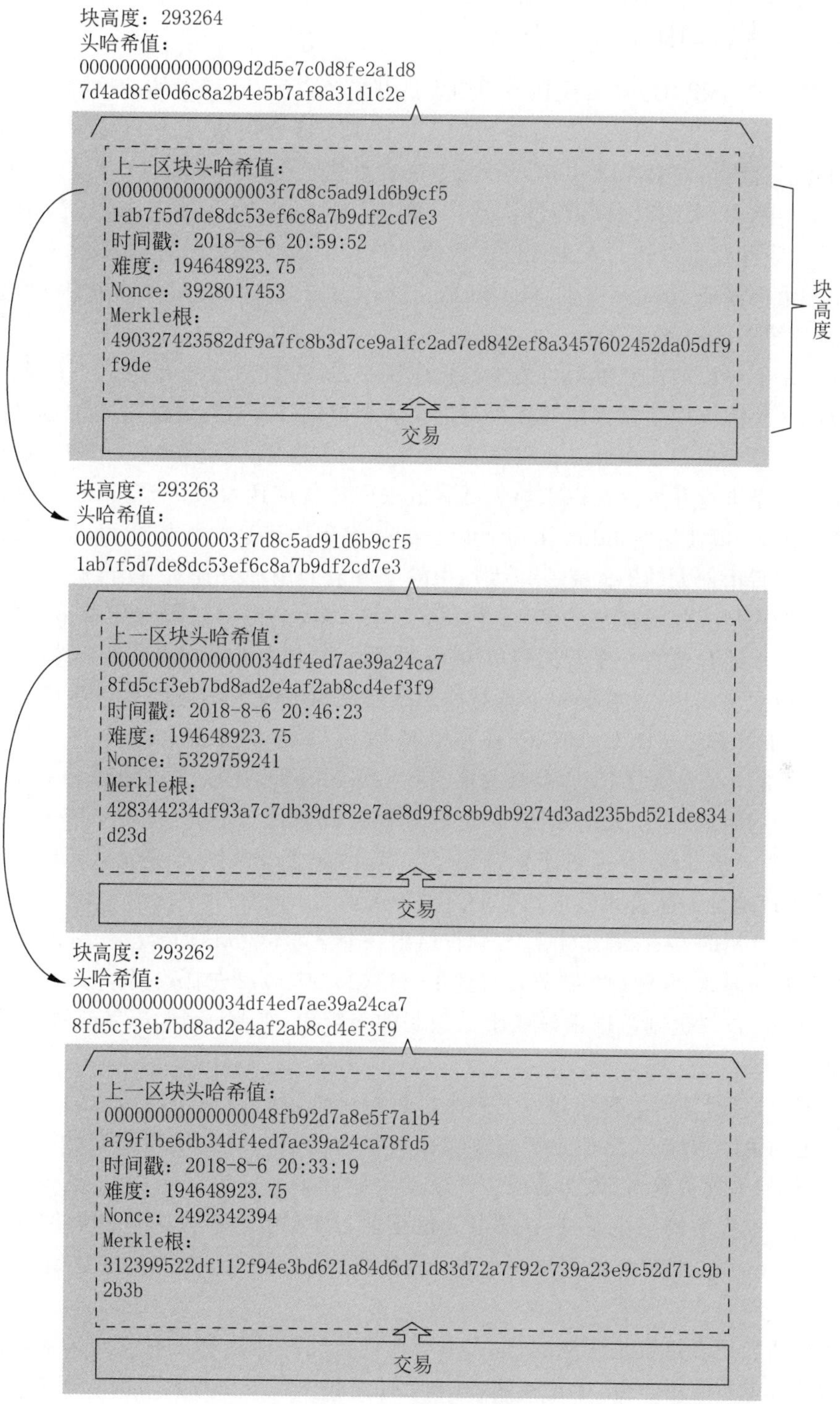

块高度：293264
头哈希值：
0000000000000009d2d5e7c0d8fe2a1d8
7d4ad8fe0d6c8a2b4e5b7af8a31d1c2e

上一区块头哈希值：
0000000000000003f7d8c5ad91d6b9cf5
1ab7f5d7de8dc53ef6c8a7b9df2cd7e3
时间戳：2018-8-6 20:59:52
难度：194648923.75
Nonce：3928017453
Merkle根：
490327423582df9a7fc8b3d7ce9a1fc2ad7ed842ef8a3457602452da05df9
f9de

交易

块高度

块高度：293263
头哈希值：
0000000000000003f7d8c5ad91d6b9cf5
1ab7f5d7de8dc53ef6c8a7b9df2cd7e3

上一区块头哈希值：
0000000000000034df4ed7ae39a24ca7
8fd5cf3eb7bd8ad2e4af2ab8cd4ef3f9
时间戳：2018-8-6 20:46:23
难度：194648923.75
Nonce：5329759241
Merkle根：
428344234df93a7c7db39df82e7ae8d9f8c8b9db9274d3ad235bd521de834
d23d

交易

块高度：293262
头哈希值：
0000000000000034df4ed7ae39a24ca7
8fd5cf3eb7bd8ad2e4af2ab8cd4ef3f9

上一区块头哈希值：
0000000000000048fb92d7a8e5f7a1b4
a79f1be6db34df4ed7ae39a24ca78fd5
时间戳：2018-8-6 20:33:19
难度：194648923.75
Nonce：2492342394
Merkle根：
312399522df112f94e3bd621a84d6d71d83d72a7f92c739a23e9c52d71c9b
2b3b

交易

图 1-2　区块链结构

1.2.2　以太币

2013 年末，Vitalik Buterin 受比特币启发后开发了以太坊，以太坊和比特币有着相似的运行交易机制，但是以太坊最大的优势是加入了部署智能合约功能，每个人可以根据需求发布自己的智能合约。以太坊（Ethereum）的上层货币就叫作以太币，2014 年 7 月 24 日起，以太坊进行了为期 42 天的以太币预售，2016 年初，以太坊的技术得到市场认可，价格开始暴涨，吸引了大量开发者以外的人进入以太坊的世界。中国三大比特币交易所之二的火币网及 OKCoin 币行都于 2017 年 5 月 31 日正式上线以太坊交易。以太币目前的市值仅次于比特币，是市值第二高的数字货币。

以太坊是下一代的加密货币与去中心化应用平台，是针对比特币应用的局限性而设计的更高级的区块链应用。以太坊的核心是以太坊虚拟机（EVM），通过以太坊虚拟机可以执行用户创建的复杂操作。在计算机科学术语中，以太坊是"图灵完备的"，用户可以通过现有的编程语言模型进行开发。在以太坊上部署的去中心化应用（DApp）是由一个或者多个智能合约创建的，一般使用 Solidity、LLL 和 Serpent 编程语言编写智能合约，其中 Solidity 最受欢迎。和比特币最大的不同是在以太坊中除了一般的用户外还存在合约用户，无论一般用户还是合约用户实际上都是一串 40 个字符的字节串，交易的过程与比特币类似，是由一个账户向另一个账户或者一个合约转以太币、调用合约方法或部署一个新合约。

要创建以太坊账户，只需要一个非对称加密密钥对——由不同的算法生成。以太坊使用椭圆曲线加密算法（ECC），ECC 有多个参数用来调节速度和安全性，以太坊使用 secp256k1 参数。深入学习 ECC 需要一定的数学知识，而使用以太坊创建 DApp 不需要深入理解 ECC 及其参数。以太坊私钥/公钥是一个 256 位数。因为处理器不能表达这么大的数，所以它被编译成长度为 64 的十六进制字符串。每个账户用一个地址表示。有了密钥之后，就需要生成地址。从公钥生成地址的过程如下：

（1）生成公钥的 keccak-256 哈希，它将给出一个 256 位（bits）的数字。

（2）丢弃前面的 96 位（12 字节），得到 160 位（20 字节）二进制数据。

（3）把 160 位二进制数据编译成十六进制的字符串，得到一个 40 字符的字符串，这就是账户地址。

有了账户地址，任何人都可以发送以太币到这个地址。以太坊网络中的每笔交易都需要支付一定的手续费（gas）给矿工节点才能被打包进区块中。无论转账交易还是部署智能合约，所支付的手续费越高，该交易或合约就越快地被矿工打包进区块中，这也是以太币最主要的价值。以太坊网络的矿工节点当前也是通过 PoW 竞争在区块链添加新区块的权利，矿工节点及时地在以太坊网络中收集、传播、确认和执行交易，使区块链的长度不断增加。

以太坊从创建之初就是开源的，也在不断地优化交易速度和添补安全漏洞。以太坊已经拥有了一批忠实的用户群，无论社区、基金会还是技术都可以说是目前数字货币中最完善的。想要运行以太坊，可以安装 geth（go-ethereum），针对 iOS、Linux 和 Windows 操作系统,geth 都有相应的版本。不同的版本都支持二进制安装和脚本安装,二进制安装相对简单。具体安装方法在第 4 章会有详细说明。

以太坊对区块的大小没有限制,但是每个区块可以设置 gas 值。目前,以太坊每个区块gas 值的限制约为 470 万,每笔交易的标准 gas 价格约为 21 000,因此每个区块大约容纳220 笔交易。以太坊的平均出块时间在 10~20s,如果以 15s 计算,以太坊每秒最多记录 15笔交易。这个速度虽然比比特币快,但是依然不能达到实际应用需求。目前,以太坊创始人Vitalik Buterin 正在积极研究以太坊分片技术,通过分片技术能极大地提高以太坊交易速度。

1.2.3 数字钱包

前面说过,每个用户都有一个或者几个钱包存储数字货币。数字钱包是一个形象的概念,因为拥有私钥就拥有对应地址的数字货币,因此人们把管理密钥的软件称为"钱包"。通常所说的数字钱包一般有两种意思:一种就是在用户注册时每个用户会有一个相应的钱包地址;另一种指的是为了方便用户进行数字货币交易、存储而开发的软件。第一种只能存储一种货币,由相应的币种提供,如以太币钱包;第二种能存储多种数字货币,一般由第三方开发,如 imToken。可以将第二种钱包看作存储第一种钱包的软件。

比特币系统中,每个用户的交易都需要一个公钥和一个私钥,公钥是指明比特币属于哪个用户,私钥是验证身份,拥有私钥才能进行交易,每个用户都有一对公钥和私钥。可以把私钥看作打开钱包的钥匙,而公钥是证明钱包的存在。第三方数字钱包的工作原理就是基于这种模式。数字钱包可以同时存储多种货币,但是使用的是一个钱包地址,这个地址可以叫作一级地址,同时钱包里面不同种类数字货币有其各自的地址,叫作二级地址。用户在使用一级地址时,软件通过数字货币类型再发送到相应的二级地址,在用户层面,用户只感觉是一级地址之间的交易,只要提供密码即可,相应的私钥验证由软件完成。

由于私钥 64 位,缺乏可读性,手抄下来就比较麻烦,而私钥的备份在计算机上复制起来容易,但私钥保存在联网的计算机上毕竟不安全,有被其他人看到的风险。于是,有些钱包提供助记词工具,利用某种算法(如 BIP-39)可以将 64 位私钥转换成十多个常见的英文单词,这些单词都来源于一个固定词库,根据一定算法得到。如图 1-3 所示是 imToken 钱包的助记词和密钥。私钥与助记词之间的转换是互通的,助记词只是私钥的另一种外貌体现。助记词一般会在创建新钱包的时候出现一次,后面就再也不会出现了,所以创建新钱包时最好把助记词抄下来,甚至放到保险柜里,自己想办法备份。如果是屏幕截图或保存在计算机中,只要设备联网都有被第三只眼看见的风险。别人如获取了用户的助记词,就等于获取了私钥所对应的一切财富,因此要非常重视。

数字钱包还可以分为全节点钱包和轻钱包。全节点钱包在使用时需要下载所有节点的信息,需要非常大的存储空间,所以轻钱包是目前很多用户的首选。轻钱包在使用时不需要下载节点信息,节点信息在软件运营商的服务器上下载。但这种方式相比于全节点钱包,交易速度会降低。

图 1-3　密钥和助记词

目前无论手机、计算机还是网页都有很多种类的数字钱包，但所有的钱包都有类似的功能，能够存储用户的数字货币。

下面看一下目前市场上流行的几种钱包。

1. Blockchain 钱包

Blockchain 钱包是比特币专用的钱包，它是一个轻钱包，通过网页打开就可以随时使用，也可以下载手机客户端，不用在本地同步节点信息。但是目前只支持比特币、以太币和比特币现金的业务。Blockchain 钱包使用简单，新用户注册后分配一个钱包 ID，以后登录时需要使用钱包 ID，如图 1-4 所示。

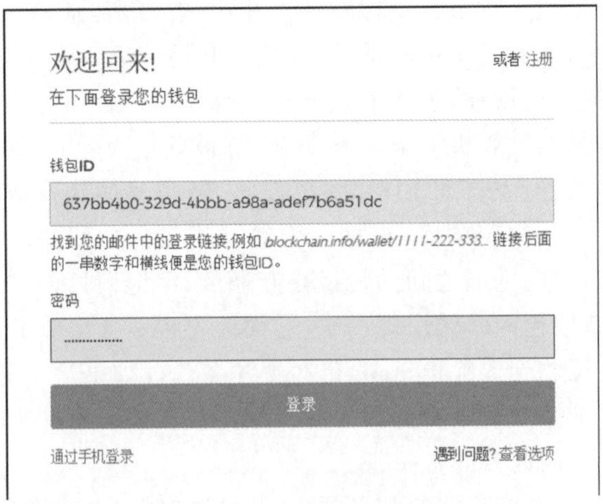

图 1-4　Blockchain 钱包登录

有很多人可能会有疑问，比特币钱包不是公钥对应一个私钥吗？为什么 Blockchain 使用密码？实际上它是通过几个单词和密码来生成的私钥。Blockchain 钱包登录后的界面如

图 1-5 所示,除了可以看到账户余额外还可以看到近期价格走势,供用户参考。

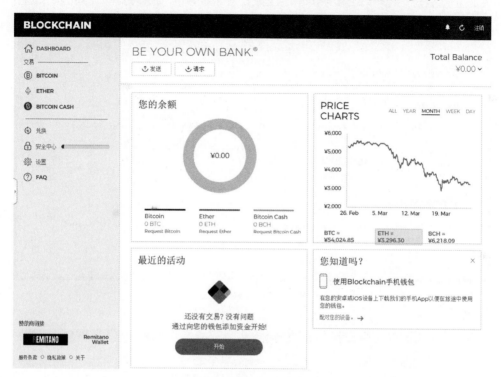

图 1-5 Blockchain 钱包界面

2. Mist 钱包

Mist 钱包是专为以太坊用户和开发人员设计的钱包,它可以存储用户的以太币。更重要的是,通过 Mist 可以部署智能合约,如图 1-6 所示是 Mist 首页,在 Mist 上可以查看多个用户的账户信息。但是 Mist 钱包是全节点钱包,用户如果购买了以太币,或者在主网上申请账户,需要下载以太坊网络上全部的节点信息。Mist 是以太坊官方提供的浏览器,通过 Mist 可以很方便地连接上私有网络,从而更好地开发、调试智能合约。Mist 支持 Windows、Mac OS、Linux 系统。

如图 1-7 所示是通过 Mist 部署智能合约。当然,在开发阶段,为了便于调试,Mist 提供私有网络,因为在以太坊主网上部署智能合约也要花费手续费,所以在私有网络上会给用户分配大量的以太币,便于开发者使用。

3. imToken 钱包

imToken 是手机钱包,同时也是轻钱包,imToken 支持多种数字货币,包括 BTC、ETH、EOS 等,是目前最流行的手机钱包之一,如图 1-8 所示。

除了支持多种数字货币以外,imToken 也是很多交易所在用户转出资产时推荐的钱包。正是因为它方便快捷并且支持多平台的优点,目前总下载量突破了 100 万。

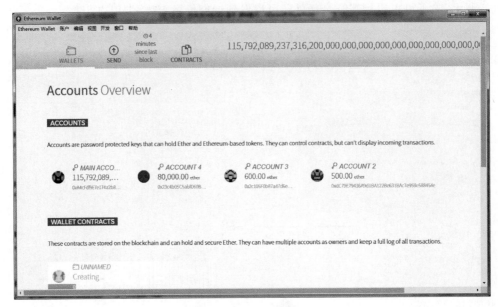

图 1-6 Mist 钱包界面

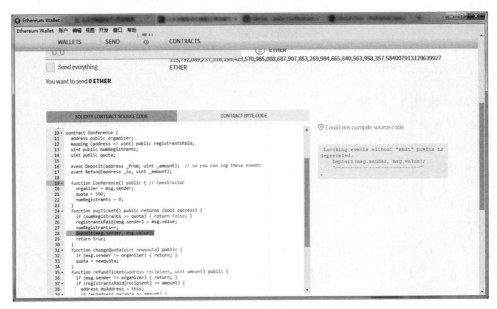

图 1-7 Mist 部署智能合约

4. 火币 Pro 钱包

火币 Pro 准确地说应该是一个交易所，用户在交易所上购买后直接可以存在交易所的钱包里，如图 1-9 所示。以火币为代表的一批交易所也是一类钱包，它们更适合刚刚接触数字货币的用户,把数字火币存在交易所也免去了中间的手续费和规避了密钥丢失的风险。有些 Token 在主网上线之前要进行映射,以便 ICO 结束后换取相应的数字火币,将 Token 放在交易所就免去了这些操作,交易所直接帮助映射更方便,也更安全。

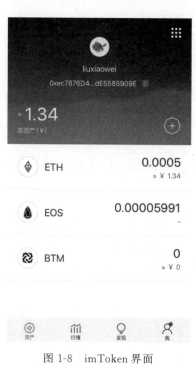

图 1-8 imToken 界面

图 1-9 火币 Pro 钱包

需要指出的是,目前各种交易平台都属于中心化的服务机构,在交易平台上购买的数字货币实际上还在这些服务机构手里,它们存储了用户的私钥和地址。如果担心资金安全,用户可以另外生成一个地址,然后将交易平台里的数字货币提取到自己的地址中。

1.2.4 数字货币市场现状

比特币的稀缺性、去中心化和全球性流通的特性,吸引了越来越多的人关注数字货币市场。数字货币不同于虚拟世界中的虚拟货币,因为它能被用于真实的商品和服务交易,而不局限在网络游戏中。数字货币运用 P2P 对等网络技术来发行、管理和流通货币,理论上避免了官僚机构的审批,让每个人都有权发行货币。

目前数字货币有 1000 多种,总市值 3000 亿美元,比特币市值第一,以太币仅次于比特币。整个数字货币市场价格会有波动,整体上看,比特币影响着整个数字货币市场的价格。

随着互联网等新技术的迅速发展,货币领域也迎来变革,数字货币被人们看作是未来取代纸币的必然发展结果。数字货币的信用基础是数学算法,其价格取决于算法的可靠性及市场信心等因素,没有实际价值支撑,价值波动大。其去中心化的特点,也易被洗钱、恐怖组织融资等非法活动利用,从而增加金融体系的风险。早在 2013 年 12 月 5 日,中国人民银行等五部委即发布了《关于防范比特币风险的通知》,明确强调比特币不是货币,仅为一种特定的虚拟商品,不能在货币市场流通,金融机构不得开展相关业务。2017 年 9 月,一行三会、中央网信办、工信部等七部委联合发布《关于防范代币发行融资风险的公告》,指出代币发行融资中使用的代币或虚拟货币不由货币当局发行,不具有法偿性与强制性等货币属性,不具有与货币等同的法律地位,不能也不应作为货币在市场上流通使用。

当前,世界主要央行都在关注数字货币,各国对于数字货币的态度也有诸多差异。有的国家明确提出了发行法定数字货币的计划,更多国家谨慎观察,着眼于研究和引导。2016 年,欧洲议会草案呼吁成立数字货币专案小组,并制定适当的监管条例,防止把技术创新扼杀在摇篮里,同时严肃对待数字货币和分布式账本技术潜在的政策风险。德国财政部承认比特币为记账单位,具有结算功能,但不能充当法定支付手段。英国政府增加 1000 万英镑经费用于研究数字货币,旨在将数字创意转化为就业机会和服务。日本对数字货币的态度较为开放,日本参议院批准法案,要求日本的数字货币交易所运营商在日本金融服务局注册。

2018 年 2 月 20 日,在比特币诞生的第十个年头,南美洲国家委内瑞拉发行了“石油币”,这是全球第一个由政府发行的法定数字货币。对于数字加密货币,各方争议颇多,有人认为这是数字货币的新时代,也有人认为这是一场“国家级”的庞氏骗局,无论结局如何,首个法定数字货币的发行都搅动了区块链这池春水。

相比于纸币,数字货币优势明显,不仅能节省发行、流通带来的成本,还能提高交易或投资的效率,提升经济交易活动的便利性和透明度。如果由央行发行数字货币,不仅能保证金融政策的连贯性和货币政策的完整性,而且对货币交易安全也有保障。虽然数字货币的发行方式目前仍在研究之中,但是纸币已被一些专业人士看成“上一代的货币”,被新技术、新产品取代是大势所趋。

随着各种数字货币的发行、完善和推广,数字货币将成为更多人所接受的数字资产,其势必约束政府法币的超发、滥发。未来,私人数字货币或将与法定数字货币共存,成为人类货币形态发展的新阶段,也将重构货币制度体系和金融机构体系。新的货币战争将在央行主导的法定数字货币与民间非法定数字货币之间产生,并将重塑国际金融格局。

1.3　主流数字货币的交易

目前,数字货币的热度不断增加,普通用户参与投资和研究的热情不断加大,为了使读者快速了解数字货币交易的步骤,下面介绍主流数字货币的购买及交易过程。数字货币的交易有两种方式。

第一种方式是 ICO(代币首次公开发行)购买,也叫一级市场。一般代币的发行通过现有的数字货币,例如比特币或者以太币进行资金的募集,2016 年的区块链的风险融资总额是 4.96 亿美元,而 ICO 金额为 2.36 亿美元,与传统 VC 投资金额差距不大。但到了 2017

年,ICO 突然加速,几个大的项目融资都超过 1.5 亿美元,如 Bancor、Status、EOS 及 Tezos 等。

一般的 ICO 步骤十分复杂,在数字货币 ICO 阶段会有相应的网站提供指导和认购。一般而言,首先要有一个官方要求的钱包,还要下载对应的操作软件。简而言之,就是项目方会公布一个专用的 ICO 地址,用于接收以太币或者比特币,购买者通过官方钱包将数字货币发到项目方,一般会有官方的接口,如图 1-10 所示。

图 1-10 EOS 的 ICO 官方接口

第二种方式是交易所内购买,也叫二级市场,人们一般在二级市场购买。目前,数字货币交易所已经比较成熟,安全性也很高。比较热门的交易所有火币、币安、OK 币以及 OTCBTC 等。

在交易所内购买一般有两种方式:一种是场外交易,也就是通过法定货币,例如美元购买;另一种是币币交易,用一种数字货币购买另一种数字货币。以 OTCBTC 为例,如图 1-11 所示是交易所的首页。用户在注册完交易所账号后,在交易所内部就生成了一个数字钱包,这个钱包用于存储数字货币。在交易所内可以选择想要购买的货币,也可以卖出自己的数字货币。

图 1-11 OTCBTC 购买 ETH

用户还可以将交易所里的数字货币提取到其他数字钱包中,如 imToken,如图 1-12 所示。前文说过每个钱包都有一个唯一的地址,输入自己钱包的地址以及额度,就可以等待进行转账了。实际上,这就是一次区块链上的交易。等待过程就是矿工打包的过程,所以需要支付一定的手续费，手续费的多少决定转账的速度。

图 1-12　将数字货币从交易所提取到数字钱包

目前，交易所是参与数字货币市场最便捷的方式，但是经常有一些交易所被黑客攻击的消息曝出，所以作为用户，在选择交易所时要仔细比较，选择主流可靠的交易平台。

1.4　小结

本章的目的是对区块链有一个初步了解，首先简单介绍了区块链的起源、基本概念、发展现状和应用场景，之后介绍了比特币和以太币这两个目前最大的公链，最后介绍了如何通过交易平台购买交易数字货币，如何通过钱包存储比特币，如何将交易平台的比特币提取到钱包中。除了比特币和以太币，还有很多其他有价值和创新技术的数字货币，将在后续章节逐步介绍，本书主要关注各种数字货币的底层技术原理，探讨区块链常见问题。

思考题

1. 简要阐述区块链技术的特点。
2. 区块链的发展大致经历了三个阶段，区块链 1.0、区块链 2.0、区块链 3.0，请简要说明这三个阶段的特点。

3. 什么是双重支付问题？

4. 什么是智能合约？

5. 请简要阐述从公钥生成地址的过程。

6. 区块链技术可以应用在哪些场景？

7. 分别阐述 Blockchain 钱包的优点和缺点。

第 2 章

区块链基础理论

区块链从本质上说是一个异地多活分布式数据库,里面存储了所有被网络认可的交易信息,所以可以将其理解为记录比特币交易信息的巨大账本,而且这个大账本被网络中的所有节点备份。也正是由于这个公共大账本的存在,才保证了在无第三方存在的情况下,卖家和买家可以进行诚信交易。

比特币并非区块链的唯一用处,也并非所有区块链生态系统都需要完全相同的机制。实际上区块链作为一种分布式数据库,包含了多种技术和原理。例如比特币区块链、以太坊区块链和智能合约,基于不同的应用场景,即使均采用相似的区块链技术,也有不同的结果。事实上,区块链技术包括很多技术模块,如数字签名、各种密码学原理、共识机制、数据存储和分发、安全防卫等,可以根据应用场景进行组装。

区块链通过新的数据结构、分布式共识机制、哈希加密算法以及独特的运行机制,使得去中心化的信任构想成为现实。简单来说,区块链就是一个分布式多备份的公共大账本,账本中记录了从比特币产生到目前为止的每一笔比特币交易,账本储存在每个节点中。这个公共的大账本如何实现去中心化?谁来记账?如何记账?如何保证不同节点账本内容的一致性?如何保证账本不被篡改?这些问题需要从区块链技术的基础理论出发去理解。

2.1　区块链体系结构

狭义的区块链技术一般说的是具体产品应用中的数据存储思想和方式,类似区块链在比特币中的作用。但随着区块链技术和不同场景的深入结合,单独再说到区块链,更多指的是一种数据公开透明、可追溯、不可篡改的产品架构设计。区块链网络通过结合点对点网络设计、加密技术、数据存储技术、分布式算法等多种技术和协议为数据部署和存储赋予了新的定义。基于区块链的不用应用或许采用了不同的机制,但从根本上的框架结构是大同小异的。实际上,现在并没有一个统一的分层体系。下面介绍主流的三种体系结构。

2.1.1　区块链六层体系结构

类比 OSI(open system interconnection,开放式系统互联)七层协议的标准,可将区块链系统分为六层,分别是应用层、合约层、激励层、共识层、网络层、数据层,如图 2-1 所示。

图 2-1　区块链六层体系结构

1. 数据层

数据层封装了区块链的底层数据存储和加密技术。每个节点存储的本地区块链副本可以被看成三个级别的分层数据结构,即交易、区块和链。每个级别都需要不同的加密功能来保证数据的完整性和真实性。

交易是区块链的原子数据结构。通常,交易由一组用户或类似智能合约的自主对象创建,完成代币从发送者到指定接收者的转移。为了保证交易记录的完整性,数据层中包含了哈希函数和非对称加密的功能。

哈希函数又称为加密散列函数,能够实现将任意长度的二进制输入映射到唯一固定长度的二进制输出。哈希函数的计算具有不可逆性,根据输出恢复输入是不可行的,同时,两个不同的输入生成相同的输出的概率可以忽略不计。

非对称加密功能主要指的是在交易过程中使用的公钥和私钥,网络中的每个节点都会生成一对公钥和私钥。私钥与数字签名的功能相关联,数字签名通过一串他人无法伪造的字符串证明交易发送方的身份。公钥与数字签名的验证相关,只有通过对应私钥生成的数字签名经过验证后才会返回 true。另外,网络中的节点还会通过公钥生成的字符串作为区块链上的永久地址识别自身。

区块是交易记录的任意子集的聚合，只有参与建立网络共识过程的节点才能进行创建，例如在比特币网络中，只有具有矿工功能节点才有资格进行新区块的创建。为了保证交易记录的完整性，同时在共识节点的本地存储中按照指定顺序进行区块间的排序，故将哈希指针的数据字段保存在区块的数据结构中。为了减少单个交易的存储占比，增大容量，同时防止交易记录被篡改，采用了 Merkle 树的结构。

区块中的哈希指针字段，又被称作父哈希。将上一区块的哈希码存储为当前区块的指针，区块通过哈希指针实现链状结构。哈希指针不仅可以指向数据存储位置，还可以明晰某个时间戳下该数据的哈希值。一旦数据被篡改，哈希指针能即时反映出来。

Merkle 树通过二叉树的形式存储交易数据，每个叶子节点均为交易的哈希编码，非叶子节点是用相连的两个子节点的哈希码的连接标记。所有交易信息最终以 Merkle 根的形式存储在区块头中，其中，仅存储 Merkle 根的区块为轻量级形式的，以便于进行快速验证和数据同步。

除了哈希指针、Merkle 树和区块头以外，区块中还包含一些辅助数据字段，其定义根据所采用的不同的共识方案的区块生成协议而变化。实际上，区块间呈现的结构主要取决于单个区块保留的前驱哈希指针的数量，区块网络可以为线性链表，也可以是有向无环图。在没有其他说明的情况下，本书的大部分对于区块链的说明均限制在线性链表的情况，这样区块的排列顺序能够得到保障。

2. 网络层

网络层涉及区块链网络中的分布式点对点网络和网络节点连接与网络运转所需要传播和验证机制。

在拜占庭环境中，身份管理机制在确认区块链网络中的节点组织模式上起着关键作用。在无权限限制的公开区块链网络中，节点可以选择自由加入网络并激活网络中的任何可用功能。在没有任何身份鉴别方案的情况下，区块链网络被组织为覆盖 P2P 网络。但是不同应用场景对于区块链去中心化和开放程度有不同的要求，据此可以将区块链大致分为公有链（public blockchain）、私有链（private blockchain）和联盟链（consortium blockchain）三大类。

公有链去中心化程度最高，各种数字货币如比特币、以太坊均为公有区块链的代表。这种区块链完全不存在把控的中心化机构或者组织，任何人都能够读取链上的数据、参与交易和算力竞争。

私有链的门槛最高，权限完全由某个组织或者机构控制，数据读取和写入受到组织制定规则的严格限定，多适用于特定机构的内部使用。私有链不同于公有链，中心化程度较高，可以理解为一个弱中心化或多中心化的系统。同时由于加入门槛最高，私有链的节点数量被严格控制，较少的节点数量也就代表着更短的交易时间、更高的交易效率和更低的算力竞争成本。

联盟链介于公有链和私有链之间，是一种实现了部分去中心化的系统。从某种意义上来说,联盟链是开放程度更高的私有链,节点的参与和维护对象是线下因为某种利益关系组成的联盟,这些对象共同加入一个相同的网络并维护其运行。

相较之下,联盟链仅允许授权节点启用核心功能,例如参与共识机制或数据传播。根据网络采用的共识协议不同,授权节点被组织在不同的拓扑结构中,可以是全连接的网络,也可以是 P2P 网络。本书主要关注全开放的公有链。

网络层的主要目标是在节点间引入随机拓扑结构,同时实现区块链更新信息的有效传播和本地同步。大多数现有的区块链网络采用的均为即用型 P2P 协议,只对拓扑结构和数据通信略加修改。在对等节点发现和拓扑结构维护上,不同的区块链网络采用的方式不同。比特币网络中有一个"种子节点"列表,种子节点指的是长期稳定运行的节点,新节点可以通过与种子节点建立连接来快速发现网络中的其他节点,而这些种子节点可以由比特币客户端维持,也由比特币社区成员维护。在以太坊区块链网络中,采用了基于哈希表的Kademlia 协议,通过 UDP 连接进行对等节点或路由发现。

通常,区块链网络的 P2P 链路建立在通过握手通信过程建立持久 TCP 连接的基础上,节点间通过握手协议交换存储区块状态和使用协议、软件版本等信息。在比特币网络中,当建立一个或多个连接之后,新节点将包含自身 IP 地址的 addr 信息发送给相邻节点,相邻节点再将该信息转发给它们各自的相邻节点,从而完成新节点的信息被多个节点接收,同时新节点通过 getaddr 消息要求相邻节点发送已知对等节点的 IP 信息列表。节点也是通过握手协议与其邻居节点完成交易、新区块信息的交换。区块链中的数据传输通常是基于HTTP 的 RPC(remote procedure call,远程过程调用)协议实现,其中消息按照 JSON 协议进行序列化。

3. 共识层

共识层主要指的是不同区块链网络中使用的共识算法,如工作量证明(proof of work,PoW)、权益证明(proof of stake,PoS)、拜占庭容错算法(Byzantine fault tolerance,BFT)。

在分布式系统中,维护基于 P2P 网络的区块链的规范状态可映射为容错状态机的复制问题。换句话说,区块链的独特的共识协议是由拜占庭将军条件下的网络共识节点实现。在区块链网络中,拜占庭将军问题导致故障节点可能出现的任意行为,拜占庭节点的任意行为除了可能会产生误导其他副本节点,还会产生更大的危害,而不仅仅是宕机失去响应,如恶意攻击(如女巫攻击或双重攻击)、节点错误(如由于软件版本不同导致意外的区块链分叉)和连接错误。如果简单将区块的序列表示区块链的状态,交易得到确认时区块状态发生变化,在拜占庭环境中,只有满足共识协议中的条例内容,才能认为网络达成共识,包括:在公共区块链网络中,被纳入区块的所有交易都需经过诚实节点的最终确认验证;新区块只有被所有诚实节点验证通过才能被纳入区块链中,被全网采纳;被采纳的新区块实现了对网络中现有链条的顺序延长;诚实节点认同验证通过区块中的交易顺序。

共识协议因不同的区块链网络而存在差异。对于公有链,即完全开放的区块链网络,需要对参与共识的节点间进行更为严格的信息同步控制。因此多采用传统拜占庭容错协议提供的所需要的共识属性,瑞波(Ripple)就属于这种协议的实现典型,通过一组节点间的投票机制执行区块链的扩展。此外，PBFT（practical Byzantine fault tolerance，实用拜占庭容错算法）将算法复杂度由指数级降低到多项式级，在保证活性和安全性的前提下提供了 $(n-1)/3$ 的容错性。

去中心化的区块链网络接纳无身份验证或者显示同步的方案。因此，区块链网络中的共识协议需要拥有更加优异的可扩展性，同时容许虚拟身份和非即时的信息同步。由于去中心化的区块链网络允许任何节点进行新区块的挖掘，更新区块链状态信息，共识层主要目标是确保每个节点都能够遵守"最长链原则"，在任何时间内，只有最长的链条可以被节点接纳为区块链的标准状态。基于投票的 BFT 协议缺乏身份验证，在对权限有限制的区块链网络中不再适用。与此相反的是，基于激励的共识方案更为合适。

4. 激励层

激励层为刺激区块链网络向平稳运行和发展加入的激励措施，包括发行机制和分配机制。

以比特币为例，为了解决匿名性、延展性等问题，中本聪提出了一种新区块挖掘的算力竞赛模式的去中心化共识协议，称为工作量证明。算力，指的是节点每秒能够进行哈希碰撞的能力。从单个节点的角度来看，共识协议主要定义了三个过程：链的验证和确认过程、链间的比较和扩展过程以及 PoW 的破解过程。

验证和确认过程会检查区块链中的每个区块是否提供有效的工作量证明解，同时交易之间不存在冲突。当网络中存在两条链时，不同的区块链可以是从对等节点接收的或本地自提的，链间的比较和扩展过程保证了诚实节点仅采用候选区块链中最长链条的提议。PoW 解决方案是共识协议的"最主力"部分，通过计算密集的方式定义了新区块的挖掘方式。

破解工作量证明解的方式是节点按照规范构造区块，通过将区块和不同随机数的组合进行区块数据的哈希计算，直至找到满足预条件的随机值。

节点如果想要赢得算力竞赛，就需要尽可能地提高散列查询率，需要更高的经济投入（主要是电力消耗）。但是节点自愿参与共识过程，承担经济损耗是不切实际的。为了网络的正常运行，比特币的共识协议中加入了激励机制：创建新区块的奖励和交易费。

一旦挖掘出新区块，系统就会产生相应数额的比特币以激励节点，比特币也以该种方式实现了去中心化发行。每个区块中的第一笔交易就记录了系统将比特币交易给成功挖掘出该区块的矿工，称为创币交易或 coinbase 交易。不同于其他比特币交易需要完备的输入/输出，创币交易没有输入，只包含一个被称作 coinbase 的输入，用来创建新的比特币。创币交易的输出就是矿工的比特币地址，创币交易将奖励发送到矿工的地址中。这就意味着 coinbase 的产生就伴随着新的比特币发行。

在中本聪的设定中，比特币实行衰减发行、总量固定，每生成 21 万个区块产量减半。按照平均每 10 分钟生成一个新区块，那么每两周大约生成 2016 个区块，21 万个区块的生成时间约为 4 年。那么，第一个 4 年每个区块的 coinbase 奖励 50 比特币，随后为 25 比特币，按规律递减。于 2140 年挖矿奖励为 0，此时全网比特币的总量为 2100 万个。

实际上，随着挖矿奖励的减少，矿工们的主要收益并不再来源于 coinbase 奖励，而是来源于验证待广播到全网的交易中的手续费。随着比特币的火爆，比特币网络中的挖矿设备从最初的 CPU、GPU 到 FPGA、ASIC，发展到目前的专业矿机、矿池，算力逐渐被少数矿池掌握，单个矿工独自挖矿的情况几乎不复存在。现在，大多数矿工选择贡献部分算力给矿池，矿池再根据实际贡献情况分配酬劳。

5. 合约层与应用层

合约层是区块链技术的可编程实现，通过各类脚本、算法和智能合约，完成对区块链技术的个人独特改造；应用层指的是建立在底层技术上的区块链的不同应用场景和案例实现。

一般而言，对于区块链相关应用的研究可大致分为两类：在现有区块链协议的框架下对共识协议的研究，以及在区块链共识层之上提供服务。前者通常关注网络的 P2P 结构，后者的研究主要集中在如何利用区块链网络的特殊性质，即分布式容错性、不可篡改性和隐私保护性，并采用区块链网络来保证各自服务中的特定功能。

比特币作为区块链 1.0 的典型代表，区块加载账本信息的方式较为单一化，功能集中在货币交易，没有其他更多的功能。以太坊是区块链 2.0 的代表，增强了脚本功能，创建了一种基于区块链的操作系统式的生态，核心工具就是智能合约，以太坊中的数字货币——以太币更多的是充当支付智能合约的相关运算的结算方式，用户利用以太坊能够实现更多样化的价值创造。

智能合约的概念出现在比特币之前，由尼克·萨博在 1996 年首次提出，是将条款用计算机语言的形式记录的智能合同，当达到预先设定的条件时，就能自动执行相应的合同条款。以太坊通过将智能合约和区块链的结合，为用户提供了新的去中心化的平台，区块链的结构保证了智能合约的内容可追踪且无法被篡改，智能合约将区块链的特性用更平易近人的方式展示给需求用户。

数十年时间，区块链从 1.0 进阶到 3.0。如果说比特币代表了区块链 1.0 的可编程货币，区块链将比特币构造成为一种全新的数字支付系统，去中心化、不可篡改等特性让人们可以无障碍地在全网进行数字货币交易，同时保证了交易的安全性和匿名性，这是区块链的起点。智能合约将区块链的应用范围从货币范围扩大到具有合约的其他领域，如权属和征信管理、金融服务、投资管理等，区块链成为可编程分布式信用的核心基础，用以支撑智能合约的实现。随着区块链技术的进一步发展，区块链的应用不再局限于金融领域，扩展到审计、仲裁等社会领域，还包括工业、文化、科学和艺术等多个领域，实现区块链 3.0——可编程社会的目标。

2.1.2 区块链四层体系结构

从系统设计的角度来看，区块链网络从下至上可以抽象为四个实现层面，分别是数据与网络组织协议、分布式共识协议、基于分布式虚拟机的自组织框架（如智能合约）和人机交互层面。类比 OSI，将区块链网络中层级和相关技术划分为如图 2-2 所示。

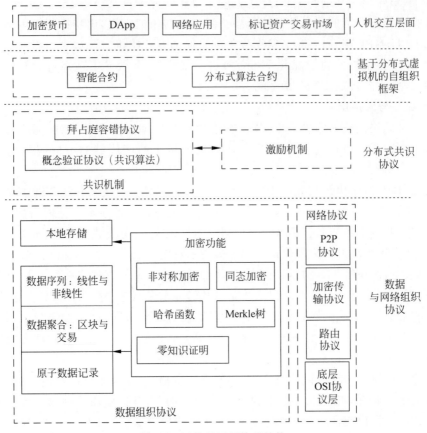

图 2-2 区块链四层体系结构

数据组织协议为形成区块链网络中各种独立并维持高安全性的节点提供了多种加密功能，协议同时还定义了节点为防止篡改而对账本信息进行本地存储时，在如交易记录和账户余额等记录间建立关联性加密的方法。从数据表示的角度来看，术语"区块链"的命名多取决于历史原因。在区块链 1.0 中，以比特币为代表，辅以数字签名的交易记录被随机打包存储为一种防篡改的加密数据结构中，这种结构被称为"区块"。这些区块按照时间顺序组装为区块链，更确切地说，区块间通过哈希指针形成了难以被篡改的线性结构。然而，为了提高网络的处理效率、延展性和安全性，线性的数据结构在不同的应用和场景中被扩展为非线性形式，如树或图，甚至无实际区块。尽管区块的组织形式不同，加密形式的数据为区块链提供了隐私和数据完整性的基础保护功能。对比传统的数据库，它提供了更为高效的链式存储，而不会损害数据的完整性。

另外，网络协议确定了区块链网络的 P2P 形式，进行路由发现、维持和加密数据的传输/同步。除了建立在 P2P 连接上进行的可靠数据传输外，共识层为维护区块链网络中数据的排序与其本身的一致性和原创性提供了核心功能。从分布式系统设计的角度上看，共识层也为网络提供了拜占庭容错协议。在点对点网络中，节点间希望就网络区块链的状态信息达成同步和一致,尤其是可能存在与原始数据相冲突的新输入和某些节点的拜占庭行为的情况下,节点各自更新的本地数据仍为相同的。在选择经许可的访问控制方案时,区块链网络通常会采用经过充分研究的拜占庭容错协议,如PBFT(实用拜占庭容错算法),以在经过验证的小组节点之间达成共识。与此相反的是,在开放访问/许可的区块链网络中,概率拜占庭协议是基于包括零知识证明和激励机制设计在内的技术组合实现的一种协议。共识协议依赖于半集中式共识框架和更高的信息传递开销以提供网络的即时共识确认并提高交易处理的吞吐量。然而,无权限的共识机制更适合于对节点的同步和行为进行松散控制的区块链网络。在有限延迟和多数节点为诚实节点的情况下,无权限的共识协议以较低的处理效率为代价明显为网络的可伸缩性提供了更好的支持。

如果能够保证共识协议的健壮性,智能合约能够在分布式VM层上进行顺利部署。简单来说,分布式VM层对区块链网络中的数据组织、信息传播和公式形成的细节进行了抽象。作为较低层协议和应用程序之间的互操作层,VM层将必要的API公开给应用层,就像分布式计算在单个计算机的本地虚拟运行的环境中执行。当启用虚拟机的功能时,网络允许节点以自主运行的程序的形式部署到智能合约的区块链上。另外,通过控制开放的API数量和虚拟机的状态大小,区块链上的智能合约能够调整其图灵完备的水平,从只支持脚本语言的比特币,到图灵完备的以太坊和超级账本。通过图灵完备性,区块链网络能够以分散的方式执行通用计算。也因为如此,区块链网络不仅能够提供分布式、可信数据记录和时间戳服务,还能够提供促进通用的自组织功能。

区块链网络通过其独特的框架和技术体系,适合作为自组织系统的底层支撑,用于管理分布式网络节点之间数据或交易驱动的交互行为。

2.1.3　区块链Web 3.0体系结构

区块链技术是下一代互联网、去中心化网络或Web 3.0的推动力。Web 3.0是一个更加以用户为中心的网络,保留用户对数据、身份和数字资产的完全所有权。Web 3.0也给出了一种区块链体系结构。

1. 从Web 1.0到Web 3.0

Web即万维网,它开创了互联网新时代。Web 1.0用户只能读取数据,浏览的内容取决于网站的编辑人员,就像在图书馆看书一样,用户没有太多的权力,只是消费者。Web 2.0从信息分享发展为信息共建,话语权被下放给普通用户,用户可以编写并读取数据,网站的模式开始强调多样生动,社交媒体和电子商务出现并活跃于人们的日常生活中。Web 2.0彻底改变了社会互动,使信息、商品、服务的生产者和消费者的关系更加紧密。

现行的构建互联网协议多为HTTP和SMTP,这些协议的简单性使得节点无法保存历史或状态信息。对于用户而言,无论使用任何设备连接到互联网,都是全新的第一次使用,没有浏览历史、收藏、保存的设置,则需要重新下载习惯适用的程序。Cookie技术的提出弥补了协议无法存储状态的不足,然而Cookie的问题是,它们是由服务供应商提供的,而非用户创建和控制,用户无法控制哪个供应商为其提供状态信息以及访问状态信息。为了解决这个问题，互联网采用服务器—客户端的集中式服务，用户的所有个人数据基本都存储在具有大量存储空间的计算机中，归属于私人公司。如今，像 Google、Facebook、Apple 等互联网巨头拥有着其数十亿用户创造的状态数据，而近年来频发的隐私数据泄露表明企业可以用多种方式不动声色地控制用户的生活。

区块链技术的分布式容错性、不可篡改性和隐私保护性为互联网的发展提供了一种新的可能，成为 Web 3.0 分布式网络的推动力，没有亚马逊、淘宝的线上购物，没有微信、微博、Facebook 的社交媒体，区块链将带来真正的数据民主。

Web 3.0 将更改集中式系统为分散式网络，没有任何集中服务器，所有数据将分布在整个互联网中，同时对现有互联网的数据基础设施进行重新设置。Web 3.0 注重于区块链中的点对点结构，但区块链并不是支撑 Web 3.0 的唯一技术，它将能够执行 Berners-Lee 文件，具有语义搜索、个性化数字助理等特征。同时，基于智能应用程序的 Web 3.0 具有更好的功能体验，是技术和知识的完美结合。表 2-1 对比了 Web 1.0、Web 2.0 和 Web 3.0 之间的变化。

表 2-1　Web 1.0、Web 2.0、Web 3.0 的对比

分类	Web 1.0	Web 2.0	Web 3.0
文件交互	只读	读、写	读、写、执行
网络类型	简单网络	社交网络	语义网络
用户容量/人	百万	数十亿	万亿
目的	连接信息	连接用户	连接知识
时间范围/年	1999—2000	2000—2015	2015 至未知
网站	静态	动态	语义
人工智能	无法使用	不可用	可用
内容	专家策划	博客和社交媒体	更多个性化流
搜索引擎	域名	SEO	基于 AI 的搜索引擎
网络类型	集中	集中	分散

2．Web 3.0 体系结构

对于 Web 3.0 体系暂时没有一个统一的标准，加密货币对冲基金 Multicoin Capital 的资本合伙人凯尔·萨马尼对当前 Web 3.0 的区块链体系结构做了一个全面详细的总结，如图 2-3 所示。

Web 3.0 区块链应用程序体系结构中基础是 DApp 浏览器，也是大多数 Web 3.0 体系的顶部。用户通过 DApp 浏览器访问去中心化应用程序，现在较为流行的 DApp 浏览器包括用于以太坊的 Metamask 和 Toshi、用于 EOS 的 Scatter。

核心栈需要为 DApp 的开发人员提供唯一、权威的账本，账本中需要包含所有有效交易的顺序记录，也就是区块链的分布式数据库。P2P 层，共识层和状态机层共同作用实现该功能，以太坊的核心协议还将扩展到"分片"。

凯尔·萨马尼同时标注出了一些非基础链的组件，这些虽然尚未被认为是 DApp 开发

中必不可少的部分,但他坚信这些将成为扩展后核心堆栈的一部分。例如现在很多区块链团队都在进行开发的侧链:比特币中的 drivechain 和 Liquid,以太坊 Plasma 框架中的 Skale;支付和状态信道侧重实现交易的可扩展性,ILP 协议用于实现跨链操作的互操作性。然而这些可能会成为未来核心栈功能组件的部分现在的并不成熟,并未形成规模化应用,所以暂时不能被 DApp 的开发人员使用。

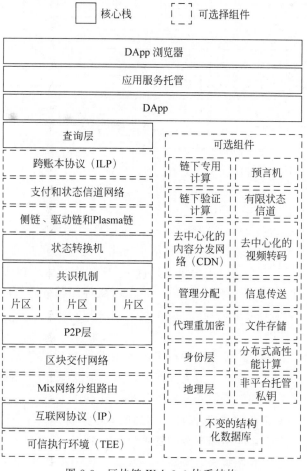

图 2-3　区块链 Web 3.0 体系结构

可选组件是指大量"去中心化库"以可选的去中心化组件的形式存在,每组实现一种特定的功能,供 DApp 的开发人员选择和采用。到目前为止只有少部分已经上线,如 Livepeer、0x、Kyber、Storj、Sia、Oraclize 和 Civic,大多数团队尚未发布能用于生产的工具。库的不成熟从一方面也导致 DApp 开发的难度增加。

除了凯尔·萨马尼的体系结构总结,Web 3.0 还有更为模式化的框架分层。将 Web 3.0 体系分为五层,从上至下依次为应用层、服务与可选组件层、协议层、网络与传输层以及基础层,如图 2-4 所示。

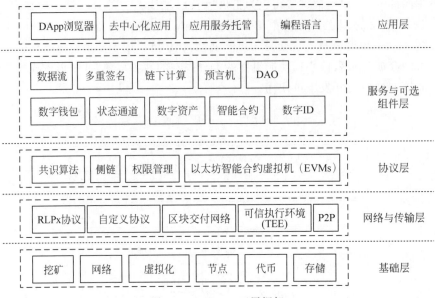

图 2-4　Web 3.0 五层框架

1）应用层

应用层位于架构顶端，包括专有应用和基于通用服务平台的应用，实现了与用户的交互。DApp 为用户访问去中心化应用提供了访问入口，应用托管支撑去中心化应用程序的运行，应用将托管在使用 SaaS（software as a service，软件即服务）的分布式网络上，应用托管服务通过云存储使得程序可用。

2）服务与可选组件层

服务与可选组件层涵盖了创建和运行 DApp 层的所有重要工具。例如，数据传输是 Web 3.0 中的一个重要方面，说明了节点如何通过可靠信息源进行信息的更新，在分布式网络中，数据流显然也是分散的。具体的计算过程集中在线下完成，与链上计算相比，线下计算成本相对更加低廉，更加省时，同时保证了计算值的可信度并确保值不会被恶意篡改。而 DAO 实现了对不同去中心化应用和服务的管理。状态通道、支付通道都用于解决区块链中的可扩展性问题，这些可扩展性解决方案需要与底层协议相互兼容，才能真正支持分布网络需要的强大的拓扑结构。

3）协议层

协议层包括了不同的共识算法、权限要求、虚拟机等，决定了共识机制和网络的参与方式。区块链通过共识算法确保节点的一致性；侧链是可扩展问题的解决方案之一，但作用并不仅限于此，开发人员还可以在侧链内开发去中心化应用程序，并不会对主链产生影响，但应用程序的有效性却是得到保证的；权限管理是针对开放程度不同的区块链网络设计的，满足公有链、联盟链、私有链的区分要求；虚拟机在以太坊应用程序开发中十分流行。

4）网络与传输层

网络与传输层充当了传输媒介、P2P 网络的接口，并决定数据的打包、处理、传输、搜索和接收的方式。RLPx 协议是以太坊中的通信协议，主要功能是在节点之间建立并维持通信，并对用户信息间的传输进行了加密；自定义协议满足了用户创建更适应自身需求的协议的要求，创建自定义协议的选项使得整个 Web 3.0 结构更富创造性；TEE 是远离主网络或系统的隔离区域或者服务器，为解决区块链可扩展性问题而增加的系统；区块交付网络可将页面或其他 Web 内容传送给请求它的用户。

5）基础层

基础层是 Web 3.0 的生态基础，位于最下层，通过内部基础设施建设或 BaaS(blockchain as a service)来控制网络节点，是区块链技术的基本组成单位。

2.2 区块链加密技术

从计算机科学角度来看，区块链是一种分布式数据库，不同的节点拥有相同的数据记录，包含经节点确认的数据信息的区块从后向前呈链状结构有序连接，利用密码学的方式保证了数据在传输过程和之后访问过程的安全，加密技术保护了区块链中的数据安全，从而保证了区块链不可篡改和不可伪造的特性。

2.2.1 哈希函数

哈希算法在区块链中有着广泛的使用，交易信息的存储、工作量证明算法、密钥对的产生等过程中都有哈希算法的存在。

哈希(Hash)也被翻译为散列。任意长度的输入经过散列函数，都能够输出为固定长度的值，该输出就是散列值。SHA(secure Hash algorithm)也被称为安全散列算法，直译为哈希算法，由美国国家安全局所设计，由美国国家标准与技术研究院发布。SHA 家族现有五个算法，分别是 SHA-1、SHA-224、SHA-256、SHA-384 和 SHA-512，后四者并称为 SHA-2。

如果将区块链看作一个公共账本，节点中每个人都备份一份账本数据，任何人都可以对账本上的内容进行写入和读取。如果有用户对内容进行了恶意篡改，依照少数服从多数的原则，将差异数据与全网数据进行比较后，就能够发现存在的异常。但是，账本上的内容随着时间的累积，数据量必然会越来越庞大，如果将交易数据进行原始存储，利用大量数据直接进行比对，工程量对于一个货币系统而言是十分不现实的。对此，在交易信息的存储中，区块链利用了哈希函数能够方便实现数据压缩的特性：一段数据在经过哈希函数的运算后，就能够得到相较而言很短的摘要数据。将函数大致表示为：

$$\text{Hash}(\text{原始信息}) = \text{摘要信息}$$

同时，哈希函数如下特点，也保证了数据的不可篡改性。

(1) 相同的原始信息经过相同哈希函数能够得到相同的摘要信息。

(2) 不同的原始信息经过相同哈希函数得到的摘要信息差距很大。

（3）不可逆性，即从摘要信息无法倒推出原始的输入信息。

以比特币为例，交易信息存储在区块中，就区块头中涉及的哈希摘要信息就包含了父区块哈希和 MerkleRoot 标识的区块的交易哈希。父区块哈希为上一个区块的哈希值，高度概括上一个区块的全部字段信息。简单表示如下：

第 n 块的区块哈希 ＝ Hash（第 $n-1$ 块的区块哈希，第 n 块的交易信息）

第 $n-1$ 块的区块哈希便是第 n 块区块的父哈希，因此，即使每个区块内的交易数据是相互独立的，区块间的连接仍依赖于上一个区块的哈希值，当链上任何一区块中的任一交易数据被篡改，都将直观地反映到最新的区块哈希上。对于哈希函数，不同的原始信息经过相同的函数作用得到的摘要信息差距是极大的。就 SHA-256 而言，多一个点，多一个空格，计算结果完全不同，记录发生微小的变动，SHA-256 的计算结果完全变了，而且变化的结果没有任何规律可循。

例如，下面几条非常相似的记录，它们的 SHA-256 加密结果却完全不同：

（1）SHA-256（韩梅梅支付李磊 30 元）＝
1B416389C118C96D6389154CABEAC5688E2999E9953D654640C106421D16F7F8

（2）SHA-256（韩梅梅支付李磊□30 元）＝
43C0F7E9BAE71A1EBAE494C531DB52EA4A824F25756BF29508A133B2B437CCD8

（3）SHA-256（韩梅梅□支付李磊 30 元）＝
0E5A5A43723B41E3DEF901228B56D2CF19D9C3F2A0D052AD0A52A4E1F52D226A

（4）SHA-256（韩梅梅支付了李磊 30 元）＝
A0D05103342B52404239D3017784EB1B9572BA60CAC92523426DF7576A17732E

但是，相同的输入信息通过哈希函数得到的摘要信息是完全相同的。只要记录的内容相同，则无论谁来计算，SHA-256 的结果是不变的。网上有计算工具（例如，http：//tool. oschina. net/encrypt 和 https：//1024tools. com/hash 这两个网址都提供各种加密计算），无论任何人任何时间任何地点用任何设备，只要输入相同的内容，就能得到相同的 SHA-256 计算结果。

哈希函数不仅仅在确保全网数据一致性上发挥了作用，在账户所有权的证明中同样利用了哈希函数，具体将在 3.2.1 节中进行讲解。

哈希函数的特点决定了其在比特币网络、区块链中的不可或缺。哈希函数在简化、标识、隐匿和验证信息的过程中都有着独特的作用，算法的安全性也能够得到保证。

2.2.2　非对称加密

加密算法一般分为对称加密和非对称加密。对称加密算法也称为单密钥加密，同一个密钥同时作为信息的加密和解密，如果在分布式网络中，使用对称加密，如何将对应的密钥发送给需要解密信息的人是一个很难解决的问题。因此在区块链中大量采用了非对称加密。

非对称加密中含有一个密钥对：公钥和私钥。私钥由一方安全保管，不轻易外泄，而公钥可以发送给任何人。非对称加密算法密钥对中一个进行加密，另一个进行解密。目前最常用的非对称加密算法是 RSA 算法。中本聪在比特币区块链网络中采用了椭圆加密算法，在保护传送信息内容的同时，能够让消息的接收方确定消息来源的身份，同时确保了身份的私密性。

1. 椭圆加密算法

在拜占庭将军问题的解决方案中，为了追溯信息传递根源，采用签名信息的机制。倘若在古代，无法造假的真正可信的签名体系难以实现。但是在最开始的比特币区块链中，中本聪利用非对称加密技术为用户的信息签名。实现了消息传送的私密性、签名不可篡改伪造，同时能够确认身份，将一个不可信的分布式网络变成了一个可信的网络。

椭圆加密算法属于非对称加密算法中的一种。非对称加密算法会产生密钥对，包括一个私有密钥（后简称私钥）和由私有密钥衍生的公开密钥（后简称公钥）。如果使用公钥对数据加密，那么只有对应的私钥才能解密；如果使用的是私钥加密，那么使用对应的公开公钥就能对信息解密。因为私钥和公钥是两种不同的密钥，因此这种算法称作非对称加密算法。

区块链技术中，加密算法不仅需要满足单方向计算容易、但反方向无法倒推的特点，同时还需要实现其他节点能够独立对签名信息进行验证，而非对称加密算法的特性十分贴合需求。在实际使用中，从随机数生成私钥，公钥通过椭圆曲线算法计算得到，过程不可逆，只能通过暴力搜索得到。

椭圆加密算法是一种基于离散对数问题的非对称加密算法，利用曲线上的点进行加法或者乘法运算。其中比特币区块链技术中选择了 secp256k1 标准定义的一条特殊的椭圆曲线和一系列数学常数。

secp256k1 曲线由下述函数定义，该函数可产生一条椭圆曲线：

$$y^2 = (x^3 + 7)\,\text{over}(F_p)$$

或

$$y^2 \bmod p = (x^3 + 7)\bmod p$$

上述 $\bmod p$（素数 p 取模）表明该曲线是在素数阶 p 的有限域内，也写作 F_p，其中 $p = 2^{256} - 2^{32} - 2^9 - 2^8 - 2^7 - 2^6 - 2^4 - 1$，这是一个非常大的素数。定义在素数域的曲线很像一些离散的点集，实际很难表示，因此使用图 2-5 中的曲线对比特币区块链中使用的函数曲线进行近似描述。

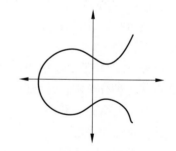

图 2-5　比特币中实际使用的函数曲线

加法运算的定义是：两个点的加法结果是两点的连接和曲线的交点关于 x 轴的镜像。确定曲线上一个点为基点 P，由私钥推得公钥的算法很简单，公钥 Q 就定义为 K 个 P 相加，K 为私钥：

$$Q = \underbrace{P + P + \cdots + P}_{K\,\uparrow}$$

具体的几何定义如图 2-6 所示。相加存在两种情况，P、Q 为相同点和 P、Q 为不同点。如果 P、Q 为相同点，那么 P 和 Q 的连线就是 P 的切线，曲线上有且只有一个新的点与该切线相交,切线斜率可根据微分求得。如果 P、Q 为不同点,那么重复根据加法运算定义进行求解即可。

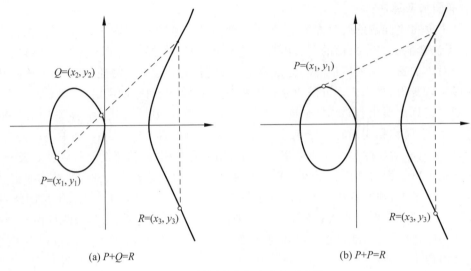

(a) $P+Q=R$　　　　　　　　　　　　(b) $P+P=R$

图 2-6　椭圆曲线加法几何示意图

理论上讲,目前由椭圆曲线公钥求解私钥的最有效算法的复杂度为 $O(\sqrt{p})$,其中 p 是阶数 n 的最大素因子。当参数选的足够好让 $p>2^{160}$ 时,以目前的计算能力,攻破椭圆曲线是不现实的。

2. 密钥对的应用

以比特币网络为例,私钥证明了用户对于账户的所有权,如果用户想要使用某个账户中的比特币,只有拥有该账户对应的私钥,才能如愿使用。在登录认证的场景中,用户输入私钥信息,客户端使用私钥加密登录信息后发送给服务器,服务器接收后采用对应的公钥解密认证登录信息。

此外,在比特币交易中用户使用私钥对交易进行签名,交易信息广播后,验证节点通过公钥对信息进行解密,从而确保信息是由 A 发送的,具体内容在 3.3.2 节还会详细介绍。

区块链网络充分利用了非对称加密的特性,一是使用其中一个密钥加密信息后,只有对应另外一个密钥才能解开;二是公钥可以向其他人公开,公钥不能逆推出私钥,保证了账户安全性。而现在的区块链系统中,根据实际需要已经衍生出了多种私钥加密技术,以便满足更为灵活和复杂的应用场景。

2.3　区块链共识机制

前面说过,可以将区块链看作网络中每个节点都拥有的一个巨大账本。在缺乏第三方监管机构的情况下,当网络中的大部分人都拥有书写账本的权利时,区块链该如何保持账本内容的一致性和内容不被恶意篡改呢？共识机制就是区块链中节点就区块信息达成全网一致共识的机制,保证最新的区块信息被准确添加至区块链、节点存储的区块链信息一致并能够抵御恶意攻击。共识机制是区块链这个分布式账本能够实现的灵魂所在。

随着区块链技术的不断发展,不同的共识机制不断涌现,现有的一部分共识机制和应用举例如表 2-2 所示。需要特殊说明的是,IOTA 采用的共识机制有向无环图(drected acyclic graph)改变了区块的链式存储结构,实现了无区块的概念。

表 2-2　部分共识机制和应用举例

工作量证明(PoW)	SHA-256 算法	比特币(Bitcoin)、比特现金(Bitcoin Cash)
	Ethash 算法	以太坊(Ethereum)、以太经典(Ethereum Classic)
	Scrypt 算法	比特黄金(Bitcoin Gold)、莱特币(Litecoin)
	Equihash 算法	大零币(Zcash)、小零币(Zcoin)
	CryptoNote 算法	字节币(Bytecoin)、门罗币(Monero)
	X11 算法	达世币(Dash)、石油币(Petro)
权益证明(PoS)	点点币(Peercoin)、黑币(Blackcoin)、量子链(Qtum)、以太坊第四阶段(Ethereum)	
委任权益证明(DPoS)	柚子(EOS)、斯蒂姆币(Steem)、应用链(Lisk)	
随机权益证明(RPoS)	Orabs、超脑链(Ultrain)	
有向无环图(DAG)	埃欧塔(IOTA)	
实用拜占庭容错算法(PBFT)	超级账本(Hyperledger)0.6 版、央行的数字货币	
Pool 验证池	私有链	
活跃证明(PoA)	唯链(Vechain)、欧链(Oracles)	
瑞波共识机制(RPCA)	瑞波币(Ripple)	
恒星共识协议(SCP)	恒星币(Stellar)	
容量证明(PoC)	爆裂币(Burstcoin)	
自定义共识机制及混合和共识机制	Hcash(红烧肉-Hshare)、授权拜占庭容错(dBFT,小蚁 NEO)、联邦拜占庭协议(FBA)	

2.3.1　实用拜占庭容错算法

对于分布式系统首先需要解决的问题就是一致性的达成。一致性问题的定义是对于系统中的多个服务器节点,在给定一系列操作的情况下,在一致性协议的保障下,服务器节点对它们的处理结果相同,当然这里并不强制处理结果的正确性,所有节点都达成失败状态也是一种一致性的表现。

而在实际的计算机系统中达成一致性需要面临的挑战有很多,包括节点之间的网络通信并不是永久可靠的,可能有任意时延和内容故障;节点的处理结果错误,甚至节点自身都有可能随时宕机;以及同步调用使得系统不具备可扩展性。拜占庭问题与算法讨论的场景是：有少数节点作恶场景下系统的一致性达成问题。

1. 拜占庭将军问题

拜占庭将军问题(Byzantine failures problem)是由莱斯利·兰伯特(Leslie Lamport)

和其他两人针对点对点通信在 1982 年提出的一个基本问题。

问题描述为：在古代东罗马的首都，由于地域宽广，守卫边境的多个将军（系统中的多个节点）需要通过信使来传递消息，达成某些一致的决定。但由于将军中可能存在叛徒（系统中节点出错），这些叛徒将努力向不同的将军发送不同的消息，试图干扰一致性的达成。拜占庭问题即为在此情况下，如何让忠诚的将军们能达成行动的一致。

例如，10 个将军共同去攻打一座城堡，只有一半以上也就是至少要 6 个将军一起进攻，才可能攻破。但是，这中间有可能存在未知叛徒，有可能造成真正进攻的军队数量小于或等于 5，致使进攻失败而遭受灭亡。那么如何相互通信，才能确保有 6 个将军收到进攻命令，从而使军队一致进攻而成功，或者确保少于 6 个将军收到进攻命令，从而使军队一致不进攻避免被灭掉？也就是说，要么一半以上同意一起进攻而决定进攻，要么不到一半同意一起进攻而决定不进攻，但要避免决定进攻但命令却是不进攻，使那些进攻军队数少于或等于一半，造成进攻者的被灭。这种情况并不考虑进攻的命令是否准确有效，单纯就各位将军的命令在何种情况下能够确保一致。

拜占庭将军问题可以简化为，所有忠诚的将军能够相互间知晓对方的真实意图，并最终做出一致行动。而形式化的要求就是一致性和正确性。兰伯特对拜占庭将军问题的研究结论是，如果叛徒的数量大于或等于 1/3，拜占庭问题不可解；如果叛徒个数小于将军总数的 1/3，在通信信道可靠的情况下，通过口头协议，可以构造满足一致性和正确性的解决方法，将军们能够做出正确决定。

口头协议指的是将军们通过口头消息传递达到一致。隐藏条件是：每则消息都能够被正确传递；信息接收方确定信息的发送方；缺少的信息部分已知。

如果一个节点的信息同时传递给其他两个节点，这两个节点接收到消息后也分别传达给其他节点，这样每个节点都是信息的接收方和传递方，直到每个节点最后都有所有节点发送的信息。在此过程中若出现叛徒或虚假消息导致信息不匹配，所有节点按照少数服从多数的原则，行动便能够达成一致。缺点是如果出现信息不一致的情况，因为对于信息的传送方未知，所以无法判断叛徒。

为了解决无法追溯根源的问题，方案二是采用签名信息。将军们利用不可伪造的签名技术表达自己的意见，其他人可以验证签名的有效性，如果签名被除本人外的第三方篡改很容易被发现。但是这种方案需要解决如何实现真正可靠的签名体系的问题。如果依赖第三方存储签名数据，那么这个网络本身就不再是前提中所假设的节点间互不信任的分布式结构，其次是签名造假的问题也无法避免，同时存在异步协商带来的漫长的传输时间并不适合实际使用。

2. 拜占庭容错（BFT）

拜占庭将军问题是对现实中可能遇到问题的模型化，在分布式计算机领域中，由于硬件错误、网络堵塞或中断以及遭遇恶意攻击等原因，网络可能出现各种不可预测的异常行为。不同出错类型对于系统造成的危害程度也不同。影响最小的出错类型是"出错-停止（fail-stop）"。此种类型的节点在出错之后，就会立即停止工作，这样，系统中的其他节点也会知道该节点出错了。但是拜占庭错误节点在出错后会继续工作,做出任意行为,就像拜占庭将军问题中的叛徒一样,做出不响应、发出错误消息、复制多份信息、向不同节点发出不同的决策信息、与其他拜占庭节点合谋等扰乱行为,而系统中的节点无法自发识别拜占庭错误节点。被攻击者控制、向系统发出攻击的节点就是典型的拜占庭错误节点。如果一个系统中存在少量的拜占庭错误节点,仍能达成共识,那么系统就是拜占庭容错的。

在兰伯特提出拜占庭将军问题时,就提出了一种在同步环境中解决问题的拜占庭容错算法;1988 年,也有学者提出了一种在大多数异步环境中工作的算法,但是对于实际应用的指导意义都不大。直到 1999 年由 Miguel Castro(卡斯特罗)和 Barbara Liskov(利斯科夫)提出了 PBFT(实用拜占庭容错算法)。解决了原始拜占庭容错算法效率不高的问题,将算法由指数降低到多项式级,使得拜占庭容错算法在实际系统中应用可行,但除了在专业领域以外并没有引起足够的重视。而 2009 年中本聪创建的比特币,作为第一个开放式去中心化应用程序,对区块链网络的记账问题和拜占庭将军问题是类似的。每次参与记账的节点就好比一位将军,某些节点可能因为某些原因传递错误消息给其他节点,做出"背叛"行为。而对于不需要货币体系的联盟链或者私有链来说,传统共识算法比 PoW 和 PoS 更符合要求,传统共识算法能够提供绝对可信任的节点,满足高效的需求。

传统共识算法中较为典型的有 Paxos、Raft 算法,其中 Paxos 问题是指分布式系统中存在故障节点场景下的一致性问题,并不存在恶意节点;而 Raft 算法是 Paxos 算法的一种简化实现。在一些互联网的数据库产品的防火墙内都使用了该类算法,使得有故障的机器出现时服务正常可用。

而在区块链系统中,存在攻击者,也有潜在可能存在拜占庭容错节点。攻击者可以延迟网络中的通信、协调拜占庭错误节点发起攻击、阻断部分节点与其他节点的联系。所以使用实用拜占庭容错算法更适合。

PBFT 算法中各个节点由业务的参与方或监管方组成,安全性与稳定性由业务相关方保证,共识时延能够满足商用实时处理的需求,共识效率高,能够满足高频交易量的需求,因此被一些区块链应用选作共识算法,在超级账本(Hyperledger)Fabric 的 0.6 版中就使用了经典的 PBFT 共识算法。

3. 实用拜占庭容错算法(PBFT)

拜占庭将军问题的核心是,如何使得将军们需要收到正确的命令并做出正确的反应。而 PBFT 的解决思路是,每个节点都对周围节点进行信息正确性的确认,用通信次数换取信用,每条命令的执行都需要两两验证去检验消息。利用状态机副本复制的方法,假设系统中共有 $3f+1$ 个复制节点,其中最多 f 个节点为拜占庭错误节点,系统中每个节点都运行一个有限状态机的副本,同时支持若干种操作,该算法在保证活性与安全性(liveness & safety)的前提下提供了 $(n-1)/3$ 的容错性。

客户端会给各个复制节点(replicas)发送一系列请求来执行相应操作,需要保证所有节点执行相同顺序的操作。因为所有复制节点的初始状态是相同的,对于相同请求的响应也是相同的,根据状态机原理,这些复制节点应该产生相同的结果状态。但是状态机原理的问题在于如何确保正常工作的复制节点能够以相同的序列执行相同的操作，尤其是在面对拜占庭故障的时候。

R 是所有复制节点的组合，用 $[0,|R|-1]$ 的证书表示每一个复制节点。假设 $|R|=3f+1$，f 为可能失效复制节点的最大个数。所有复制节点在视图（view）的轮换过程中运作，视图是一个连续编号的整数，不同视图的意义类似于不同的时间段。在每个视图中使用不同的主节点（primary），其余复制节点均为备份节点（backups）。主节点编号由公式 $p=v \bmod |R|$ 得到，其中 v 是视图编号，p 是节点的编号。

主节点负责接收客户端的请求，并将请求排好序，按序组播给备份节点（全部复制节点构成的一个组，组播指的就是发送消息给组成员）。但是主节点可能会出错，它可能会给不同的请求编上相同的号码，或不分配编号，或将相邻的序号编上不连续的号码。备份节点需要主动检查号码的合法性，当出现异常情况的时候，启发视图更换（view change）过程重新选择主节点。

一次共识过程包括请求（request）、预准备（pre-prepare）、准备（prepare）、确认（commit）和回复（reply）。其中，请求和回复过程为客户端发起请求并收到最终答复，预准备、准备和确认过程为 PBFT 算法的主线，预准备和准备阶段用来确保时序性，即同一个视图中的请求的正确序列；而准备和确认过程为确保到达确认阶段的请求即使在视图转换后在新的视图中仍然保持原有顺序不变，也就是不同视图之间的确认请求的严格排序。比如说在视图 V_0 中，三个请求 Req_0、Req_1、Req_2 依次进入了确认阶段。如果节点不存在问题，那么节点需要依次执行三条请求并返回给客户端，但是如果主节点出现异常，那么视图更换过程启动，视图从 V_0 更替为 V_1。在新的视图里，原本的 Req_0、Req_1、Req_2 三个请求的序列被保留，但是处于预准备和准备阶段的请求在新的视图中并不会进行保留。

复制节点的状态中会保留服务的整体状态，接收的信息会被保存在消息日志中，并且有一个整数表示当前所处的视图编号，而在和客户端的交互中，复制节点向客户端发送的信息便包含当前的视图编号，以便客户端能够跟踪当前的视图编号，从而推算出当前的主节点。

客户端会给它认为的主节点发送请求，内容为 < Request,o,t,c >，其中，o 为 operation，表示期待状态机执行的操作；t 为 timestamp 时间戳，用来保证客户端的请求只会执行一次，因为客户端发出请求的时间戳是全序排列的，后续发出的请求的时间戳会高于之前发出的请求。主节点接收请求后会自动将请求进行组播。

当主节点接收到客户端的请求后，会给请求进行编号，然后主节点组播一条预准备消息给所有备份节点。预准备消息的格式是<< pre-prepare,v,n,d >,m >，其中，v 为视图编号，n 为主节点给请求的编号，m 为客户端发送的请求消息，d 是请求消息的摘要。请求本身不在预准备信息中，这样能够使得预准备消息足够小。发送预准备消息的目的是为了确定该请求在视图 v 中被赋予了编号，使得即使在视图变更过程中序列仍是可追溯的。另外，将请求排序协议和请求传输协议进行解耦，有利于传输速率的优化。

备份节点并不是无条件接收主节点发送的所有预准备消息，需要满足以下条件：请求和预准备消息的签名正确，d 和消息 m 的摘要一致；视图编号与当前视图相符；节点从未接收过同一视图和同一序列编号的不同摘要的预准备信息;消息的序号必须在水线的上下限 h 和 H 之前,水线的意义在于防止一个失效节点故意用一个很大的序号消耗序号空间。

如果消息通过验证,那么备份节点接收预准备信息,同时进入准备阶段。在准备阶段,备份节点组播准备信息<prepare,v,n,d,i>,并将预准备消息和准备消息都写入消息日志中。在这个阶段,该备份节点还会分别收到其他备份节点的准备消息,该备份节点会综合所有准备消息做出自己对该消息的最终裁决,以防主节点为拜占庭错误节点。每个节点验证预准备和准备信息的一致性主要检查:视图编号、消息序号和摘要。如果无误,那么就称请求在该节点的状态是 prepared,该节点就拥有了一个 prepared certificate。

预准备阶段和准备阶段确保所有正常节点对同一个视图中的请求序号达成一致。接下来是对这个结论的形式化证明:如果 prepared(m,v,n,i)为真,则 prepared(m',v,n,j)必不成立,这就意味着至少 $f+1$ 个正常节点在视图 v 的预准备或者准备阶段发送了序号为 n 的消息 m。因为系统中至多存在 f 个故障节点,所以此时消息必为真。

当条件为真时,节点 i 将<commit,v,n,D(m),i>向其他节点广播,广播信息代表节点 i 已经拥有一个 prepared certificate,同时节点 i 也会收到其他节点发送的 commit 信息,如果它收到了 $2f+1$ 条带有相同视图编号、序列编号和摘要的确认信息(包括节点自身所有的一条信息),那么就说该节点拥有了 committed certificate,请求在这个节点达到了 committed 状态。

每个复制节点 i 在 committed-local(m,v,n,i)为真之后执行 m 的请求,并且 i 的状态反映了所有编号小于 n 的请求依次顺序执行。这就确保了所有正常节点以同样的顺序执行所有请求,这样就保证了算法的正确性。在完成请求的操作之后,每个副本节点都向客户端发送回复。副本节点会把时间戳比已回复时间戳更小的请求丢弃,以保证请求只会被执行一次。

上述过程可简要描述如下,假设 C 为请求客户端,0、1、2、3 为副本节点,其中 0 是主节点,3 是失效节点,如图 2-7 所示。

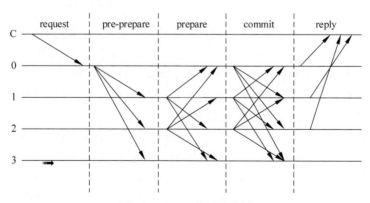

图 2-7　PBFT 算法示意图

(1) 请求(request):客户端向主节点发送请求调用服务。

（2）预准备（pre-prepare）：主节点 0 收到客户端的请求后将其组播给其他副本，即 0-> 123。

（3）准备（prepare）：复制节点 1、2、3 收到请求后记录，并再次组播给其他复制节点，即 1-> 023，2-> 013，复制节点 3 因为宕机失效无法进行组播。

（4）确认（commit）：0、1、2、3 节点在 prepare 阶段，若收到超过一个数量的相同请求，则进入 commit 阶段，组播 commit 请求，即 0-> 123、1-> 023、2-> 013。

（5）回复（reply）：0、1、2、3 节点在 commit 阶段，若收到超过一定数量的相同请求，则对客户端进行反馈。客户端需要等待 $f+1$ 个不同复制节点发回相同的结果，作为整个操作的最终节点。

根据上述操作流程，当节点数 $n>3f+1$ 时，系统的一致性能够得到解决。以刚才的系统为例，如表 2-3 所示，拜占庭容错能够容纳将近 1/3 的错误节点误差。

表 2-3　不同数目错误节点的可能情况

节　点　数	复制节点 R_i	客户端得到数据	最终数据
$n=4$ $f=0$	R_1	1111	1
	R_2	1111	1
	R_3	1111	1
	R_4	1111	1
$n=4$ $f=1$	R_1	1110	1
	R_2	1101	1
	R_3	1011	1
	R_4	0111	1
$n=4$ $f=2$	R_1	1100	NA
	R_2	1001	NA
	R_3	0011	NA
	R_4	0110	NA

2.3.2　工作量证明

区块链网络作为一种分布式网络，需要解决拜占庭将军问题，达成工程上的相对一致。在比特币区块链中，通过工作量证明机制解决了这个互不信任的分布式网络如何在各方利益都能得到确保的情况下达成一致共识的难题。

工作量证明（PoW）是一种对应服务与资源滥用或是阻断服务攻击的经济对策。一般是要求用户进行一些耗时适当的复杂运算，并且答案能被服务方快速验算，以此耗用的时间、设备与能源作为担保成本，以确保服务与资源是被真正的需求所使用。此概念最早由 Cynthia Dwork 和 Moni Naor 在 1993 年的学术论文中提出，而工作量证明一词则是在 1999 年由 Markus Jakobsson 与 Ari Juels 所发表。现在常说工作量证明机制指的是应用于区块链技术中的一种主流共识机制。

工作量证明常用的技术原理是散列函数。在比特币挖矿过程中使用的是 SHA-256 哈希函数，无论输入值的大小，SHA-256 函数的输出的长度总是 256 位。算法的规则是，节点通过解决密码学难题(即工作量证明)竞争获得唯一记账权；平均 10 分钟内(具体时间会和密码学问题的难度相互影响)只能有一个人可以记账成功，其他节点验证通过后复制这一记账结果。

矿工首先根据存储的交易池中的交易构造一个候选区块，计算区块头信息的哈希值，观察是否小于当前的目标值。如果小于目标值，那么在没有其他节点广播信息的时候，矿工成功争夺记账权；如果哈希值不小于目标值，那么矿工就会修改 nonce 值，然后再试一次。

具体目标值越小，找到小于此值的哈希值就会越难。拿掷骰子举例，两个骰子的和小于 12 的概率远大于两个骰子的和小于 5，相同的，哈希值前有多少位规定为 0，随着 0 位数的增加，难度越大。如果考虑的是 256 位空间。每次要求多一个 0，那么哈希查找的空间缩减了一半。

矿工成功挖矿就代表得到了新区块的工作量证明解，就会迅速在网络中进行广播，其他节点在接收并验证后也会继续传播新区块，每个节点都会把它当作新区块添加到自身节点的区块链副本中。当挖矿节点收到并验证了这个新区块后，便会放弃之前对构建这个相同高度区块的计算，并立即开始计算区块链中下一个区块的工作。

在比特币网络中，实现所有节点的去中心化共识机制，不单单需要工作量证明，还有其他三个独立的过程相互作用产生：每个全节点依据综合标准对每个交易进行独立验证；通过完成工作量证明算法的验算，挖矿节点将交易记录独立打包进新区块；每个节点独立地对新区块进行校验并组装进区块链；每个节点对区块链进行独立选择，在工作量证明机制下选择累计工作量最大的区块链。

其中解决区块链的分叉问题遵循了累计工作量最大的链条为网络主链的原则。当有两名矿工几乎在同一时间算得新区块的工作量证明解，在分别对各自区块进行传播的过程中，就会出现两个版本不同的区块链。解决方法就是，总有一方能够抢先发现工作量证明解并传播出去，所有节点会接收更长的链，这样网络就会重新达成共识。

2.3.3　权益证明

工作量证明算法的优势明显，但为了维持其正常运转却需要大量的资源投入，尤其是电力资源和购置矿机的成本消耗。Digiconomist 调查显示，仅仅比特币，矿工就要使用 54 太千瓦时的电力。这些电量足够支持美国 500 万个家庭用电，甚至整个新西兰或匈牙利的电力，但是实际耗电不仅止于此。权益证明机制试图找到一个更为绿色环保的分布式共识机制。

2011 年，Quantum Mechanic 在 Bitcointalk 论坛上首次提出了权益证明，权益证明(PoS)是一类应用于公共区块链的共识算法，不同于工作量证明中新区块的挖掘完全取决于节点进行哈希碰撞的算力，在权益证明中，新区块的创建是通过随机、财富或币龄的各种组合来进行选择的，取决于节点在网络中的经济效益。它所蕴含的概念是：区块链应该由具有经济利益的人进行保障。系统通过选举随机选择节点验证下一个区块,但要成为验证者,节点需要在网络中事先存入一定数量的货币作为权益,类似于保证金机制。权益证明的运作方式是,当创造一个新区块的时候,节点需要创建一个 coinstake 交易,交易会按照一定比例将一些币发送给节点本身。根据节点拥有币的比例和时间,按照算法对难度目标进行调整,从而加快了节点找到符合难度目标随机数的速度,极大地降低了系统达成共识所需要的时间。

权益证明并不单纯考虑账户余额,因为如果将账户余额定义为下一个有效区块的挖掘方式,那么单个最富有的节点将具有永久优势,势必会导致网络的集中化。在不同的数字加密货币中,已经设计了几种不同选择方法的权益证明体系,本节将主要讲述点点币(Peercoin)和黑币(Blackcoin)采用的权益证明机制。

1. PoS1.0——点点币(Peercoin)

点点币是从中本聪创造的比特币衍生而来的数字货币,首次实现了 PoS,由化名为 Sunny King 的网友于 2012 年提出并发布。但点点币的共识机制是并不纯粹的权益证明,而是采用了基于 PoW 和 PoS 的混合机制,前期采用工作量证明机制进行挖矿开采和分配货币,后期采用权益证明机制,保证网络安全,因此从长远来看,点点币更节能而且具有成本优势。

点点币中采用的 PoS 是基于币龄(coinage)的,同样涉及与比特币类似的散列运算,但是不像比特币无范围地盲目搜索,点点币中的搜索空间被加以限制。Sunny King 在《点点币:一种点对点的权益证明电子密码货币》(*PPCoin*:*Peer-to-Peer Crypto-Currency with Proof-of-Stake*)中对其进行了详细的说明。

1) 币龄

币龄的概念缘于中本聪的设计,被简单定义为货币的持有时间,例如 Alice 收到了 10 个币,并且持有 10 天,那 Alice 就有了 $10 \times 10 = 100$ 币天(coinday)的币龄,当 Alice 花费了这 10 个币,那么认为这 10 个币上的积累的币龄被消耗。但在比特币中,币龄只用来给交易排序,并没有起到很重要的作用。点点币中加入了交易时间戳的概念,简化了系统对于币天的运算。

2) coinstake

coinstake 依据比特币中的 coinbase 交易命名,是 Sunny King 为实现 PoS 专门设计的一种特殊交易类型,如图 2-8 所示。类似于比特币中 coinbase 必须是区块中的第一笔交易,点点币中规定,如果一个区块为 PoS 区块,那么它的第二笔交易必须是 coinstake,同时如果一个区块的第二笔交易为 coinstake,那么它是 PoS 区块。coinstake 的第一个输入不能为空,即 kernel(核心)字段永恒存在,合格区块的判定只与 kernel 的币龄有关。输出的 output0 必须置零,output1 输出给区块持有人指定的收益地址,包括输入的本金和利息(stakeReward)。利息的计算公式为

$$stakeReward = coinage \times \frac{33}{365 \times 33 + 8} \times coin\_number$$

可简化为

$$\text{stakeReward} = \left(0.01 \times \frac{\text{coinage}}{365}\right) \times \text{coin\_number}$$

式中，coin_number 代表拥有币的数量。

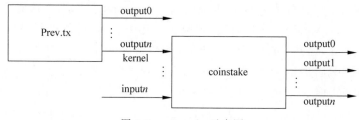

图 2-8　coinstake 示意图

这样，点点币便通过 coinstake 交易定义了除过 PoW 以外的一种新型的铸币方式。PoS 将根据 coinstake 交易中所消耗的币龄产生利息，0.01 代表每个币一年将产生 1 分的利息。这就使得点点币有一个与通货紧缩的比特币完全不同的特征，点点币没有固定的数量，点点币也是第一种引入无限量代币供应的数字货币。

3）权益证明

权益证明通过选举的方式，选择节点进行下一个区块的验证，将这样的节点称为验证者（validator），新区块不再是矿工挖掘产生的，而是通过铸造（mint/forge）生成。要成为验证者，节点需要在网络中存入一定数量的货币作为权益，类似于保证金机制。

PPC 中加入了币龄的考量。在 coinstake 交易中，区块持有人可以消耗他的币龄获得利息，同时获得为网络产生一个区块和用 PoS 铸币的优先权。coinstake 的第一个输入 kernel 需要满足某一哈希的目标协议，这使得区块的产生具有了随机性，具体公式为

$$\text{proofhash} < \text{CoinDayWeight} \times \text{Target}$$
$$\text{CoinDayWeight} = \text{coin\_number} \times \text{days}, \text{days} \in [30, 90]$$
$$\text{proofhash} = \text{hash}(n\text{StakeModifier} + \text{txPrev. block.} \, n\text{Time} +$$
$$\text{txPrev. offset} + \text{txPrev.} \, n\text{Time} + \text{txPrev. vout}n + n\text{Time})$$

proofhash 对应一组数据的哈希值，CoinDayWeight 即币龄，用户持有的货币数量乘以持有该笔货币的时间，天数存在取值区间，用户只有将该笔货币储存在钱包中至少 30 天才能够参与创建新区块，最大值为 90 天。从公式能明显看出，随着持币天数的增加，能够搜索的目标空间就会增大。Target 为目标值，用于衡量 PoS 机制下铸造新区块的难度，具体计算公式为

$$\text{Target}_n = \text{Target}_{n-1} \times \frac{1007 \times 10 \times 60 + 2 \times \text{block\_interval}}{1009 \times 10 \times 60}$$

block_interval 为前两个区块的时间间隔，由公式可见，两个区块的目标时间间隔是 10 分钟。目标与难度成反比，难度越高，目标值越小，铸造难度越大。如果前两个区块的时间间隔大于 10 分钟，目标值会提高，当前区块的难度会降低；与此相反，如果前两个区块的时

间间隔小于 10 分钟，目标值会降低，当前难度就会提高。与比特币中难度目标约两周调整一次不同，点点币中目标值持续调整，主要目的是避免铸造新区块的突然波动。

proofhash 由一些固定字段通过哈希运算得到。nStakeModifier 是专门为 PoS 设计的调节器，每个区块对应一个 nStakeModifier 值，但并不是每个区块的值都会进行变化，协议规定每隔一段时间必须重新计算一次，取值与前一个 nStakeModifier 和最新区块哈希值有关。如果没有 nStakeModifier 字段，当用户收到一笔币后，能够提前计算得知自己在未来什么时间段构造区块，这并不符合 Sunny King 的初衷，系统需要用户进行哈希值的盲目探索，以确保区块链网络的安全性。txPrev 为 kernel 对应的与一笔交易；txPrev. block. nTime 为上一笔交易所在区块的时间戳；txPrev. offset 是上一笔交易在区块中的偏移量；txPrev. nTime 为上一笔交易的构造时间，也就是上一笔交易的时间戳；txPrev. vout$n$ 为 kernel 在 txPrev 的输出下标，也就是 kernel 是 txPrev 的第几个输出。

而判断主链的标准转变为对区块累计消耗币龄的判断，每个区块的交易都会将消耗的币龄提交给该区块，获得最高消耗币龄的区块将被选为主链。

2. PoS2.0——黑币（Blackcoin）

点点币采用的基于币龄的 PoS 机制存在一些潜在的安全问题，例如一些节点会积攒币龄，平时保持离线状态，只有在积累了一定的币龄之后才重新上线获取利息，网络中不够数量的节点保持活跃状态就会影响网络中安全性能。另外，币龄可能会被恶意节点滥用以获得更高的网络权重以实现双花。

黑币（Blackcoin，BLK）诞生于 2014 年 2 月 24 日，作者是 Paul Vasin。在黑币的白皮书《黑币 POS 协议 2.0》（*BlackCoin's Proof-of-Stake Protocol v2*）中，他阐述了现有 PoS 协议的不足，除了上述的币龄的问题，还包括权益证明的组件是可以充分预测的，节点能够对将来的权益证明进行提前计算。在黑币中提出了 PoS2.0 机制，对之前权益证明的不足之处进行了修改完善。

黑币中 PoS 证明的计算公式为

$$\text{proofhash} < \text{coin\_number} \times \text{Target}$$

安全的 PoS 系统需要保证可能多的节点保持在线状态，越多的节点进行在线的权益累积，系统遭遇攻击的可能性就越低，同时交易得到确认的速度也就越快。因此在新的等式中去掉币龄，使得积攒币龄的方法在新系统中无法使用，进行权益累计就需要节点尽可能保持在线状态。proofhash 的具体表达式为

$$\text{proofhash} = \text{hash}(n\text{StakeModifier} + \text{txPrev. block.}\, n\text{Time} + \text{txPrev.}\, n\text{Time} +$$
$$\text{txPrev. vout. hash} + \text{txPrev. vout}n + n\text{Time})$$

为了降低节点进行预算计算的可能性，nStakeModifier 权重修正因子在每次修正因子间歇时都会进行改变，以便对将要用来进行下一个权益证明的时间戳的计算结果进行更好的模糊处理。

同时，黑币对区块的时间戳也进行了适当的改变，使得在 PoS 机制下能进行更有效的工作，理想预计区块的生成时间为 64s。每生成一个区块，不包括验证交易产生的交易费，

系统给予验证者的奖励为 1.5BLK,可大致估算出每年生成的区块奖励为 $\left(\frac{60}{64} \times 60\right) \times 24 \times$

$365 \times 1.5 = 739\,125$BLK。根据黑币官网介绍,截至目前,739 125 是黑币总供应量的 0.972%。这 0.972%仅分配给参与网络权益证明的用户,奖励率高于 1%。

黑币是首创快速挖矿+低股息的发行模式,发行前 7 天采用 Scrypt 算法挖矿,第 8 天 开始进入纯粹 PoS 阶段,是历史上第一个使用 PoW 创建周期然后过渡到完整的 PoS 的数 字货币。随着时间的推移,黑币的核心协议已经进入了 PoS3.0 阶段,PoS3.0 主要对交易 中多重签名的部分进行了补充。

3. PoS 机制存在的问题

区块链应用的最核心问题是如何在去中心化的环境中达成共识,比特币最核心的突破是 在没有中心组织的情况下,让全网对交易的有效性达成了一致。比特币通过引入外部算力资 源来确保共识的安全性,也就是工作量证明,另外通过每个新区块产生一定量的比特币激励网 络参与者,这也几乎是所有采用工作量证明的系统采用的方法。但是这种激励必须保证足够 的吸引力,才能吸引足够的参与者持续参与新区块的挖掘,以维持网络的运行,一旦激励的吸 引力下降,网络的安全性就会很容易被破坏。同时引入外部资源也使得网络暗含着被外部资 源攻击的危险,只要有足够的资金那么就能够买到足以破坏现有共识的设备和算力。

正是因为比特币存在的这些问题,出现了权益证明。权益证明放弃通过外部资源而选 择通过网络用户币种的权益维持网络的稳定,此时用户的权益就类似工作量证明中的算力。 但因为没有引入外部资源,采用权益证明的系统不需要消耗大量能源,也不用担心外部的算 力攻击。

但是 PoS 系统出现了新的问题——内部的 Nothing-at-Stake(无利害关系,N@S)攻击。 在早期的基于区块链的权益证明算法中,只为创造区块提供激励,没有惩罚措施,这就造成 了当网络出现分叉,多条链相互竞争的情况下,对于币种的持有者,最佳策略就是在每条链 上都创造区块,以确保自己能获得最终奖励,如图 2-9 所示。

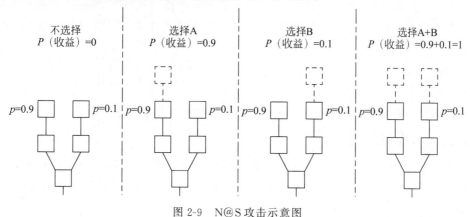

图 2-9 N@S 攻击示意图

这样,无论哪条链最终胜出,币种持有者的利益都不会有任何损失。这就导致一旦出现分叉，只要系统中有一定量"贪心"的验证者，即使没有外部攻击，全网也不会达成共识。工作量证明机制中则不需要考虑这种攻击存在，因为矿工获得激励的可能性会随着算力分配的区块数目增加而降低，有损于矿工自身利益，如图 2-10 所示。

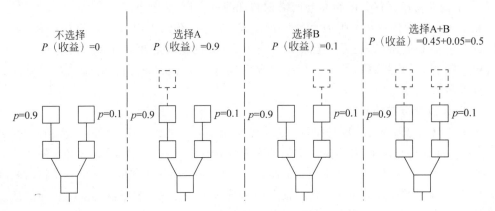

图 2-10　工作量证明机制下攻击情况示意图

第二个问题是重写历史攻击。从理论上来说，攻击者可以通过购买原始持有币种的账户从头发起攻击，重新分叉一个区块链。因为持有原始币种的账户可以将货币转移到任意账户而不受惩罚，因此存在重写历史攻击的可能性。

前面说过，想要维持一个区块链网络的稳定性，必须要有足够的激励机制吸引参与者尽可能多地参与新区块的挖掘或者铸造。但是一般的 PoS 系统是没有新币产生的，矿工只能赚交易费，如果交易费不高，那么对于矿工的激励就十分有限。因此有些 PoS 系统中，通过持续产生新币，也就是 coinstake 交易产生的利息，来激励验证者，但这就会导致通货膨胀。假设利息为 1%，那么就是每年 1% 的通货膨胀率，通货膨胀率会使得小户、散户的货币贬值，只有大户才能对货币进行保值，最终会导致中心化的现象出现。

为了解决上述问题，改进的 PoS 机制加入了十分严苛的惩罚制度来保障系统的安全。验证者将权益通过保证金的形式存入，一旦对系统有恶意攻击，得到的惩罚比奖励要大得多，攻击得不偿失，但是对于如何判定恶意攻击依然是一个备受争议的问题。所以在这种情况下，很多应用选择了 PoW＋PoS 的模式，依据 PoS 机制通过降低 PoW 出块的难度从而缩短了共识达成的时间，就连 ETH 也将采用这种模式，根据 2018 年 1 月 2 日 Ethereum Team 发布的第四季度总结，基于 PoS 的项目 Casper 测试网络也已经发布了。

2.3.4　委任权益证明

委任权益证明（DPoS）由区块链工程师丹尼尔·拉尔默（Daniel Larmer）提出，首先在比特股（Bitshares）上实现，之后的斯蒂姆币（Steem）、柚子（EOS）等数字货币或应用上都使用了 DPoS 机制。

简单来说，持币者投票选出一定数量的节点，代替他们进行区块验证的记账。用户通过一个特别的加密货币社区，投票选择网络的代表。投票的影响是根据持有的货币数量来决定的,货币持有量越大,那么投票的影响力也就越大。这些代表需要负责区块的产生,同时系统会给予他们一定收益。一旦被选择出来的代表没有履行应尽的职责,社区可以进行投票将其资格取消。有固定收益的激励机制存在,有大量用户愿意成为票选出的代表。类似于一个公司,公司中的员工都持有该公司数额不等的股份。每隔一段时间,员工可以把自己手中的票投向自己最认可的 N 个人来领导公司进行决策,每个员工的投票权和他手里持有的股份数等比例,投票结束后,得票最多的 N 个人成为公司的领导。如果领导做了不利于公司发展的事情,那么员工可以取消领导的资格,从而退出管理层。DPoS 通过一定程度的中心化,实现了秒级的共识验证速度,同时规避了纯粹 PoS 机制可能导致的攻击问题。

DPoS 中投票选择出来的代表根据任务不同,可分为两类:证人(witnesses)和受托人(delegates),在比特股的白皮书中进行了仔细的解释。

委托人的权利是提议更改网络参数,包括交易费用、区块大小、证人的奖励金额大小、区块间隔时间等所有内容,这些参数通过创世账户进行记录更新,一旦大多数代表批准了拟定的变更后,货币持有人即利益相关者拥有两周的审核期,在此期间他们可以将提案的代表罢免并使变更提案无效。此设计是为了确保委托人在技术上没有直接权力,所有对网络参数的更改最终都是得到利益相关方批准的。根据 DPoS,真正实现了权力掌握在利益相关方手中。值得注意的是,委托人并不是有偿职位。

证人的作用类似于现实社会中的公证人,公证人有时需要证明合同是在特定的时间由特定的人签署的,证人需要验证区块中的交易及签名的有效性。证人每产出一个区块,系统会给予他们固定数目的奖励,奖励数额的大小由委托人决定。如果证人没有按照规定产生新的区块,他们不会获得报酬,同时还会被票决出代表集体。证人的名单并不是固定的,系统会按照设定好的时间间隔进行名单的更新。同时,所有利益相关者都可以观察证人的参与率来监督网络的健康状况,在任何时间一旦证人的参与率低于某个基准,用户可以为交易的确认预留出更长的时间,同时对网络的安全性保持警惕。此属性使得比特股能够在不到 1min 内提醒用户潜在问题。

假设每个区块的生成时间为 3s,那么正常情况下,块生产者需要每 3s 轮流生成区块,一旦错过自己的轮次,这个时间段不再有区块产生,由规定的名单序列中的下一个证人生产新区块。块生产者在被调度轮次之外的任何时间段产出的块都是无效的,如图 2-11 所示。

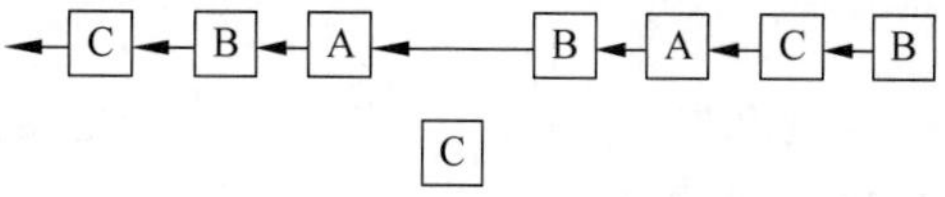

图 2-11　区块产生示意图

在 DPoS Consensus Algorithm——The Missing White Paper(《DPoS——缺失的白皮书》)中,将可能对共识产生威胁的情况做以列举说明。

如果不超过 1/3 的节点故障或者恶意分叉,如图 2-12 所示,依照每 3s 进行一次区块产生者轮换,在这种情况下,少数节点只能每 9s 产生一个区块,而多数节点可以产生两个区块。这样,诚实的多数节点将永远比少数节点产生的链条更长,网络不会产生分叉。如果少数节点试图在离线状态下进行无限量的分叉实验,也不会对网络的共识产生影响。因为少数人在出块速度上注定比多数节点的慢,他们产生的分叉也永远比多数人的链条短。

图 2-12　少数节点分叉情况

如果多数节点出现故障或进行恶意分叉，在他们所属的生产区块的时间段可以产生无限数量的分叉，如图 2-13 所示。每个分叉都有 2/3 以上的算力在创建区块以延长分叉，最后在不可逆区块时按照最长链法则进行主链的选择，最长链就是为大多数节点批准承认的链条，这种情况下由少部分诚实节点决定。同时绝大多数节点进行恶意分叉或者故障的情况并不会维持很长时间，因为利益相关方很快会将这些代表节点票决替换。

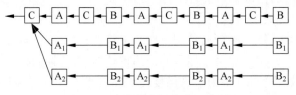

图 2-13　多数节点恶意分叉情况

网络有可能出现碎片化的情况，导致没有任何一条分叉拥有占据网络多数区块生产者，如图 2-14 所示。假设可能存在三条分叉，其中两条的长度相同，因为投票选择的证人总数永远为奇数，但第三个生产者产生较小的分叉加入网络中后，平局会被打破。网络最长链会倒向最大的那个少数群体。当网络的连通性恢复时，较小的少数群体会切换到最长链，网络共识重新恢复。

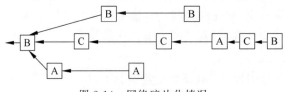

图 2-14　网络碎片化情况

实际在网络中并不会出现这种情况，因为即使区块生产者的数目相同，分叉也不会以相同的步长增加，因为每轮生产过后，都会经历生产者的洗牌，重新安排出块顺序。这种随机性确保顺序相近的生产者不会总是相互忽略，在拥有相同生产者进行分叉的情况下，平局也总是会被打破的。

在网络出现碎片化的情况下，多个分叉有可能会增长一段相当长的时间，虽然最终最长链会获得胜利，但是观察者需要一种更确切的手段判断一个区块是否属于增长最快的那条链。这可以通过观察来自 2/3＋1 多数块生产者进行判定。如图 2-15 所示，区块 A 已经被 B 和 C 确认，这代表了网络中 2/3＋1 的多数确认，在全部节点诚实的

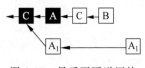

图 2-15　最后不可逆区块

情况下,可以判定没有其他链会比该链更长,将区块 B 称为不可逆区块。

设想一种比较极端的情况,网络中的大多数生产者不履行职责,只有少数代表坚持继续出块。在 DPoS 机制下,利益相关方可以在这些被少数区块坚持生产的区块中发起更改投票的交易,这些投票可以选择一批新的生产者,将参与出块的比率恢复到 100%。这样,该条链最终会超过其他以低于 100% 参与率运行的分叉链。很明显的是,一条参与率低于 67% 的链最终的网络状态是不确定的,共识最终会在一个不同的分叉上建立起来。选择在此条件下交易的用户冒的风险与在比特币网络中选择接受不到 6 个区块确认的人是相似的。

在能够设想的自然网络分叉的情况下,DPoS 都是强健的,甚至于在面对大量生产者作弊的场景也是安全的。同时不像其他共识机制,在大多数生产者不合格的情况中,DPoS 机制也是可以继续运行的。DPoS 机制在高强度和多变化的失败条件下仍然保持极高的强健性,在共识算法中后来居上,吸引了越来越多开发者的注意。

2.3.5　其他共识算法

随着区块链技术的不断发展以及各种数字货币的涌现,新的共识机制也不断地被创造出来。下面介绍两种比较热点的共识机制。

1. 瑞波共识机制(RPCA)

瑞波共识机制(Ripple protocol consensus algorithm,RPCA)使得节点通过特殊信任节点达成共识。在 Ripple 网络中,交易由客户端发起,经过追踪节点(tracking node)或验证节点(validating node)对交易进行广播,追踪节点能够分发交易信息并响应客户端需求,验证节点除了包括追踪节点的功能外,还要对需确认的交易达成共识,也就是说,Ripple 网络的共识只发生在验证节点中。

每个验证节点都会维护一份可信任节点列表,称为 UNL(unique node list),系统默认信任列表中的节点不会联合作弊。在共识过程中,交易需要接收 UNL 中节点的投票,投票超过一定阈值后便达成共识。具体共识过程大致如下。

(1) 验证节点接收待验证的交易,结合本地账本数据内容,对交易内容进行验证,不合格交易会被直接丢弃,合法交易将汇总为交易候选集,候选集中还包括之前无法被确认而遗留的交易。

(2) 活跃的验证节点将自己的交易候选集作为提案发送给其他验证节点,需要注意的是,参与共识机制的节点必须处于活跃状态,验证节点和活跃节点之间存在报活机制。

(3) 验证节点检查收到的提案是否来自 UNL 中的可信任节点。如果不是,该提案可以被忽略。如果是可信任节点,对提案内容进行本地存储。

(4) 验证节点对比可信任节点的提案内容和本地候选集,寻找交集,如果有相同的交易,那么该交易获得一票。如果 UNL 中可信任节点数目为 M,本轮交易认可的阈值为 N(百分比,如 50%),则每一个超过 $M \times N$ 个信任节点认可的交易将被该验证节点认可;验证节点需要在系统设置的本轮交易验证计数时间之内,将所有被认可的交易生成可交易列表。

（5）验证节点持续接收来自可信任节点的提案内容，并更新可交易列表，如果账本中每笔交易都获得满足条件阈值的信任节点列表的认可，则共识达成，交易验证结束。

共识遵循可信任节点的认可，就类似俱乐部会员中的核心会员，外部人员对于共识没有影响力，对比其他共识机制，RPCA 更中心化。Stellar 恒星币的共识机制（Stellar consensus protocol，SCP）便是在 RPCA 的基础上演化形成的。

2．授权拜占庭容错算法（dBFT）

授权拜占庭容错算法（delegated Byzantine fault tolerance，dBFT）是根据权益选出记账人，然后记账人之间通过拜占庭容错算法来达成共识。该算法由小蚁（NEO）团队提出，对比 PBFT，白皮书中进行的改进包括：

（1）将 C/S 架构的请求响应模式改进为适合 P2P 网络的对等节点模式。

（2）将静态的共识参与节点改进为可动态进入、退出的动态共识参与节点。

（3）为共识参与节点的产生设计了一套基于持有权益比例的投票机制，通过投票决定共识参与节点（记账节点）。

（4）在区块链中引入数字证书，解决了投票中对记账节点真实身份的认证问题。

机制将网络的参与者分为两类：专业记账的记账节点和普通用户。普通用户基于持有权益的比例进行投票选择记账节点，当需要通过一项共识时，在记账节点中选定一个发言人进行方案的拟定，其他记账节点根据拜占庭容错算法进行表态，如果超过指定比例的节点同意该方案，则方案达成，否则重新选择发言人进行方案的拟定。

这种方法的优点是有专业化的记账人；能够容忍任何类型的错误；记账由多人协同完成；每个区块都有最终性，不会分叉；算法的可靠性有严格的数学证明。但在白皮书中也坦言了现有算法的缺陷：当有 1/3 或以上记账人停止工作后，系统将无法提供服务；当有 1/3 或以上记账人联合作恶，且其他所有的记账人被恰好分割为两个网络孤岛时，恶意记账人可以使系统出现分叉，但是会留下密码学证据。综上来说，dBFT 机制最核心的一点，就是最大限度地确保系统的最终性，使区块链能够适用于真正的金融应用场景。

这符合 NEO 团队的定位，用户可以将实体世界的资产和权益进行数字化，通过点对点网络进行登记发行、转让交易、清算交割等金融业务的去中心化网络协议。目标市场不仅是数字货币圈，还包括主流互联网金融。小蚁可以被用于股权众筹、P2P 网贷、数字资产管理、智能合约等。

2.4　区块链运行机制

比特币作为一种新型的数字货币，其发行、所有权证明、存储和安全性等各种问题，均是通过区块链这个底层技术得以可靠运行至今。现在的很多区块链应用都借鉴了比特币区块链网络中的一些设置。下面以比特币为例，介绍区块链的基本原理和运行机制。

2.4.1　区块结构

每个数据区块包含区块头和区块体。区块头封装了当前版本号、前一区块哈希值、当前区块 PoW 要求的随机数(nonce)、时间戳以及 Merkle 根信息。区块体则包括当前区块经过验证的、区块创建过程中生成的所有交易记录,这些记录通过 Merkle 树的哈希过程生成唯一的 Merkle 根并记入区块头。下面分别详细介绍 Merkle 树和区块的组成。

1. Merkle 树

Merkle 树,又被翻译为默克尔树,也被称为 Merkle Hash Tree,因为树中的每个节点存储的都是哈希值。Merkle 树可以是二叉树或多叉树,根据实际需要决定。

一个区块需要携带的交易信息实际上是一个很大的值,如果存储这些原始信息要求更多的存储空间,具体应用中并不划算。Merkle 树提供了一种更简易的表示方式,不仅使得用较小的存储空间容纳更多的数据信息成为可能,实现了交易信息的快速归纳,而且提供了利用部分交易的哈希值就能够验证全部交易的方法。同时利用哈希的形式表示提高了安全性,某个交易中,哪怕只更改了一个小数点,最后展现出来的 Merkle 根也是完全不一样的。以比特币网络中的区块链为例,Merkle 树被用来归纳一个区块的所有交易信息,具体结构如图 2-16 所示。

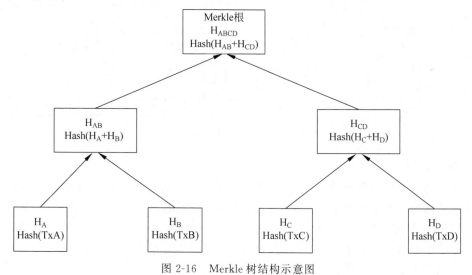

图 2-16　Merkle 树结构示意图

如图 2-16 所示,Merkle 树按层归纳交易信息。叶子节点通过对交易信息进行哈希运算,获得交易的哈希值。两个不同的交易哈希进行二次哈希,生成中间节点。逐层往上,递归地对节点进行哈希运算,最终获得将所有交易信息的哈希值放入 Merkle 根节点,存储在区块头中,无论交易数量,最终的交易信息都只占据 32 字节。

具体的流程大致可描述如下:

(1) 将未包含在之前区块中的未存储在 Merkle 树中的交易数据进行哈希,将哈希值存储在相应的叶子节点中：

$$H{\sim}A{\sim}=\text{SHA-256}(\text{SHA-256}(\text{交易 A}))$$

（2）串联相邻的叶子节点的哈希值，再进行哈希。这些节点就被归纳为父节点。

$$H{\sim}AB{\sim}=\text{SHA-256}(\text{SHA-256}(H{\sim}A{\sim}+H{\sim}B{\sim}))$$

（3）递归完成类似过程。

（4）直到最后只剩下顶部一个节点，即 Merkle 根部节点，将其存储在区块头。

Merkle 树的存储结构在另一方面也简化了验证特定交易的流程，大幅度提升了验证速度。如图 2-17 所示，节点只需要下载区块头，然后通过验证该特定交易到 Merkle 根的路径的哈希值，即可完成特定交易的验证。例如节点需要验证交易 K 的相关信息，节点只需要下载 H_K、H_L、H_{IJ}、H_{KL}、H_{IJKL}、H_{MNOP}、$H_{IJKLMNOP}$、$H_{ABCDEFGH}$ 和 Merkle 根的哈希值。如果不使用 Merkle 树结构，即使存储的均为哈希序列，也需要获取全部的交易信息，对所有交易进行遍历，而这些交易信息可能就有几个吉比特的大小。Merkle 树结构只需要计算 $\log_2 N$ 个 32 字节的哈希值即可完成特定交易的验证，这种验证方法又被称作简单支付验证（SPV）。

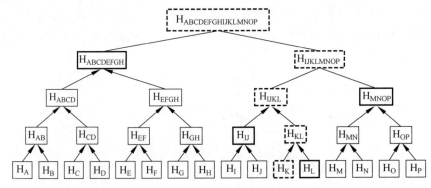

图 2-17　Merkle 树结构图

2. 区块结构

区块链的基本组成单位是区块，区块类似于账本中的账页。以比特币为例，一个区块可以看作由两部分组成，包含基础字段信息的区块头和跟在区块头之后的一长串存储为 Merkle 树形式的交易数据，如图 2-18 所示。

除过区块头和交易信息，区块中还包含表明该区块大小的字段、记录交易数量的交易计数器。具体表示如表 2-4 所示。

表 2-4　区块结构

大　　小	字　　段	描　　述
4 字节	区块大小	用字节表示的该字段之后的区块大小
80 字节	区块头	组成区块头的几个字段
1～9（可变整数）	交易计数器	交易的数量
可变的	交易	记录在区块里的交易信息

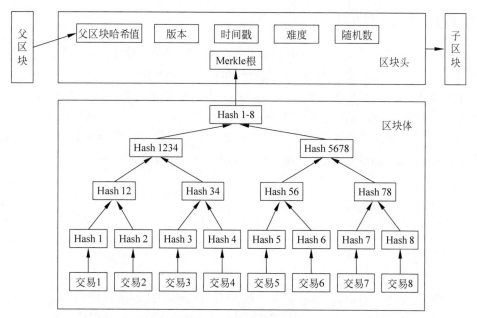

图 2-18 区块字段示意图

区块头是一个区块中最重要的部分。主要包括版本信息字段、父区块哈希值、Merkle 树根、时间戳、难度目标和 nonce 值。

（1）版本信息标识了该区块中交易的版本和所参照的规则。

（2）父区块哈希值实现了区块数据间的链状连接。

（3）Merkle 树的根值实现了将区块中所有交易信息逐层成对地整合归纳，最终通过一个哈希值将所有信息包含在区块头中。

（4）时间戳以 UNIX 纪元时间编码，即自 1970 年 1 月 1 日 0 时到当下总共流逝的秒数。

（5）难度目标定义了矿工需要进行挖矿的工作量证明的难度值，根据实际新区块挖掘出的速度，难度目标值会进行调整，最终保证平均 10min 出一个新区块。

（6）nonce 是一个随机值，初始值为 0，矿工挖矿就是找到一合适的 nonce 值，使得区块头的哈希值小于难度目标。

区块主体中主要存储交易信息，矿工将经过全网验证的交易通过 Merkle 树的方式表示。如图 2-18 所示，假设有 8 笔交易，分别为交易 1、交易 2……交易 8，Merkle 树首先对交易内容进行哈希计算，每笔交易得出对应的哈希值，然后再对交易哈希值进行两个一组的哈希计算，以此类推，最后的哈希值就是存储在区块头中的 Merkle 根。Merkle 根通过哈希计算的方式实现了对区块中所有交易记录的有效总结。另外，根据哈希运算的特性，Merkle 根能够快速验证交易数据的完整性和准确性，只要有人对其中一笔交易进行了篡改，哪怕只有一个小数点，Merkle 根便会直观地显示出来。

2.4.2　区块产生

比特币作为一种 P2P 形式的去中心化数字货币，并不依靠特定的货币机构发行，而是通过特定的算法实现了一套去中心化的发行机制。比特币只能通过矿工的挖矿行为产生，系统通过将比特币作为奖励激励矿工参与记账，挖掘产生新的区块。区块头中的难度目标、时间戳和 nonce 字段与矿工之间的挖矿竞争息息相关。

挖矿的过程是找到一个使整个区块的哈希值能够小于区块头中难度目标的理想 nonce 值，通过不断重复试验 nonce 值的过程被称作工作量证明，简要表示为：

```
{
if Hash(区块头)<难度目标
挖矿成功;
else
nonce + 1;
}
```

难度目标是一个动态值，系统根据新区块的产生速度进行调节，理想目标是平均 10 分钟产生一个新区块。但实际上系统并不是每次产生新区块后都要对生成速度进行瞬时调整，而是将最新生成的 2016 个区块的花费时长与 20 160 分钟（理想平均 10 分钟产生一个新区块的总时间）进行比较。根据实际时长和期望时长的比值，系统会决定是否进行难度调整。为了防止难度目标变换过快，每个周期的调整幅度必须小于一个固定因子，一般设定为 4，当比较值大于 4 时，就按照 4 倍进行调整，进一步的调整会在下一个周期完成。

New Difficulty = Old Difficulty * (Actual Time of Last 2016 Blocks/20160 minutes)

一个新区块的产生时间取决于矿工的算力，随着矿工算力的日益增长，出块的难度也会日益增加，最终目的都是保证平均 10 分钟一块的出块速度。而难度是对矿工挖矿困难程度的一种度量。目标是一个 256 位的数值，难度的计算公式为：

difficulty = difficulty_1_target/current_target

difficulty_1_target =

0x00000000FFFFFFFFFFFFFFFFFFFFFFFFFFFFFFFFFFFFFFFFFFFFFFFFFFFFFFFFFF

difficulty_1_target 为定值，由此能够计算出不同目标哈希实际区块的产生难度。

从另一方面来说，哈希值是由数字和大小字母组成的字符串，每一位都有 62 种可能性。每种字符出现的概率是相等的，那么第一位出现 0 的概率为 1/62，理论上需要尝试 62 次哈希运算才会出现理想的结果。如果前两位均为 0，那么需要进行 62^2 次尝试，前 n 位为 0，则需要 62^n 次尝试。随着前 n 位 0 的个数的增加，难度目标的越来越小，而难度随之增加。类似于掷骰子，目标为 6 时，投掷出的点数有 5/6 的可能满足小于点数的条件；当目标为 2 时，只有 1/6 的概率满足条件。

依据现在比特币网络的难度，矿工至少需要尝试 10^{15} 次，才能找到一个合适的 nonce 值，使得目标区块的哈希符合条件。从现在的挖矿市场来看，更多的算力被大型矿池公司所垄断,以个人为单位的矿工基本不可能赢得这场竞争。

2.4.3　区块连接

在比特币区块链网络中,每个区块都在区块头中存储了父区块哈希值字段,父区块哈希由对前一个区块的区块头数据进行哈希运算得出,新区块通过父哈希和现在网络中的主链进行连接。区块间通过父区块哈希字段实现了区块间的链状结构,区块间的这种数据结构也被称为区块链。

按照平均 10 分钟产生一个新区块的速度,矿工从交易池中选取未被主链包含的交易记录通过 Merkle 树的形式进行打包存储,不同矿工产生的新区块中包含的交易记录可能会存在差异,但这些交易记录均为未被全网承认的待确认交易。

当矿工成功得出新区块的 nonce 值,会将新区块向全网广播,每个节点都会对新区块的内容进行独立校验,确认无误后会将新区块组装进节点现在存储的区块链中。

节点会查看新区块的父哈希字段,从已存在的区块链中找出父区块。如果已存在的区块中找不到父区块,那该类新区块会被当作孤块存储在孤块池中,直到找到它的父区块,或者因为孤块池中的存储饱和被节点随机丢弃。当相邻的两个区块在很短的时间内被挖掘出来,一些节点因为距离原因首先收到子区块,那么新区块就会被投入孤块池中。

矿工挖掘的新块如果未能被成功纳入主区块链,那么就不会得到系统提供的挖矿奖励。因此在算力竞争中,如果有两个区块几乎在同一时间被挖掘出来,那么此时起到决定性作用的就是区块的传播速度。一般情况下,具有较多节点连接的区块所挖掘的新区块有更大的概率获得胜利,从而能够实现让下一个区块接续在自己的区块之后,获得系统的挖矿奖励。

TradeBlock 曾对此做过一项调研分析(TradeBlock,主要提供数字货币区块链数据挖掘和研究分析),如图 2-19 所示。在 2015.04.23～2015.06.10,平均每天产生 1% 的孤块,即有约为 1% 的孤块率。而对于产生孤块的比较典型的原因是由于矿工节点连接的节点数目较少,当全网活跃的比特币节点大约有 6000 个时,只要连接节点达到 3000 个,那么一个新区块赢得孤块竞赛的概率为 90%。似乎在孤块竞赛中获得成功的区块通常是第一个被广播到全网的。

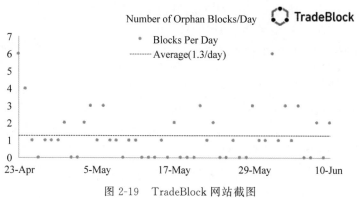

图 2-19　TradeBlock 网站截图

在调查中同时发现，区块的传播速度和容纳的交易数量成负相关。这很容易理解，每个接收到新区块的节点都需要独立对区块进行校验。但就交易记录，节点需要将新区块中包含的交易记录和自身交易池中存储的交易记录进行对比，那么一旦区块中的交易数量越多，除了会延长数据传播的时间，还会因为每笔交易在网络中的跳动花费更多的时间。在连接相同节点数量的情况下，区块大小和传播时间存在直接关系。一个 700KB 的区块传播需要17s，但是 200KB 的区块传播只需要 6s，所以矿工可能为了降低挖矿收益的风险，选择在相同区块容积下打包更少的交易。这种风险同时提醒比特币或其他区块链应用的社区在面对扩容问题的时候，不能只将期望值放在扩充区块容积上，而是需要更多其他的方法和思路。

2.4.4 区块传播

通过 coinbase 的奖励机制，比特币实现了节点自发保持实时在线的状态去完成记账工作。但是账本储存在每个节点中，去中心化需要保证每个节点中的数据一致，需要防止某些被篡改的恶意账本影响整个网络的交易。因此矿工成功算得工作量证明解后，需要将区块内容进行全网广播，只有获得其他矿工节点的验证通过后，新挖掘的区块才能加入区块链。同时每个节点都会独立地对新区块进行校验，如果区块中包含无效信息，该节点就会将该区块丢弃，各节点的独立校验会确保只有有效的区块内容才能在网络进行传播，不会造成资源的浪费。

基于比特币采用的 P2P 分布式网络协议，临近节点会首先接收到广播信息。当节点接收到新区块后，会依照验证标准对所有字段信息进行验证。验证内容包括：

（1）区块数据结构的有效性。

（2）区块大小和各字段有效长度的合法性，在长度限制要求之内。

（3）是否拥有正确的 nonce 值，区块头的哈希值需满足当前目标值。

（4）验证区块头中的 MerkleRoot 是否由区块交易得到，根据区块交易数据进行 Merkle 树重构，需与区块数据中保持一致。

（5）对时间戳显示时间进行校验。

（6）区块的第一个交易为 coinbase 交易，其他交易都不是。

（7）遍历区块中所有交易，检查交易的合法性。

以上校验标准可以从比特币核心客户端的 CheckBlock 函数中获得，源代码如下：

```
    bool  CheckBlock ( const  CBlock&block,  CValidationState&state, const  Consensus::
Params&consensusParams,bool fCheckPOW,bool fCheckMerkleRoot)
    {//对区块进行单独校验

    //如果区块已经验证证过,则直接返回结果 true
    if(block.fChecked)
    return true;
```

```
//检查区块头是否拥有正确的工作量证明解
if (!CheckBlockHeader(block, state, consensusParams, fCheckPOW))
return false;

//首先判断是否需要对 Merkle 根进行校验,若需要,则要验证 Merkle 树是否符合要求
if (fCheckMerkleRoot) {
bool mutated;

//重构 Merkle 树,将重构的 MerkleRoot2 与区块头中的 MerkleRoot 进行比较
uint256 hashMerkleRoot2 = BlockMerkleRoot(block, &mutated);
if (block.hashMerkleRoot != hashMerkleRoot2)
return state.DoS(100, false, REJECT_INVALID, "bad-txnmrklroot",true, "hashMerkleRoot
mismatch");
    //检查 Merkle 树的可扩展性,是否存在重复交易,存在则区块无效
if (mutated)
return state.DoS(100, false, REJECT_INVALID, "bad-txns-duplicate",true, "duplicate
transaction"); }

//区块交易不为空,size 和 weight 符合限制要求
if (block.vtx.empty() || block.vtx.size() * WITNESS_SCALE_FACTOR > MAX_BLOCK_WEIGHT |
| ::GetSerializeSize(block, SER_NETWORK, PROTOCOL_VERSION | SERIALIZE_TRANSACTION_NO_
WITNESS) * WITNESS_SCALE_FACTOR > MAX_BLOCK_WEIGHT) return state.DoS(100, false, REJECT_
INVALID, "bad-blk-length",false, "size limits failed");

//校验 coinbase 交易
if (block.vtx.empty() || !block.vtx[0]->IsCoinBase())
return state.DoS(100, false, REJECT_INVALID, "bad-cb-missing", false,"first tx is
not coinbase");

//校验 coinbase 交易是否唯一
for (unsigned int i = 1; i < block.vtx.size(); i++)
if (block.vtx[i]->IsCoinBase())
return state.DoS(100, false, REJECT_INVALID, "bad-cb-multiple",false, "more than one
coinbase");

//校验区块中的交易合法性
for (const auto& tx : block.vtx)
if (!CheckTransaction(*tx, state, false))
return state.Invalid(false, state.GetRejectCode(),state.GetRejectReason(),strprintf
("Transaction check failed (tx hash %s) %s", tx->GetHash().ToString(), state.
GetDebugMessage()));
unsigned int nSigOps = 0;
for (const auto& tx : block.vtx)
{
nSigOps += GetLegacySigOpCount(*tx);
}
if (nSigOps * WITNESS_SCALE_FACTOR > MAX_BLOCK_SIGOPS_COST)
```

```
        return state.DoS(100, false, REJECT_INVALID, "bad - blk - sigops", false,"out - of -
    bounds SigOpCount");
        if (fCheckPOW && fCheckMerkleRoot) block.fChecked = true;
        return true; }
```

只有当上述所有标准都确保无误,邻近节点才会继续新区块的传播行为,最终直到全网大部分节点接收新区块的信息。

2.4.5　最长链原则

比特币区块是依靠矿工们不断进行数学运算而产生的,每个区块都必须引用其上一个区块,因此最长的链也是最难以推翻和篡改的,所以节点永远认为最长链才是有效的区块链,只有在最长链上挖矿的矿工才能够获得奖励,即比特币最长链原则。

1. 区块的选择

对于比特币区块链生态系统而言,网络允许任何人都可以进行数据的读取和写入,参与者不需要经过审查和批准就能够进行比特币交易和新区块的挖掘开发。而在没有第三方机构的控制评定下,比特币网络在面对可能出现的差异时,需要能够进行仲裁的方法。

在所有矿工参与的挖掘新区块的算力竞争中,可能会出现两名矿工在较短的时间差内,在几乎相同的时间算得同一新区块的工作量证明解,并各自向全网广播,将新区块传播给相邻节点。其余节点会率先验证接收到的区块信息。通常将未被全网承认的但已经传播的区块称为候选区块。结果会造成一些节点收到一个候选区块,而另一些节点收到了另一个候选区块,这两个候选区块可能包含的交易大致相同,只是在交易顺序上有些不同。这时网络中就会出现两个不同版本的区块链,即区块链分叉,大致如图 2-20 所示。

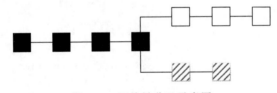

图 2-20　区块链分叉示意图

区块链网络需要在没有第三方干涉的情况下,对类似分叉的这种可能出现的差异情况进行判定。比特币网络中按照最长链原则解决此类问题,因为总有一方能够抢先发现新的工作量证明解并传播出去,所有节点会统一接收更长的链,在已经分叉的情况下重新达成共识。最长链指的是该条链累计的工作量证明最大,一般情况下,也是包含最多区块的链条,这条最长的区块链通常被称为“主链”。在比特币主链上其实也存在着分支,这些分支被当作备用链,如果新添加的区块使备用链累积了更多的工作量,那么这条备用链将被作为新的主链。实际上,去中心化程度越高的区块链因为开放程度高,允许任何人对区块数据进行写入和读取,引起分叉的风险就越大。

2. 区块的组装

节点接收到新的区块数据,需要将新区块和原本的区块链数据进行组装,区块间通过区块头的父哈希字段实现链状连接。

通过验证的区块,节点会根据新区块的父哈希字段,在已有的区块中找寻其父区块。在大多数情况下,这个父区块都是主区块链的最后一个区块,即顶点区块,这样新区块就实现了对原本区块链的延长。但有时候,新区块也有可能延长了备用链,此时根据最长链原则,比较现有的主区块链和备用链的工作量难度,如果备用链累计的工作量证明更大或难度更高,那么节点将收敛于备用链,备用链会成为新的主区块链,现有的主区块链则变为备用链;否则保留原有的区块链为主链;如果出现节点现有的区块信息中没有收到的新有效区块的父区块的信息,那么该区块就会被保存在孤块池中,直到它的父区块被找到。

例如图 2-21 所示,当有两名矿工在几乎同时都求得了工作量证明解,立即传播他们的新区块(分别是♯3458 和♯3458')到网络中。当这两个区块传播时,一些节点首先收到♯3458,一些节点首先收到♯3458',这两个候选区块(通常这两个候选区块会包含几乎相同的交易)都是主链的延伸,就会分叉出有竞争关系的两条链。收到♯3458 区块的挖矿节点会立刻以这个区块为父区块来产生新的候选区块♯3459。同样,收到♯3458'区块的挖矿节点也会以这个区块为父区块开始生成新的候选区块♯3459'。假设以♯3458'为父区块的

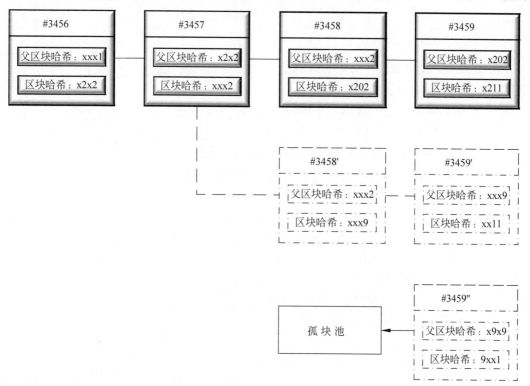

图 2-21　区块的组装

工作量证明首先解出，即新区块♯3459'先被广播，当原本以♯3458为父区块求解的节点在收到♯3458'和♯3459'之后，会立刻将该链作为主链（因为♯3458那条链已经不是最长链了）继续挖矿。节点也有可能先收到其他节点发来的♯3459"，再收到♯3458"，收到♯3459"时，会被认为是"孤块"（因为还找不到♯3459"的父区块♯3458"）保存在孤块池中，一旦收到父块♯3458"时，节点就会将孤块从孤块池中取出，并且连接到它的父区块，让它作为区块链的一部分。

无论哪种情况，节点选择都是当前工作量证明最大、难度累计最高的链，所有节点最终会在全网范围内达成共识，暂时性差异也会得到解决。比特币将区块间隔设计为10分钟，是在更快速的交易确认和更低的分叉概率间做出的妥协。更短的区块产生间隔会让交易确认更快地完成，也会导致更加频繁的区块链分叉。与之相对地，长的间隔会减少分叉数量，却会导致更长的确认时间。

2.5 小结

本章提取了区块链技术的基础理论，分别介绍了区块链的三种分层体系结构、区块链采用的加密技术、区块链目前流行的共识机制，并结合比特币对区块链的运行机制进行了详细的阐述。

思考题

1. 区块链六层体系结构分为哪六层？
2. 公有链、私有链和联盟链有哪些区别？
3. 简要说明 Web 1.0、Web 2.0、Web 3.0 的区别。
4. 简要说明哈希函数的特点。
5. 与对称加密相比，非对称加密的优势体现在哪里？
6. 简述采用非对称加密做数字签名和验证签名的过程。
7. 什么是区块链的共识机制？
8. 实用拜占庭容错算法的最大容错节点数量是多少？
9. 请阐述实用容错拜占庭算法和授权拜占庭容错算法的区别。
10. 工作量证明如何使比特币网络达成共识？
11. 与工作量证明相比，权益证明有哪些优缺点？
12. 简述 PoS 共识机制可能面临的"无利害关系"攻击。
13. 简要说明委任权益证明的优势。
14. 区块头包含哪些内容？
15. 阐述 Merkle 树的作用。
16. 在区块链网络中，如果两名矿工几乎同时求得同一新区块的工作量证明解，依据什么原则解决可能产生的分叉问题？

第 3 章

比特币技术原理

比特币作为一种新型的数字货币，开创了全新的数字货币生态系统。不同于日常生活中使用的货币，数字货币在交易过程中并不依赖物理实体，其使用前景将不限于目前看到的支付、担保、保险、博彩、公证等应用场景。随着以比特币为首的数字货币市场引发的一轮投资热潮，越来越多的人将注意力集中在数字货币的应用和背后支撑的技术原理，而比特币作为数字货币的领头羊，更是获得了不同群体的广泛关注。如何拥有属于自己的比特币？如何使用比特币进行交易？比特币如何确保安全性？本章将介绍如何加入比特币网络，如何创建比特币账户，如何进行比特币交易，并重点阐述比特币的共识机制、安全机制，以及目前的扩容方案。

3.1 加入比特币网络

与传统货币不同，比特币是完全虚拟的。用户通过网络进行交易，比特币隐含在发送方和接收方转移价值的交易中，通过交易数据表示，不存在任何实物。网络中的任何参与者都可以作为"矿工"使用计算机的处理能力来验证和记录交易，这些交易信息通过矿工存储在网络的不同节点中，无法篡改。但并非所有节点都强制存储完备的交易记录，比特币网络针对不同需求的用户拥有不同的节点类型。

3.1.1 网络节点

比特币网络采用 P2P 网络结构，每个节点在网络中地位对等，它们为用户提供相同的网络服务。可以按照比特币网络 P2P 协议运行的一系列节点的集合称作比特币网。中本聪在比特币白皮书中说明了如何运行比特币网络，大致包括如下过程：

（1）新的交易向全网进行广播。

（2）每个节点都将收到的交易信息纳入一个区块中。

（3）每个节点都尝试在自己的区块中找到一个具有足够难度的工作量证明。

（4）当一个节点找到了一个工作量证明，它就向全网进行广播。

（5）当且仅当包含在该区块中的所有交易都是有效的且之前未存在过的，其他节点才认同该区块的有效性。

（6）其他节点表示它们认同该区块的方法，就是在该区块的后面添加新的区块以延长该链条，并将被认同区块的随机散列值视为先于新区块的随机散列值。

其中涉及的节点被称为全节点。每个全节点都是路由、完整的区块链数据库、挖矿和钱包四种功能服务的集合，如图3-1所示。它们更新复制最新完整的区块链数据库，能够独立自主校验所有交易并对其进行广播，不需借由任何外部参照，同时可以凭借设备的计算能力参与新区块的算力竞争。一般的核心客户端都是能够运行所有功能的全节点，如 Bitcoin core。

图 3-1　全节点包含功能模块示意图

但事实上，运行全节点对设备提出了较高的要求，需要存储的区块数据会随着交易数量的增加而日益庞大，对于只是想将比特币作为货币使用的用户而言，存储大量的区块数据是多余的。因此在现行的比特币网络中，针对不同的用户群体，存在不同功能集合的节点类型。

对于只想借助比特币充当一种交易方式的用户而言，参与网络后运行的节点可以是全节点或者轻量级节点，只要节点包含钱包功能即可。轻量级节点对比全节点，只保留了区块链数据的一部分，通过简易支付验证的方式完成交易验证，交易数据实时更新。用户只需要下载轻量级钱包，就能够使用比特币进行交易，轻量级钱包包含功能如图3-2所示。

而矿工主要依靠挖矿节点参与网络。一般维持挖矿节点运行的设备均配置有特殊硬件设施，节点间通过计算力竞争，破解新区块的工作量证明解。挖矿节点也分为全节点和轻量级节点，其中轻量级节点依靠矿池服务器的全节点进行工作，而全节点一般指的是依靠单一节点进行挖矿的独立矿工节点。节点具有完整区块链副本的挖矿功能，以及比特币网络中的路由功能，具体如图3-3所示。

图 3-2　轻量级钱包包含功能示意图

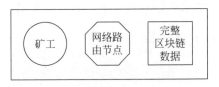

图 3-3　独立矿工节点包含功能示意图

但是随着挖矿难度的日益增加，算力竞争愈发激烈，个体矿工通过独立挖矿获得的收益已经不能覆盖电力和硬件成本了。即使使用消费型 ASIC 进行挖矿，个体矿工也无法与拥有数万芯片、位于低电力成本地区的商业矿池进行竞争。所以，现在的矿工多通过组成矿池方法，汇集众多参与者的算力，凭借算力贡献按比例获取奖励，降低了风险性和不确定性。

矿池通过专用的挖矿协议协调矿工，而矿工会将个人的矿机连接到矿池服务器，通过服务

器和其他矿工同步工作。这种情况下矿工可以选择轻量级的挖矿节点,如图 3-4 所示。轻量

级节点保存的只是区块头信息,通过路由功能连接到比特币网络中,就可以通过 P2P 的方式找到中继节点,从而搜索到所需要的交易信息。因此没有足够空间存储区块数据的矿工节点,可以不保存全节点的链数据,按需所取,专注于挖矿即可。

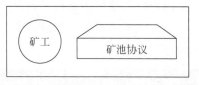

图 3-4　轻量级矿工节点包含功能示意图

3.1.2　比特币客户端

普通用户可以通过在线网站或者下载应用程序加入比特币网络。随着比特币的热潮,出现了很多比特币客户端软件,主要可以分为三种类型:完整客户端、轻量级客户端和在线客户端,此外中本聪客户端被称为标准客户端,标准客户端最开始由中本聪运行维护。

完整客户端存储比特币区块链的全部交易信息,用户可以直接进行交易,不依赖任何第三方服务器确认交易记录;轻量级客户端只存储用户钱包的相关信息,如果想要进行交易,需要访问第三方服务器中存储的交易记录;在线客户端完全依赖第三方服务器,用户通过网页浏览器访问和储存钱包。

用户钱包由系统产生的密钥进行保护,用户需要牢记自己的钱包密钥以确保对钱包中比特币的所有权。客户端会为每个用户产生一个钱包和对应的比特币地址,一个用户可以有多个钱包,每笔交易也可以有不同的地址。

想要获得比特币,除了通过挖矿获得开发新区块的比特币奖励和确认交易的交易费以外,用户也可以通过专门的通货交易所进行比特币购买,或者寻找该地区的比特币卖家使用现金进行线下交易,如果本地区存在比特币 ATM,那么可以直接在 ATM 获取。

下面简单介绍几个比特币在线交易平台。

1. Bitstamp

欧洲比特币交易所(Bitstamp)的网址是 https://www.bitstamp.net/,该平台支持多币种的交易和电汇方式,网站首页如图 3-5 所示。

图 3-5　Bitstamp 网站首页截图

2. Coinbase

美国比特币钱包和交易平台（Coinbase）的网址是 https://www.coinbase.com/，该平台已获得美国多个州监管机构的合法执照，可以通过 ACH 系统连接美国支票账户。网站首页如图 3-6 所示。

图 3-6　Coinbase 网站首页截图

3. Localbitcoins

总部设在芬兰的 LocalBitcoins，是目前全球最大的场外交易平台，通过该平台可以寻找当地比特币卖家，网址是 https://localbitcoins.com/，网站首页如图 3-7（a）所示，通过 localbitcoins 搜索中国比特币卖家的结果如图 3-7(b)所示。

4. CoinDesk

比特币新闻资源网（CoinDesk）是一个发布数字货币新闻和数据分析的平台，利用该平台提供的比特币 ATM 在线地图可以非常方便地查询本地区的比特币 ATM，网址是 https://www.coindesk.com/bitcoin-atm-map/，网站如图 3-8 所示。

比特币作为一种全球性流通的数字货币，可以在世界范围内进行交易，同时也可以换算为其他不同的币种，用户可以通过查询比特币市场汇率来获得第一手信息，有很多应用和网站都能满足该项需求，下面列举几个。

1. Bitcoincharts

Bitcoincharts 是市场数据服务网站，网址是 https://bitcoincharts.com/，该网站显示了全球众多交易所的比特币市场汇率，以当地不同的汇率来进行结算，网站如图 3-9 所示。

2. BitcoinAverage

BitcoinAverage 提供每个币种的交易量加权平均价格的简单视图，是比特币历史价格数据的主要来源，网址是 https://bitcoinaverage.com/，网站如图 3-10 所示。

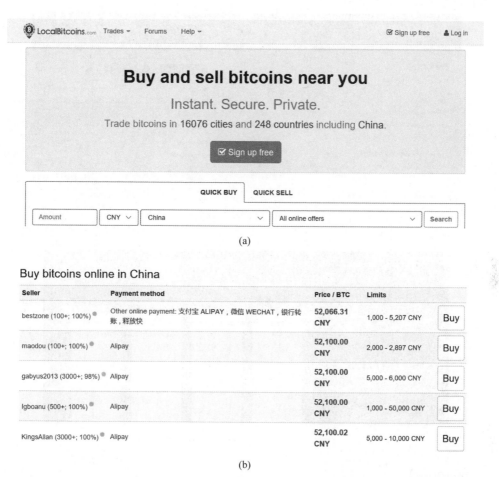

图 3-7　Localbitcoins 网站首页截图和通过 Localbitcoins 搜索中国比特币卖家结果截图

图 3-8　CoinDesk 网站截图

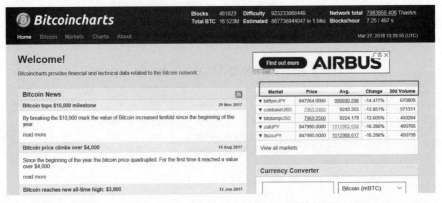

图 3-9　Bitcoincharts 网站截图

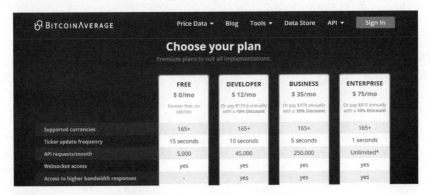

图 3-10　BitcoinAverage 网站截图

3. ZeroBlock

ZeroBlock 是一个免费的安卓和 iOS 应用程序，可以显示不同交易所的比特币价格，网址是 https://zeroblock.com/，网站如图 3-11 所示。

图 3-11　ZeroBlock-PC 端截图

4. BitcoinWisdom

BitcoinWisdom 是一家数字货币行情网站,提供市场数据索引服务站,网址是 https://bitcoinwisdom.com/,网站如图 3-12 所示。

图 3-12 BitcoinWisdom 网站截图

3.2 创建比特币账户

对于比特币的交易用户,客户端会自动为用户生成钱包,类似于在银行开户,用户也需要一个如同银行卡密码的账户密码来保护自己的数字资产。专属密钥就成为使用钱包中比特币的必要条件。而用户的密钥不同于银行卡密码短小精悍方便记忆,密钥对一般是经过特殊处理的长串随机数列,很难记忆,为了保证其安全性和隐匿性,一般将密钥存储在数字钱包中。

3.2.1 密钥对:私钥和公钥

比特币作为一种数字资产,并不存在实体,网络通过密钥、比特币地址和数字签名来确认比特币的所有权。用户通过客户端或钱包自动生成密钥文件,存储在本地,密钥为自己独有,不需要进行区块链的网络连接;在用户的交易环节,公钥通过其数字指纹表示为比特币地址,同时比特币地址也存在脚本类型等其他表现形式,但公钥最为常见;数字签名证明了交易的有效性,只有携带有效的数字签名的交易才能存储在区块链中。

密钥对是比特币地址和数字签名的基础。一个比特币钱包可以包含一系列的密钥对,一个密钥对包含一个私钥和一个公钥。私钥为系统生成的随机数,用于产生支付时的数字签名。公钥是私钥通过椭圆曲线乘法产生的,用于产生地址接收比特币,如图 3-13 所示。公钥是公开的,不会影响用户钱包的安全性,但是用户必须对私钥进行保密存储,同时注意对私钥文件的多重备份。在生活大爆炸中,伦纳德、霍华德和拉杰什就因为谢尔顿弄丢了私钥的备份文件,失去了一夜暴富的机会。因为私钥一旦丢失就难以复原,所有的比特币也将一同消失。

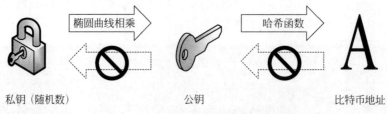

图 3-13　私钥、公钥和比特币地址关系图

私钥通过椭圆曲线乘法生成公钥，这个过程是单向不可逆的，公钥无法反推出私钥。椭圆曲线乘法的原理已在第 2 章进行了阐述：在椭圆曲线上，以一个随机产生的私钥 k 为起点，将其与曲线上已经规定的一点 G 相乘，即可获得公钥。G 点为标准规定的一部分，所有比特币的生成点都是相同的。

按照定义，根据椭圆曲线乘法生成的公钥实际上为一个点 (x, y) 的坐标。因为区块中的交易数据包含了公钥字段，为了优化数据结构、压缩硬盘储存的区块链数据，同时根据椭圆曲线算法公式利用 x 值能够推导出 y 值，进而引进了压缩公钥。根据选用的公钥是 (x, y) 坐标值还是 x 值，将公钥划分为非压缩格式和压缩格式两种类型。非压缩格式代表公钥选用了坐标 (x, y) 表示，通常此种情况下的公钥前缀为 04；压缩格式为公钥只选用 x 值，而舍弃了坐标中的 y 值。根据 x 值的奇偶性不同，前缀可分为 02 或 03，如图 3-14 所示。

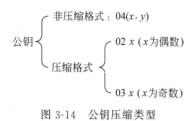

图 3-14　公钥压缩类型

私钥是用户在比特币网络的通行证，它是由客户端随机生成的一个 256bit（位）的二进制码，也就是 32 字节，在不同的使用场景中采用不同的编码方式可推导出不同格式的私钥。表 3-1 列出了不同格式私钥的前缀和特征描述。

表 3-1　不同格式私钥的前缀和特征描述

格　式	前缀	特　征　描　述
Raw	无	32 字节
Hex	无	64 位十六进制数
WIF	5	采用 Base58Check 编码，版本前缀为 128，有 32 位的校验和
WIF-compressed	K/L	采用 Base58Check 编码，版本前缀为 128，有 32 位的校验和，有附加后缀 01

32 字节的字符串是原生（Raw）格式，其十六进制（Hex）格式多在编码中使用，普通用户不会接触到。为了方便复制私钥并减少出错，在钱包之间导入/导出私钥时一般使用 WIF（wallet import format）格式。在 WIF 格式的私钥后增加后缀 01，表明该私钥只能用于生成压缩格式的公钥，将该形式的私钥称为压缩格式私钥（WIF-compressed），对应的有时也

会将 WIF 格式的私钥称为非压缩格式的私钥。同一个 256bit 的随机数对应的不同格式的私钥如表 3-2 所示。

表 3-2 不同格式的私钥举例

格 式	举 例
Hex	1e99423a4ed27608a15a2616a2b0e9e52ced330ac530edcc32c8ffc6a526aedd
WIF	5J3mBbAH58CpQ3Y5RNJpUKPE62SQ5tfcvU2JpbnkeyhfsYB1Jcn
WIF-compressed	KxFC1jmwwCoACiCAWZ3eXa96mBM6tb3TYzGmf6YwgdGWZgawvrtJ

需要留意的是,压缩格式的私钥并没有压缩,反而比 WIF 非压缩格式多出 1 字节。一般所说的压缩格式的私钥只能用于生成压缩格式的公钥,其本身并不是压缩格式。同时,非压缩格式的私钥只能用于生成非压缩格式的公钥,具体转换关系如图 3-15 所示。

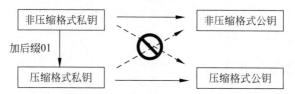

图 3-15 压缩、非压缩格式私钥和公钥的对应关系

WIF 格式的私钥产生过程如图 3-16 所示。

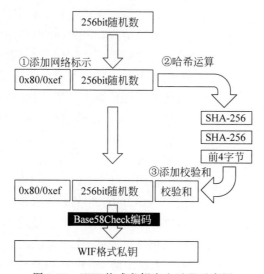

图 3-16 WIF 格式私钥产生过程示意图

(1)系统产生 256bit 的随机数,用十六进制表示,例如产生一个随机数:
0C28FCA386C7A227600B2FE50B7CAE11EC86D3BF1FBE471BE89827E19D72AA1D。
(2)对随机数添加网络标示,前缀 0x80 表示 mainnet 网络,前缀 0xef 表示 testnet 网络,例如对上一步产生的随机数添加网络标示 0x80 之后生成 800C28FCA386C7A227600B

2FE50B7CAE11EC86D3BF1FBE471BE89827E19D72AA1D。

（3）如果需要产生压缩公钥，那么需要使用压缩私钥，在字符串末尾增加后缀 01；若使用非压缩公钥，则不追加。例如使用非压缩公钥，字符串保持不变，依然是 800C28FCA386C7A227600B2FE50B7CAE11EC86D3BF1FBE471BE89827E19D72AA1D。

（4）对步骤 3 产生的字符串执行 SHA-256 算法，生成 8147786C4D15106333BF278D71DADAF1079EF2D2440A4DDE37D747DED5403592。

（5）对步骤 4 产生的字符串再次执行 SHA-256 算法，生成 507A5B8DFED0FC6FE8801743720CEDEC06AA5C6FCA72B07C49964492FB98A714。

（6）取步骤 5 产生的字符串的前 4 字节作为校验和，添加至步骤 3 产生的字符串末尾，生成 800C28FCA386C7A227600B2FE50B7CAE11EC86D3BF1FBE471BE89827E19D72AA1D507A5B8D。

（7）执行 Base58Check 编码算法，得到 WIF 格式私钥为 5HueCGU8rMjxEXxiPuD5BDku4MkFqeZyd4dZ1jvhTVqvbTLvyTJ。

3.2.2　比特币地址

人们可以根据 E-mail 地址互相发送邮件，通过 E-mail 地址对应的密码可以读取邮件内容。类似 E-mail 系统，比特币网络中的交易实际就是根据比特币地址发送比特币，拥有某个比特币地址的私钥就可以获得这个比特币地址中的比特币。

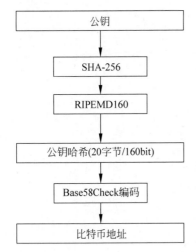

图 3-17　公钥产生比特币地址的示意图

比特币地址是由数字和字母组成的字符串，公钥通过一系列哈希算法和编码算法生成比特币地址，可以简单地将比特币地址理解为公钥的一种摘要表示。因为公钥产生地址利用了单向哈希算法，不具备可逆性，所以地址不能反推出公钥。比特币地址并不是固定且唯一的，用户的一个钱包就可以包含多个比特币地址，钱包能够针对不同的交易产生不同的地址，从而保证账户的安全性。

公钥通过 SHA-256 和 RIPEMD160 的双哈希算法生成 160bit（20 字节）的公钥哈希。为了提高地址的可读性和鲁棒性，公钥哈希还会经过 Base58Check 编码生成最终的比特币地址。Base58Check 编码算法利用了 Base58 数字系统中的 58 个字符和校验码，能够有效防止地址在具体使用过程中产生的错误，具体过程如图 3-17 所示。

3.2.3　数字钱包

私钥作为随机产生的毫无规律的随机数，如果仅凭用户大脑记忆很容易产生私钥错误或遗忘。因此在具体使用过程中，钱包不仅生成密钥对和地址，还能帮助用户存储它们，一个钱包中可以存储多个私钥。但是钱包客户端可能也会出现数据丢失或其他遗失私钥的现象。因此,是否能安全方便地生成、保存和备份密钥是判断钱包性能好坏的关键因素。

为了完善这些因素,数字钱包不断发展,经历了大致三个阶段:非确定性(随机)钱包、确定性(种子)钱包和分层确定性钱包。

非确定性钱包,也称为随机钱包,如图 3-18(a)所示。钱包只是随机生成的私钥们的存储容器,私钥之间没有任何联系。相互独立的私钥拥有更好的匿名性,如果一个私钥丢失或者被盗,非确定性钱包能够将损失风险降到最低,账户的安全性得到保障。大量随机私钥意味着,一旦出现新的私钥,用户就需要重新将所有私钥文件再备份一遍,每次备份后都要再次导入,工作重复且烦琐,用户使用体验并不良好。

为了方便用户操作,解决经常性备份的问题,出现了确定性(种子)钱包。在种子钱包中,所有私钥都是通过一个公共的种子文件生成的,种子能够回收所有已经产生的私钥,用户只需要备份种子,就能够完成对所有私钥的备份。如果想要更换钱包,只需要将种子文件导入即可,如图 3-18(b)所示。

在 BIP0032/BIP0044 协议中,又对确定性钱包做了进一步的升级,即分层确定性钱包,如图 3-18(c)所示。对比确定性钱包,共同之处是,两者的所有私钥都是通过一个公共种子文件生成的,但不同于确定性钱包中所有私钥的并行关系,分层确定性钱包中私钥的衍生结构是树状结构。父密钥可以衍生一系列子密钥(例如:私钥 1、私钥 2、私钥 3),每个子密钥又可以衍生一系列孙密钥(例如:私钥 2-1、私钥 2-2、私钥 2-3),以此类推。根据其树状结构,分层确定性钱包的应用场景和安全性得到了进一步的扩展和提升。树状结构可以表示额外的组织架构的含义,比如在企业环境中,不同职能部门可以被分配使用不同分支的密钥,也可以将一个特定的分支子密钥用来接收收入而将另一个分支的密钥用来支付花费。另外,如果想要在不安全的环境下进行交易,分层确定性钱包保证了在每笔不同的交易中能够发行不同的公钥,而不需要访问相对应的私钥,保证了账户的安全性。

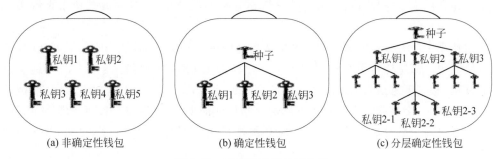

(a) 非确定性钱包   (b) 确定性钱包   (c) 分层确定性钱包

图 3-18 三种数字钱包示意图

3.3 比特币交易过程

用户如果想发起一笔交易,需要指定目标地址和金额,其余细节都会在比特币客户端(钱包)后台进行确认。成功创建交易后,交易会被广播至比特币网络,每个节点独立验证交易的有效性后进行再次传播，直到交易被纳入新区块存储在区块链中完成最终确认，这就是比特币进行交易的整体流程。

3.3.1　UTXO

例如 Bob 花费了一笔钱，购买了 Alice 店里的汉堡，但同时 Bob 又想利用同一笔钱款向 Carol 购买她店里的比萨。在现实中这种可能是完全不存在的，除非 Bob 将支付给 Alice 的钱偷回来。

但是因为比特币是一种没有物理实体的数字货币，存在数据的可复制性，所以很可能存在同一笔资产因不当操作被重复使用的情况，这就是"双花"问题，即双重支付。

双花问题是任何一种数字货币都需要解决的问题。现金容易被交易双方确认，但数字化货币的确认并不容易。相同数额的数字货币背后的数据是相同的，而伪造数据的成本低于伪造现金。

在生活中被大量使用的支付宝、微信支付等线上支付虽然也没有使用现金，是如何避免双花问题的呢？存储在支付宝账户中的货币，支付宝对其进行中心化管理，通过实时修改账户余额数据保证不会出现双花问题；如果通过支付宝花费绑定银行卡中的钱币，支付宝仅充当了一个第三方的中介，用户实际花费的是存在于银行账户的钱财。银行从交易和货币本身来控制，假如 Bob 的卡中只有 100 元的余额，想利用银行处理交易之间的时间差进行双重支付，几乎在同一时间花费了这 100 元，银行也会按照顺序一笔一笔处理，同时同一张卡的磁道信息难以复制，银行也利用了信息安全加密等技术杜绝了同一笔钱款的多次重复使用。

但是比特币作为一种去中心化的点对点电子现金系统，不同于使用纸币或黄金等真实存在的物理等价物，也不像电子货币有第三方中心机构进行严格的监控。比特币网络整合利用了未花费的交易输出（unspent transaction output，UTXO）、时间戳等技术来解决双花问题。

在比特币中没有余额的概念，UTXO 是交易的基本单元，不能再分割。UTXO 分散存在于区块链中。每笔比特币交易都是一个创建新的 UTXO 的过程：给某人的地址发送比特币的过程，相当于是给其的地址所代表的用户创造了新的 UTXO，这些 UTXO 能被该用户用于新的支付，交易的输入也只能由之前交易创建的 UTXO 组成。一笔比特币交易的输入可以有来自多个交易输出的 UTXO，但必须是从用户拥有地址中可用的 UTXO 中创建出来的。

用户不能把 UTXO 进行进一步的细分，因此用户钱包在用户发起交易的时候就自动会从后台存储的地址中拼凑出一个大于或等于一笔交易输入的比特量，故大多数比特币都会产生找零。例如 Alice 想要购买 Bob 售卖的标价为 5 比特币的比萨，钱包自动计算 Alice 现有的 UTXO，发现在之前三个交易的地址分别各有 2 比特币，因此这笔交易的输入就是 2+2+2 比特币，交易的输出对象除去支付给 Bob 的 5 比特币外，还需要标注将找零归还给 Alice，如果不加找零的归属，那么系统就会将找零当作奖励送给矿工。

　　总的来说,比特币交易的交易输入是即将被交易消耗的 UTXO,交易输出的是该笔交易创建的 UTXO。每个交易输出的地址所代表的 UTXO 是需要所有用户利用数字签名进行解锁的,只有对未使用过的 UTXO 进行签名才是有效的,这样就有效避免了一个 UTXO 被花费两次或多次。

　　另外,时间戳将交易记录通过时间顺序连接起来,发生在前的交易未被纳入主链时,之后的交易是没有办法发生的。UTXO 和时间戳技术的结合,能够有效避免双花问题。

　　此外,节点创建交易后会将交易信息进行广播,其他节点会对交易内容进行独立的校验。校验过程中的两条准则会避免双花问题的出现:

　　(1) 对于每个输入,引用的输出即 UTXO 必须是存在且没有被花费的。

　　(2) 对于每个输入,矿工会检索自己所有的该用户的区块链数据并聚合,如果引用的输出即 UTXO 存在于区块链或交易池中,该交易会被拒绝。

3.3.2　数字签名

　　比特币网络中利用椭圆曲线数字签名算法对交易进行签名,椭圆曲线数字签名算法(ECDSA)是使用椭圆曲线密码(ECC)对数字签名算法(DSA)的模拟。

　　根据椭圆曲线相乘的加密算法,私钥是一个随机产生的随机数,假设用 d 表示;公钥是私钥与加密算法中定义的固定点 G 按 ECC 定义标准相乘的结果,即 $\text{PubKey} = (d, d \times G)$。对交易信息签名的过程大致包括如下步骤:

　　(1) 钱包生成一对密钥对 $(d, d \times G)$。

　　(2) 对交易信息做哈希运算,同时将哈希值转换为大端模式(big endian)的整数,即 $e = \text{Hash(message)}$。

　　(3) 选择随机数 k,利用 ECC 生成一对坐标值 (x, y),即 $(x, y) = k \times G$。

　　(4) 令 $r = x$。

　　(5) 输出数字签名 $\left[r, e + \dfrac{r \times d}{k} \right]$。

　　大部分的锁定脚本中会包含数字签名,在对交易进行验证的过程中,节点需要完成对签名部分的验证。假定交易中包含的签名为 (r, s),其中 $s = e + \dfrac{r \times d}{k}$,对交易进行验证的过程大致包括如下步骤:

　　(1) 对公开的交易信息做哈希运算,即 $e = \text{Hash(message)}$。

　　(2) 计算 $u_1 = e \times s^{-1}$,$u_2 = r \times s^{-1}$。

　　(3) 计算 $k \times G = u_1 \times G + u_2 \times (d \times G)$,如果结果为零点,则签名无效。

　　(4) 令 $(x, y) = k \times G$,若 x 等于 r,则签名有效,反之签名无效。

　　ECDSA 算法按理只能单向计算,无法根据签名和公钥暴力破解出用户私钥,但是如果签名过程中随机数被多次使用,那么根据公开的签名信息和公钥,就能够反推出私钥,对用户账户的安全而言是致命性打击。具体推导过程如下:

（1）对于不同交易签名时，重复使用签名过程步骤 3 中的随机数 k，ECC 中生成点 G 为固定值，得到坐标值相等：

$$\left.\begin{array}{r}k_1 = k_2 \\ (x_1, y_1) = k_1 \times G \\ (x_2, y_2) = k_2 \times G\end{array}\right\} \rightarrow x_1 = x_2, y_1 = y_2$$

（2）令 $r_1 = x_1, r_2 = x_2$。

（3）得到签名 sig_1 和 sig_2，其中 $sig_1 = e_1 + \dfrac{r \times d}{k}$，$sig_2 = e_2 + \dfrac{r \times d}{k}$。

（4）根据公开的签名信息 sig_1 和 sig_2，以及交易哈希 e_1 和 e_2，就能够得出随机值 k，即

$$\left.\begin{array}{l}sig_1 : \left[r, \left(e_1 + \dfrac{r \times d}{k}\right)\right] \\ sig_2 : \left[r, \left(e_2 + \dfrac{r \times d}{k}\right)\right]\end{array}\right\} \rightarrow k = \dfrac{e_1 - e_2}{\dfrac{e_1 + r \times d}{k} - \dfrac{e_2 + r \times d}{k}}$$

（5）根据 k 值，能够推出用户私钥 d，即

$$d = \dfrac{\dfrac{e_1 + r \times d}{k} \times k - e_1}{r}$$

式中，$\dfrac{e_1 + r \times d}{k}$ 为公开的数字签名；e_1 为交易摘要哈希，如果反复利用 k，那么用户账户私钥有极大可能会被破解，造成不可估量的损失。

3.3.3 交易脚本

比特币交易验证依赖于锁定脚本和解锁脚本这两类脚本，其中锁定脚本代表了花费条件或者说需要解除的障碍，只有满足条件的用户才能无障碍地进行交易输入量中的 UTXO 的花费。解锁脚本就是这个条件的答案，它允许交易新产生的 UTXO 被花费。锁定脚本中常会包含比特币地址，以及利用私钥产生的数字签名，但并不是所有解锁脚本都一定包含数字签名。

节点通过堆栈形式执行锁定脚本和解锁脚本来验证一笔交易，首先检索交易输入的 UTXO，UTXO 中就包含了定义花费条件的锁定脚本，之后会验证解锁脚本，并执行。但实际上，本次交易输入的 UTXO 是上一笔交易产生的输出，可以用一系列单输入/单输出交易对该过程进行模拟，如图 3-19 所示：当前交易的输入都引用了前一笔交易的输出。

当 Bob 想要利用交易 a 中输出的比特币用于支付 Carol 需要的费用时，就必须解开 Alice 在交易 a 的输出脚本，也就是锁定脚本，Bob 会在交易 b 的输入脚本，即解锁脚本中给出题解。这种类似于题目和答案的关系，在图 3-19 中箭头对应的输入和输出才是真正的一对锁定脚本和解锁脚本。

比特币在交易中使用的是脚本系统，它基于堆栈，从左至右处理，脚本语言被设计为非

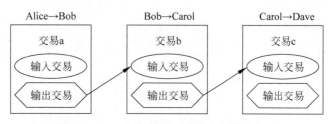

图 3-19　一系列单输入/单输出交易示意图

图灵完备的,没有 LOOP 语句。在交易输入中使用了用于解锁 UTXO 的 Signature Script,在交易输出中使用了锁定脚本 PubKey Script。针对使用的 Signature Script 和 PubKey Script 的不同,可以将比特币网络中的标准交易分为以下几种类型:P2PKH(pay to public key hash)、P2PK(pay to public key)、MS(multiple signature)、P2SH(pay to script hash)。

1. P2PKH

Sigscript:<sig><PubKey>

PubKeyscript:OP_DUPOP_HASH160<PubKey>OP_EQUALVERIFYOP_CHECKSIG

以刚才的单输入/单输出系列交易为例,在交易 a 中,Alice 在交易的输出填写了 Bob 的比特币地址(对应公钥哈希),当 Bob 想要利用交易 a 产生的 UTXO 时,他必须要证明自己拥有该比特币地址对应的私钥,才能解开交易 a 的锁定脚本。因此 Bob 就在交易 b 的输入中加入了自己的公钥和利用私钥产生的签名,P2PKH 的标准交易类型的脚本组合如图 3-20 所示。

<sig><PubKey>	DUP HASH160 <PubKHash> EQUALVERIFY CHECKSIG
解锁脚本 (scriptSig)	锁定脚本(scriptPubKey)

图 3-20　P2PKH 标准交易类型脚本组合

解锁脚本中主要有两个验证,一个是公钥是否能转换为正确的公钥哈希,一个是签名是否有效。如果两个验证均成功,也就是脚本被执行有效时,输出结果为 OP_TRUE。

利用堆栈形式表示的具体流程大概如下:

(1)输入解锁脚本,因为脚本按照堆栈形式从左至右执行,那么先入栈的是签名<sig>,随后是公钥<PubKey>,如图 3-21 所示。

(2)执行解锁脚本,输入第一个指令 OP_DUP(复制栈顶元素操作),将<PubKey>复制并存储,如图 3-22 所示。

(3)OP_HASH160:对栈顶元素<PubKey>进行哈希 160 计算,得到了公钥哈希<PubKHash>,如图 3-23 所示。

(4)将解锁脚本中的公钥哈希字段<PubKHash>入栈,表示为<PubKHash'>,如图 3-24 所示。

图 3-21　＜sig＞＜PubKey＞入栈示意图

图 3-22　OP_DUP 操作示意图

图 3-23　OP_HASH160 操作示意图

图 3-24　＜PubKHash＞入栈示意图

（5）OP_EQUALVERIFY：判断栈顶两个元素是否相等，如果相等，则继续执行，否则中断执行，返回失败信息，如图 3-25 所示。

（6）OP_CHECKSIG：执行签名校验操作，判断签名信息和公钥是否匹配，如果相等，则返回成功，锁定脚本和解锁脚本匹配，能够执行花费操作；否则返回失败，如图 3-26 所示。

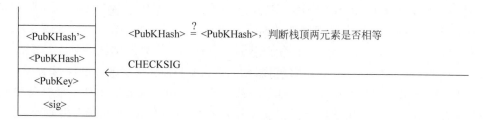

图 3-25 OP_EQUALVERIFY 操作示意图

图 3-26 OP_CHECKSIG 操作示意图

2. P2PK

Sigscript：< sig >

PubKeyscript：< PubKey > OP_CHECKSIG

对比 P2PKH,P2PK 简化了验证过程,只剩一步验证签名过程,少了地址验证的步骤。P2PK 的核心仍然是 P2PKH,其被创建的目的主要是使得验证简洁并且更加方便使用。

3. MS

Sigscript：OP_0 < sig1 >< sig2 >...< sigm >　　//OP_0 为占位符,无实际意义;m 为激
　　　　　　　　　　　　　　　　　　　　　　//活交易需要的最少公钥数

PubKeyscript：M< PubKey1 >< PubKey2 >...< PubKeyn > N OP_CHECKMULTISIG
　　　　　　　　　　　　　　　　　　　//n 为存档公钥总数

多重签名表示一个账户对应多个密钥,如果想要使用该账户对应的比特币,则需要有多个签名才能够完成。M-N 多重签名中,N 指的是存档的公钥总数,也就是对应的密钥对数目;M 是要求激活交易的最少公钥数,其中需要满足 $N \geqslant M$。

通用的多重签名锁定脚本的形式为：

M< Public Key 1 >< Public Key 2 >...< Public Key N > N OP_CHECKMULTISIG

M 和 N 可以被设定,假设 M 取 2,N 取 3,即某个地址所代表的比特币有三个关联的密钥,只有拥有其中的两个或两个以上的签名时才能花费这个比特币,这种情况下的 2-3 多重签名条件可以表示为：

2 < PublicKeyA >< PublicKeyB >< PublicKeyC > 3 OP_CHECKMULTISIG

在具体验证过程中,每个公钥地址都需要被验证,譬如说在 2-3 多重签名中,验证脚本可以表示为：

OP_0＜SignatureB＞＜SignatureC＞   //OP_0 为占位符,无实际意义

M-N 的组合可以自由设定,如 1-3(存档公钥数为 3,激活交易需要至少 1 个签名)、3-3(存档公钥数为 3,激活交易需要至少 3 个签名)或者 4-5(存档公钥数为 5,激活交易需要至少 4 个签名)等,但比较常见的还是 2-3(存档公钥数为 3,激活交易需要至少 2 个签名)多重签名。

多重签名对保护用户的账户安全有着深刻的意义。用户的私钥虽然不能被暴力破解,但还是存在被黑客攻击盗用的风险。多重签名保证了在用户的某个私钥丢失或者被盗的情况下账户中比特币的安全。

另外,多重签名在资产的安全化管理方面有着重要作用,尤其是在暴露私钥的交易中,有效提高了账户的安全系数。多重签名代表在只有几方共同确认的情况下,账户资金才能被动用,这也有着广泛的实用场景,譬如电子商务、财产分割、资产监管等方面。

4. P2SH

Sigscript：[signature]{[PubKey]OP_CHECKSIG} //{[PubKey]OP_CHECKSIG}即
                                          //redeemScript 代码

PubKeyscript：OP_HASH160[20-byte-hashof{[PubKey]OP_CHECKSIG}]OP_EQUAL

P2SH 是 MS 多重签名的简化版本,在 BIP16 中进行了具体阐述,主要目的是容许发送者构造更加丰富的交易类型,其次是对锁定脚本使用了 SHA-256 哈希算法,将制作脚本的责任给了接收方,暂缓节点的存储压力。可以理解为只要提供一段 script,当它的二进制哈希与目标匹配的情况下,款项就能够被使用。

利用堆栈形式表示大致过程如下:

(1) 输入签名信息＜sig＞,公钥信息＜PubKey＞和运算符 OP_CHECKSIG 统一存储,如图 3-27 所示。

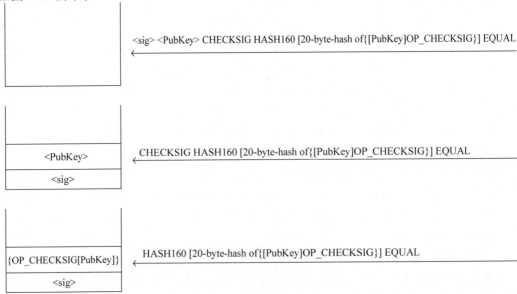

图 3-27 ＜sig＞＜PubKey＞和操作符 CHECKSIG 入栈示意图

（2）OP_HASH160：对栈顶元素{[PubKey]OP_CHECKSIG}进行哈希 160 运算，完成运算后保存哈希计算后的结果 Hash160({[PubKey]OP_CHECKSIG})，如图 3-28 所示。

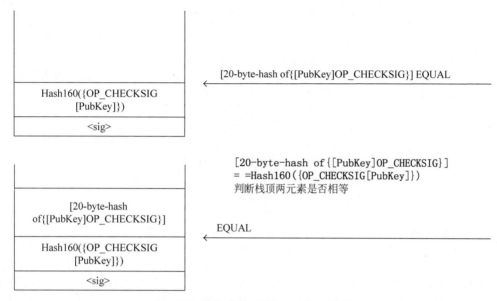

图 3-28　操作符 HASH160 入栈示意图

（3）OP_EQUAL：将运算结果 Hash160({[PubKey]OP_CHECKSIG})与目标哈希值 [20-byte-hashof{[PubKey]OP_CHECKSIG}]进行匹配，如果不相等，则签名无效，如果相等则进入下一步。

（4）之后的验证步骤与多重验证相同。

P2SH 的验证步骤有一大部分与多重验证相同，需要注意的是：这是两个完全不同的交易类型，但可以利用 P2SH 来实现 MS 多重验证，P2SH 的意义是拓展了现有的交易类型，实现了脚本简单易扩展的特性。

3.3.4　交易结构

创建一笔交易，需要明确本次交易的输入和输出，但实际上用户在使用钱包进行比特币交易的过程中，只需要对方的地址即可，客户端会在后台自动补充剩余的内容，具体交易的结构并不需要展现在用户面前，如图 3-29 所示，实际比特币的交易结构大致可以分为以下几个部分：交易版本信息、输入交易的数量、输入交易的数组、输出地址的数量、输出交易的数组和锁定时间。

版本信息明确了该笔交易参照的规则，数组存储比特币地址，输入交易的数组存储的是上一笔交易产生的 UTXO 的地址，输出交易的数组表示该笔交易产生的 UTXO 存储地址。一个交易可以包含多个输入和输出，具体取决于每笔交易的发起人，而该笔交易的比特币来源于多少个交易产生的 UTXO、输出给多少个地址，交易的数据结构中都会有表明的字段。

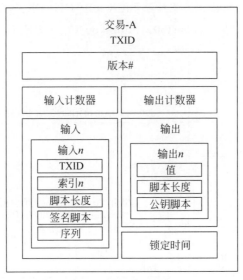

图 3-29 交易结构示意图

交易锁定时间（lock_time）是一个多意字段，表示在某个高度的区块之前或者某个时间前，该交易处于锁定状态，定义了该笔交易能够被添加到区块链中的最早交易时间，相当于将一张纸质支票的生效时间予以延后，包括如下三种情况：

（1）lock_time=0，表示交易立即生效，无延迟效果。

（2）lock_time<$5×10^8$，定义为区块高度，处于该区块之前为锁定状态，交易不生效。

（3）lock_time≥$5×10^8$，定义为 UNIX 时间戳，处于该时刻之前为锁定状态，交易不生效。

在输入交易中有一个字段为"索引"，因为引用的输入交易中可能有多个输出，所以索引字段表示引用的 UTXO 为上一笔交易的第几个输出。在具体源代码中，hex 字段包含所有交易信息，解析之后可得到各个字段的信息。

"0100000003c9f3b07ebfca68fd1a6339d0808fbb013c90c6095fc93901ea77410103489ab7000000008a47
3044022055bac1856ecbc377dd5e869b1a84ed1d5228c987b098c095030c12431a4d5249022055523130a9d
0af5fc27828aba43b464ecb1991172ba2a509b5fbd6cac97ff3af0141048aefd78bba80e2d1686225b755da
cea890c9ca1be10ec98173d7d5f2fefbbf881a6e918f3b051f8aaaa3fcc18bbf65097ce8d30d5a7e5ef8d100
5eaafd4b3fbeffffffffc9f3b07ebfca68fd1a6339d0808fbb013c90c6095fc93901ea77410103489ab70100
00008a47304402206b993231adec55e6085e75f7dc5ca6c19e42e744cd60abaff957b1c352b3ef9a022022a
22fec37dfa2c646c78d9a0753d56cb4393e8d0b22dc580ef1aa6cccef208d0141042ff65bd6b3ef04253225
405ccc3ab2dd926ff2ee48aac210819698440f35d785ec3cec92a51330eb0c76cf49e9e474fb9159ab41653
a9c1725c031449d31026affffffffc98620a6c40fc7b3a506ad79af339541762facd1dd80ff0881d773fb72
b230da010000008b483045022040a5d957e087ed61e80f1110bcaf4901b5317c257711a6cbc54d6b98b6a85
63f02210081e3697031fe82774b8f44dd3660901e61ac5a99bff2d0efc83ad261da5b4f1d014104a7d1a57e
650613d3414ebd59e3192229dc09d3613e547bdd1f83435cc4ca0a11c679d96456cae75b1f5563728ec7da1
c1f42606db15bf554dbe8a829f3a8fe2ffffffff0200bd0105000000001976a914634228c26cf40a02a05d
b93f2f98b768a8e0e61b88acc096c7a6030000001976a9147514080ab2fcac0764de3a77d10cb790c71c74c
288ac00000000"

下面将 hex 字段逐个分解，就能看到一笔交易中需要的每个详细字段的信息：

```
01000000          //版本号反序,UINT32
03                //Tx 输入数量即几笔输入,变长 INT.3 个输入

/ * * * 第一组 InputTx * * * /
//TxHash,固定 32 字节
c9f3b07ebfca68fd1a6339d0808fbb013c90c6095fc93901ea77410103489ab7
00000000          //消费的 Tx 位于前向交易输出的第 0 个"索引",UINT32,固定 4 字节
8a                //签名脚本的长度,0x8A = 138 字节
//138 字节长度的签名,含有两个部分:公钥 + 签名
47                //签名长度,PUTDATA47,将 47 字节压入栈中,0x47 = 71 字节

3044022055bac1856ecbc377dd5e869b1a84ed1d5228c987b098c095030c12431a4d5249022055523130a9d
0af5fc27828aba43b464ecb1991172ba2a509b5fbd6cac97ff3af
01                //SIGHASH_ALL 指令
41                //公钥长度,0x41 = 65 字节

048aefd78bba80e2d1686225b755dacea890c9ca1be10ec98173d7d5f2fefbbf881a6e918f3b051f8aaaa3fc
c18bbf65097ce8d30d5a7e5ef8d1005eaafd4b3fbe
ffffffff          //sequence,顺序编号,0xffffffff = 4294967295,UINT32,固定 4 字节

/ * * * 第二组 InputTx. 与上同理,省略分解 * * * /
c9f3b07ebfca68fd1a6339d0808fbb013c90c6095fc93901ea77410103489ab7010000008a47304402206b9
93231adec55e6085e75f7dc5ca6c19e42e744cd60abaff957b1c352b3ef9a022022a22fec37dfa2c646c78d
9a0753d56cb4393e8d0b22dc580ef1aa6cccef208d0141042ff65bd6b3ef04253225405ccc3ab2dd926ff2e
e48aac210819698440f35d785ec3cec92a51330eb0c76cf49e9e474fb9159ab41653a9c1725c031449d3102
6affffffff

/ * * * 第三组 InputTx * * * /
c98620a6c40fc7b3a506ad79af339541762facd1dd80ff0881d773fb72b230da010000008b483045022040a
5d957e087ed61e80f1110bcaf4901b5317c257711a6cbc54d6b98b6a8563f02210081e3697031fe82774b8f
44dd3660901e61ac5a99bff2d0efc83ad261da5b4f1d014104a7d1a57e650613d3414ebd59e3192229dc09d
3613e547bdd1f83435cc4ca0a11c679d96456cae75b1f5563728ec7da1c1f42606db15bf554dbe8a829f3a8
fe2ffffffff

02                //Tx 输出数量,变长 INT.两个输出

/ * * * 第一组输出 * * * /
00bd010500000000  //输出的币值,即交易的数额,UINT64,8 字节.字节序需翻转,
                  //～ = 0x000000000501bd00 = 84000000satoshi
19                //输出目的地址字节数,锁定脚本大小,0x19 = 25 字节,由一些操作码与数
                  //值构成
//目标地址
//0x76 -> OP_DUP(stackops)
//0xa9 -> OP_HASH160(crypto)
//0x14 ->长度,PUTDATA14 压入栈中,0x14 = 20 字节
```

```
76a914
//地址的 HASH160 值,20 字节
634228c26cf40a02a05db93f2f98b768a8e0e61b
//0x88 -> OP_EQUALVERIFY(bitlogic)
//0xac -> OP_CHECKSIG(crypto)
88ac

/ * * * 第二组输出 * * * /
c096c7a603000000
19
76a9147514080ab2fcac0764de3a77d10cb790c71c74c288ac

00000000        //lock_time,UINT32,固定 4 字节
```

Hex 字段中涉及签名的类型,目前签名共有三类,分别是 SIGHASH_ALL、SIGHASH_NONE、SIGHASH_SINGLE。SIGHASH_ALL 为默认类型,也是目前绝大多数交易采用的,也就是对整单交易都进行签名确认;SIGHASH_NONE 最自由松散,交易发起者只对输入进行签名,不对输出签名,输出可以随意指定,意思就是只想花费这笔钱,对于具体怎么花让谁花并不关心;SIGHASH_SINGLE 是只对自己输入/输出签名,假设单子里有其他交易者的输入/输出,那么只关心自己这笔钱,同意花费,并指定输出,其他的并不关心。

3.4　比特币共识机制

比特币的区块链技术作为分布式数据库的一种展现形式,不同独立节点需要面对在无第三方中心化机构的情况对数据达成一致,称为去中心化共识。共识是数以千万计的独立节点分别遵循相同的规则通过异步交互自发形成的产物,比特币的去中心化共识就是由所有网络节点相互作用而形成的。为了保证不同节点存储的交易信息真实完备并且在多数情况下能够全网一致,比特币共识可以简单描述为四个过程:

(1) 每个全节点依据标准对广播至网络的每笔交易都要进行独立验证。

(2) 矿工节点通过算得工作量证明解,独立地将网络中的交易记录打包进新区块。

(3) 节点依照标准对广播至网络的新区块进行独立校验并组装进本地存储的区块链中。

(4) 对于可能存在的区块链分叉情况,每个节点依照工作量证明机制独立选择累计工作量最大的区块链。

用户想要执行一笔交易,客户端确保钱包交易合法的情况下,交易会被广播至临近节点,每个收到交易信息的节点会独立对交易进行验证,只有节点确保交易有效的情况下,节点才会继续对交易进行广播,无效的交易会在第一轮广播至临近节点被判定无效后当即废弃,确保了不会浪费网络的剩余资源。

　　节点并不会只收到一笔交易,所有交易都需要进行全网广播和验证,节点会对未被纳入区块链的有效交易进行存储,矿工节点会按照接收顺序对交易进行排序统一存储,可以把存储这些交易的地方称为"交易池"。矿工节点在打包整理新区块的时候,新区块中的交易记录便来自于交易池。等待确认的交易数量是较为庞大的,矿工节点会给交易记录设置优先级,优先级高的交易记录会更先被选择纳入新区块中。优先级主要由块龄决定,块龄指的是交易输入所花费的 UTXO 被记录到区块链为止所经历的区块数,也就是这笔 UTXO 在区块链中的深度。交易输入值高、块龄大的交易拥有更高的优先级,在纳入新区块的时候将会被优先考虑。但是即使有效交易被存储到交易池中,也会存在丢失的情况。如果一笔交易只被广播一次,那么就只会被存储在最邻近的一个矿工节点的交易池中,因为交易池是以未持久化的方式保存在矿工节点的存储器中的,如果节点重新启动,交易池中的数据就会被完全擦除,所以如果一笔交易长时间未得到确认,那么就会从挖矿节点的交易池中消失。

　　比特币采用工作量证明(PoW)机制,矿工节点每时每刻都在进行算力竞争,在完成交易内容的验证后,矿工节点会从交易池中将所有未被纳入区块确认的交易按照 Merkle 树的形式整合到一个候选区块中,根据候选区块的区块头计算工作量证明解。每个挖矿节点都会各自独立地进行相同的工作,假如有两个不同的节点同时计算得到新区块的工作量证明解,这两个区块中包含的交易记录大部分是相同的,可能在排列顺序上有所差别。当一个矿工节点计算得到工作量证明,赢得新区块的算力竞赛,该节点会将新区块广播至临近节点,其他在算力竞争中失败的区块会接受广播,并独立对新区块进行验证。如果新区块通过验证,这些节点会放弃之前对构建这个相同高度区块的计算,同时检查交易池中的全部交易,将已经被纳入新区块中的交易记录从交易池中移除,利用交易池剩下的交易构造下一个区块的候选区块。另外,节点将新区块添加到自身节点的区块链副本中,完成对新区块的传播和自身区块数据的更新。

　　具体的校验包括:区块的数据结构语法上有效;区块头的哈希值小于目标难度(确认包含足够的工作量证明);区块时间戳早于验证时刻未来两个小时(允许时间错误);区块大小在长度限制之内;第一个交易(且只有第一个)是 coinbase 交易;使用检查清单验证区块内的交易并确保它们的有效性。每个节点都会完成的独立校验过程确保了只有有效的区块才能在网络中进行传播,无效区块在第一次广播后就会被丢弃。这样确保了只有诚实的矿工生成的区块才会被纳入区块链从而获得挖矿奖励,无效区块无法被加入区块链,生成无效区块的作弊行为将白白浪费电力,从而鼓励矿工节点进行诚实的工作。

　　比特币去中心化共识机制的最后一步是区块会集合到有最大工作量证明的链中。任何时候,网络中的主链都是已知累积了最多难度的链条,一般情况下,主链也是包含了最多区块的链条,除非有两个等长度的链,而其中一条累积了更多的工作量证明。最长链选择规定解决了区块链网络可能存在的临时性分叉造成的差异,只要所有节点都遵循该原则,整个比特币网络最终都会收敛到一致的状态。

3.5　比特币账户安全

比特币作为一种虚拟的数字货币，实际上是通过网络节点存储的交易记录来表示的，因此保护用户的比特币安全，应当从网络抗攻击能力和用户自身安全意识两方面入手。一方面需要比特币网络提高鲁棒性，另一方面是用户保证自己钱包私钥的隐秘性。

相对比传统的金融机构，譬如说银行，需要依赖第三方进行不良用户的审核和排除。在对所有人开放的去中心化的比特币网络中，系统则将责任和控制权都移交给了用户，网络的安全性依靠的是工作量证明而非人为的记录控制。如果私钥丢失或被破解，不存在第三方机构能够执行找回服务，因此在比特币的使用中，用户需要更多地留意如何保管好自己的账户私钥。

私钥一般存储在用户的钱包客户端中，钱包应用的核心问题是如何安全方便地生成、保存和备份恢复密钥。助记词帮助使用者方便记忆和复制钱包，多重签名增强了账户的安全性，硬件钱包和物理存储将私钥保管在隔绝网络的环境下，使黑客攻击的可能性降为零，这些方法都是为保证用户的比特币安全而做出的努力。多重签名已经在交易脚本中做了仔细阐述，本节主要讲解助记词、硬件钱包和物理存储。

3.5.1　助记词和种子文件

私钥的本质是随机产生的固定长度（64位）的十六进制数组，不便于记忆和复制。助记词相当于一种明文私钥，通过固定词库，将64位的私钥对应为不同的英文单词，方便使用者进行复制。助记词只是私钥的一种不同的表现形式，但是相比完全是随机数字顺序来说，助记词更容易被读出来并且正确地抄写。

助记词由钱包使用的BIP-39中定义的标准化过程自动生成，这个过程如图3-30所示。可以简要地描述如下：

（1）创建一个128位的随机序列/熵（entropy）。

（2）对随机序列做SHA-256运算，取前几位（熵/32）做随机序列的校验和。

（3）将校验和（checksum）添加到随机序列末尾。

（4）对随机序列进行划分，分为12个字段，每字段长度11位。

（5）将每个包含11位的数组与预先定义好的单词字典做对应，该单词字典在BIP-39中规定，总共2048个单词。

（6）生成的有顺序的单词组就是助记词。

生成助记词的过程从熵源开始，增加校验和，然后将随机序列映射到单词列表。根据熵源的长短不同，助记词的长度也会不同。

如前面所说，钱包是用于发送和接收比特币的客户端，是私钥的容器，实现了对密钥的存储和管理。根据私钥的生成方法，钱包可以分为非确定性钱包和确定性钱包。非确定性钱包是一堆随机生成的私钥的集合，钱包中的多个私钥相互独立，两个私钥之间是没有关联的。这种钱包难以管理和备份。如果生成很多私钥,则必须保存它们所有的副本。这就意味着这个钱包必须被经常性地备份。每个私钥都必须备份,否则一旦钱包不可访问时,无法找回钱包。确定性钱包则不需要每次转账都备份,确定性钱包的私钥是对种子进行单向哈希运算生成的,种子是一串由随机数生成器生成的随机数。在确定性钱包中,只要有这个种子,就可以找回所有私钥,只需备份种子就相当于备份所有钱包,所以这个种子也相当重要,一定要备份到安全的地方。种子能够收回所有的已经产生的私钥,种子也能够使钱包完成输入或者输出,使得使用者的私钥能够在钱包之间轻松转移输入,允许使用者去建立一个公共密钥的序列而不需要访问相对应的私钥。

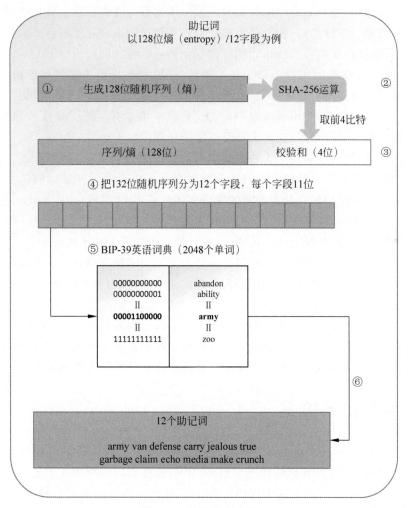

图 3-30 助记词生成过程

确定性钱包和升级后的分层确定性钱包,在生成密钥的过程中都需要种子文件。由助记词生成种子,需要使用私钥抻拉函数 PBKDF2,这个函数有两个参数,第一个参数是私钥生成的助记符,第二个参数是"盐"(Salt),盐值＝字符串常数"助记词"＋(可选)用户提供的密码字符串。PBKDF2 抻拉函数利用 HMAC-SHA512 算法,进行 2018 次哈希运算来延伸助记符和"盐"参数,最终产生一个 512 位的值作为最终的输出,这个输出就是钱包需要的种子文件。

3.5.2　硬件钱包和物理存储

比特币所采用的区块链技术虽然避免了常见的信用卡盗用等情况,但是账户安全程度极大地依赖用户对于私钥的保管。对于大多数用户来说,保管好私钥是一件很不容易的事情。互联网的普及,让用户单纯将私钥保存在钱包里的行为变得危险。常用的计算机、手机上运行着大量的第三方软件,这些软件往往不受约束地访问本地存储的各类文件,只要有一个恶意软件,那么就存在威胁比特币密钥存储安全的可能性。同时,比特币立即转移给他人的操作无法撤回,被窃取后比特币就无法被追回,盗取者本身也不需要身份掩饰和资金洗白,另外,比特币具有高昂的市场价值,这些都为黑客提供了强烈的作案动机。要想在联网的设备中进行数据的存储,使用者需要一定的计算机技巧才有可能保证账户私钥不因病毒或其他类似原因被窃取。显然,这对大部分普通用户来说很困难。

因此,将虚拟的数据存储转换为物理实体,将比特币私钥转换为物理形式,更符合人们平时对于资产的保存习惯。可以将比特币私钥写在纸上或者印刻在其他物体上,这样保护私钥就代表着简单的保护带有私钥信息的物理实体。其中,"纸钱包"就是将私钥印在纸张上进行存储。比特币的离线保存称为冷存储,指的是在一个从未连接过互联网的离线系统上生成私钥,并离线存储在纸上或其他媒介,这是最有效的安全技术之一。

硬件钱包也十分常见,硬件钱包是指将比特币的私钥单独存储在一个芯片中,目的也是与互联网隔离,实现了即插即用。硬件钱包只提供一个接口,为普通的非专业用户提供了很高安全等级的密钥存储方法。

但是实际上,无论哪种存储手段都会存在风险。为了规避风险,建议不要在一个账户中存放过多的比特币,用于资金流动的比特币账户可以存储在在线钱包中,把大量的比特币存储在离线系统中是比较稳妥的,做好最坏的打算也会将自己的损失降到最低。

3.6　比特币扩容方案

在比特币诞生之际,中本聪并未严格限制区块的大小,按照比特币的数据结构规则,一个区块最大可达到 32MB。在比特币初始阶段,平均被打包的区块大小只有 1～2KB,远远没有到达区块的上限值,因此造成了资源浪费,同时也容易发生分布式拒绝服务攻击。为了保证比特币系统的安全和稳定,中本聪才将区块大小限制在 1MB。

按照每笔交易占 250B,平均每 10 分钟产生一个区块的速度计算,比特币区块链网络理论上每秒最多可以处理 7 笔交易。但是随着用户体量的增大,交易迟迟不能得到网络确认,网络拥堵现象严重,而用户为了让矿工节点将自己的交易打包过程提前,只能增加交易费,但是每秒 7 笔的处理速度根本无法满足用户的需求。交易积压问题日益严重,最高时有上万笔交易有待确认,比特币网络扩容问题迫在眉睫。

3.6.1 比特币扩容之争

针对扩容问题,不同的用户群体有不同的意见。分歧主要分为两派:希望保持比特币小区块特性的 core 开发组和拒绝使用闪电网络等弱中心化操作的矿工及支持矿工的开发者。

中本聪在退出比特币社区之前将代码维护工作交给了 core 开发组,最开始 core 开发组的核心是被称为中本聪继承人的 Gavin Andresen。但是比特币社区的意见并不完全由 core 开发组主宰,根据比特币网络的特性,交易的确认需要通过矿工节点的算力竞争实现,而随着挖矿成本的提高,非专业设备的普通计算机和个人基本不可能成功挖矿,只有大量专业矿机集体作用才能成功,也就是矿池。在 2017 年之前,中国的数个大矿池集中了超过全网90%的算力。矿池公司代表了矿工利益,因为除非绝大部分用户一致同意改变目前的挖矿方式,否则负责维护区块链的矿工拥有将全网升级到某个新版本的决定权,如果矿工强硬拒绝,即使用户再希望使用新版本,也无可奈何。扩容之争在矿池公司和 core 开发组之间展开。

core 开发组一直希望比特币保持小区块,提出采用隔离见证和闪电网络的方式解决比特币区块链拥堵的问题。一方面能够保证区块链的交易速度和安全性,另一方面能够防止矿工权力过大导致比特币的中心化。但实际上,在 2017 年 5 月,维护全网安全的记账矿工就已经不超过 25 个了,并且前 5 名的算力也已经超过了 51%,比特币区块链的中心化已经发生了。

但是隔离见证和闪电网络的形式却极大地损失了矿工的利益。隔离见证在不扩展区块容积的情况下,将比特币交易过程中的签名字段和交易内容分开,将一个比特币交易分成“交易状态”和表明交易合法性的“见证”,将见证即签名信息隔离出来。UTXO 中存储一个指向签名信息的指针,因为一般用户只需要说明交易结余情况的交易过程信息,只有需要验证的矿工节点才需要完整信息,通过隔离见证就能存储更多的交易内容,这就实现了区块的变形扩容。而闪电网络的目的是给用户提供可以在链下进行交易的双向支付通道,在比特币区块链现有基础上搭建一个二层支付网络,鼓励小额交易在二层网络上进行,只有大额的区块链的交易才会在主链中被确认。通过闪电网络的支付通道能够缓解比特币主链的拥堵压力,而将大量小额交易转移到链下,需要矿工直接处理的交易数量也得到了控制和缩减。随着比特币挖矿产生的奖励越来越少,矿工的主要收益逐渐来自处理交易过程交易费累计,而这两部分却是矿工大部分的利益来源。

从 2015 年 Gavin Andresen 和 Mike Hearn 将区块大小提高到 8MB 的提议未被 core 成员认可,并被剥夺代码合并权,到 2016 年 bitcoin core 团队拒绝执行“香港共识”,再到“纽约共识”将 core 开发团队排除在外,比特币扩容问题一直是各方利益团体的角逐战场。

3.6.2 比特币扩容协议

到目前为止，就比特币的扩容问题，人们提出了很多版本的"比特币改进协议（bitcoin improvement proposal，BIP）"。BIP 仅仅是提议，因为每个 BIP 的实际执行都牵扯到对比特币源码的改动，具体的扩容方案的达成需要整个比特币社区达成共识。

1. BIP100

2015 年 6 月，由 Bitcoin core 前开发员兼 Bitpay 员工 Jeff Garzik 提出。通过硬分叉，删除静态 1MB 块大小的限制，同时增加一个新的浮动的块大小限制，浮动值为 1MB，上限为 32MB。测试区块链在 2015 年 9 月进行了硬分叉，主链在 2016 年 1 月 11 日进行了硬分叉。改变 1MB 限制的方式，类似于 BIP34，12 000 个区块（三个月）中需要有 90% 的区块支持 BIP100。区块体积上限提升至 8MB，实施前预留时间。而且区块体积上限可变大，也可变小，只要矿工投票达成共识即可，但绝对上限应该设置在 32MB。

2. BIP101（BitcoinXT）

2015 年 6 月，由 Bitcoin core 前首席开发员兼比特币基金首席科学家 Gavin Andresen 提出，他建议将比特币起始区块上限设定为 8MB，然后每两年上限加倍，直至 2036 年区块达到 8GB 上限。触发条件是当最近的 1000 个区块中有多于 750 区块是 BIP101 版本号的区块，就能达到硬分叉扩容的条件，将会有两周的缓冲时间，而生成大区块的时间不会早于 2016-01-1100：00：00UTC。其中 BitcoinXT 就是使用了 BIP101 规则的"分叉"比特币软件，在 BitcoinXT 软件中，另外还包含了 Mike Hearn 的争议规则。

3. BIP102

2015 年 6 月 23 日，Jeff Garzik 又提出 BIP102，他提议将比特币区块一次性增加到 2MB，并再也不改变。并且当支持算力超过 95% 时被激活。

4. BIP103

2015 年 7 月 21 日，由 Bitcoin core 开发者、Blockstream 联合创始人 Pieter Wuille 提出，他建议将区块上限设为最近 11 个区块大小的中位数，或者利用代码 GetMaxBlockSize (pindexBlock-> pprev-> GetMedianTimePast())来控制区块的大小，从 2017 年 1 月到 2063 年 7 月，每 97 天调整一次，幅度不超过 4.4%。

5. BIP105

2015 年 8 月 21 日，由 Bitcoin core 开发员 Btc Drak 提出，以 1MB 为起点，每创建一个块，矿工投票决定增加或者减少容量，调整幅度不超过 10%，期望增加区块大小的矿工投票时需要额外提高挖矿的难度。

6. BIP106

2015 年 8 月 24 日，由比特币开发者 Upal Chakraborty 提出，以 2000 个区块为周期决定区块容量扩大两倍或减半。如果 90% 的区块达到了上限的 90%，容量扩大两倍；如果 90% 的区块小于上限的 50%，则容量减半。

7．BIP109

2016 年 1 月，Gavin Andresen 又提出了 BIP109 方案，区块增加到 2MB，当支持该方案的算力超过 75％时可被激活，同时规定，矿工将区块的版本号设置为 0×10000000 以示支持。

8．BIP141（隔离见证）

2015 年 12 月，由 Ciphrex 的联合创始人兼首席技术官 Eric Lombrozo 与比特币技术爱好者 Johnson Lau 和 BlockStream 的联合创始人 Pieter Wuille 提出，他们都是 Bitcoin core 的开发员。通过移除比特币交易中的签名字段，使得交易记录和签名分开，实现区块大小不变的情况下变相扩容。连续两周内超过 95％的算力在区块数据中发出 bit1 支持信号，则方案激活。

9．BIP148（用户激活软分叉）

由于 BIP141 一直被矿工阵营反对，为了推进隔离见证的升级，2017 年 3 月，由自称 Shaolinfry 的匿名社区成员提出，他建议将由矿工决定是否进行升级更改比特币网络，转向由用户、交易所、支付处理商等来决定。该协议将原本由算力决定的锁定信号交给由全网节点来决定 。约定激活日期为 8 月 1 日，如果约定激活日期前没有激活，升级了 BIP148 的节点将会拒绝没有发送支持信号的区块，产生软分叉。

10．BIP91

为了避免在 8 月 1 日出现比特币分叉的局面，2017 年 5 月，由比特币开发者 Blockstream 的支持者 James Hilliard 提出一个兼容性的新方案 BIP91。该协议实质上是一个兼容 BIP141 的 BIP148 方案，但是激活阈值在 80％。如果 80％的算力在持续两天内支发出支持信号，它就会被锁定。该协议可以使得通过 BIP91 和 BIP148 升级后的节点互相兼容，能够同时接收 bit1 和 bit4 的信号。意味着无论 core 阵营支不支持纽约共识，只要纽约共识的签署算力（超过了 80％）支持该方案，那么比特币的分裂就暂时能够被避免。

对于扩容问题，除过 BIP 协议，还有如下这些具体的解决方案。

1．BitcoinXT

2015 年底，20MB 扩容计划落空的 Gavin Andresen 联合开发者 Mike Hearn 提出了将区块大小调整至 8MB 的 BitcoinXT 方案。该方案基于 BIP101 协议将起始块的上限设为 8MB，随着时间的推移，区块上限逐渐提高。但这个方案同样没有获得开发组其他成员的认可。2016 年初 Gavin Andresen 被取消了比特币维护权，Mike Hearn 退出比特币社区。

2．Bitcoin Classic

该方案在 2016 年 3 月份，由前比特币基金董事 Olivier Janssens、Final Hash 首席执行官 Marshall Long 与比特币矿工与开发人员 Jonathan Toomim 提出，他们基于 BIP109 协议，延续了中本聪的思想，在他的代码库基础上将区块大小扩大到 2MB，并获得了 Gavin Andresen 和 Jeff Garzik 等开发者的支持。

该方案需要获得 75％以上算力支持，才能够被激活，激活之后 28 天才会发生硬分叉。但该方案遭到了 BlockStream 等区块链技术开发公司的反对。

3．BIP141＋闪电网络

对于 Bitcoin Classic 方案，Core 团队持反对态度，他们希望坚持主链区块 1MB 大小不变，因此提出采用隔离认证（segwit）＋闪电网络的方案解决比特币交易拥堵的问题。

4．香港共识

2016 年 2 月，Core 开发者和矿工双方在香港数码港达成协议，实施 BIP141＋硬分叉 2MB，并且限制矿工不能运行 Bitcoin Classic。但是由于 Core 团队参加会议的几个主要开发人员回去后遭到其他人的反对，香港共识被迫中止。

5．Bitcoin Unlimited

该方案提出不给单个区块设立上限，产生新区块后，由矿工通过"紧急共识"作出决策，决定区块大小。

6．Teechan

2016 年 12 月，由英国帝国理工学院和美国康奈尔大学的开发小组提出，该方案建议使用安全硬件进行扩容。

7．侧链扩容

2015 年，BlockStream 提出开发一个侧链扩容项目。当年 6 月，BlockStream 的首席战略官 SamsonMow 创立 LiquidNetworks 侧链项目，通过创建点对点的侧链网络，达到扩容目的。

8．纽约共识（Segwit2X）

2017 年 5 月，Barry Silbert 旗下的数字货币集团（DCG）和包括大型矿池运营商比特大陆（Bitmian）在内的其他 57 家公司共同签署 Segwit2X 扩容方案。该方案将隔离验证激活阈值设为 80％，并以 bit4 作为信号发送方式；在 6 个月内执行一次 2MB 硬分叉扩容。

9．UAHF（用户激活硬分叉）

2017 年 6 月比特大陆发布该方案，开发者增加了一个命令规则集以更改节点软件。这些更改将使得先前无效的区块在 flagday 后生效，更改也无须绝大多数的算力来执行。UAHF 实质是比特大陆为应对 UASF 的一种紧急预案。

总的来说，比特币扩容的方案可以大致划分为两类：直接改变区块容量或者不改变容量并通过其他手段提高交易处理能力。无论哪种方法，都需要经过艰难的达成共识的过程，但为了比特币的可持续发展，扩容是一个必须要面对和解决的问题。

3.6.3　闪电网络

在闪电网络出现之前，虽然比特币社区试图通过区块扩容、隔离见证等方法在一定程度上增加网络的交易处理能力，但实际上这些方式并不能将交易处理能力进行数量级的提升。1MB 的区块体积和 10 分钟左右的出块速度，决定了每秒约 7 笔的交易处理速度，每年可以处理大约 2.2 亿笔交易，但是如果将比特币视作一个全球的结算系统，这些交易量甚至不足以支撑一个城市。而比特币和现有成熟的支付系统对比相差甚远，VISA 每秒的交易处理量是 2.4 万笔，峰值是 5 万笔每秒。如果单纯地只将区块体积扩大，就会造成算力集中而失去比特币网络最初去中心化的构想。交易速度和区块容积已经成为一对不容易调节的矛盾。过于缓慢的交易处理速度导致比特币无法成为即时支付系统,同时对于金额较少的微交易也十分不友好,因为想要尽快地验证交易需要支付一笔昂贵的交易费。

闪电网络跳出了常规的扩容思路,既然在比特币区块链中优化性能十分艰难,在不更改任何基础性规则和协议的前提下,直接把大量的微支付放到链外执行。微支付需要考虑的交易处理的速度和成本问题迎刃而解,只将最后的交易结果放在链上公示,也大幅度节约了珍贵的算力。

闪电网络提供了一个可扩展的微支付通道。交易双方如果在区块链上预设有支付通道,双方在支付通道中预存一部分资金,之后的每次交易都是对资金分配方案的重新确定,当交易双方决定终止交易进行提现时,将最终交易公布在区块链上,被最终确认。双方借助闪电网络进行多次、高频、双向的轧差实现瞬间确认的微支付。如果交易双方没有直接支付通道,只要网络中存在一条连通双方的、由多个支付通道构成的支付路径,闪电网络便可以通过这条支付路径实现资金在双方之间的可靠转移。

闪电网络这种零确认交易的核心概念主要有两个:可撤销的顺序成熟度合约(recoverable sequence maturity contract,RSMC)和哈希的带时钟的合约(hashed timelock contract,HTLC)。闪电网络的基础是双方之间的双向微支付通道,RSMC 定义了通道的基本工作模式,保证了双方的直接交易能够在链下完成。HTLC 进一步实现了有条件的资金支付,将闪电网络从最简单的 RSMC 进阶到任何两人只要能找到一条由多个支付通道组成的支付路径,就能够完成链下交易。闪电网络建立在 RSMC 和 HTLC 的概念和技术基础上,下面分别进行介绍。

1. RSMC

RSMC 的原理可以类比为准备金机制。交易双方存在一个共同的资金池,交易开始之前双方预存一部分资金,通道负责记录双方对资金的分配方案。任何一次对于资金的重新分配和方案的更新都需要经过双方的签名。

例如 Alice 和 Bob 是一对夫妻,他们之间需要经常进行汇款和转账,于是他们选择在闪电网络上创建了一个直接支付通道。首先需要他们创建一个多重签名的钱包并各自存储 3 比特币,钱包可以通过各自的私钥进行访问。他们之间的交易就可以基于这 6 比特币进行无限制的转账。如果 Bob 想要向 Alice 发送 1 比特币,他需要将这个比特币的所有权转给 Alice,资产分配方案只有在两个人都用自己的私钥进行签名才会成立,有任何一方不进行签署,那么交易不会成立。Alice 和 Bob 对该笔转账无异议并进行私钥签名后,Alice 就获得了 4 比特币的实际控制权。如果 Alice 暂时不需要将通道中的属于她的比特币提现,她无须及时更新区块链中关于比特币所有权的记录。因为两人之间存在频繁多次的交易可能,很短时间之后可能 Alice 又需要向 Bob 支付新数额的比特币。当交易双方中的任一方或两方需要终止通道并动用资金时,假设 Alice 想要进行提现,她就可以向区块链主网络出示双方签字的余额分配方案,如果在一段时间之内 Bob 不提出异议,区块链就会终止通道并将资金按协议转入各自预先设立的地址。如果 Alice 提供的是一个已作废的方案,如果

Bob 在允许时间段之内提供证据，Alice 的资金将被惩罚给 Bob。惩处措施进一步保证了交易双方的诚信度。

为了鼓励双方尽可能长久地利用通道进行交易，RSMC 对主动终止通道方给予了一定的惩罚：主动提出终止通道的一方资金到账比对方晚，因此谁发起终止谁就会在一定程度上吃亏。

2. HTLC

RSMC 支持了最简单的无条件支付，HTLC 实现了有条件支付，保障了不存在直接交易支付通道的双方可以通过一条"支付"通道完成支付。HTLC 本质上为限时转账，通过智能合约，双方约定发起转账的一方先冻结一笔钱，并提供一个哈希值，如果在限定时间内有人能提出一个字符串，使得字符串的哈希值和已知哈希值匹配，则这笔钱转给接收方。哈希值就类似一个接头暗语，只有知道正确答案的人才能拿到情报。

假如 Alice 想要转 0.01 比特币给 Dave，但是她们之间并不存在直接支付通道，Alice 找到了一条通过 Bob 和 Carol 到达 Dave 的支付路径，该路径经由 Alice/Bob、Bob/Carol、Carol/Dave 之间的三条微支付通道构成，具体的交易过程包括如下步骤：

（1）Dave 生成一个密码 R，并通过任何安全方式将 Hash(R)发送给 Alice，Alice 并不知道 R 具体是什么，如图 3-31 所示。

（2）Alice 和 Bob 通过微支付通道商定一个 HTCL 合约，只要 Bob 能够在限定的时间内，假设为 3 天，向 Alice 出示匹配的 R，Alice 就会支付 0.01 比特币给 Bob。如果超出 3 天的限定时间，钱款通过微支付通道退回给 Alice，如图 3-31 所示。

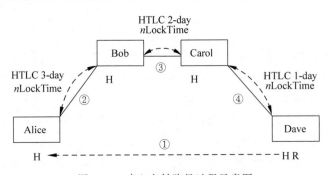

图 3-31　建立支付路径过程示意图

（3）Bob 和 Carol 同样也确定一个 HTCL 协议，限定时间缩短，假定为 2 天，Bob 向 Carol 转账的条件与步骤 2 中相同，Carol 需要向 Bob 出示正确的 R，否则超出限定时间比特币退回给 Bob，如图 3-31 所示。

（4）Carol 和 Dave 同样商定一个 HTCL 合约：只要 Dave 能在 1 天内向 Carol 出示正确的 R，Carol 支付 0.01 比特币给 Dave，如果 Carol 做不到这一点，钱款自动退回给 Carol，如图 3-31 所示。

（5）所有合约签订后，Dave 向 Carol 披露正确的 R 成功拿到 0.01 比特币的转账；

Carol 知道正确的 R 后向 Bob 出示密码，拿到转账；Bob 知道 R 后向 Alice 出示 R 并拿到他的转账。这样就完成了 Alice 向 Dave 的转账，如图 3-32 所示。

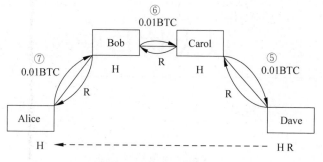

图 3-32 完成支付过程示意图

闪电网络的基础逻辑容易理解，但具体实现的过程十分复杂。从 2015 年闪电网络白皮书发布，到 2018 年第一个闪电网络官方测试版本——Ind 正式发布，闪电网络正在用一种新的方式重新定义比特币。

3.7 小结

比特币引领了数字资产行业的蓬勃发展，其底层的区块链技术也为未来科技的发展创造了一种新的可能。本章首先从使用者的角度介绍了如何加入比特币网络和进行比特币交易，然后介绍了比特币的共识机制和安全机制，最后对比特币面临的扩容问题进行了详细的阐述。

思考题

1. 简述全节点和轻量级节点的区别。
2. 对于只想把比特币当成货币使用的人来说，参与比特币网络应该使用什么节点？
3. 简述确定性钱包和非确定性钱包的区别。
4. 私钥公钥和地址之间的关系和区别是什么？
5. 什么是 UTXO？如何避免比特币交易中的双花问题？
6. 简述比特币共识的发生过程。
7. 什么是助记词？为什么助记词不能轻易泄露？
8. 为何比特币网络需要扩容？
9. 请分别解释闪电网络的两个核心概念：RSMC 和 HTLC。
10. 比特币的发行总量是如何计算的？

第4章

以太坊与智能合约

与比特币相同,以太坊也是基于分布式网络的去中心化账本,任何个人或机构都不能随意进行干预。以太坊与比特币相比,不仅仅是使用的加密货币不同,还增强了脚本的功能,能够实现图灵完备的智能合约,更便捷地实现除虚拟货币外的其他应用,使得以太坊具备了较高的商用价值。以太坊的代码是开源的,以太坊爱好者可以查看代码或提出修改意见,为以太坊的健康发展添砖加瓦。以太坊庞大的社区目前还在不断地增长,越来越多的用户正参与到以太坊的建设中来,为以太坊的发展做出了不可磨灭的贡献,这也是以太币价值居高不下的重要原因之一。

以太坊的目的是基于脚本、竞争币和链上元协议(on-chain meta-protocol)概念进行整合和提高,使得开发者能够创建任意基于共识的、可扩展的、标准化的、特性完备的、易于开发的和协同的应用[1]。一般地,把以太坊的基础框架分为六层,如图 4-1 所示,自下而上为数据层、网络层、共识层、激励层、合约层和应用层。

(1) 数据层负责区块的数据存储、加密签名算法和时间戳等。区块和账户等所有数据都是以键值对(key-value)的形式存储的,另外使用 Merkle-Patricia Trie(MPT)数据结构对其进行组织和管理。数据层是以太坊的基础设施层。

(2) 网络层负责保证以太坊底层分布式网络——P2P 网络节点间的通信。

(3) 共识层负责在网络中的节点相互不信任的情况下,使用工作量证明(PoW)、权益证明(PoS)、委任授权证明(DPoS)和分布式一致性算法等,使得节点对交易的合法性有一个统一的认定标准。

(4) 激励层负责发行和分配激励。激励主要指的是创建新区块获得的奖励和验证交易获得的手续费。一个好的激励机制可以提升用户的活跃度,有利于网络的健康发展。

(5) 合约层负责智能合约的运行,当达到激励条件时合约触发执行,若合约没有达到激励条件则自动解约。

(6) 应用层负责将智能合约封装,供数字货币、金融、娱乐、供应链管理、新闻阅读、法律、医疗、农业等不同场景使用。

一个完整的以太坊区块链系统包含了很多技术,包括 P2P 网络协议、使用 LevelDB 数据库的区块存储、椭圆曲线数字签名算法(elliptic curve digital signature algorithm,

ECDSA)等加密签名算法、共识算法、智能合约和 EVM 等,各个技术间相互独立又环环相扣,巧妙地支撑着区块链系统进行交易、执行智能合约,完成节点赋予它的使命。

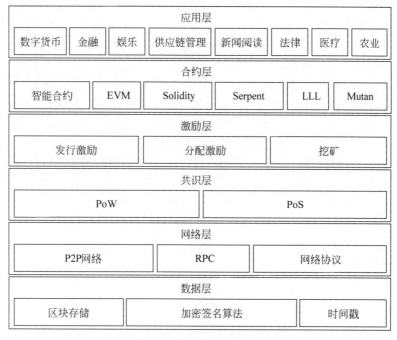

图 4-1 以太坊的基础框架

通过前面三章的学习,相信读者已经对区块链有了一定的认识。在本章中,将通过以太坊的几个基本概念对比以太坊和比特币间的异同加深对两者的理解,指导读者体验以太坊客户端;接着讨论以太坊的加密签名机制、智能合约、DApp、P2P 网络协议和扩容方案等技术细节,使读者对以太坊有一个系统而清晰的认识。

4.1 以太坊基本概念

以太坊对于区块链的颠覆在于,使用具有图灵完备性(事实上不是完全图灵完备)的脚本,将可信任的代码嵌入区块链中,实现去中心化的应用。此外,以太坊建立了新的密码学技术框架,支持轻客户端,在保证整个网络可信任且安全的前提下,使得用户的使用门槛更低。而开源的代码也激励了越来越多的开发者进行应用创新,打开了开发区块链商用应用的大门,吸引了越来越多的投资者和商家使用以太坊,对全球经济的发展产生了巨大的影响。

以太坊部署在 P2P 网络上,网络上的每个节点都参与计算,并把计算结果存储在区块上,不同的区块连接形成区块链,所以以太坊相当于一个巨大的分布式计算机。

首先,在数据存储层,区块(block)是以太坊的核心数据结构之一。以太坊沿用了 StateDB 和 LevelDB 数据库的思想,大量使用 MPT 数据结构和键值对[k,v]型数据,所以以太坊区块的内部结构相比于比特币有较大差异。以太坊的区块结构如图 4-2 所示。在以太坊中，与账户之间相关的动作都以交易（或合约）的形式存储，每个区块在区块体中都有一个记录交易的列表，即图 4-2 中的交易树（TransactionTrie）；交易执行的结果会存储在区块体的收据列表中，即图 4-2 中的收据树（ReceiptTrie）。区块和区块之间通过一个前向指针父块哈希值（ParentHash）连接起来。下面将介绍区块头及区块体中各个部分的用途。

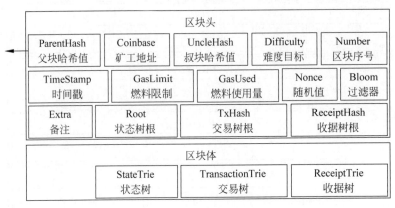

图 4-2　以太坊区块结构

（1）ParentHash：指向父区块（parentBlock）的指针。除了创世块（GenesisBlock）外，每个区块有且只有一个父区块。这一部分指向前一个区块的 256 位的哈希值，通俗理解就是连接这个区块和上一区块之间的链。

（2）Coinbase：挖掘出这个区块的矿工地址。在每次执行交易时系统会给予矿工一定量的以太币作为提供算力的补偿，这笔以太币就会发给这个地址。

（3）UncleHash：区块结构体的成员 uncles 的 RLP 哈希值。uncles 是一个区块头数组，而它的存在颇具匠心。因为以太坊的出块时间是 15s 左右，相对于比特币 10min 的出块时间更容易出现临时分叉和孤儿区块。而且较短的区块时间，也使得区块难以在整个网络中更充分传播，尤其是对那些网速慢的矿工，很容易进行白作工。为了平衡各方利益，以太坊才设计了这样一个叔块机制。矿工挖掘出叔块也可以获得部分奖励。

（4）Difficulty：区块的难度目标。主要用来衡量创建一个新区块平均所需的运算次数。区块的 Difficulty 由共识算法基于 parentBlock 的 Time 和 Difficulty 计算得出，它会应用在区块的"挖掘"阶段，作为矿工挖矿的参考指标。

（5）Number：区块的序号。区块的 Number 等于其父区块 Number+1。

（6）Timestamp：时间戳，预计创建一个区块所需的时间。由共识算法确定，一般来说，要么等于 $Time_{parentBlock}+15s$，要么等于当前系统时间。

（7）GasLimit：理论上区块中所有交易消耗的 Gas 上限。在区块创建时设置该数值，与父区块有关。具体来说，根据父区块的 Gas_{Used} 和 $Gas_{Limit} \times 2/3$ 的大小关系来计算得出。

（8）GasUsed：执行区块内所有 Transaction 实际消耗的 Gas 总和。

（9）Nonce：64bit 的随机哈希数，通常以 0 开始，每次计算哈希值时会增加。它被应用在区块的"挖掘"阶段，并且在使用中根据实际挖矿情况被系统修改。

（10）Bloom：用于快速索引与搜索。在区块生成时，Bloom 记录区块中包含的合约地址和交易记录，便于查找。

（11）Extra：备注，内容可随意填写。

（12）Root：区块中 StateTrie 根节点的 RLP 哈希值。

（13）TxHash：区块中 TransactionTrie 根节点的 RLP 哈希值。

（14）ReceiptHash：区块中 ReceiptTrie 的根节点的 RLP 哈希值。

此外，区块中存储了三棵 Merkle 树：交易树（TransactionTrie）、收据树（ReceiptTrie）、状态树（StateTrie）。如图 4-2 所示，树的内容存储在区块体中，树的根值（StateRoot 状态树根，TransactionRoot 交易树根，ReceiptRoot 收据树根）存储在区块头中。这三棵树内容如下：

（1）StateTrie。此树的根节点 RLP 哈希值是区块头中的 Root。区块中，账户以地址（address）为唯一标示，用 stateObject 对象表示，其信息在执行交易时被修改。所有账户对象可以逐个插入一个 Merkle-PatricaTrie（MPT）结构里，形成 StateTrie。

（2）TransactionTrie。此树的根节点 RLP 哈希值是区块头中的 TransactionHash。区块所记录的交易中的所有交易对象，被逐个插入一个 MPT 结构，形成 TransactionTrie。

（3）ReceiptTrie。此树的根节点 RLP 哈希值是区块头中的 ReceiptHash。区块中所有交易执行完后会生成一个 Receipt 数组，这个数组中的所有 Receipt 被逐个插入一个 MPT 结构中，形成 ReceiptTrie。

区块可以包含的最大交易数取决于区块的大小和每个交易的大小。区块由矿工挖矿后生成，然后以太坊网络中的其他所有节点会保存这个区块的副本，这样就能保证网络中全部节点存储的是同一个区块链。

下面将介绍以太坊的相关概念，通过与比特币的 UTXO 机制比较帮助读者更深层次地了解以太坊独创的账户机制的优缺点；深入理解以太坊中的交易是什么，以及用户之间如何进行交易；用户、合约和区块之间如何进行通信；区块链和用户本地存储的方式以及以太坊钱包和客户端。

4.1.1　账户

以太坊网络参与者想要参与交易或者挖矿，首先得作为节点加入以太坊网络中。以太坊网络中的节点有全节点、轻节点和挖矿节点共三种可供用户选择。从功能上看，全节点能承担以太坊支持的所有功能，轻节点只能进行交易但不能参与挖矿，挖矿节点只能挖矿而不能进行交易。用户可以通过下载客户端的方式得到一个节点，连接到网络后加载网络中的数据。然后登录"账户"（account），作为参与者连接到这个节点，再连接到网络中的其他节点后，便意味着用户真正地参与到以太坊网络中了。这里提到的账户类似于银行账户，是网络识别不同参与者的标识。一个账户只有一个所有者，但是一个参与者可以使用多个账户。

账户以地址为索引,总账包含有关该账户状态的所有数据。每个账户都有一对密钥:一个私钥(Private Key)和一个公钥(Public Key),这对密钥可为创建交易和验证交易加密。

以太坊中的账户有两类:外部账户和合约账户,它们共用同一地址空间。外部账户被私钥控制且没有任何代码与之关联,由私钥授权后可创建交易。通过私钥可以生成公钥,外部账户地址由公钥计算生成。合约账户被存储在账户中的代码控制,自身不能创建交易,它的交易是接收到其他账户发来的激活条件后产生的。合约地址是由合约创建者的地址和该地址发出过的交易数量计算生成的。

创建账户的过程中首先生成私钥,再由私钥生成公钥,由公钥再生成地址,如图 4-3 所示。也就是说,只要获取了某个账户的私钥,也就掌握了这个账户的所有数据和使用权。从本质上讲,账户相当于随机生成的 64 位十六进制数——私钥,一个私钥代表一个账户。私钥是参与者的唯一的身份证明,是账户安全最重要的部分。参与者在创建交易时需要用账户的私钥对交易进行签名,交易才能正常进行,丢失了私钥相当于丢失了账户。这是因为虽然私钥是随机生成的,但是私钥共有 2^{256} 种可能性,想要通过遍历所有私钥的方式获得某个账户的使用权,成功的概率在 10^{-78} 量级,几乎不可能找到这个账户私钥。因此普遍认为遍历私钥破解用户账户的方法是不可行的。所以这种随机生成私钥方法的安全性是得到保证的。

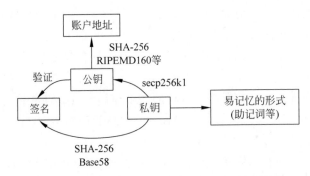

图 4-3 私钥、公钥、地址和签名间的相互转换关系

在验证交易的合法性的时候,也需要用密钥来解密交易。为了保护账户的安全,不能公布私钥来解密,所以需要一个既不会泄露账户所有权又能解密的密钥——公钥。公钥是由私钥经过 secp256k1 函数而生成的 128 位十六进制数。

地址是以太坊账户的标识,类似于银行账户中的账号,以太坊账户地址是 40 位十六进制数。两个账户之间的转账实质上是两个地址之间的转账。

在查询余额方面,比特币的记账系统记录的是地址之间的交易,通过记录所有交易间接得到对应地址的余额。以太坊与之不同,增加了"账户"的概念,直接记录对应地址的余额等信息。

如图 4-4 所示,以太坊账户在内容上包含如下 4 部分。

(1) 随机数(Nonce),用于确定每笔交易只能被处理一次的计数器。当账户为外部账户时表示该账户创建的交易序号,当账户为合约账户时表示该账户创建的合约序号,每次创建

Nonce 会加 1。

（2）账户目前的以太币余额（Balance），单位为 Wei，1 以太币 $= 10^{18}$ Wei。

（3）账户的合约代码（CodeHash），当该账户为合约账户时此项为合约的哈希值，若账户为外部账号，则为空。

（4）账户的存储树根（StorageRoot），根据该账户的存储内容组成的 Merkle 树求得的根哈希值，默认为空。

图 4-4 以太坊账户

账户模型是以太坊区块链拥有的开创性新概念，每个参与者可以将自己的数据记录在对应账户中。相比较之下，比特币中没有账户，也没有余额，而是采用了 UTXO 模型。UTXO 指的是未经使用的一个交易输出，是比特币中的基本单位。每个 UTXO 包含了其所有者的多条金额信息，参与者账户的余额信息是该参与者的私钥能够有效签名的所有UTXO 的总和。列举一个 UTXO 的例子，请看图 4-5。假设 Alice 拥有 30BTC，Bob 拥有15BTC，现在进行一笔交易，Alice 转账给 Bob 10BTC。Alice 的 30BTC 被拆分成两部分，其中 10BTC 用于支付转账被发送到 Bob 账户，另一部分 20BTC 作为找零发送给 Alice 自己。UTXO 无法分割，每次交易都需要多个输出，分别为支出与找零。交易后 Alice 持币20BTC，Bob 持币 25BTC。对于 Bob 所持有的 25BTC，实际上是由一笔 15BTC 的 UTXO和新的 10BTC 的 UTXO 这两个 UTXO 组成。

图 4-5 UTXO 模型示例

UTXO 模型数据记录是独立的，每笔交易的付款都能追溯到上一笔交易的收款（一个输入对应多个输出），一直可以追溯到发现这些 BTC 是创造了某一块区块而获得的奖励，也就是 Coinbase 交易。既保证比特币不会被伪造，又可以通过并行极大地提升区块链交易验证速度，并且无须维护余额等状态值信息。除此之外，比特币还采用 Merkle 树来将交易的哈希值组成二叉树的结构，Merkle 树顶点的值被放在区块头中，其余放在区块体中。这个顶点值相当于整个交易清单的哈希值，根据 Merkle 树的特性，可用这个值来验证交易清单中的任何交易。这个设计使得轻量级节点能通过 SPV（简化支付验证）的方式在移动端验证节点。节点无须下载整个区块链中的所有交易及区块信息，只要下载区块头以及与此节点相关的交易信息，即可实现查询、交易和验证等操作。

而账户模型为了节省空间，每笔交易只有一个输入一个输出。假设还是有一笔 Alice 转给 Bob 10ETH 的转账，如图 4-6 所示，Alice 拥有 30ETH，Bob 拥有 15ETH，直接从 Alice 的余额扣除 10ETH，Bob 的余额增加 10ETH。转账后 Alice 拥有 20ETH，Bob 拥有 25ETH。比特币的 UTXO 模型需要将指定地址所拥有的所有 UTXO 求和，才能得到这个地址的余额。而以太坊的账户模型直接记录账户余额等信息，可以快速获取账户的余额。由于账户信息直接记录余额，区块还存储了 StateTrie、ReceiptTrie 并设计了 TransactionTrie 来记录状态、收据和交易信息，包括以往交易的一些信息。此外，账户中还存储了合约代码，把比特币区块链中的脚本升级成了图灵完备的智能合约。以太坊利用了 Merkle Patricia 树设计了 StateTrie、ReceiptTrie 和 TransactionTrie，以此实现对交易的查询和验证。以太坊的账户中存储的状态比较多，但相关账户的数据会伴随交易的进行而改变。另外，对于账户的新增和删除情况，因为 Merkle Patricia 树根哈希值只与树存储的数据有关，与更新的速度、数据的顺序无关，即使有增减账户也不会影响树根哈希值，恰好符合以太坊需要的特性。所以以太坊选用 Merkle Patricia 树代替 Merkle 树来记录信息。

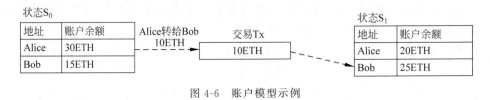

图 4-6　账户模型示例

4.1.2　交易和燃料费

交易在现实生活中是指付款人和收款人之间的资金往来。而在以太坊中，"交易"囊括的内容更加丰富，指从外部账户的内存区域发出的消息的签名数据包。其中包含发送者的签名（证明此发送者有意愿向接收者发送消息）、接收者、交易金额、要发送的数据（用来存储发送给合约的消息）、Gas_{Limit} 和 Gas_{Price}。这些数据解释了这笔交易是谁转账给谁，金额是多少或是否激活合约，并且规定了交易最多次数被允许执行的计算步骤和交易发出者愿意支付的手续费金额。当用户部署合约时，每次部署就是一笔交易，当用户进行投票时，每次投票也是一笔交易。这些交易存储在区块链上，不可更改并且完全公开，任何人都能查询或者验证。

区别于比特币，Gas（燃料费）是以太坊提出来的新概念。每个区块有 Gas_{Limit}，每个交易有 Gas_{Limit} 和 Gas_{Price}。由于交易的输入和输出的数量不同，交易的难度不同，一般数量越多，难度越大。根据不同的交易难度，以太坊虚拟机执行代码的步骤数就不同。执行的步骤越多，消耗的资源越多。以太坊官方会用 Gas 值计算交易消耗的资源量。目的是防止用户滥用区块链资源，造成不必要的或恶意的拥堵，Gas 能够有效地限制发出交易的难易度。对于合约来讲，以太坊在区块链上使用以太坊虚拟机（EVM）来执行合约。在验证区块过程中，网络中的每个节点都会在 EVM 中运行交易所触发的代码，这些代码会在所有节点中被多次重复,以太坊规定用 Gas 来计算命令消耗的算力,合约发起人需要使用以太币支付相应的费用,这就促使大家尽可能在链下进行运算。

每笔交易都要求包括 Gas_{Limit} 和 Gas_{Price}。交易的 Gas_{Limit} 是由创建交易的人来决定的。Gas_{Limit} 是交易使用 Gas 的上限,执行这笔交易消耗的 Gas 不能超过 Gas_{Limit} 值。一旦超过交易就失败,所有的操作都会被复原。但是交易本身是无差错的并且手续费会划给矿工。区块链会显示这笔交易尝试完成,因为没有提供足够的 Gas 导致所有的合约命令被复原,交易中没有使用的 Gas 会以 ETH 的形式返回到账户中,消耗掉的 Gas 不予返还。如果没有超过限制,交易会顺利进行,超量的 Gas 会以以太币的形式返回给交易发起者。因为 Gas 消耗一般只是一个大致估算,所以一般情况下许多用户会超额支付 Gas 来保证他们的交易被接受。毕竟多余的 Gas 还是会被退回给用户的。但是如果指定交易的 Gas_{Limit} 过高,甚至高于区块的 Gas_{Limit},这种设定是没有意义的,交易永远不能被打包进区块,也就是不能被网络确认。Geth 会阻止用户将这一项设置得过高,客户端会反馈"交易超出区块 Gas_{Limit}"。

Gas_{Price} 指的是愿意为单位 Gas 付的费用。如果用 Gas_{Used} 代表交易实际消耗的 Gas 的数量,那么交易费为 Gas_{Used} 与 Gas_{Price} 的乘积。在矿工确认交易创建区块的时候,矿工可以选择打包哪些交易,而支付手续费的多少影响着此交易被打包的时间。

另外,区块有 Gas_{Limit} 值,区块记录的所有交易的 Gas_{Limit} 值累加到一起不能超过区块的 Gas_{Limit} 值。例如,有 5 笔即将确认的交易,其中交易 Gas_{Limit} 分别是 10、20、30、40、50 的交易如何放入 Gas_{Limit} 为 100 的区块中? 矿工有权决定把哪些交易打包进区块中。例如矿工可以选择将前四个交易(10+20+30+40)打包进区块,其他矿工可能会尝试打包最后两个交易(40+50)和第一个交易(10)。如果矿工尝试将一个超过区块 Gas_{Limit} 的交易打包,这个交易会被网络拒绝。

区块的 Gas_{Limit} 是由在网络上的矿工决定的,矿工可根据需要调整 Gas_{Limit} 的大小。以太坊上的矿工需要用挖矿软件,如 ethminer。它会连接到一个 Geth 或者 Parity 以太坊客户端。Geth 和 Pairty 都有允许矿工更改配置的选项。在默认的挖矿方案下,大多数客户端默认最小区块 Gas_{Limit} 为 4 712 388。目前区块的 Gas_{Limit} 是 4 712 357(数据来自于 ethstats.net[2]),这表示着大约 224 笔转账交易(Gas_{Limit} 为 21 000)可以被塞进一个区块(区块产生时间大约在 10s 和 20s 间波动)。

以太坊协议允许每个区块的矿工调整区块 Gas_{Limit},任意加减 1/1024(0.0976%)。以太坊协议中同时允许矿工通过投票来决定区块 Gas_{Limit}。有一个恶意用户攻击团体曾经通过制造垃圾交易,在智能合约中反复调用某些命令来让客户端难以处理这些计算,但这些命令都只消耗少量的 Gas,所以调用起来很廉价,恶意用户进行攻击的成本很低。在这次攻击中,恶意智能合约要求矿工降低 Gas_{Limit} 到 150 万,导致单个区块能够打包的交易越来越少,并且还放出大量的垃圾交易,使得正常的交易在队列(txpool)中难以打包,造成网络拥堵。

4.1.3　消息和消息调用

消息是一个永不串行且只在以太坊执行环境中存在的虚拟对象，类似于函数调用。合约具有发送"消息"到其他合约的能力。消息包含发送者、接收者、要发送的数据（需要输入合约的数据）、Gas_{Limit}。

当正在执行的合约代码中存在 CALL 或者 BELEGATECALL 命令并被运行时，就会生成一个消息。消息在某种程度上类似于"交易"，合约账户与其他账户发生关系的过程和外部账户相同，一个消息会引导接收的账户运行它的代码。但是消息和交易是两个不同的概念，首先交易只能由外部账户创建，而消息由合约账户创建。消息的接收者是合约账户，而接收账户回应的过程类似于函数的调用。

一个合约可以通过消息调用的方式来调用其他合约，或者转账到外部账户。事实上，每个交易都可以被认为是一个顶层消息调用，而这个消息调用会产生更多的消息调用。

代码调用是一种特殊类型的消息调用。它负责在发起调用的合约代码的运行过程中，调用来自目标地址的代码并且运行。存储、当前地址和余额都指向发起调用的合约，只有这段代码是从目标地址获取的。这表明了合约可以在运行过程中从另外一个地址动态加载代码。也就是说，Solidity 可以实现一个可复用的代码"库"，合约可以调用这个库实现更复杂的数据结构，从而使得智能合约更强大。

4.1.4　存储、内存和堆栈

以太坊虚拟机的存储方式分为三类：账户存储、内存和栈。

每个账户有一块永久的存储区域叫作"存储"，之前提到过区块和账户都是以键值对的形式保存的。账户信息作为最重要的属性保存在区块链上，并不会随着合约执行结束被释放掉。如图 4-7 所示，从结构上看账户是一个稀疏的哈希表，键和值的长度都是 256 位，值为 0 的键值对是未被使用的，值为非 0 的键值对是已被占用的。因为所有账户信息都要保存在区块链上，所以存储的资源非常宝贵，导致使用账户存储很昂贵。将一个值从 0 赋值为非 0 需要消耗 20 000 单位 Gas，修改一个非 0 的值需要消耗 5000 单位 Gas。而将一个值从非 0 赋值为 0 可以回收 15 000 单位 Gas。

在智能合约代码运行消息调用的过程中，以太坊虚拟机在代码运行时临时分配的一块新的（内容被清除过）空间，叫作内存。合约的消息调用完毕后，内存会自动释放。内存的结构如图 4-8 所示，字节是内存的基本存储单位。每当现有的区域用完时，内存空间都会以 32 字节为单位进行拓展，同时调用者也需要为这部分空间支付 Gas，大约每 32 字节需要消耗 3 单位 Gas，相比较"存储"来说经济很多。为了节约 Gas，通常在智能合约的执行过程中使用内存，将最终结果保存在账户存储中。

账户存储	
键	值
0	0
1	5
2	0
…	…
$2^{256}-1$	0

内存
32
3
41
76
…

图 4-7　存储的存储结构　　　　　　　　图 4-8　内存的存储结构

以太坊虚拟机(EVM)是基于栈的虚拟机,虚拟机上的所有运算都运行在栈上。栈是一种特殊的数据结构,出栈和入栈的基本单位为 32 字节。只可以将元素放在栈的顶端,或者读取顶端的元素。栈最多有 1024 个元素,其中每个元素的长度是 256 位。对于 EVM 的访问只限于栈顶,允许复制或交换顶端的 16 个元素。如果想访问栈里指定深度的元素,需要先把这个深度之上的所有元素都从栈里移除才可以。栈是以太坊虚拟机的底层运行机制,当使用高级语言如 Solidity 编写智能合约代码时,并不需要直接对栈进行操作。

4.1.5　客户端和钱包

以太坊客户端类似于一个开发者工具,它提供账户管理、挖矿、转账、智能合约的部署和执行等。为了使得更多的代码爱好者参与以太坊的开发和维护,以太坊基金会维护的客户端目前有四种,几乎全兼容以太坊协议的客户端,分别由 C++、Go、Python 和 Java 语言实现。其中 C++和 Go 语言实现的客户端目前完全兼容,常用的客户端包括用 Go 语言实现的 Geth、用 C++语言实现的 Eth、用 Python 语言实现的 Pyethapp、用 Java 语言实现的 EthereumJ、用 Rust 语言实现的 Parity 和用 Ruby 语言实现的 ruby-ethereum。其中,Geth 客户端是以太坊官方推荐使用的客户端。

1. Go-Ethereum

Go-Ethereum 是由以太坊基金会提供的官方客户端软件。它是用 Go 编程语言编写的,简称 Geth。它是一个命令行界面,是使用 Go 语言实现的完整的以太坊节点。通过安装和运行 Geth,可以参与到以太坊前台实时网络并进行挖矿、发送交易、创建合约、探索区块历史等操作,包括如下几个组件。

1) Geth 客户端

当开始运行这个客户程序时,它会连接到其他客户端(也称为节点)来下载同步区块。它将不断地与其他节点进行通信来保证它的副本是最新的。它还具有挖掘区块并将交易添加到区块链、验证并执行区块中的交易的能力。它还可以充当服务器,通过 RPC 访问支持的 API 接口。

2）Geth 终端

这是一个命令行工具，可以连接到正在运行的节点，并执行各种操作，如创建和管理账户、查询区块链、签署并将交易提交给区块链等。

由于以太坊官方推荐使用 Geth 客户端，那么下面会着重介绍 Geth 客户端的基本使用方法，本节会通过一个例子描述创建私链的过程和一些基本操作。

同一个区块链中每个区块包括的创世区块都是相同的，如果创世区块不同，则代表不同的区块链。那么创建一个新的创世区块就相当于创建了一个新的区块链。把 genesis.json 文件作为创世区块在 Geth 客户端启动，这个创世区块代表着创建的私链的开端。

（1）把创世块信息写在一个 json 格式的配置文件中，将文件命名为 genesis.json，放在目录 privatechain 下，参考图 4-9。json 文件内容如图 4-10 所示。

图 4-9　genesis.json 文件的路径

```
{
    "config": {
        "chainId": 10,
        "homesteadBlock": 0,
        "eip155Block": 0,
        "eip158Block": 0
    },
    "alloc"      : {},
    "coinbase"   : "0x0000000000000000000000000000000000000000",
    "difficulty" : "0x20000",
    "extraData"  : "",
    "gasLimit"   : "0x2fefd8",
    "nonce"      : "0x0000000000000042",
    "mixhash"    : "0x0000000000000000000000000000000000000000000000000000000000000000",
    "parentHash" : "0x0000000000000000000000000000000000000000000000000000000000000000",
    "timestamp"  : "0x00"
}
```

图 4-10　genesis.json 文件的内容

json 文件中的各参数含义如下。

① alloc：预置账号以及账号的以太币数量。

② coinbase：矿工的账号，挖矿所得奖励将进入此账户。

③ difficulty：设置当前区块的难度。

④ extraData：附加信息，可以随便填写。

⑤ gasLimit：该值限制 Gas 的消耗总量，用来限制区块能包含的交易信息总和。

⑥ nonce：是一个 64 位随机数，矿工猜对此值则意味着挖到矿。

⑦ mixhash：配合 nonce 用于挖矿，是由上一个区块的一部分生成的 Hash（哈希）。

⑧ parentHash：上一个区块（父区块）的 Hash（哈希）值。

⑨ timestamp：设置创世区块的时间戳。

在存放私有链的文件夹 privatechain 中，还要新建一个目录 data0 用来存放区块链数据（这个目录 data0 就相当于一个根节点。当基于 genesis.json 生成根节点后，其他人通过连接此根节点来进行交易）。

（2）将 genesis.json 文件作为创世区块部署到链上，执行如下命令。

```
> cd privatechain
> geth -- datadir data0 init genesis.json
```

如图 4-11 所示，命令的主体是 geth init，表示初始化区块链，命令可以带有选项和参数，其中-datadir 选项后面跟一个目录名，这里为 data0，表示指定数据存放目录为 data0，genesis.json 是 init 命令的参数。

```
estela@estela-Precision-T7610:~/weizu/privatechain$ geth --datadir data0 init ge
nesis.json
INFO [03-29|14:26:58] Maximum peer count                       ETH=25 LES=0 tota
l=25
INFO [03-29|14:26:58] Allocated cache and file handles         database=/home/es
tela/weizu/privatechain/data0/geth/chaindata cache=16 handles=16
INFO [03-29|14:26:58] Persisted trie from memory database      nodes=0 size=0.00
B time=5.518µs gcnodes=0 gcsize=0.00B gctime=0s livenodes=1 livesize=0.00B
INFO [03-29|14:26:58] Successfully wrote genesis state         database=chaindat
a                                                hash=5e1fc7…d790e0
INFO [03-29|14:26:58] Allocated cache and file handles         database=/home/es
tela/weizu/privatechain/data0/geth/lightchaindata cache=16 handles=16
INFO [03-29|14:26:59] Persisted trie from memory database      nodes=0 size=0.00
B time=5.238µs gcnodes=0 gcsize=0.00B gctime=0s livenodes=1 livesize=0.00B
INFO [03-29|14:26:59] Successfully wrote genesis state         database=lightcha
indata                                           hash=5e1fc7…d790e0
estela@estela-Precision-T7610:~/weizu/privatechain$
```

图 4-11　创建私链的命令行

当出现 Successfully wrote genesis state 时，私链创建完毕，用户便拥有了一条自己的区块链。因为在公共链上转账和部署智能合约是要支付以太币和 Gas 的，为了减少使用和开发的成本，可在私链上进行交易转账和智能合约的测试。成功后，在万无一失的情况下再将结果放到公有链上可大幅节省花销。

（3）启动私有链节点。

```
> geth -- datadir data0 -- networkid 1007 console
```

上面命令的主体是 geth console，表示启动节点并进入交互式控制台，datadir 选项指定 data0 作为数据目录，networkid 选项后面的 1007 表示：指定这个私有链的网络 id 为 1007。网络 id 在连接到其他节点的时候会用到，以太坊公网的网络 id 是 1，为了不与公有链网络冲突，运行私有链节点的时候要指定自己的网络 id。

图 4-11 显示的是一个交互式的 JavaScript 执行环境，在该环境下可以执行 JavaScript 代码，其中"＞"是命令提示符。该环境同时内置了一些用来操作以太坊的 JavaScript 对象，可以直接使用这些对象。这些对象主要包括：

① eth：包含一些与操作区块链相关的方法。

② net：包含一些查看 P2P 网络状态的方法。

③ admin：包含一些与管理节点相关的方法。

④ miner：包含启动与停止挖矿的一些方法。

⑤ personal：主要包含一些管理账户的方法。

⑥ txpool：包含一些查看交易内存池的方法。

⑦ web3：包含了以上对象，还包含一些单位换算的方法。

（4）如图 4-12 所示，在进行交易之前先创建新账户。

```
> personal.newAccount()
```

图 4-12　创建新账户的命令行

（5）查看 coinbase（挖矿奖励会发送到此账户）和账户余额，如图 4-13 所示。

```
> eth.getBalance(eth.accounts[0])
> eth.getBalance(eth.accounts[1])
```

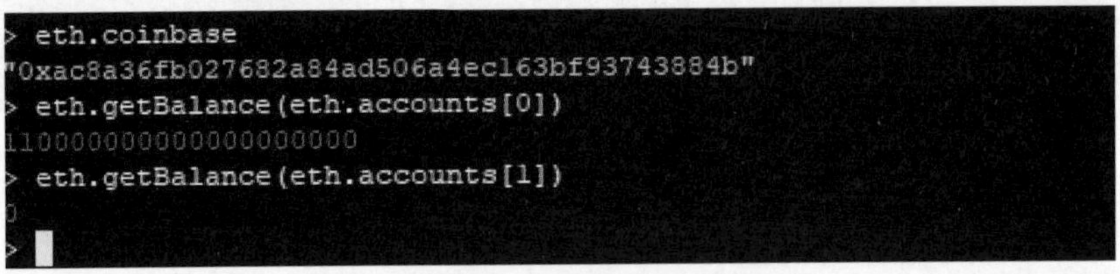

图 4-13　查看挖矿账户和余额的命令行

getBalance() 返回值的单位是 Wei（Wei 是以太币的最小单位，1 以太币 $= 10^{18}$ Wei）。也可以直接在 Geth 客户端中使用 web3.fromWei() 将返回值换算成以太币，如图 4-14 所示。

```
> web3.fromWei(eth.getBalance(eth.accounts[0]),'ether')
```

（6）进行交易之前需要用密码解锁账户，表示账户的所有权如图 4-15 所示。

```
> personal.unlockAccount(eth.accounts[0])
```

图 4-14 换算余额单位的命令行

图 4-15 解锁交易账户的命令行

（7）使用 Geth 客户端提供的命令可以发出交易，格式如图 4-16 所示。

```
> amount = web3.toWei(10,'ether')
> eth.sendTransaction({from:eth.account[0], to:eth.accounts[1], value:amount})
```

图 4-16 发出交易的命令行

此笔交易的哈希值为 "0x8f9d9d71045b15305330c85f596bb3c5a3c0349e91a4866e1005fa2e42a059db"。

（8）开始挖矿。要想交易被处理就必须挖矿（自己或其他矿工挖矿），即创建新的区块，只有交易被记录在区块上，这个区块才算是加入了区块链，交易才算被确认完成。

```
> miner.start(10)
```

其中，start 的参数表示挖矿使用的线程数。第一次启动挖矿会首先生成挖矿所需的 DAG 文件，这个过程有点慢，等进度达到 100％后，就会开始挖矿，此时屏幕会被挖矿信息刷屏。

```
> miner.stop():
```

每挖到一个区块，系统会奖励 5 以太币，挖矿所得的奖励会自动转入矿工的账户，这个账户叫作 coinbase，默认情况下 coinbase 是本地账户中的第一个账户。挖到区块后，coinbase 账户里面就有余额了。本小节只挖矿一次，因为私有链交易少，这笔交易很容易被记录进区块。挖矿的结果如图 4-17 所示。

```
> miner.start(1);admin.sleepBlocks(1);miner.stop();
INFO [03-29|15:52:44] Updated mining threads                    threads=1
INFO [03-29|15:52:44] Transaction pool price threshold updated price=18000000000
INFO [03-29|15:52:44] Starting mining operation
INFO [03-29|15:52:44] Commit new mining work                    number=124 txs=1
uncles=0 elapsed=572.698µs
INFO [03-29|15:52:53] Successfully sealed new block             number=124 hash=1
ccdd6…917e53
INFO [03-29|15:52:53] ⚒ block reached canonical chain           number=119 hash=f
a881d…daf562
INFO [03-29|15:52:53] ⚒ mined potential block                   number=124 hash=1
ccdd6…917e53
INFO [03-29|15:52:53] Commit new mining work                    number=125 txs=0
uncles=0 elapsed=149.46µs
true
>
```

图 4-17　挖矿一次的命令行

（9）为了检验这笔交易是否已经被打包进区块，可以查看交易结果：查看付款方的资金是否被扣除，同时收款人的资金是否到账。过程如图 4-18 所示。

```
> web3.fromWei(eth.getBalance(eth.accounts[0]),'ether')
105
> web3.fromWei(eth.getBalance(eth.accounts[1]),'ether')
10
>
```

图 4-18　查看余额的命令行

账户 0 的资金转账转走 10，即 -10，又因为挖到矿获得奖励 $+5$，最终的余额是 $105=110-10+5$。账户 1 的资金转账得到 10，最终的余额是 $10=0+10$。得到的结果和预期完全相同。

到此为止，这 9 个操作囊括了基本的转账操作。

通过 Geth 能轻松地查询到任意一笔交易或者任一个区块，前面也提到以太坊具有查询历史记录的功能。例如，如图 4-19 所示，通过交易 Hash 查看交易的方法是：

> eth. getTransaction (" 0x8f9d9d71045b15305330c85f596bb3c5a3c0349e91a4866e1005fa2e42a059db"

交易所在区块的 Hash 即为 blockHash，序号为 124。发起交易的账户是 0xac8a36fb027682 a84ad506a4ec163bf93743884b，交易所需 90 000gas，本次交易的 Hash 是 0x8f9d9d71045b1530533 0c85f596bb3c5a3c0349e91a4866e1005fa2e42a059db，交易的收款账户是 0xdd174576351762bd95 e70cd908bdf61b0cc1864，交易金额是 10 以太币。

此外，还可以通过区块的序号来查询区块中的内容，如图 4-20 所示。

> eth. getBlock(124)

到此为止，Geth 客户端的基本操作介绍完毕。

```
> eth.getTransaction("0x8f9d9d71045b15305330c85f596bb3c5a3c0349e91a4866e1005fa2e
42a059db")
{
  blockHash: "0x1ccdd6f51aa7de2047efa979b70529ce46a6da1b8ffbe4bad1d90d6d26917e53
",
  blockNumber: 124,
  from: "0xac8a36fb027682a84ad506a4ec163bf93743884b",
  gas: 90000,
  gasPrice: 18000000000,
  hash: "0x8f9d9d71045b15305330c85f596bb3c5a3c0349e91a4866e1005fa2e42a059db",
  input: "0x",
  nonce: 0,
  r: "0xa4cd0b4f7c482b4f13fa1bf6df29215f6bed386d9be61c87748c0fde57f37443",
  s: "0x3f8ed664b0115c4a1241986aa35fb84368560453cd9369e98e83117d8dbe6f8",
  to: "0xdd174576351762bd95e70cd908bdf61b01cc1864",
  transactionIndex: 0,
  v: "0x38",
  value: 1000000000000000000000
}
> 
```

图 4-19 查看交易信息的命令行

```
> eth.getBlock(124)
{
  difficulty: 131072,
  extraData: "0xd783010802846765746887676f312e392e34856c696e7578",
  gasLimit: 3545605,
  gasUsed: 21000,
  hash: "0x1ccdd6f51aa7de2047efa979b70529ce46a6da1b8ffbe4bad1d90d6d26917e53",
  logsBloom: "0x0000000000000000000000000000000000000000000000000000000000000000
00000000000000000000000000000000000000000000000000000000000000000000000000000000
00000000000000000000000000000000000000000000000000000000000000000000000000000000
00000000000000000000000000000000000000000000000000000000000000000000000000000000
00000000000000000000000000000000000000000000000000000000000000000000000000000000
00000000000000000000000000000000000000000000000000000000000000000000000000000000
000000000000000000000000000000000000000000000000",
  miner: "0xac8a36fb027682a84ad506a4ec163bf93743884b",
  mixHash: "0xc2aed72d68892a4cb34dce1a8336e72e069c4f4336c0592106b99c9f433bc494",
  nonce: "0x4c48d2089975a701",
  number: 124,
  parentHash: "0x120ff99c0294960f32ccaba33af35a6b8ffa8f0627e71cf213ded6c2c9c970a
b",
  receiptsRoot: "0x106691880d12b42d9a5433b7569cb8656b25750c8184a67154eb453dde485
8f3",
  sha3Uncles: "0x1dcc4de8dec75d7aab85b567b6ccd41ad312451b948a7413f0a142fd40d4934
7",
  size: 649,
  stateRoot: "0x6eca423b7e3f357707b11d11660d970a0b7fc6663b25def5992d45d307bda165
",
  timestamp: 1522309964,
  totalDifficulty: 16594762,
  transactions: ["0x8f9d9d71045b15305330c85f596bb3c5a3c0349e91a4866e1005fa2e42a0
59db"],
  transactionsRoot: "0x0c7df1cbea179fd120edaf4f14cb3c0ada70b1a48734a843f7cd0a594
81ae82f",
  uncles: []
}
> 
```

图 4-20 查看区块的命令行

2. Cpp-Ethereum

以太坊 C++客户端 Cpp-Ethereum 的界面如图 4-21 所示。作为以太坊的全功能客户端，

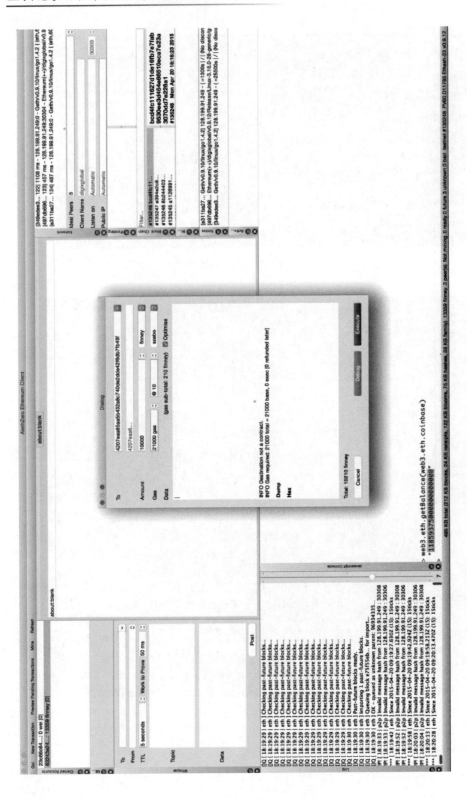

图 4-21　Cpp-Ethereum 界面

Cpp-Ethereum 既能实现对以太坊虚拟机(EVM)与块链协议的完全支持,又包括一个双向步进调试器以帮助开发人员编写智能合约。然而,Cpp-Ethereum 并不能够为去中心化应用提供完整的产品级的开发环境,产品级开发环境的全部内容包括 JavaScript/QML 和智能合约、集成测试、多语言支持、语法意识的代码编辑器与其他组件和工具[3]。

3. Pyethapp

Pyethapp 是以 Python 为基础的客户端。使用 Python 旨在提供一个更容易删减和扩展的代码库。Pyethapp 利用两个以太坊核心组成部分来实现客户端功能:

(1) pyethereum——核心库,以区块链、以太坊虚拟机和挖矿为特征。

(2) pydevp2p——点对点网络库,以节点发现和运输多码复用与加密连接为特征。

Python 的客户端是易于安装和使用、多功能且对开发人员友好的命令行客户端,可以选择是否带有最简单的图形用户界面,且功能都基本能满足类似 pybitcointools 库的角色。

4. EthereumJ

EthereumJ 是以太坊协议的纯 Java 实现。它提供可以嵌入任何 Java/Scala 项目的库,并完全支持以太坊协议及附属服务。Java 客户端可作为特殊硬件和 Android 智能手机的后台程序。EthereumJ 支持 CPU 挖矿,界面如图 4-22 所示。

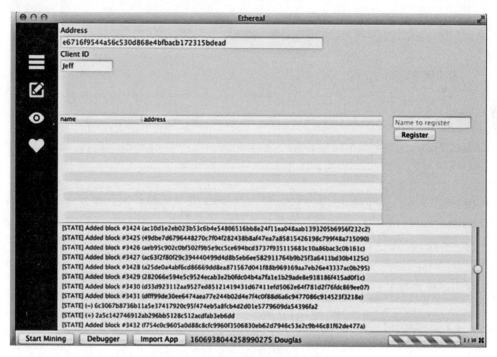

图 4-22　EthereumJ 的界面

除了以上四种客户端,以太坊还提供了更适合普通用户操作的钱包,以满足普通用户日常管理账户和转账的需求,同时也可便捷地部署智能合约。为了降低用户使用的门槛,以太坊提供了图形界面的钱包 Ethereum Wallet 和 Mist 客户端浏览器两种选择。Ethereum Wallet 的功能是 Mist 的一个子集，只能用于管理账户和交易；Mist 在此功能的基础上，还能操作智能合约。通常情况下认为 Mist 就是 Ethereum Wallet。Mist 具有独特的加密手段，使得用户不必理解技术原理，就能在享受图形界面的便捷操作的同时，保证每一步操作的安全性。Ethereum Wallet 和 Mist 成为普通用户运行或者管理区块链 DApp 不可或缺的工具。

Ethereum Wallet 是图形界面的可供交易转账的以太坊钱包应用，如图 4-23 所示，是一种单独的 Mist 去中心化钱包。它不需要同步整个区块链上庞大的数据，非常适合普通用户日常交易使用，并且方便用户在手机等移动终端上使用。

图 4-23　Ethereum Wallet 的界面

Mist 是一个去中心化应用浏览器。公开发布的 0.3.6 版私密开源发布（secret open source release）允许用 Mist 浏览器打开任何 Ethereum 去中心化应用。Mist 可以浏览区块链里的块、交易、合约等明细数据，而 Ethereum Wallet 只有转账、部署合约、IDE 等功能。

对于没有技术原理基础的用户来讲，在可视化的 Mist 客户端，直接与区块链交互、部署 DApp 的用户体验很好，使得以太坊的智能合约为更多的技术用户和爱好者敞开大门。

4.2　以太坊加密机制

加密简单而言就是通过一种算法手段对原始信息进行转换，信息的接收者只能够通过密钥对密文进行解密从而得到原文。金融系统一般采用非对称加密体系，加解密时加密方拥有公钥和私钥，可以将公钥发送给其他相关方，私钥严格自己保留。以太坊使用 ECC 椭圆曲线算法完成加密体系。

4.2.1 加密

每个账户都由一对密钥定义：一个私钥和一个公钥。账户地址由公钥衍生而来，是账户的索引，无论公钥还是地址都是由私钥衍生而来。以太坊私钥是一串256位的二进制数，这是账户安全中最重要的一部分。这些信息在客户端生成后会存储在JSON格式的文件中。为了保密，通常会在离线状态下生成私钥，防止攻击者盗取。私钥的生成过程是随机的，甚至可以用掷硬币的方法随机生成这256位二进制数。

在Geth客户端生成私钥的时候用户或许会产生疑惑，因为创建账户时客户端会要求用户输入密码（password），但这并不是常说的私钥。这时输入的密码是解锁keystore文件的密码。私钥与公钥和密码计算后保存为json文件，存储在keystore中。每次进行交易需要用到私钥时，客户端会提示用户输入密码，解密keystore文件获得私钥。图4-24所示为Geth客户端用密码解密keystore文件生成私钥、公钥和地址的过程。

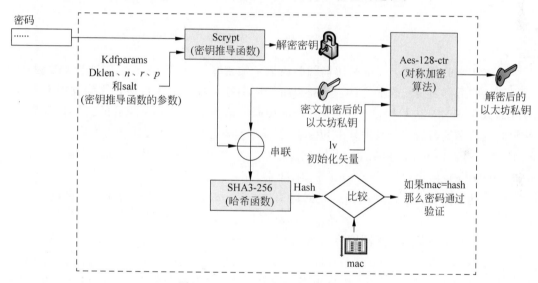

图 4-24　keystore 文件验证解密过程

（1）输入密码，作为kdf密钥生成函数的输入，来计算解密密钥。

（2）解密密钥和ciphertext密文连接并进行处理，与mac（消息认证码）比较来确保密码是正确的。

（3）通过cipher对称函数用解密密钥对ciphertext密文解密。

综上所述，可以用图4-25概括私钥、公钥、地址、密码和keystore的关系。

4.2.2　数字签名

数字签名算法在以太坊中应用频繁，在生成交易时，需要对交易对象进行数字签名。在共识算法的强对称（clique）算法实现中，针对新区块进行授权、封印的Seal()函数对新创建的区块做了数字签名。

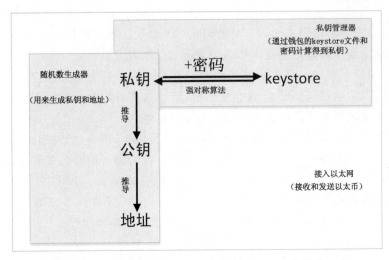

图 4-25　私钥、公钥、地址、密码和 keystore 的关系

以太坊中的数字签名全部采用椭圆曲线数字加密算法（ECDSA），它的理论基础是第 2 章提到过的椭圆曲线密码学（ECC）。椭圆曲线数字签名算法由数字签名算法发展而来，与传统的数字签名算法相比，在数字签名长度相同的情况下，ECDSA 所需的公钥长度更短。椭圆曲线数字签名的安全级别是 N bits，攻击者平均要计算 2^N 才可能获得本次签名使用的私钥，其安全性依赖于离散对数问题。ECC 存在的理论基础是点倍积（point multiplication），算式 $Q = d \times G$ 中的私钥 d（几乎）不可能被破译。

根据椭圆曲线算法，假如 Alice 要创建一对密钥，私钥为 $[1, n-1]$ 的一个随机数：

$$d_{\text{Alice}} = \text{rand}(1, n-1) \tag{4-1}$$

公钥为私钥和基点的椭圆曲线点倍积：

$$Q_{\text{Alice}} = d_{\text{Alice}} \times G \tag{4-2}$$

结合第 2 章所提到的内容，接下来将详细说明椭圆曲线密码的加解密过程。首先，发送交易时添加签名的过程如图 4-26 所示，假设发送的消息是 m：

（1）计算 $e = \text{Hash}(m)$，Hash 是一个哈希加密函数，如 SHA-2 或 SHA-3。

（2）计算 z，来自 e 的二进制形式下最左边（即最高位）L_n 个 bits，而 L_n 是上述椭圆曲线参数中的可倍积阶数 n 的二进制长度。注意 z 可能大于 n，但长度绝对不会比 n 更长。

（3）从 $[1, n-1]$ 内，随机选择一个符合加密学随机安全性的整数 k。

（4）选定一条椭圆曲线 $y^2 = x^3 - 3x + b$，并取椭圆曲线上一点，作为基点 G。$y^2 = x^3 - 3x + b$ 是以太坊 ECDSA 代码中隐含的椭圆曲线方程，G 是所有点倍积运算的基点。计算一个椭圆曲线上点 (x_1, y_1)：

$$(x_1, y_1) = k \times G \tag{4-3}$$

（5）以式（4-4）计算 r 值，如果 $r = 0$，则返回步骤 3 重新计算。

$$r = x_1 \backslash n \tag{4-4}$$

其中,\——取余。

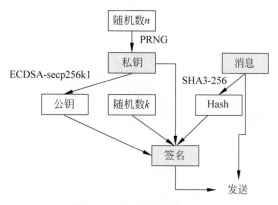

图 4-26　交易签名的过程

(6) 以式(4-5)计算 s 值,如果 $s=0$,则返回步骤 3 重新计算。生成的数字签名就是 (r, s)。

$$s = k^{-1}(z + rd_{\text{Alice}}) \backslash n \tag{4-5}$$

对于消息的接收方 Bob 来说,除了收到数字签名文件外,还会有一份公钥文件。所以 Bob 对消息的验证分两部分,首先验证公钥,然后验证签名文件 (r, s)。

通过公钥的坐标验证它必须是处于该椭圆曲线上的点。则应有下式成立:$n \times Q_{\text{Alice}} = O$(其中,$Q_{\text{Alice}}$ 为 Alice 的公钥,O 为极限值空点),即曲线的可倍积阶数 n 与公钥的点倍积不存在。

下面进行签名文件的验证(如图 4-27 所示):

(1) 需要保证 r 和 s 是 $[1, n-1]$ 的整型数。

(2) 计算 $e = \text{Hash}(n)$,$\text{Hash}()$ 即签名生成过程步骤(1)中使用的哈希函数。

(3) 计算 z,来自 e 的最左边 L_n 个 bits。

(4) 计算参数 w:$w = s^{-1} \backslash n$(其中,"\"表示取余)。

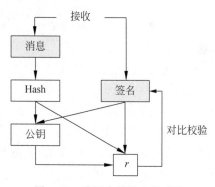

图 4-27　验证交易签名的过程

(5) 计算两个参数 u_1 和 u_2:$u_1 = zw \backslash n$,$u_2 = rw \backslash n$。

(6) 计算 (x_1, y_1),如果 (x_1, y_1) 不是一个椭圆曲线上的点,则验证失败:$(x_1, y_1) = u_1 \times G + u_2 \times Q_{\text{Alice}}$。

(7) 如果 r 不恒等于 $x_1 \backslash n$,则验证失败。

用户 Bob 接到信息后,首先需要验证公钥的有效性。然后通过计算参数 z、w、u_1 和 u_2 得到点 P 的坐标位置 (x_1, y_1),签名中的 r 值与点 P 相关。验证签名的过程实际是比较计算出的 r 值和签名中的 r 值是否一致,如果一致,则证明验证成功。

4.3 以太坊共识机制

在传统的记账系统中，参与者需要不断地与中心机构交换信息，中心机构负责管理所有的交易账本。如果中心机构宕机或者出现错误，那么整个系统都会崩溃关闭。若每个参与者自己拥有记账账本，那么就可以取消这个中心机构。以太坊的核心技术是在不需要第三方机构的情况下实现分布式账本和智能合约。因此，每个节点需要加载全部区块链数据。以太坊也可以理解为有副本的共享账本，如图 4-28 所示。那么当有新的交易产生，如何使网络中节点的账本及副本一致？

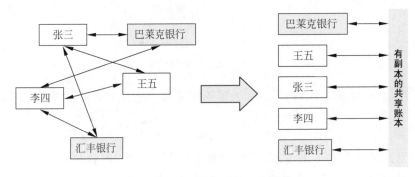

图 4-28　有副本的共享账本结构

为了确保网络中的所有节点都具有同一份数据副本，并且没有向数据库中写入任何无效数据，以太坊在设计之初就决定采取权益证明（PoS）去维护交易的安全性，取代效率低下、资源消耗大的工作量证明（PoW）。并设定了 4 个发展阶段：Frontier、Homestead、Metropolis、Serenity，阶段之间的转换需要通过硬分叉的方式实现。目前以太坊运行在 Homestead 阶段，100% 采用 PoW 挖矿，即通过矿工挖矿来达成共识，创建一个新的区块将达成共识的数据存入其中，然后同步到所有节点。以太坊的 PoW 算法并没有使用比特币的 SHA-256，也没有采用莱特币使用的 Scrypt，而是使用了一种经过修改的 Dagger-Hashimoto 算法——Ethash 算法，这种算法同比特币中使用的算法一样，主要是寻找一个随机数，使得这个随机数与上一个区块数据运算之后的结果小于设定的难度门槛。因为不存在比随机尝试更快找到这个随机值的办法，所以 PoW 可以保证这个随机数是随机选取的并且挨个计算验证是否符合难度门槛值。PoW 通过控制难度门槛的大小，在算力无规则增长的情况下控制区块创建周期的稳定。在以太坊源代码中，计算一个区块难度的公式如下：

$$block\_diff = parent\_diff + parent\_diff // 2048 \times max(1 - (block\_timestamp - parent\_timestamp) // 10, -99) + int(2**((block\_number // 100000) - 2))$$

式中，各参数含义如下：

（1）parent_timestamp——上一个区块产生的时间。

（2）parent_diff——上一个区块的难度。

（3）block_timestamp——当前区块产生的时间。

（4）block_number——当前区块的序号。

可以看出，当前区块的难度＝上一个区块的难度＋难度调整＋难度炸弹。

其中，难度调整的计算是 parent_diff//2048×max(1－(block_timestamp－parent_timestamp)//10,－99)，分三种情况：

（1）小于 10s，难度向上调整 parent_diff//2048×1。

（2）10s 和 19s 之间，难度保持不变。

（3）大于或等于 20s，难度会根据时间戳差异 parent_diff//2048×(－1)，即向下调整，最大向下调整 parent_diff//2048×(－99)。

区块难度的公式中的 int(2 ** ((block_number//100000)－2))，被称为难度炸弹。引入难度炸弹是为了防止出现 PoW 转 PoS 的过程中矿工联合起来抵制，从而分叉出两条以太坊区块链的现象。难度炸弹指的是计算难度时除了根据出块时间和上一个区块难度进行调整外，加上了一个指数型难度因子，使得区块难度每十万个区块呈指数增长。随着区块高度的增加，呈指数增长的难度因子比重将会显著提高，使得出块难度大大增加，矿工将难以挖出新的区块。由于出块越来越艰难，到最后区块将被完全冻结，有了这个预期，那么转换 PoS 引起的硬分叉就不会是一个困难的选择，毕竟没有人会继续待在那条被完全冻结的区块链上。

根据最近的以太坊改进建议 EIP-649，转换到权益证明(PoS)的时间将被延迟约一年半，工作量证明(PoW)将会继续担当大任。PoW 算法的好处是，寻找随机值的过程实际上是在比拼算力，攻击者的算力不超过全网算力的一半时，保证无法更改交易进行双花。但是无论节点的算力如何都保证在区块创建后能够快速验证结果正确与否。

比特币的 PoW 主要是 CPU 计算难度问题，因此以太坊的 Ethash 加入了内存和带宽难度，使它能够抵御经过哈希运算优化专门用来挖矿的 ASIC 挖矿机的破坏。以太坊设计分布式结构的目的是让全网中每个节点共同维护数据，并且设置奖励机制鼓励越来越多的用户参与其中，专用挖矿机的出现会使大多数普通用户很难挖到矿然后丧失对以太坊的信心，从而导致以太坊社区的缩水，所以以太坊的设计团队会尽量抵制挖矿机这种专门谋利的个人和团体，避免出现算力集中化的矿池出现。在 Ethash 算法设计中要求选择由随机数和区块报文头决定的一部分固定资源，这些资源一般是几吉字节（GB）数据的有向无环图（DAG）。在每个 epoch，即每 30 000 个区块(约 125 小时)随机生成一个新的 DAG。以太坊客户端需要等 DAG 生成以后才能开始挖矿。因为新的 DAG 生成需要一段时间，但是它只和区块链深度有关，所以在每个新的 epoch 开始之前可以提前生成。对内存的要求使得大型矿机没有太出格的收益；对带宽的要求使得共享存储用超快单元计算的矿工没有明显的利益，这两项增加的要求从根本上保证了以太坊社区的健康发展。

目前以太坊挖矿大多采用 GPU。在挖矿过程中，每个 GPU 至少需要使用 1GRAM 来加载 DAG，由于挖矿算法是通过 OpenCL 实现的，所以在同等价格下，AMD GPU 比

NVIDIA GPU 效果更好。

矿工挖矿的收益由两部分组成：创建新区块的奖励和确认交易的手续费。如果区块中包含叔区块，还会获得额外的叔区块奖励。下面将说明三种收益的具体计算方式。

在共识机制的设计中，创建一个区块获得 5 以太币作为奖励。按照目前的挖矿速度，大概每 15s 挖出一个区块，一年有 5153.6 万秒，一年大概创建 210 万个区块，每个区块奖励 5 以太币，就是每年会分配 1052 万以太币作为挖矿奖励。

每次发送交易的时候，交易的发出者会交付"燃料（Gas）"作为手续费，这笔手续费是 Gas_{Used} 和 Gas_{Price} 的乘积，Gas_{Used} 是执行该交易时消耗的燃料。Gas_{Used} 在没有超过 Gas_{Limit} 时，是系统根据交易的难易程度确定的，而交易的发送者可以通过设置 Gas_{Price} 改变手续费的多少。但是矿工也可以间接控制燃料价格。在发布的第一个版本的以太坊中，客户端默认燃料的价格是 0.05e12wei，矿工一般不会接受低于平均燃料价格的交易。如果交易的发出者想要尽快处理这笔交易，就会以高燃料价格来吸引矿工将此交易打包进区块。其他用户如果也想快速确认交易就必须再提高燃料价格，那么燃料的普遍价格就会提高，整体手续费也会提高。

$$手续费 = Gas_{Used} \times Gas_{Price} \tag{4-6}$$

在以太坊平台，不提供手续费的交易永远不会被打包到区块中，也就是说永远不会被执行。

"叔块（uncle block）"指的是符合难度目标，但是由于网络延迟等种种原因没有被认定为主链的区块，是个废块，以分叉的形式存在。打包到叔块里的交易当然也没有被确认。创建叔块的过程是完全符合共识机制并且消耗算力的，在比特币网络中创建叔块是没有任何补偿的，但是在以太坊中，创建叔块的矿工和引用叔块（从叔块后添加区块）的矿工都能拿到一些补偿。这样产生叔块的算力也被包含到区块链诚实的算力中，攻击者很难追上一个带叔块的主链，增加了区块链的安全性。与算力相当大的矿池相比，单个挖矿节点容易产生废块（叔块），适当给予单个挖矿节点补偿，也能削弱矿池在挖矿时的优势。

$$叔块矿工奖励 = (ID_{叔块} + 8 - ID_{当前区块}) \times \frac{5}{8} \tag{4-7}$$

从式(4-7)中可以看出，叔块必须是当前区块的 6 代及以内的祖先，否则是没有奖励的。

另外矿工每引用一个叔块，就得到了大约 0.15 以太币的奖励，这就是 GHOST 幽灵（greedy heaviest observed subtree）算法。因为叔块的加入，以太坊区块链不是一条链，反而更像一棵树。

以太坊正在从 PoW 转变为 PoS，严格上说是 PoS 的变种——Casper。Casper 是一种基于保证金的经济激励共识协议（security-deposit based economic consensus protocol）。协议中的节点必须先交纳保证金，作为"锁定保证金的验证人"（bonded validators）才可以参与创建区块。Casper 通过保证金来确保验证人行为的正确性，因为如果验证人做出了 Casper 认为无效的行为，它的保证金将被没收并且失去参与共识的权利。做错事的参与人会付出代价，因此可以认定已经锁定保证金的验证人的行为是正确的。由此可以看出，客户端只能认定自己知道的锁定保证金的验证人的签名,所以客户端要经常在线更新验证人列表。但是这个时候验证人列表需要从其他信道获取。Casper 要求验证人将大部分保证金对共识结果下注。如果赌对了,他们就可以拿回保证金和交易费用,也许还会有一些新发的货币;如果下注没有迅速达成一致,他们只能拿回部分保证金。因此数个回合之后验证人的下注分布就会收敛。如果验证人突然改变下注,例如将赌注从一个胜率高的块移到其他胜率低的块,就会被惩罚。这样可以保证下注的结果最终会收敛到一个结果。验证人对结果下注的时候,低胜率的结果会逐渐被淘汰,因为验证人为了追求区块奖励并且避免受到惩罚不会由赌高胜率转而赌低胜率,所以反复下注以后,一定会收敛于一个结果,这个结果就是最终的结果。

4.4　以太坊 P2P 网络

以太坊网络具有不同类型的节点,这些节点可能具备钱包、挖矿、区块链数据库、网络路由的全部四种功能或其中几个,这些节点共同构成了以太网的 P2P 网络。以太坊的 P2P 网络是有结构的,主要采用了 Kademlia(简称 Kad)算法实现,相比于比特币的无结构网络,可以在分布式环境下快速而又准确地路由、定位数据。

在 Kad 网络中,节点和节点之间用 ID 区别开来,并且每个节点能够计算不同节点之间的逻辑距离。这个逻辑距离是通过对两个节点 ID 进行异或(符号为∧)计算得到的,即 A、B 两节点之间的距离 $D(A, B) = ID_A {}^\wedge ID_B$。用异或的逻辑计算两节点间的距离是可靠的,因为基于异或的性质,可以确定两个节点间的逻辑距离是一定的,不会随着计算时间或者顺序的改变而改变。

另外基于异或的性质,Kad 还可以轻松地将整个网络拓扑组织成二叉前缀树,每个节点的 NodeID(节点序号)会映射到二叉树对应的叶子上,如图 4-29 所示。

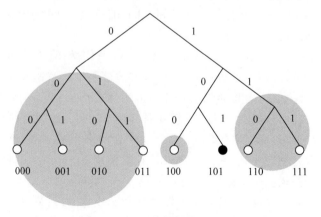

图 4-29　二叉前缀树结构的网络

每个 NodeID 都有一个对应的叶子。如果对这个二叉前缀树进行拆分，拆分后只需要知道每棵子树中的一个节点就可递归路由遍历这棵树的所有节点。在二叉前缀树的拓扑结构下可以直观地看出，离目标节点距离近的节点的异或距离也近，可以根据到目标节点的逻辑距离来进行划分，如图 4-29 所示。

从根节点开始，将不包含自己的子树拆分出来，然后在另一棵子树中，把不包含自己的下一层子树再拆分出来，以此类推，直到只剩下自己。以图 4-29 中的 101 节点为例，从根节点开始，由于 101 节点在右子树，所以将左边的整棵子树拆分出来，即包含 000、001、010 这三个节点的这棵子树；接着，到第二层子树，将不包含 101 节点的右子树再拆分出来，即包含 110 和 111 这两个节点的子树；最后，再将 100 拆分出来。这样，就将 101 节点之外的整个二叉树拆分出了三棵子树。

完成子树拆分后，就可以根据已知的节点进行递归路由实现所有节点的遍历。但是在实际情况中，网络中的节点是动态变化的，所以需要已知一棵子树的多个节点作为前提。K-桶（K-bucket）是一个用来记录每棵子树已知多个节点的路由表。也就是说，如果拆分出 n 棵子树，对应的节点就会维护 n 个 K-桶（即 n 个路由表）。K-桶里记录的节点信息一般会包括 NodeID、IP、Endpoint 与 Target 节点（即维护该 K-桶的节点）（最多 16 个）的异或距离等信息。以太坊中，每个节点维护的 K-桶数量为 256 个，这 256 个 K-桶会根据与 Target 节点的异或距离进行排序。在 Kad 网络中，节点之间的通信是基于 UDP 的，通过 Ping、Pong、FindNode 和 Neighbours，就可以实现新节点的加入、K-桶的刷新等机制。

4.4.1　RLPx 协议

RLPx 是专门为网络节点间分布式应用设计的 P2P 通信协议。RLPx 包含通信协议和节点发现协议，还有运行这两个协议的 Server 逻辑。节点可以自由地在任何 TCP 端口发布和接收连接。

当以太坊节点启动时，会同时监听 TCP 和 UDP 的端口，UDP 用来处理节点发现协议，TCP 用来接收 P2P 通信。

在通信的第一个阶段，通过了一次 Diffie-Hellman 密钥交换，连接的双方各随机生成一个私钥，然后将计算出的公钥发送给对方，最后双方通过手中的密钥和对方的公钥生成了一个共享密钥，此次连接的信道上将会使用此共享密钥加密传输信息。第一阶段的密钥交换完成后，发起者、接收者拥有同一个共享密钥和对方的 nonce。共享密钥会用来加密以后的通信内容（对称加密比非对称加密效率更高），nonce 会用来生成 mac（消息认证码），保证收到的信息完整。进行完密钥交换后，以后的通信都要使用 Frame 格式，Frame 包含 head 和 body，类似 TCP 包的格式。

第二阶段握手称为协议握手，发起节点发送自己支持的协议、节点名称、节点版本，接收者会进行判断，如果协议版本不符合，则断开。至此，RLPx 的协议握手完成，之后的操作是在 RLPx 之上实现的以太坊子协议。

4.4.2　Whisper 协议

Whisper 协议是一个比较独立的模块,用于 DApp 之间的通信,它的运行完全独立于以太坊区块链。由于 Whisper 协议是专门为 DApp 设计的,所以相比较而言能更高效简单地使用多播和广播场景。Whisper 协议是完全基于纯标志(identify)的 P2P 节点间的异步广播系统。由于网络中的消息是加密传输,可以放心地直接在公网上传输。同时,Whisper 协议使用工作量证明(PoW)作为发送信息的门槛来避免 DDoS 攻击。

Whisper 协议表示一个协议实例,负责整个 Whisper 功能的运行,其中比较重要的字段有信封(envelope)、主题(topic)、滤波器(filter)和工作量证明(PoW)。

envelope 是网络中传输的 Whisper 消息的基本单位,它包含已加密的原始消息以及与消息相关的控制信息:记录了消息的超时时刻、消息的存活时间、消息的主题等信息。当节点收到 envelope 时会立即广播给周围的节点,然后再查看 topic 内容选择是否读取其中的信息。如果该 topic 是节点关注的 topic,那么它有权利打开这个 envelope。

节点上可以安装多个可设定特点条件的 filter,不满足这些条件的 envelope 就会被抛弃,满足条件的会被缓存在相应的 filter 中,filter 有缓存区可以存储解密的 envelope。

工作量证明用来防止恶意节点大量发送消息。消息的创建者需要耗费算力找到一个 nonce 使得消息的 Hash 值小于难度值。

4.5　以太坊智能合约

智能合约以及基于智能合约的分布式应用是以太坊被称为区块链 2.0 的主要原因,下面将介绍智能合约的概念。

4.5.1　什么是智能合约

智能合约是 20 世纪 90 年代由尼克·萨博提出的概念,几乎与互联网同龄。由于缺少可信的执行环境,智能合约并没有被应用到实际产业中。自比特币诞生后,人们认识到比特币的底层技术区块链天生可以为智能合约提供可信的执行环境。以太坊首先看到了区块链和智能合约的契合,一直致力于将以太坊打造成最佳智能合约平台,让智能合约在区块链领域死而复生。

以太坊上的程序称为智能合约。智能合约不只是传统意义上的可以自动执行的计算机程序,而是计算机程序和系统参与者的结合。在执行代码以外,作为系统的参与者,它还可以按照事先规定好的规则接收和存储价值,对接收到的信息进行回应,也可以对外发送信息和价值。

如图 4-30 所示是一个智能合约模型,智能合约被部署在区块链上,它可以存储价值和维持自己的状态。外部账户可以通过发送交易到合约账户实现对智能合约的调用。当接收到的外部交易和事件激活智能合约时,它做出相应的回应,可以通过发送交易来发出价值或者通过发送事件来传递信息。

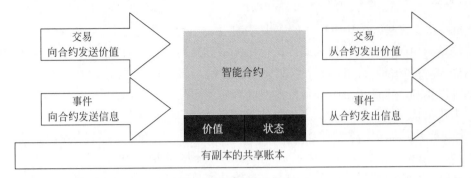

图 4-30　智能合约模型

以太坊通过建立抽象的基础层，让用户自己定义所有权规则、交易方法和状态转换函数，从而创建合约和去中心化应用。智能合约就是一个存储了大量价值状态的保险箱，只有拿着保险箱钥匙——满足某些特定的激活条件时才能打开，运行代码来传递价值和信息。以太坊提供的图灵完备的智能合约比比特币脚本提供的功能强大得多，并且更易创建。例如，建立一个代币的主体框架只需要几行就能实现。

以太坊最重要的技术贡献就是智能合约。智能合约的内容是完全公开的，也就是说智能合约自身能证明自身的合理性，相反地，如果智能合约中存在漏洞也会被使用者第一时间发现，在漏洞未修复完全的一段时间里，很容易遭受到无法抵抗的攻击。

4.5.2　以太坊虚拟机

以太坊虚拟机（EVM）是以太坊中智能合约的运行环境。每个节点不仅存储区块数据和代码，还包含一个虚拟机来执行合约代码。以太坊虚拟机是一个隔离的环境，外部无法接触到在 EVM 内部运行的代码。它不仅被沙箱封装起来，而且事实上它是被完全隔离的，运行在 EVM 内部的代码不能接触到网络、文件系统或者其他进程，甚至智能合约之间也只有有限的调用。

当把合约部署到以太坊网络上以后，合约就可以在以太坊网络中运行了。智能合约是公开的，它的状态信息和价值也是公开的。任何人都可以上传智能合约，或者激活智能合约让这些程序自动运行。

4.5.3　开发语言

黄皮书中说明的以太坊协议有 4 个近乎兼容的以太坊客户端，分别由 C++、Go、Python 和 Java 构成，还有 Serpent、LLL、Solidity 和 Mutan 4 种编程语言，以及完全正常工作的编译器、一个可用的 JavaScript API、一个块链协议的概念，允许有 12s 的阻塞时间，工作量证明（PoW）与权益证明（PoS）结合的"阿尔法版本 PoW"公式机制。

开发语言在一定程度上影响着区块链的发展前景，以太坊选用的开发语言是由代码爱好者熟悉的 Go、Python、JavaScript、Lisp 启发而来,大多数程序员熟悉其中的一种或多种语言,容易上手,这非常有利于以太坊网络发展中的维护,以太坊爱好者不会因为语言问题被拒之门外。

Serpent 是一种用来编写以太坊合约的高级编程语言。Serpent 与 Python 类似,语法简洁易懂,底层语言的高效优势与编程风格中的易用性完美结合,还加入了一些针对合约编程的特性。Serpent 编译器由 C++ 实现,因此可以被轻松打包进任何客户端,它主要被 Augur 团队使用。

LLL 是一种类似于 Lisp 的底层编程语言。

Solidity 是第一批描述智能合约的语言,也是当前最流行的语言,因此 Solidity 的文档和教程最多,推荐学习这一种语言。以太坊使用的 Solidity 其通用性并不如 JavaScript 等常用的编程语言高,但是 Solidity 更具有安全性,对于区块链技术来说,不能只考虑是否简单而应当选择安全性强的语言。

Mutan 类似于 C 语言,目前已被放弃。

以太坊的语言是专为以太坊设计的,使得以太坊增加了账户的概念,方便实时查询账户余额和账户状态。直接在区块链上,根据地址就可以实时查看所对应账户的属性和交易状况。而在比特币 UTXO 机制下,需要导入区块链数据库并解析所有交易,再抽取当前查询账户的交易情况。

之前提到过比特币的脚本机制是非图灵完备的,而以太坊的账户机制和智能合约是支持图灵完备的。智能合约使得以太坊能实现更多的应用,拉近了以太坊与现实生活和商业的距离,促使以太坊朝着更好的方向发展。从本质上讲,以太坊也不是完全图灵完备的,因为为了避免完全图灵完备存在的无限死循环问题,以太坊通过对计算设置上限(Gas)来保护系统的安全性。

4.5.4 代码执行

EVM 的指令集可以保持在最小规模,尽可能避免出现共识错误。所有的指令都是以 256 位为基本数据单位的,可实现逻辑函数、算数函数等操作,还可以访问区块的属性信息。

以太坊合约的代码是由低级的基于堆栈的字节码语言写成的。每一字节代表一种操作。操作可以访问前几节提到的三种存储空间。代码除了可以访问区块状态、交易等数据以外,还可以访问发送和接收到的消息中的数据,代码还可以返回字节队列作为输出。一般而言,程序计数器增加 1 就执行一次操作,直到代码执行完毕或者遇到错误、STOP 指令等。

基于上述操作,第三方开发者已经建成功能完备的分布式应用(DApp),如域名注册、货币、彩票、众筹应用程序和去中心化治理的实用程序。然而,许多困难的工作,包括安全审计、优化策略的即时编译、建立在浏览器上的用户界面和集成开发环境尚未完成。以太坊还在进一步的完善中。

4.6　去中心化应用

以太坊社区把基于智能合约的应用称为去中心化的应用程序（decentralized app，DApp）。它是把智能合约通过客户端代码部署在区块链网络上创建的。这一点和传统的Web应用很相似，只不过 DApp 的客户端代码运行在 Mist 浏览器里，"服务器端"代码运行在整个区块链上。用户常用 DApp 浏览器登录自己的账户来连接到网络中查看修改 DApp 代码，除了 Mist 外，还可以使用移动端 DApp 浏览器 Status，随时随地连接到以太坊节点来浏览代码。

4.6.1　以太坊开发环境——Go-eth 和 Mist

因为在公有链上开发和部署智能合约需要耗费大量的以太币，成本极高，爱好者可以通过其他途径先对智能合约进行试运行，当得到符合预期的结果后再将其放入公有链中，这将大大降低智能合约开发的投资。目前开发和测试智能合约的途径有 4 种。

1. 选择以太坊官网测试网络 Testnet

测试网络中，可以很容易获得免费的以太币，缺点是需要花很长时间初始化节点。

2. 使用私有链

创建自己的以太币私有测试网络，通常也称为私有链，可以用它作为一个测试环境来开发、调试和测试智能合约。

通过上面提到的 Geth 很容易创建一个属于自己的测试网络，以太币想挖多少就挖多少，也免去了同步正式网络（主网）的整个区块链数据这一步。

3. 使用开发者网络（模式）

相比私有链，开发者网络（模式）下，会自动分配一个有大量余额的开发者账户给用户使用。

4. 使用模拟环境

另一个创建测试网络的方法是使用 testrpc，testrpc 是在本地使用内存模拟的一个以太坊环境，对于开发调试来说，更方便快捷[4]。而且 testrpc 可以在启动时帮助用户创建 10 个存有资金的测试账户。进行合约开发时，可以先在 testrpc 中测试通过后，再部署到 Geth 节点中去。testrpc 现在已经并入 Truffle 开发框架中，现在名字是 Ganache CLI。Truffle 是DApp 开发框架，它可以帮助用户处理掉大量无关紧要的细节，让用户可以迅速进行"写代码—编译—部署—测试—打包 DApp"这个流程。

部署智能合约的过程大致为，先进入即将部署合约的区块链，然后创建一个合约账户准备将合约部署在这个账户之上，接着用官方推荐的 Solidity 语言编写与区块链交互的智能合约，最后编译、部署、运行此合约。虽然 Geth 命令行界面没有 Mist 那么直观，但是官方推荐 Geth 客户端，下面以 Geth 为例详细描述如何搭建开发环境。本节只是提供一个智能合约示例，想要学习开发智能合约仅靠这些是远远不够的。在智能合约的编译、部署和运行上，Mist 和 Geth 极为相似，所以不再赘述。

使用 Geth 客户端开发者模式开发智能合约的过程如下。

1）搭建开发环境

首先需要安装 Geth 客户端。建议从 GitHub 下载 Geth 客户端的安装包，网址为 https://github.com/ethereum/go-ethereum/wiki/Building-Ethereum。Solidity 的编译作者使用的是网页版的 Browser-Solidity 编译器，所以不需要下载安装。

在使用前首先检查是否安装成功：

```
> geth -- help
```

如果输出一些帮助提示命令，则说明安装成功，此时已经搭建好开发环境。

2）启动网络节点

在上面已经提到过此示例使用开发者模式来开发智能合约。利用 Geth 启动一个以太坊（开发者）网络节点，过程如图 4-31 所示。

```
> geth -- datadir testNet -- dev console 2>> test.log
```

```
estela@estela-Precision-T7610:~/weizu/geth$ geth --datadir testNet --dev console
2>> test.log
Welcome to the Geth JavaScript console!

instance: Geth/v1.8.2-stable-b8b9f7f4/linux-amd64/go1.9.4
coinbase: 0x3b7f52aec1f2f771de8b8332c5c2a30728ce90e6
at block: 0 (Thu, 01 Jan 1970 08:00:00 CST)
 datadir: /home/estela/weizu/geth/testNet
 modules: admin:1.0 clique:1.0 debug:1.0 eth:1.0 miner:1.0 net:1.0 personal:1.0
rpc:1.0 shh:1.0 txpool:1.0 web3:1.0
>
```

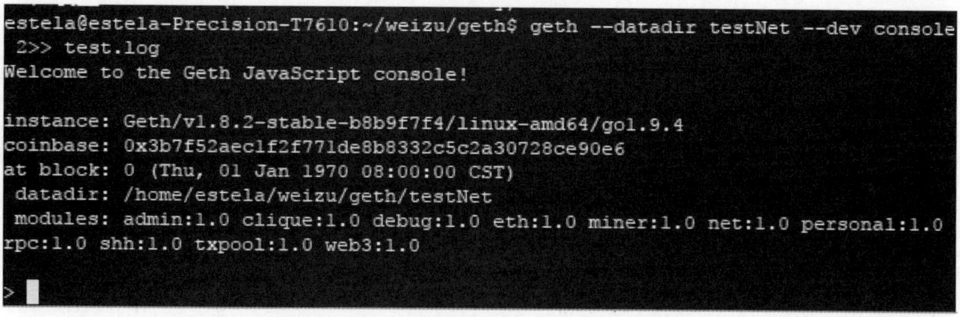

图 4-31 以开发者模式启动 Geth 的命令行

该命令中各参数的含义如下：

（1）dev——启用开发者模式。

（2）console——进入控制台。

（3）datadir testNet——区块数据及密钥存放的目录。

（4）test.log——把控制台日志输出到 test.log 文件。

当出现"Welcome to the Geth JavaScript console!"时，证明已经在开发者模式下连接到网络。此时已经做好了准备工作，可正式进行智能合约的编译及部署。

3）创建账户

有一个默认账户（如图 4-32 所示，也可以使用 personal.listAccounts 查看账户），这个账户就是系统自动分配的开发者账户。本示例中的开发者账户地址为 0x3b7f52aec1f2f771-de8b8332 c5ca30728ce90e6，这个账户被分配了余额用于智能合约开发，后面将会使用此账户部署合约。

```
> eth.accounts
["0x3b7f52aec1f2f771de8b8332c5c2a30728ce90e6", "0x4bb7881b177bb03e9360e215421318
8a3d60e53b"]
```

图 4-32　查看账户的命令行

4）编写智能合约

编写智能合约可以使用的开发语言包括 Solidity、Viper、Serpent、LLL。以太坊官方推荐语言是 Solidity，它是一种语法类似 JavaScript 的高级语言，被设计成以编译的方式生成以太坊虚拟机代码，使用它很容易创建用于投票、众筹、封闭拍卖、多重签名钱包等的合约。用 Solidity 编写的智能合约文件扩展名以 .sol 结尾。一个简单的智能合约如下：

```
pragma solidity ^0.4.18;
contract hello {
    string greeting;
    function hello(string _greeting) public {
        greeting = _greeting;
    }
    function say() constant public returns (string) {
        return greeting;
    }
}
```

智能合约就像一个类，其中包含状态变量、函数、函数修改器、时间、结构和枚举。这个示例中使用的 Solidity 版本是 0.4.18。在合约的开始，使用 contract 关键字声明这个合约。之后使用 string 声明了字符串。在这个 hello 合约中，定义了 hello 和 say 函数。在此合约部署成功后，只需要输入 hello.say 就能调用合约。一个简单的智能合约就编写完成了。

5）引入 web3.js 构建去中心化应用

为了便于构建基于 Web 的 DApp，以太坊还提供了一个非常方便的 JavaScript 库 web3.js。web3.js 是一个轻量级的用于集成以太坊功能的 Java 开发库，它封装了以太坊节点的 API 协议，可以让开发者轻松地连接到区块链节点而不必编写烦琐的 RPC 协议包。所以，可以在常用的 JS 框架（如 reactjs、angularjs 等）中直接引入该库来构建去中心化应用（DApp），并部署在网络上，如图 4-33 所示。

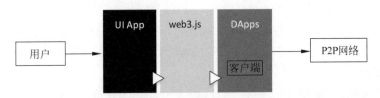

图 4-33　用户在 P2P 网络部署智能合约的过程

把这段代码复制到 browser-solidity，转换代码的格式到 web3.js。这个过程是自动完成的。生成的代码如下：

```
var _greeting = "Hello World";
var helloContract = web3.eth.contract([{"constant":true,"inputs":[],"name":"say",
"outputs":[{"name":"","type":"string"}],"payable":false,"stateMutability":"view","type":
"function"},{"inputs":[{"name":"_greeting","type":"string"}],"payable":false,
"stateMutability":"nonpayable","type":"constructor"}]);
var hello = helloContract.new(
    _greeting,
    {
        from: web3.eth.accounts[1],
        data:
'0x6060604052341561000f57600080fd5b6040516102b83803806102b88339810160405280518201919
0505080600090805190602001906100419291906100048565b50506100ed565b82805460018160011615
6101000203166002900490600052602060002090601f01602090048101928260f1f1061008957805160ff19
16838011178555610b7565b82800160010185558221561000b7579182015b828111156100b657825182559
160200191906001019061009b565b5b5090506100c491906100c8565b5090565b6100ea91905b80821115
6100e657600081600090555060010161000ce565b5090565b90565b6101bc806100fc6000396000f300606
06040526004361061004157600035c01000000000000000000000000000000000000000000000000000000
00000900463ffffffff168063954ab4b214610046575b600080fd5b341561005157600080fd5b61005961
00d4565b6040518080602001828103825283818151815260200191508051906020019080838360005b838
11015610099578082015181840152602082081019050610007e565b5050505090509050810190601f168015610
0c6578082038051600183602003610010a0319168152602001915505b509250505060405180910390f35b
6100dc61017c565b60008054600018160011615610100020316600290004806011f0160208091040260200160
40519081016040528092291908181526020018280546001816001161561010002031660029004801561
01725780601f1061014757610100808354040283529160200191610172565b82019190600005260206000
20905b8154815290600101906020018083116101015557829003601f168201915b505050505090509565b6
0206040519081016040528060008152509056000a165627a7a723058204a5577bb3ad30e02f7a3bdd90eedcc
682700d67fc8ed6604d38bb739c0655df90029',
        : '4700000'
    }, function (e, contract){
        console.log(e, contract);
        if (typeof contract.address !== 'undefined') {
            console.log('Contract mined! address: ' + contract.address + ' transactionHash: ' +
contract.transactionHash);
        }
});
```

var helloContract 函数用来修改合约变量名。在修改合约实例变量名后，可以直接用 var hello ＝ helloContract.new 实例调用函数。from：web3.eth.accounts[1]的作用是修改部署账户为新账户索引，即使用新账户来部署合约。

需要使用的 Gas 的值由 IDE 帮用户预估，不用自己设置。

6）合约的部署

使用 Geth 客户端，将转换后的合约字节码发布到区块链上，并使用一个合约账户的地址来标示这个合约。合约部署就是将编译好的合约字节码通过外部账号以发送交易的形式部署到以太坊区块链上，由实际矿工出块之后，才真正部署成功，操作如图 4-34 所示。

```
> null [object Object]
Contract mined! address: 0x66c91170ded679beeb63176074e0827c9578ee88 transactionH
ash: 0x67540389addaf8963f50b1a893e086187f7e4a893a000f7ee889ad90c138ca5c
```

图 4-34　部署智能合约的命令行

7）运行合约

合约部署之后，当需要调用这个智能合约的方法时只需要向这个合约账户发送消息（交易）即可，通过消息触发后智能合约的代码就会在 EVM 中执行了，如图 4-35 所示。

```
> hello.say()
```

```
> hello.say()
"Hello World"
```

图 4-35　运行合约的命令行

为了最大程度地扩大以太坊参与者的范围，以太坊社区有很多支持编写智能合约和 DApp 的 IDE，如 Truffle、Embark 和 Remix。

在区块链技术的热潮下，智能合约以其优异的性能给众多公司和个人提供了更多的商业机会，反过来，因为这些公司和个人的加入使得以太坊社区日渐庞大，又吸引着更多的个人和组织加入智能合约的开发中。对于区块链和以太坊，智能合约是一个具有极大前景的发展领域，人们期待着更受欢迎的 DApp 的出现，来改变现有的生活方式或者商业模式。近几年，在区块链火爆全球的影响下，不乏一些实用的商业应用出现，下面将介绍 5 个正在发展中的项目作为例子。

4.6.2　智能合约开发实例

本节将提供一个在 Geth 控制台使用命令行部署调用智能合约的案例。在很多升学或者应聘过程中需要考查学生考试成绩单，对于学校或者公司而言，很难考证拿到的成绩单的真实性。毕竟打印出的纸质版成绩单乃至学校公章都有作假的可能。本节提供了一个简单的成绩记录应用的案例，利用区块链的不可更改的分布式账本的性质，将成绩录入区块链代表着任何用户可以随时查看但不可修改，保证了成绩存储的安全性和可信度。以防止中小学及高校学生出于各种目的而伪造成绩单的行为。学校将成绩录入区块链以后，可以保证学校或公司在区块链查询到的内容 100％真实。下面将详细介绍此智能合约编译、部署和调用的详细过程。（默认已经配置环境）

1）启动网络节点

此示例同样是使用开发者模式开发智能合约。利用 Geth 启动一个以太坊（开发者）网络节点，过程如图 4-36 所示。

```
> geth -- datadir testNet -- dev console 2 >> test.log
```

```
jin@jin-PowerEdge-T630:~/weizu/LiuYu/test$ geth --datadir testNet --dev console 2>> test.log
Welcome to the Geth JavaScript console!

instance: Geth/v1.8.13-stable-225171a4/linux-amd64/go1.10
coinbase: 0x19f84bfcf475a51070d28397e4e4536e27eb00e3
at block: 9 (Wed, 29 Aug 2018 21:09:28 CST)
 datadir: /home/jin/weizu/LiuYu/test/testNet
 modules: admin:1.0 clique:1.0 debug:1.0 eth:1.0 miner:1.0 net:1.0 personal:1.0 rpc:1.0 shh:1.0 txp
ool:1.0 web3:1.0
```

图 4-36　以开发者模式启动 Geth 的命令行

2）创建账户

查询默认分配的开发者账户（如图 4-37 所示），此示例中账户地址为 0x37d74155e989716d3a ddec21750b3766d96a6838，因为部署合约需要支付 Gas，后面将会使用这个余额充足的开发者账户部署合约。

> personal.listAccounts

```
[> personal.listAccounts
["0x37d74155e989716d3addec21750b3766d96a6838"]
```

图 4-37　查看账户

3）解锁账户

前面已经提到将用此账户部署合约。在部署合约之前要对开发者账户解锁，解锁后才有权限在账户上部署合约，如图 4-38 所示。

> personal.unlockAccount(eth.accounts[0])

```
[> personal.unlockAccount(eth.accounts[0])
Unlock account 0x37d74155e989716d3addec21750b3766d96a6838
[Passphrase:
true
```

图 4-38　解锁账户

在默认情况下，系统分配的开发者账户的序号是 0。accounts[0]表示的账户就是开发者账户。

4）编写智能合约

编写的智能合约如下：

```
pragma solidity ^0.4.7;
contract Grade {
function setGrade(bytes32 _number, uint256 _value) {
        grades[_number] = _value;
    }
        mapping (bytes32 => uint256) public grades;
}
```

这个示例中使用的 Solidity 版本是 0.4.7。在合约的开始，使用 contract 关键字声明这个 Grade 合约。之后使用定义的 setGrade 函数，这个函数用来录入成绩。当成绩录入进去之后，只需要调用 grades 数组，就可以查询到结果。

5）引入 web3.js 构建去中心化应用

使用网页版的 remix（同 browser-solidity）在线编辑器会更方便一些，把这段代码复制到 remix，转换代码的格式到 web3.js，如图 4-39 所示。

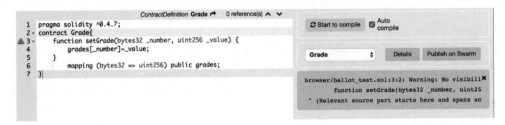

图 4-39　remix 编辑器

选择 Details，找到 WEB3DEPLOY 这一项，把代码复制下来。这一段代码就是 web3.js 格式的，如图 4-40 所示。

```
WEB3DEPLOY

var gradeContract = web3.eth.contract([{"constant":true,'
var grade = gradeContract.new(
  {
    from: web3.eth.accounts[0],
    data: '0x6080604052348015610010576000080fd5b506101388
    gas: '4700000'
  }, function (e, contract){
  console.log(e, contract);
  if (typeof contract.address !== 'undefined') {
      console.log('Contract mined! address: ' + contr
  }
})
```

图 4-40　复制代码

生成的代码如下：

```
var gradeContract = web3.eth.contract([{"constant":true,"inputs":[{"name":"","type":
"bytes32"}],"name":"grades","outputs":[{"name":"","type":"uint256"}],"payable":false,
"stateMutability":"view","type":"function"}, {"constant": false,"inputs": [{"name":
"_number","type":"bytes32"}, {"name":"_value","type":"uint256"}],"name":"setGrade",
"outputs":[],"payable":false,"stateMutability":"nonpayable","type":"function"}]);
var grade = gradeContract.new(
  {
```

```
    from: web3.eth.accounts[0],
    data: '0x608060405234801561001057600080fd5b5061013880610020600039600'f30060806040
526004361061004c576000357c0100000000000000000000000000000000000000000000000000000000009
00463ffffffff168063304823e514610051578063f24eccef14610096575b600080fd5b34801561005d57
600080fd5b5061008060048036038101908080356000191690602001909291905050506100d1565b60405
180828152602001915050604051809103905f35b3480156100a257600080fd5b506100cf60048036038101
90808035600019169060200190929190803590602001909291905050506100e9565b005b6000602052806
00052604060002060001509050548156d5b8060008084600019166000191681526020019081526020016
000208190555050505600a165627a7a72305820dc1091a04cb75c9c62b2bfdc37e5c493e1314bf629501d4
71e0d81d1d794aec30029',
    gas: '4700000'
  }, function (e, contract){
   console.log(e, contract);
   if (typeof contract.address !== 'undefined') {
        console.log('Contract mined! address: ' + contract.address + 'transactionHash: ' +
contract.transactionHash);
   }
  })
```

6）合约的部署

使用 Geth 客户端，将转换后的合约字节码发布到区块链上，按 Enter 键，操作如图 4-41 所示。实际矿工出块后，才真正部署成功。

```
> var gradeContract = web3.eth.contract([{"constant":true,"inputs":[{"name":"","type":"bytes32"}],
"name":"grades","outputs":[{"name":"","type":"uint256"}],"payable":false,"stateMutability":"view",
"type":"function"},{"constant":false,"inputs":[{"name":"_number","type":"bytes32"},{"name":"_value",
"type":"uint256"}],"name":"setGrade","outputs":[],"payable":false,"stateMutability":"nonpayable",
"type":"function"}]);
undefined
> var grade = gradeContract.new(
...    {
......       from: web3.eth.accounts[0],
......       data: '0x608060405234801561001057600080fd5b5061013880610020600039600f30060806040526004
361061004c576000357c0100000000000000000000000000000000000000000000000000000000900463ffffffff168063
04823e514610051578063f24eccef14610096575b600080fd5b34801561005d57600080fd5b5061008060048036038101901
8080356000191690602001909291905050506100d1565b60405180828152602001915050604051809103905f35b348015610
0a257600080fd5b506100cf60048036038101908080356000191690602001909291908035906020019092919050505061
e9565b005b6000602052806000526040600020600015090505481565b8060008084600019166000191681526020019081
526020016000208190555050505600a165627a7a72305820dc1091a04cb75c9c62b2bfdc37e5c493e1314bf629501d471e0d
81d1d794aec30029',
......       gas: '4700000'
......     }, function (e, contract){
......     console.log(e, contract);
......     if (typeof contract.address !== 'undefined') {
........         console.log('Contract mined! address: ' + contract.address + ' transactionHash:
' + contract.transactionHash);
.........     }
...... })
null [object Object]

Contract mined! address: 0xdb8d6e1d7677b34685acca087092790ceb68a79d transactionHash: 0x8ddf8b6f6b5b
b89bf7f760978b2bcb1fc4cda5e493b9b9e9eecdbfb080e4ab67
```

图 4-41　部署智能合约的命令行

客户端使用了一个合约账户的地址来标示这个合约，这个合约账户的地址是 0xdb8d6
e1d7677b34685acca087092790ceb68a79d。此次交易的哈希值是 0x8ddf8b6f6b5bb89bf7f76
0978b2bcb1fc4cda5e493b9b9e9eecdbfb080e4ab67。通过这两个值可以在区块链上找到合约

的相关信息。

7）调用合约

合约部署之后，在部署合约所用的控制台下，可以使用合约名和函数名直接调用合约。假设需要录入学生 2017110555 的成绩 96 分，将使用 Grade 合约的 setGrade 函数。用户需要以发出交易的方式改变区块链中的状态，所以还需要用到 sendTransaction() 函数。函数需要设置的参数中，第一和第二个是合约中 setGrade 的参数学号和成绩，第三个是 sendTransaction 的参数付款人地址，如图 4-42 所示，执行命令：

```
> grade.setGrade.sendTransaction(2017110555, 96, {from: eth.accounts[0]})
```

```
> grade.setGrade.sendTransaction(2017110555, 96, {from: eth.accounts[0]})
"0xd42aa5e5e813f63c63951056a393be828686a858bb7d069a25a87eeea4ce776d"
```

图 4-42　录入成绩

录入的成绩是以交易的方式发出的，所以只有等到此交易被打包成区块后，成绩才被保存到区块链中。此时作为矿工进行挖矿，操作如图 4-43 所示，执行命令：

```
> miner.start(10)
> miner.stop()
```

经过一定时间的确认，成绩已经记录到区块链中。可以直接使用 Grade 合约中的 grades 数组来查询成绩，数组的序号就是先前录入的学号。假设需要查询学号为 2017110555 同学的成绩，操作如图 4-44 所示。查询结果是，学号 2017110555 同学的成绩是 96，与录入信息一致。

```
> grade.grades(2017110555)
```

```
> miner.start(10)
null
> miner.stop()
true
```

图 4-43　挖矿

```
> grade.grades(2017110555)
96
```

图 4-44　查询成绩

本节的示例中只录入了一个学生的成绩，可以通过此方法录入更多同学的信息，以供查询。本节只是通过这个例子讲述编译、部署和调用的步骤，更加实用和高难度的合约操作的步骤会更加复杂，还需更深入的学习。

4.6.3　应用实例 1：Augur

Augur 是以太坊发布的第一款应用，是第一个实现了分布式的预测系统。用户可以在这个应用上对各种事件打赌下注，是以"众智理论"为基础开发出来的，Augur 宣称此应用依靠群众的智慧来预判某一事件的最终发展结果。Augur 认为某个领域最专业的个体的能力可能要低于一个群体的集体智慧，就像常说的三个臭皮匠顶个诸葛亮。关于"众智理论"有一个官方引以为豪的典型案例,在 1968 年 5 月,美国的一艘名为 Scorpion 的潜艇在大西洋完成执勤任务返回纽波特纽斯港口的途中消失了。海军情报部掌握潜艇最后的报告位置,但是不知道 Scorpion 当前的确切位置以及发生了什么情况。为了预测 Scorpion 的真实位置,军方专门请了许多数学家、潜艇专家和搜寻人员,并且按照众智理论的法则进行推断和预测,最后成功地找到了 Scorpion[5]。虽然这只是一次偶然事件,但或许未来会有更多的案例出现来证明"众智理论"的正确性。在 Augur 的推广上,为了激励更多的专业人士参与竞猜,预测正确的参与者会获得经济回报。从社会角度,Augur 更像一个集中大众智慧的问卷调查,问卷上的信息反映了人民群众乃至社会对事件的看法和态度,恰好是对事件发生可能性的最好评估。

4.6.4　应用实例 2：Maker

Maker 是一个分布式自治组织(decentralized autonomous organization,DAO),在以太坊平台上创建和发行 DAI 稳定币。Maker 是一款去中心化的"贷券"信贷系统[6]。在 Maker 体系中有两种主要的货币,一种是有资产背书的 DAI 稳定币,DAI 需要用户锁定一定的有价值的数字资产作为抵押后产生,可以利用 DAI 去交易、支付或竞猜,最后可以用拥有的 DAI 拿回抵押资产,系统用动态的目标利率调节 DAI 的价格;另一种是管理型代币 MKR,拥有 MKR 的用户组成一个管理社区,维护系统发展,同时获得管理收益。

贷券发行人只需拿出足额的抵押品作为担保,即可通过贷券瞬间完成低息借款。借款方式类似于银行抵押贷款或者当铺,但是这种借款没有期限的限制,借贷可以随时开启或者关闭,适用于杠杆融资交易、商业信贷和房贷等。

随着贷券信贷系统的日益成熟,Maker 将致力于服务更广泛的信贷需求。

4.6.5　应用实例 3：WeiFund

WeiFund 使用 Web 3.0 技术为以太坊生态系统提供众筹解决方案。这个平台利用了以太坊分布式的特性,众筹资金不需要第三方机构保管,取而代之的是将资金放在区块链上,整个网络中的参与者都能实时管理和监管资金的来源和去向,确保资金绝对的安全。该项目旨在提供每个人都可以访问的世界级、开源模块化、可扩展的众筹实用程序[7]。

操作方法简单,用户只要在支持 Web 3.0 的浏览器(如 Ethereum's Mist)中打开 WeiFund,就可以开始、贡献、浏览和管理众筹活动。WeiFund 的操作过程和传统众筹平台 Kickstarter 或 GoFundMe 十分相像,但在资金的管理上有着本质的区别,所有在 WeiFund 众筹到的资金都将以 Ether 的形式存储在区块链上,并且 WeiFund 通过智能合约使用复杂的协议管理,不需要任何人为干涉,可以从更广阔的范围内募集到资金,在捐款者和被捐赠者之间有清晰的条款进行约束,最大程度地保证了双方的利益。

4.6.6　应用实例 4：BoardRoom

BoardRoom 也是一个分布式自治组织(DAO)。BoardRoom 本质上是让个人、公司和其他团体管理公共和私有以太坊项目的智能合约，是一种创新的公司管理方式[8]。BoardRoom 提供了一个框架，使得公司的财务管理在完全透明的情况下运行，参与者即使了解财务状况也不能对其修改，迎合了区块链分布式系统的公开性和安全性。

BoardRoom 能够自行从参与者中间确认管理团队，参与者只能通过投票方式管理每一笔资金，必须完成既定程序才能使资金出账，人为无法干预。这种财务管理方式大大节约了人力、物力，也能保证资金的安全性；大大地解放了员工的工作方式，管理团队不必局限在一个固定的办公地点，即使管理团队遍布全球各地，公司还是可以正常有序地运行。BoardRoom 若能长期稳定运行，未来或在全球范围内改革工作方式，在家办公从而免去每天数小时的通勤的想法，多年以后可能会变成现实。

4.6.7　应用实例5：UjoMusic

UjoMusic 是一款纯商业的音乐平台，这个分布式的平台支持用户在以太坊上登记自己的音乐，粉丝可以下载或者试听。UjoMusic 致力于让艺术家管理自己的艺术家身份和音乐，获得个人作品的许可证[9]。2015 年 UjoMusic 帮助音乐家 Imogen Heap 用区块链发行了作品 *Tiny Human*。粉丝可以购买许可权，下载、试听该作品；而且粉丝支付的钱会自动分配给 Imogen Heap 和该作品的合作方。在这种机制下，粉丝们不但可以率先欣赏到喜欢的歌星发布的最新单曲，并且粉丝或者投资者可以自愿购买许可权成为单曲的股东，由此变成单曲的受益者，这些用户不管是出于对歌星的追捧还是维护自身利益的目的，都会推广给更多的用户来试听和下载单曲，炒热歌曲的热度。另外，创作者和单曲的信息已经录入区块链，是真实且不可更改的，防止其他人恶意翻录或者冒充单曲的所有者骗取资金，最大程度地保证了版权，杜绝盗版蔓延。

该初创企业还和很多品牌合作，为了"在开源区块链系统中将这些目录重新数字化"，同时鼓励开发者在平台上开发应用。

4.7　以太坊扩容方案

相比于比特币，以太坊交易处理速度（transactions per second，TPS）已经有了很大的提高，但是随着交易量的日益提升和智能合约的推广，以太坊网络中的资源已经不足以应付如此庞大的压力，甚至出现了几次瘫痪的情况。为此以太坊官方和代码爱好者提出了很多扩容方案，大致可分为两类：侧链技术和分片技术。

4.7.1　侧链技术

让以太币安全地在主链和其他区块链之间转移，即双向挂钩。既能使主链的交易转换到侧链上，又能使侧链的交易转换到主链上。但在这个过程中，侧链知道主链的存在，主链是不知道侧链存在的，侧链和主链的关系如图 4-45 所示。

侧链可以是一个独立的区块链，有自己按需定制的账本、共识机制、交易类型、脚本和合约的支持等。链外技术因为其中心化的特点所以不是区块链结构，但是脱离了区块链共识可以大幅度提升 TPS。

任何交易都可以通过侧链进行验证和结算。虽然侧链没有发行以太币,但可以通过与以太币区块链挂钩来引入和流通一定数量的以太币。当以太币在侧链流通时,主链上对应的以太币会被锁定,直到以太币从侧链回到主链。

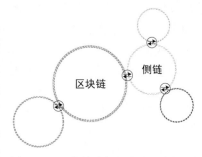

图 4-45 区块链中侧链与主链的关系

雷电网络是一种可以将主链上的交易放到侧链处理以减轻主链负载压力的扩容方案。类似于牌局里的记账员。例如有几个人在打牌,打了很多圈牌都记账,但不实际转钱,直到他需要关闭这个结算通道他再和交易所结算清账目,把属于自己的币提到自己地址。有两个用户都和交易所建立结算通道,他们以交易所为中间人进行转账,交易所会帮助他们结算相应的金额,这就是雷电网络。雷电网络在主链第一层网络的基础上,建立了一个第二层网络,大部分交易都走第二层网络,而不进入第一层网络,在第二层网络记账,将最后的结果放到第一层网络上。

雷电网络的核心技术是余额证明和支付通道网络。

余额证明负责管理主链和侧链之间的资金,当交易在侧链中进行时,主链上相对应的资金会被锁定,会在侧链给出一个证明,证明该账户确实拥有资金。在侧链的交易实际上是记账过程,实际价值的转移要到主链接收到交易结果后进行。与之相反,若没有余额证明机制,同一笔资金就可以在主链消费的同时在多个侧链上也消费,造成双花。整个余额证明的过程中,代币是锁定在智能合约中的,并且交易的详细信息不会发回以太坊。

支付通道网络说的是优化交易双方的支付通道。开通很多交易通道是非常浪费资源的,所以交易双方可以借用已经开通的通道作为桥梁,将付款方和收款方联系起来。

4.7.2 分片技术

网络中每个参与的节点需要验证每一笔交易,并且这些节点必须和其他节点保持一致,这将导致交易验证速度缓慢。未来越来越多的 DApps 都依赖于同一个区块链网络,因此交易迟缓只能越来越严重。

简单来说,分片技术就是一个分散式并行系统,在保持以太坊主链完整稳定的同时,减少每个节点的数据储存量。分片技术通过改变网络验证的方式来增加吞吐量。分片技术主要分三种:网络分片、交易分片和状态分片。以太坊正在准备使用分片技术缓解目前的拥堵,但由于技术复杂,目前还没有一个很好的解决办法。下面将介绍三种分片技术的基本思想。

1. 网络分片

网络分片技术(sharding)将区块中的数据分成很多不同的“宇宙”(universes)(数据碎片),将这些碎片分配到不同的节点上,如图 4-46 所示。碎片由网络中不同的节点组成,这些碎片同属于一个区块链系统，通过共识相互连接，如果破坏其中1个，就必须同时破坏另外99个。每个节点只需处理一小部分传入的交易，并且通过与网络上的其他节点并行处理就能完成大量的验证工作。将网络分割为碎片会使得更多的交易同时被处理和验证，网络的吞吐量随着挖矿网络的扩展而增加（水平扩容）。

图 4-46　网络分片的过程

通过利用随机性，网络可以随机抽取节点形成碎片。这样一种随机抽样的方式可以防止恶意节点过度填充单个碎片。并且还必须通过像工作量证明这样的共识协议来确保网络的一个碎片中不同成员意见的一致性。最容易获得公共随机性的来源是区块，例如，交易的 Merkle tree root。在区块中所提供的随机性是可被公开验证的，并且可以通过随机提取器提取统一的随机比特。

以太坊提出的二次方分片（quadratic sharding）大致属于网络分片这一类。

2. 交易分片

交易分片是将整个交易集合按照一定的规则分成若干个子集，这些子集由不同的碎片进行验证，如图4-47所示。

目前有两种分配交易的规则。

图 4-47　交易分片的过程

第一种根据交易哈希值的末位来决定如何分配碎片。假设只有两个碎片，如果哈希值末位是0就分给第一份碎片，否则分给第二个。接下来分析这种方法的安全性，如果想要恶意双花交易，这两笔交易的哈希值不同，就很可能分配到不同碎片，碎片之间不得不进行通信，双花容易成功。也就是说，需要与所有碎片通信，可是这样就破坏了分片的目的。

第二种根据发送者的地址分配碎片。确保两笔双花交易分配到了同一个碎片中验证，系统容易检测到双花交易，而不需要进行跨碎片通信。这种方法比较可行。

3. 状态分片

目前以太坊区块链的数据已经达到几十吉字节（GB），依目前交易的增长速度来看，如果未来智能合约被广泛应用，那么区块链的数据将大幅度增长，每个节点需要存储的内容将会非常多，运行节点挖矿的代价会更大。所以设想是否能够根据账户和区块状态的不同，来把数据分开存储。状态分片的关键是将整个存储区分开，让不同的碎片存储不同的部分，如图4-48所示。因此，每个节点只负责托管自己的分片数据，而不是存储完整的区块链状态。

图 4-48 状态分片的过程

4.8 小结

本章主要通过与比特币对比的方式,简述了以太坊中的账户、交易、消息、存储方式等基本概念,介绍了以太坊客户端和钱包的操作。以太坊的加密机制与比特币十分相似,共识机制则正在经历由 PoW 向 PoS 的转变,基础网络的通信方式是 P2P 协议,对此也做了简要介绍。智能合约和 DApp 是以太坊被称为区块链 2.0 的主要原因,将来会出现越来越多基于智能合约的商业应用,因此本章重点介绍了智能合约和 DApp 开发实例。同时,开发者也正在寻求扩容方案,以缓解由于更多应用落地带来的以太坊网络大拥堵,本章最后介绍的侧链技术以及分片技术就旨在解决这个问题。

思考题

1. 简单说明什么是"图灵完备"。

2. 以太坊的账户有哪两类?它们有什么区别?

3. 请简要说明以太坊中 Gas(燃料费)的概念,并说明 Gas_{limit}、Gas_{used}、Gas_{price} 分别表示什么。

4. 在以太坊的交易中,如果执行一笔交易的 Gas 超过了 Gas_{limit} 值会造成什么后果?如果指定交易的 Gas_{limit} 值高于区块的 Gas_{limit} 值又会造成什么后果?

5. 在以太坊中,矿工的收益由哪几部分组成?

6. 在使用 Geth 客户端创建私链时,需要把创世区块信息写在一个 json 格式的配置文件中,在这个配置文件中的参数 alloc、coinbase、nonce、timestamp 分别有什么含义?

7. 在以太坊的交互式 JavaScript 执行环境中,getBalance() 返回值的单位是什么?它与以太币的换算关系是什么?

8. 简要阐述以太坊虚拟机的特点。

9. 简述智能合约的部署过程。

10. 以太坊的智能合约和传统的可以自动执行的计算机程序有什么区别?

11. 以太坊扩容有哪些技术方案?

12. 雷电网络中的余额证明有什么作用?

第 5 章

区块链 3.0 与超级账本

区块链技术是近几年各行业关注的热点,但区块链技术被很多人诟病的地方在于其实用性和落地,为了更好地将区块链技术应用起来,而不仅仅局限于数字货币和智能合约,目前金融、农业、教育、物流等领域都在积极开展区块链的研究,新的发展方向被称为区块链3.0。它是继以比特币为代表的区块链 1.0 和以以太币智能合约为代表的区块链 2.0 之后的第三次区块链技术革新。本章将剖析各类区块链 3.0 项目的主要创新点,介绍被区块链3.0 广泛采用的 DPoS 共识机制、分片技术、超级账本等技术。

5.1　区块链的演进路线

随着区块链技术的快速演变,新的技术和应用解决方案在不断出现,人们根据区块链的应用范围和处理速度将区块链的应用范围划分成了 4 个阶段,分别称其为区块链 1.0、2.0、3.0 和 4.0。如图 5-1 所示,以比特币为代表的数字货币能够支持任何时间和地点的快速跨国支付,实现了可编程货币,被称为区块链 1.0;以以太坊为代表的智能合约将区块链技术的应用范围扩展到其他金融领域,实现了可编程金融,称为区块链 2.0;以 EOS 和超级账本为代表的高速处理能力可以将区块链技术进一步应用到公证、仲裁、审计、物流、物联网等其他领域中来,实现了可编程社会,称为区块链 3.0;还有一批以互联价值(InterValue)、哈希图(Hashgraph)、纳尔图(Nerthus)、ALZA、Galaxygrap 为代表的公司,目前正尝试以全新的角度和理念去推进区块链技术的发展,可在交易吞吐量、可扩展性上实现质的飞跃,从而进一步支撑区块链作为某个行业的基础设施,并形成基于区块链的完善生态体系,将广泛而深刻地改变人们的生活方式和工业生产方式,被称为区块链 4.0。但是受限于底层协议的性能、适用范围和稳定性,目前区块链 4.0 还处于早期探索阶段,因此本章重点介绍区块链3.0 的主要代表。

区块链技术的第一种形式,现在被称为区块链 1.0,由中本聪(Satoshi Nakamoto)于2009 年提出并发布。区块链是比特币的核心组件,用作数据存储,即公共分类记账。区块链 1.0 最显著的成功是解决了“双重花费”的缺陷,并实现了去中心化的交易。比特币的出现第一次让区块链进入了大众视野,而后产生了莱特币、以太币、狗狗币等“山寨”数字货币。

可编程货币的出现,使得价值在互联网中直接流通成为可能。区块链构建了一种全新的、去中心化的数字支付系统,这个随时随地进行货币交易、毫无障碍的跨国支付以及低成本运营的去中心化体系,强烈地冲击了传统金融体系。

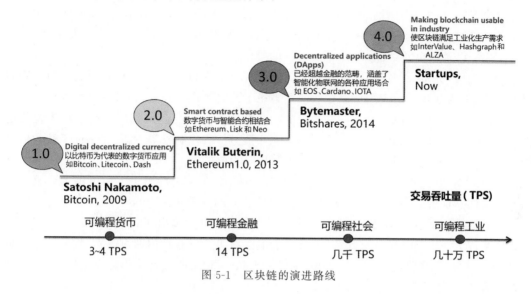

图 5-1　区块链的演进路线

　　区块链 2.0 的诞生是由于开发人员意识到该技术具有超越货币的应用,于是以太坊应运而生。以太坊平台的开发允许通过组合数据存储和智能合约来部署去中心化的应用程序,这些应用涵盖的范围从社交媒体网络到金融应用。区块链 2.0 面临的最重要的问题是易用性,例如使用以太坊,区块链上的每个节点都必须实时运行智能合约,这会占用大量的网络资源,也会大大影响交易速度;另外,智能合约从开发到发布到网络中需要一定的技术基础和开发周期,换句话说,开发一个功能完善的去中心化应用是很复杂的。

　　有人认为在比特币和以太币之后,区块链 3.0 的时代需要更高速的交易速度、更多的落地应用。目前基于区块链技术的应用层出不穷,尤其 2018 年更是区块链技术爆发的一年。在比特币和以太坊的讨论中,最大的问题在于它们的交易速度。2017 年诞生的基于以太坊 CryptoKitties 应用,也叫区块猫,一度将以太坊网络拥堵至瘫痪。在以太坊中,每笔交易处理的时间和花费的交易费有关,一旦交易时间过长或者网络堵塞就要花费更多的手续费,这也暴露了区块链 2.0 技术的一个致命问题。另外,作为用户,需要更加实用方便的 DApp,甚至期望能够取代现有的应用。

　　目前的区块链 2.0 技术无法处理全球规模的海量交易,对于区块链技术有了更多的要求,截至目前,有几种不同的方法可以弥补现有区块链技术的缺点,包括闪电网络、网状网络和块网格结构。区块链的未来是一个分散的互联网,结合了数据存储、智能合约、云节点和私有链网络,所以区块链 3.0 面临的挑战还有很多。区块链技术从 2.0 到 3.0 需要解决的问题主要有如下几方面。

1．更快速安全的交易

比特币每秒处理的交易最快 7 笔左右，以太坊是平均每秒 30～40 笔，而普通信用卡每秒能处理几千笔交易，支付宝在高峰期每秒达到几万笔交易，所以交易速度的极大提升是区块链 3.0 最重要的方向。网络去中心化的一个牺牲是处理速度的降低，但如何在分布式的前提下提升速度？目前有一些很有效的方向，如**分片技术**（sharding）、**石墨烯技术**（graphene）以及**闪电网络**（lightning network）等。

除了速度，分布式网络的安全性也是区块链 3.0 的关键。黑客会利用智能合约的漏洞进行攻击，因为互联网的应用可以在底层并不稳定的时候进行开发，很多互联网应用对系统的可用性要求不高，即便发生错误所带来的损失并非不可接受。但是区块链上或者说价值网络上的应用直接关系到金钱、信用、所有权、认证、资产、控制权等，远比互联网承载的信息更有价值，一旦发生错误带来的损失也是不可同日而语的。

北京时间 2016 年 6 月 17 日发生了一起攻击事件，在区块链历史上留下沉重一笔。由于其编写的智能合约存在重大缺陷，区块链业界最大的众筹项目 The DAO（被攻击前拥有 1 亿美元左右资产）遭到攻击，导致 300 多万以太币资产被分离出 The DAO 资产池。最后，不得已将以太坊网络做了软分叉（关于分叉的概念在第 7 章有具体的讲解）。软分叉将从块高度 1 760 000 开始把任何与 The DAO 和 child DAO 相关的交易认作无效交易，以此来阻止攻击者在 27 天之后提走被盗的以太币。

2．更多实用的 DApp

如今许多人都在质疑，除了炒作和投机，区块链还有多少真正的价值。一方面，这项技术的处理速度太慢，无法大规模应用。另一方面，挖矿十分耗电，现在爱尔兰用在挖比特币的电力比全国的日常家庭电耗还多。有人对区块链的真正价值感到困惑。事实上很明显地可以看出，目前的区块链应用仍然处于一个拿着钥匙找锁的状态，用户和投资者实际上并不很了解区块链到底能做什么，甚至都不知道这是什么，正如最开始的互联网一样，成为互联网公司最大的目的就是上纳斯达克交易。

区块链 3.0 旨在将区块链应用到目前的领域中，如金融领域，虽然当前很火的互联网金融浪潮在全球范围改变了传统金融业务模式，但直销银行、互联网保险、互联网券商等平台业务的重点还是在于渠道的争夺、经营模式的改变，而区块链技术有望将金融业的下一个发展阶段推向更加接近金融本质的层面——信用。理论上，在技术识别能力足够的情况下，它能让交易双方无须借助第三方信用中介开展经济活动，从而实现全球低成本的价值转移。

虽然目前已经出现很多基于以太坊、基于区块链的应用，但实际上真正做到代替性的产品还没有出现。一个新技术的出现，需要市场和用户慢慢地认识，就像 20 世纪 90 年代的互联网，有无数人认为是泡沫，直到今天人们才看到互联网给生活带来的巨大改变。区块链也一样，在 3.0 时代，人们希望看到更多实用的 DApp，让区块链走进人们的日常生活中。比特币引入的全新的去中心化组织和共识机制，已经成功地衍生出了几百项不可思议的创新，这些创新很有可能影响社会的不同领域，从分布式系统科学到金融、经济、货币、中央银行、企业治理等。很多原本要求中心机构或组织作为权威或信用点进行控制的人类行为，现在都可以实现去中心化了。区块链和共识系统的发明将大大降低大型系统的组织和协调成本,同时消除了权力集中、腐败和逃避监管的隐患。

3. 更便捷的应用开发

虽然以太坊的诞生使用户能够在其上部署智能合约,但是智能合约能够完成的工作还是有限的,有时一个 DApp 需要几个智能合约,而且在以太坊上部署智能合约需要用户花费手续费,功能越复杂,所需要的手续费越多;另外,智能合约的编写也需要开发人员掌握以太坊开发语言。目前区块链行业诞生了"公链",它类似以太坊,方便用户在上面开发 DApp。目前公链比较著名的有 EOS、ADA、AE 和 Zil 等,公链也被认为是最符合区块链 3.0 的一类技术。

实际上公链能否成为区块链 3.0 还有待时间的验证,公链的很多性能在实际运行时能否达到预期是用户考察的关键。

4. 创新性技术

一个区块链项目是否有价值,与它的底层技术有很大关系。目前排名前十的数字货币,有五个都是因为有自己的创新技术。而也正是因为这些创新技术的出现,区块链技术能够与越来越多的行业结合,例如区块链+人工智能、区块链+大数据。

区块链技术是非常有前景的,通过技术特性的落地,解决现实中的问题,把传递信息的互联网和传递价值的区块链应用结合起来,可以极大地推动人类社会的进步。目前,区块链从业者从底层核心技术实现,到链上应用,再到各类落地场景应用等各个层面,都开展了全方位的探索。

总而言之,区块链 3.0 一定是高效实用的,是区块链技术实现落地应用的关键时间点。目前也有很多具有突破性技术的区块链平台出现,如 EOS、ADA 和 Zil。下面详细介绍这三个区块链平台。

5.2 商用操作系统

商用操作系统(enterprise operation system,EOS)是区块链奇才 Daniel Larimer(被称为 BM,即 Bit Master)领导开发的类似操作系统的区块链架构平台,旨在实现分布式应用的性能扩展。简单讲,通过 EOS 这一区块链操作系统,用户可以快速开发出属于自己的 DApp,相比于以太坊的智能合约,EOS 能使用户更容易地进行开发。有人把以太坊比作计算机的 CPU,而把 EOS 比作 Windows 系统,程序运行在 CPU 上,EOS 更进一步为用户提供开发 DApp 的工具。EOS 提供了一个开源软件,使用的区块链架构可扩展性更强,消除了用户费用,并允许轻松部署 DApp。

EOS 提供账户、身份验证、数据库、异步通信以及在数以百计的 CPU 或群集上的程序调度。该技术的最终形式是一个区块链体系架构,该区块链每秒可以支持数百万个交易,同时普通用户无须支付使用费用。EOS 最终的目标是达到每秒处理百万次请求的性能。EOS 创始人 Daniel Larimer 以前开发过的两个产品 BitShare 和 Steemit 现在每秒能够处理

2000 请求，日平均处理 60 万次请求。虽然 EOS 将会使用与 Steemit 和 BitShare 相同的架构——石墨烯架构和委托股权证明法。但是许多人认为，EOS 的性能绝对会大大超越 BitShare 和 Steemit。目前，EOS 已经主网上线，正在逐步更新代码，解决上线后的问题。

EOS 还有一个特点是每次交易不需要手续费，这是相比于比特币和以太币以及其他数字货币很大的改变。这也是为什么 EOS 能在短短时间内成为人们关注的焦点，一跃成为市值第五的数字货币。比特币和以太币通过手续费保证本身的价值，那么没有手续费的 EOS 怎么保证其自身的价值呢？EOS 上开发 DApp，需要用到的网络和计算资源是按照开发者拥有的 EOS 的比例分配的。当拥有了 EOS，就相当于拥有了计算机资源，随着 DApp 的开发，可以将手里的 EOS 租赁给别人使用，单从这一点来说 EOS 也具有广泛的价值。

不同于以太坊的 PoW 机制，EOS 的共识机制称为 DPoS，它规定系统由 21 个节点负责运行，而每次只需一个节点处理交易产生区块，各个节点不是竞争关系，而是合作关系。每个节点循环产生区块，但每轮的顺序是不一定的，而且每轮有新节点产生，有老节点淘汰，但总数需要维持在 21 个。这样做的最大好处是能大大提高网络处理交易的速度，减少能源浪费。

随着 EOS 的上线，随之而来的一个重要问题是 RAM 资源的获取。RAM 是 EOS 的内存资源，而不是一种代币或通证。RAM 在 EOS 软件平台上对应内存数据库资源。作为 DApp 开发者，RAM 是一项宝贵资源，数据库记录需要消耗 RAM。在 EOS 网络上，大量的操作也都需要消耗 RAM 来存储数据，例如创建一个 EOS 账号、创建一个 EOS 智能合约、进行 EOS 转账等。

RAM 的分配本来是按照 EOS 持有量分配的，但是考虑到很多持有者并不是开发者，也没有动机买卖，可能会造成有开发需要的开发者因为没有资源而放弃。为了创造流动性，BM 创造了一个 RAM 的交易市场，并且制定了一套玩法，使得 RAM 的流动性和交易性得到了保证。

RAM 的总量为 64GB，非常有意思的一点：当前 RAM 使用率只有 1.70%，但是 RAM 占有率已经接近 86%，很显然，炒币的人已经成功地把 RAM 市场占领了，这也是为何 RAM 价格可以飙升如此之快。

为了保持超级节点的高效运行，节点、RAM、内存总量有上限（以后会扩容），如果要保持区块链数据可以随时存储、修改，就需要这部分数据存储在内存中，而内存的使用需要用户自己去 EOS 系统中购买，不需要的时候再卖给系统，换回 EOS 代币。而随着 RAM 不断地被租用，剩余可用的 RAM 越来越少时，RAM 所需要抵押的 EOS 就会越来越多，也就是说 RAM 的价格会越来越贵。

开发 DApp 需要抵押 EOS、超级节点投票也需要抵押 EOS、连开户都需要抵押 EOS……什么都要抵押，这样说来，EOS 实在是太紧缺了。这里的 EOS 指的是 EOS 代币，下面来详细介绍 EOS 代币。

5.2.1　EOS 简介

根据 EOS 官网的介绍，EOS 是由 Block. one 公司主导开发的一种全新的基于区块链智能合约平台，旨在为高性能分布式应用提供底层区块链平台服务。EOS 代币目前是 EOS 区块链基础设施发布的基于以太坊的代币，主要有三大应用场景：带宽和日志存储（硬盘）、计算和计算储备（CPU）、状态存储（RAM）。EOS 在中国还有一个昵称，叫作"柚子"，是 EOS 英文发音的谐音。上面说过，EOS 的市值已经跃居数字货币市场的第五名，EOS 的 ICO 持续一年，从 2017 年 6 月到 2018 年 6 月，总发行量 10 亿个。

下面简单介绍与 EOS 一些的相关概念。

1. Block. one

Block. one 是一家注册在开曼群岛的区块链开发公司，这家公司发起了 ICO，募集的钱由 Block. one 公司保管，用于 EOS. io 的开发和运营。EOS 的 ICO 为期一年，一年之后即软件开发完毕之后，Block. one 不负责软件的上线，而是由各个节点首先上线。也就是说，Block. one 只负责技术开发和维护，但是对于用户的 EOS 能否从代币变成数字货币，Block. one 不保证。

2. EOS. io

EOS. io 是由 Block. one 公司负责开发的一套开源的、去中心化软件，软件的名字就叫 EOS. io software。任何人都可以使用这套免费开源的代码，去创造自己的公链。每个区块生产者都需要运行 EOS. io，并且上线后软件还会不断更新。

3. EOS Token

通称 EOS 代币，主网上线之前钱包里的 EOS 都是代币。按照官方的解释，EOS 代币是没有任何价值的。存储 EOS 代币的以太钱包需要注册，生成 EOS 账户的公钥和私钥，以便以后在 EOS 区块链网络上生成 EOS coin。

4. EOS Coin

EOS platform 和 EOS 区块链网络运转之后，要把拥有公钥和私钥的 EOS Token 转移到 EOS 区块链上，如此才能变成 EOS coin，届时，EOS 才是真正的 EOS，到这里，你才算真正地拥有了 EOS。所有的价值也是通过 EOS Coin 才能展现出来。

5. EOS Community

EOS Community，即 EOS 社区。EOS 的价值主要取决于 EOS 公链的发展，EOS 公链的发展则取决于 EOS 社区，待到 EOS 网络运转之后，就要看有多少人采用 EOS. io 开发自己的公链，用户越多，社区越大，价值越大，所以 EOS 什么时候能达到或超过 ETH 的高度就要看 EOS 社区的发展。

6. EOS block producer

不同于比特币和其他电子货币，EOS 的节点数维持在 21 个，但是一般节点可以成为节点候选者，每次的 21 个节点称为区块生产者（block producer）或者超级节点（super node）。

EOS. io 为了给 EOS 币用户参与的机会，也为了规范区块生产者，EOS. io 给每个持有

EOS 币用户投票的权利。一个 EOS 币可以投 30 票给节点，根据获得的票数选出 21 个节点和其他候选节点。

EOS.io 架构中区块产生是以 21 个区块为一个周期，在每个出块周期开始时，21 个区块生产者会被投票选出。前 20 名出块者首先自动选出，第 21 个出块者按所得投票数目对应概率选出。所选择的生产者会根据从块时间导出的伪随机数进行混合，以便保证出块者之间的连接尽量平衡。EOS.io 里预计每 3s 生产一个区块。任何时刻，只有一个生产者被授权产生区块。如果在某个时间内没有成功出块，则跳过该块。如果出块者错过了一个块，并且在最近 24 小时内没有产生任何块，则这个出块者将被删除。这确保了网络的顺利运行。EOS 是没有手续费的，因此普通受众群体更广泛。

5.2.2 DPoS 共识机制

任何共识过程必须回答的问题包括但不限于以下几方面：

（1）谁应该产生下一个更新块应用于数据库？

（2）下一个块何时应该生产？

（3）什么交易应该包括在该块？

（4）协议的变化如何应用？

（5）竞争的交易历史应该如何解决？

共识机制的目标是找到这些问题的解决方案，DPoS 共识算法于 2014 年 4 月由 Bitshares 的首席开发者 Daniel Larimer（现为 EOS 的 CTO）提出并应用。当时 Daniel Larimer 观察到比特币系统共识算法 PoW 的一些问题，如矿池导致算力越来越集中、电力耗费过大等。所以他提出了一种更加快速、安全且能源消耗比较小的算法，这就是后来的 DPoS。而 EOS 的目标之一是提高交易速度，所以提出 DPoS 机制。

DPoS 区块生产者是合作关系，在任一个时间点，只有一个生产者有权产生区块选择，而在比特币的工作量证明算法（PoW）中，区块生产者是竞争关系，最终只有一个生产者获胜，其他生产者的算力会被白白浪费。DPoS 平均每 3s 产生一个区块，平均 10 分钟产生 200 个区块；而 PoW 平均 10 分钟产生一个区块。200：1 在效率上是极大的提升。DPoS 交易本身可以作为股权证明；每个交易都包含前一个区块头的哈希值。一轮有 21 个区块生产者，前 20 个是自动产生，第 21 个是根据投票数产生的。DPoS 在正常情况下不会产生分叉。如果产生了分叉，有更多生产者支持的分支的长度会增加得更快。区块生产者不可能同时在两个分支上生产区块，一旦被发现就会被投票罢免。

在 EOS 之前 BM 已经开发出了两个很成功的区块链项目，它们也是 EOS 的技术基础，尤其是石墨烯技术。石墨烯可追溯到 Daniel Larimer 最早创立的 Steemit，在创立 EOS 之前他还创立过 BitShare，EOS 是 Daniel Larimer 创建的第三个区块链项目。石墨烯是 EOS 底层和关键的技术，实际上是一个工具库，如图 5-2 所示。

图 5-2 中包括插件库、函数库和石墨烯插件，它们提供了三个顶层模块：钱包模块、观察者（节点）模块和初试区块模块。通过这些基础技术，给用户和开发者提供了一个完整的

系统。同时,石墨烯技术实现了多线程并行工作。另外,石墨烯也是实现 DPoS 的技术基础,而 BM 最初开发石墨烯也是为了解决 PoW 机制处理交易过慢的问题。

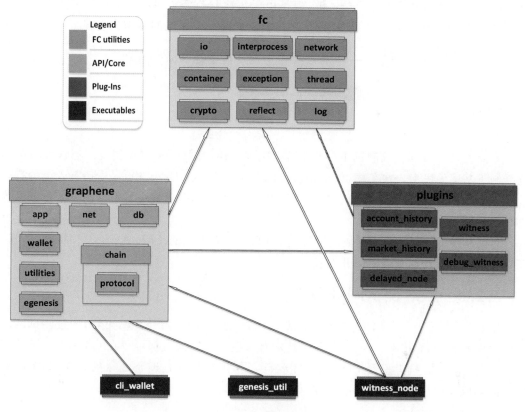

图 5-2　石墨烯库结构

DPoS 共识算法维护的区块链出块者都是 100% 在线的,一个交易平均 1.5s 后会被写入区块链中,同时被所有出块节点知晓这笔交易。但是在一些非常情况下,如软件 bug、网络拥塞或恶意出块者出现,区块链可能出现分叉。为了确保一个交易是不可逆转的,等待15(15/21)个区块确认。根据 EOS. io 软件的配置,在正常情况下 15 个区块确认时间平均需要 45s。在分叉产生的 9s 内,出块节点就可能发现这个分叉可能并警告用户。一个节点观察网络的时候如果发现连续 2 次的丢块事件,这意味着该节点有 95% 可能性在区块链的分叉分支上。在连续出现 3 次丢块以后,该节点有 99% 的可能性在一条分叉出来的区块链上。据此可以生成一个预测模型,它将利用节点丢失的信息、最近的参与率以及其他因素来快速地警告用户出现的问题。

DPoS 算法和比特币的 PoW 算法有很大区别,在 PoW 算法中,矿工只要发现交易信息就开始打包区块,需要消耗巨大的算力,而且交易确认时间很长。而 DPoS 算法则通过提前选举出可信节点,避免了信任证明的开销,同时生产者数量的减少(21 个)也极大提升了交易确认效率,防止性能差的节点拖慢整个区块链生产速度。DPoS 的时间片机制能够保证可信区块链的长度始终比恶意分叉的区块链长（恶意节点数量不大于 1/3 总节点数量），例如，如图 5-3 所示，假设在 DPoS 机制中有四个区块生产者，生产区块的顺序是 A—B—C—D—A，节点 B 想自己构造一个分叉链，但是由于每次只有等 C、D 和 A 生产完区块才能产生一个区块，所以始终没有主链长，因为系统只会选择一个最长的链作为主链。

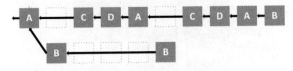

图 5-3　EOS 避免分叉

本质上，DPoS 和代议制民主以及董事会制度一样，都是一种精英制度。但这种精英制度受制于基层的民众。在美国，议员是被全民选举出来；在 DPoS 中，代币持有者至少有权决定见证人，或者说矿工的身份。相比于 PoW 与 PoS，DPoS 反而更加符合去中心化和平等的精神。

目前基于 DPoS 机制的区块链项目除了 EOS，还有 Bitshares 和 Asch。可见，这样一种新的共识机制会被越来越多的开发者关注。

5.2.3　EOS 测试网络搭建

EOS.io 在 EOS 主网上线之前就提供了 EOS 的测试网络，并不断更新，通过测试网络不断地完善 EOS 的技术。任何对 EOS 技术有兴趣的开发人员都可以在 GitHub 上下载测试网络在个人计算机上感受 EOS 的实际运行。本书采用的是 EOS 2.0 的版本，各个版本之间的运行方式是类似的。

运行环境：Ubuntu 16.04。

系统内存：8GB。

存储空间：30GB。

从 GitHub 上下载源代码：

```
git clone https://github.com/EOSIO/eos.git - b DAWN - 2018 - 02 - 14 -- recursive
```

DAWN-2018-02-14 代表的是版本号，读者可以下载最新的版本，只需更改版本号。

等待提示下载完成后，会自动生成一个名称为 eos 的文件夹。在 Terminal 中进入 eos 文件夹开始编译：

```
cd eos
./build.sh ubuntu full
```

根据计算机的网络和运行速度，这一步大约需要两个小时。当提示完成之后，就可以进行安装：

```
cd build
```

```
make install
```

当安装好之后,会生成 programs 文件夹,其中包含 eosd、eosc 和 eos-walletd 等子文件夹。同样地,最新的版本生成的文件夹的名称不一样,但功能是类似的。

下面对自己的 EOS 网络进行配置,修改 config. ini 文件,具体方法是:

```
# Load the testnet genesis state, which creates some initial block producers with
the defaultkey
genesis - json = /path/to/eos/source/genesis.json
# Enable production on a stale chain, since a single - node test chain is pretty much
always stale
enable - stale - production = true
# Enable block production with the testnet producers
producer - name = inita
producer - name = initb
producer - name = initc
producer - name = initd
producer - name = inite
producer - name = initf
producer - name = initg
producer - name = inith
producer - name = initi
producer - name = initj
producer - name = initk
producer - name = initl
producer - name = initm
producer - name = initn
producer - name = inito
producer - name = initp
producer - name = initq
producer - name = initr
producer - name = inits
producer - name = initt
producer - name = initu
# Load the block producer plugin, so you can produce blocks
plugin = eosio::producer_plugin
# Wallet plugin
plugin = eosio::wallet_api_plugin
# As well as API and HTTP plugins
plugin = eosio::chain_api_plugin
plugin = eosio::http_plugin
```

修改完后保存,这里面规定了超级节点的名字,如 inita;规定了创世区块的位置。之后进入 program 文件夹,在 Terminal 上输入:

```
cd eosd
. /eosd
```

如果没有错误，则会如图 5-4 所示，从中会看到 EOS 开始生产区块，因为是测试网络，生产区块的流程和实际的不同，但也是按照配置文件里的超级节点进行。这时要保持 EOS 网络的运行，再重新打开一个新的 Terminal。

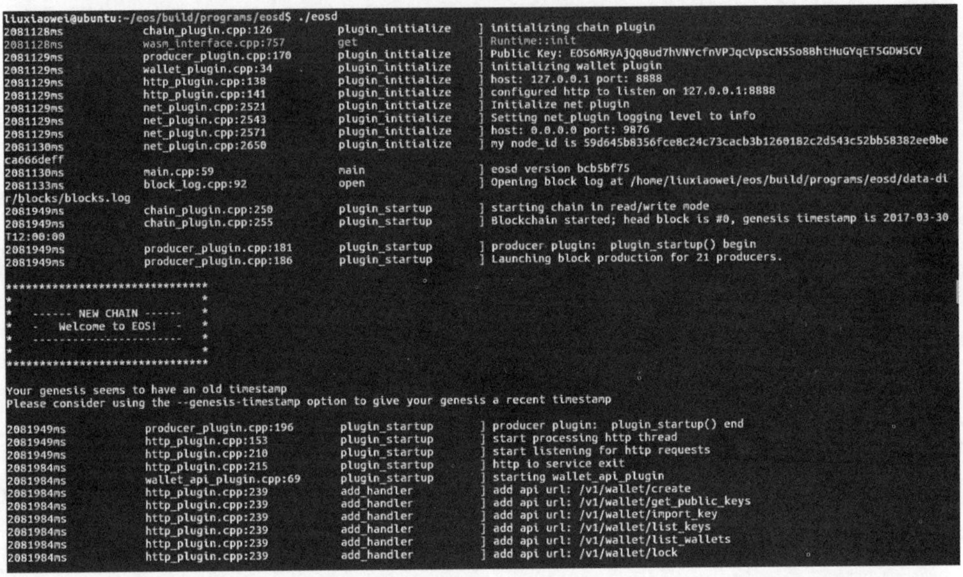

图 5-4　EOS 测试网络开始产块

所有的操作都是基于 eosd 完成的。首先要保持 nodeos 的运行。然后，用下面的命令创建一个钱包。

```
cd build/programs/eosc
./eosc wallet create
```

创建成功后如图 5-5 所示，并会展示私钥。

图 5-5　EOS 测试网络创建钱包

为货币合约创建一个账户 currency，首先生成两组 key，分别对应 OwnerKey 和 ActiveKey。

在 eosc 目录下，把生成的 key 做好备份，两组 key（OwnerKey 和 ActiveKey）分别会有公钥和私钥，操作语句如下：

```
./eosc create key # owner_key
./eosc create key # active_key
```

然后,将两组 key(OwnerKey 和 ActiveKey)的私钥导入钱包,操作语句如下:

```
./eosc wallet import (OwnerKey 的私钥)
./eosc wallet import (ActiveKey 的私钥)
```

运行结果如图 5-6 所示。

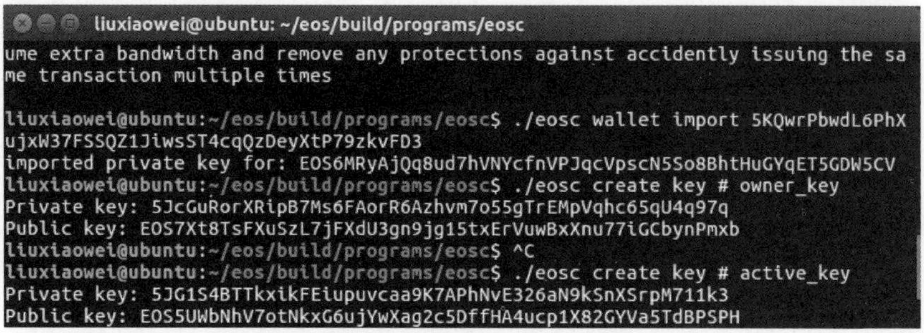

图 5-6　EOS 钱包导入私钥

接下来,用 eosc create account 命令创建账户 currency 并导入两组 key(OwnerKey 和 ActiveKey)的公钥,操作语句如下:

```
./eosc create account eosio currency (OwnerKey 的公钥 ActiveKey 的公钥)
```

使用 get account 命令可以查看 currency 是否已经创建成功:

```
./eosc get account currency
```

图 5-7 所示是创建智能合约的界面。关于 EOS 测试网络的更多操作可以在 https://github.com/EOSIO/eos 查看,EOS 上线以来代码更新速度越来越快,也说明 EOS 项目的价值。通过测试网络也能对 EOS 技术有一个更清楚的了解。

图 5-7　EOS 测试网络创建合约

没有比 EOS 更能完美说明加密货币与 ICO 狂潮的例子。EOS 在过去一年时间融资约 700 万个 ETH,相当于 42 亿美元,创下史上规模最大、耗时最长的 ICO 纪录。EOS 绝对是眼下区块链世界的一艘航空母舰。若拿来与股票市场上科技巨头的 IPO 规模类比,EOS 规模足可列名史上第三大，还远远超过谷歌、推特等科技巨头。EOS 预计的处理速度能达到百万级别，但是有些人认为这是在牺牲了去中心化的前提下，因为只有 21 个节点参与，并不是真正的去中心化。以目前的技术来看，中心化与处理速度是两个对立的因素，往往节点的分布性越强，交易速度越慢，如最早期的以太币。因为节点之间共识的建立时间影响交易速度，因此便提出了 PoS（权益证明）机制，艾达币就是 PoS 的典型代表。

5.3　艾达币

艾达币（Cardano）是一个开源的、分散的公共区块链和加密货币项目，由其本地加密货币 ADA 推动。目前的基础公链在规模化、交互性、可持续性三方面普遍存在缺陷。Cardano 的哲学是在学习和继承现有基础公链优点的基础上，进行概念和技术的创新，希望能最终解决上述三方面问题，成为更便捷、更高速、更智能的新一代底层基础公链，也就是常说的区块链 3.0。Cardano 不仅是加密货币，也是一个完全开源的区块链平台。其中心思想是通过构建一个分层次的区块链生态系统，将整个体系划分为结算层和计算层两个层次，分别来解决货币和智能合约两个层面的问题。

Cardano 专注于解决当今区块链所面临的 4 个关键问题：

（1）可扩展性。

（2）互通性。

（3）可持续发展。

（4）治理。

本着许多开源项目的精神，Cardano 并没有从全面蓝图开始，甚至没有一个权威的白皮书。相反，它包含一系列的原则、工程实践和探索途径。同时，官方发表了很多基于 Cardano 技术的学术论文，使其具有研究价值。

5.3.1　ADA 简介

ADA 是 Cardano 的代币，中文名称：艾达币。ADA 的发行总量共计 450 亿枚，在 2015 年 10 月到 2017 年 1 月进行了众筹。截至 2018 年 7 月，艾达币的价格稳定在 1.10 元左右，而其 ICO 均价只有 0.0163 元，上涨了近 70 倍！值得注意的是，日本投资者占到了 ADA 众筹总额度的 90% 以上，这种筹码过于集中的状况与区块链去中心化的思维是有所背离的，并不利于 ADA 全球化的生态建设，同时，也显现出 ADA 的全球化营销还不够充分。但换个角度来看，这也是一种机遇，在中国、韩国、美国等主流玩家都还没有深度参与的情况下，ADA 就已经成为市值前十的币种，后期随着项目的不断发展，若全球广泛参与进来，币价还有很大的升值空间。

区块奖励每 3.5 分钟发放一次，发放频率参考如下：最初每个区块产生 2000 艾达币，共计 3 744 961 区块；第二阶段每个区块产生 1000 艾达币，共计 3 744 961 区块；第三阶段每个区块产生 500 艾达币，共计 3 744 961 区块。以此类推，以每 3 744 961 区块为单位陆续减半,以每分钟产生 3 个区块的速率,直到全部释放完,大概需要 24 年的时间。每个区块产生的艾达币 75% 用于持有者的奖励,25% 作为项目启动后技术开发、生态建设者的奖励。只要参与 Cardano 应用的研发建设,就有可能获得奖励。作为 Cardano 生态的创新激励机制还在开发中,项目启动后会在一段时间内完成。

目前,主流的公链中比较普遍的设计是在一个链上存储各方面的信息。但这样带来的问题是无法满足实际运行中的需求,并且会给未来网络速度拓展、治理优化以及可持续性带来阻碍。Cardano 结算层与计算层分开运行的方式,可以针对不同的分层进行有针对性的部署和升级。针对结算层,可以通过软分叉对数字货币交易中遇到的问题进行升级和换代,而对于计算层,则可以根据 DApp 的运行需求进行针对性的拓展和改良。因此,分层的方式实现了在一个生态内建立清晰、有边界的系统运行秩序,实现更好的可拓展性和交互性。也可以把它简单理解为区域自治的概念,货币和应用程序可以分别根据各自运行特点采用不同的治理策略。

卡尔达诺结算层需要交易费主要有两个原因:

(1) 人们运行卡尔达诺结算层完整节点需要花费时间、金钱和精力来运行协议,为此他们应得到补偿和奖励。在卡尔达诺结算层中与比特币不同的是,当新货币在每个区块被挖出时,交易费用是协议参与者的唯一收入来源。

(2) 为了防止 DDoS(分布式拒绝服务攻击)。在 DDoS 攻击时,攻击者尝试用虚假交易来冲击网络,但如果他必须为每个虚假交易支付足够高的费用,这种攻击形式对于他来说就过于昂贵了。

ADA 的分层与 EOS 的分片技术是不同的概念。分片是同类型链之间的信息交互,而分层则是两条治理理念和治理方式完全不同的链,在同一个生态体系下运行。

一个公链的共识算法相当于它的价值观。无论工作量证明(PoW)、权益证明(PoS)还是 EOS 的委任权益证明(DPoS),都有各自的优点和缺点,也都是其平台治理价值观的显现。在这方面,Cardano 采用的是独特的**乌洛波罗斯**(Ouroboros)算法,或者叫作权益算法,在下一节做详细介绍,并宣称这是第一个经过"同行评审"并"可证明安全"的股权证明共识算法。

5.3.2 权益证明

之前提到过,传统的比特币和以太币的共识机制通过工作量证明产生一个节点生产区块,其他节点则没有机会,这样就浪费了大量资源。权益证明是为了解决资源浪费问题而提出的。"权益"指的是节点上的地址所拥有的相对价值。"相对价值"指的是卡尔达诺结算层系统中某个节点钱包上的价值除以总价值。

如图 5-8 所示是 Cardano 生产区块的过程。首先,在时间域上,是一个个连接的时隙(epoch)。每个时隙中又分成很多 slot,如 slot1、slot2、…、slotN,slot 的个数可以改变,每个 slot 里有一个 slot_leader 负责生产区块。在每个 epoch 中最开始有一个最初始的块(genesis block),它规定这个 epoch 中每个 slot 的区块生产者,这些内容在前一个 epoch 中就要完成。所以权益证明要解决的问题是怎么选出每个 slot_leader。

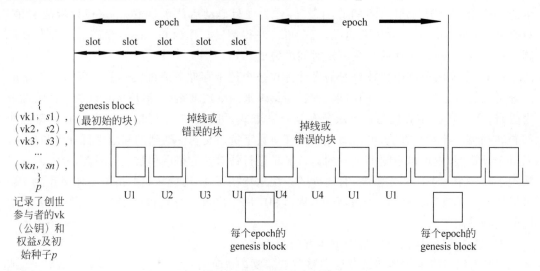

图 5-8　Cardano 生产区块

数字货币共识机制一个基本理念是各个陌生节点之间建立信任，以及各个节点间互相协作。但是问题就是如何在陌生节点间快速建立信任，并尽可能减少通信，PoW 机制采用VSS(verifiable secret sharing)机制。举例来说，如图 5-9 所示，A 和 B 之间相互不认识，A先给 B 发送一个随机字符串 s，B 收到后再给 A 发送一个新的字符串 s'。当 A 收到 s'后再给 B 发送一个 open(s, n)，B 通过比较之前的字符串 s 和 open(s, n)，如果没有变化，则 B通过将 s 与 s'做运算得到随机字符串 S，A 也做相同的运算，同样也会得到 S，这样 S 就是 A和 B 公认的字符串，或者说通过 S，A 和 B 建立起了共识。但是这一机制存在的问题是，在实际的网络中，两个节点之间如果通信延迟或者网络中断，B 没有收到 A 发送的 open(s, n)，这样就无法进行 s 和 s'的运算；另外，网络中的节点数量非常多，两两之间建立共识的计算量会随着节点的增多呈指数增长。

Cardano 系统中，需要获得所有人的字符串(这个字符串也被称为密钥)，最终所有人根据这些密钥形成一个统一的字符串 ρ(随机种子)。一旦有节点掉线，或者网络延迟，那么就无法获得相应节点的字符串。为了解决网络延迟带来的问题，在 PoW 机制中，将一个字符串分成很多份，如果节点数有 m 个，相应地拆分成 m 份，如图 5-10 所示是 Cardano 系统产生随机种子过程。

将每个 epoch 分为三个阶段：

(1) 第一阶段(4/10)。这一阶段每个节点将自己的字符串向全网广播，同时发送一份处理过的小片段，也就是这个字符串的一部分 σ_1、σ_2、$\cdots$、σ_i($m=i$)。这些发送字符串的节点叫作别选节点。Stakehoders 在这个阶段把自己的 com() 和 σ_1、σ_2、$\cdots$、σ_i 广播打包到链上。

(2) 第二阶段(4/10)。每个节点广播自己的 open()，open()负责解码上个阶段发送的字符串。这时一部分节点的 open() 有可能没有收到。Stakeholders 广播自己的 com() 对应的 open() 打包到链上。

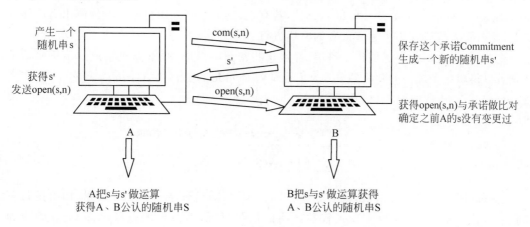

产生一个随机串 s

获得 s'
发送 open(s,n)

com(s,n)

s'

open(s,n)

保存这个承诺 Commitment
生成一个新的随机串 s'

获得 open(s,n) 与承诺做比对
确定之前 A 的 s 没有变更过

A

B

A 把 s 与 s' 做运算
获得 A、B 公认的随机串 S

B 把 s 与 s' 做运算获得
A、B 公认的随机串 S

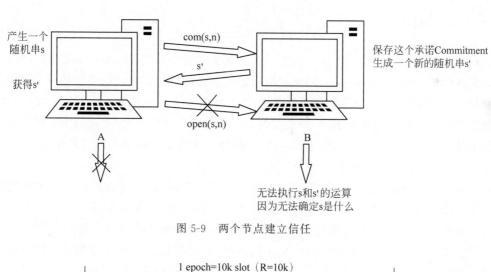

产生一个随机串 s

获得 s'

com(s,n)

s'

open(s,n)

保存这个承诺 Commitment
生成一个新的随机串 s'

A

B

无法执行 s 和 s' 的运算
因为无法确定 s 是什么

图 5-9　两个节点建立信任

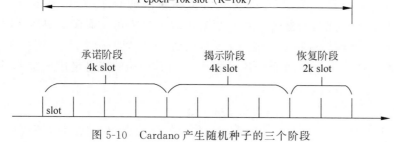

1 epoch=10k slot（R=10k）

承诺阶段
4k slot

揭示阶段
4k slot

恢复阶段
2k slot

slot

图 5-10　Cardano 产生随机种子的三个阶段

（3）第三阶段(2/10)。根据对应节点的 open()解码密钥,如果没有解码的密钥,则从链上拿到 σ,用自己的密钥解出后广播到链上,其他节点可以收集足够多的密钥进行恢复。Stakeholders 检查没有被 open()的 com(),若有,从链上拿到 σ 用自己的密钥解出后广播到链上,此时别人可以收集出足够人数的密钥进行 rec()。

至此,所有人都获得了随机字符串,并从这些密钥中形成种子(随机生成的字符串),那么就可以得出一个统一的随机数 ρ。为了保证每个 slot 的随机性,Cardano 通过 FTS 产生每一个 slot_leader,如图 5-11 所示。

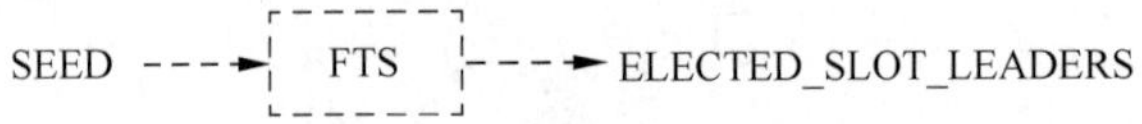

$$\text{SEED} \dashrightarrow \boxed{\text{FTS}} \dashrightarrow \text{ELECTED\_SLOT\_LEADERS}$$

图 5-11　FTS 函数生成 slot_leader

也可以把它看成一个函数,输入是备选 slotleader、随机种子 ρ 和 slot 数量,输出是每个 slot 的 slotleader。FTS 函数实现了权益证明的最终目标,即节点的权益越多,被选中成为 leader 的概率越大。通过权益证明机制让所有节点参与进来,每个节点都会对最终的结果产生影响。

5.4　Zilliqa

目前现有的加密货币和智能合约平台或多或少都有扩展性问题,每秒能够处理的交易数量是有限的,一般少于 20 次。但随着使用公共加密货币和智能合约平台的应用和用户数量的增长,用于每秒处理数百和数千次数量级交易的需求正在增加,而 Zilliqa 就是问题的可能解决方案。目前大概有 1000 个左右的 DApp 运行在以太坊上,不过以太坊的处理效率显然不能正常运行。Zilliqa 采用分片技术,声称能够达到每秒数千次的交易速度,并且随着网络的发展只会继续变得更快。

Zilliqa 是一种旨在扩大交易速度的新的区块链平台,通过分片技术将传统的区块链分成一个个小的网络,随着矿工人数的增加,分片的数量会增大,其交易速度也会上升。在以太坊现有的 30 000 名矿工的规模下,Zilliqa 预计处理的交易速度是以太坊的 1000 倍。

分片简单地说是将采矿网络分成更小的碎片,每个都能够并行处理事务。使用更小的网络节点子集来验证每一个事务,而不是等待网络中的每个节点,这节省了大量时间。Zilliqa 称自己为"下一代高通量区块链平台"。Zilliqa 团队在一篇文章中提到,在使用 2400 个节点、4 个分片的情况下,每秒处理的交易量达到 1389 个。一个月后,又发布了第二组测试结果：在使用 3600 个节点、6 个分片的情况下,每秒处理的交易量达到 2488 个。

5.4.1　Zil 简介

Zilliqa 的代币为 Zil,一共 210 亿个,30%代币公开销售,40%挖矿产生,30%给到团队及投资机构。代币的主要功能类似以太币,用于智能合约开发的消耗和交易的手续费。

40％由挖矿产生的币将在 10 年内挖完，前 4 年挖出其中的 80％，后 6 年挖出剩余的 20％。

只要有节点参与挖矿，系统会自动将其分配到某个分片，因此就有收益，不用靠算力进行竞争，这样一来普通的 GPU 矿机也能参与挖矿。而且，随着网络的扩展，每个分片网络单独处理每笔交易，所以每笔交易的总能源成本将保持不变；Zilliqa 通过执行一个 PoW，能把多个区块写入链中，从而给予矿工更高的奖励，因此可刺激更多的矿工加入网络，依靠分片技术，带来更高的交易速度和吞吐量，进而更加安全。这样也分摊了用户的交易费成本，使其远低于比特币或以太坊的交易费用。

团队成员主要来自新加坡，CEO 董心书毕业于华中师范大学计算机专业。2008 年毕业后他去了新加坡国立大学读博士，一直做网络安全相关的研究工作，从区块链到网络浏览器和应用程序，可以说是建立安全系统的科学家和实践者。他还是新加坡等几个国家网络安全项目的技术负责人，研究成果已在顶级国际会议上发表。现在，他正在领导用于金融和电子商务领域的安全区块链的研究和开发。技术总监贾瑶是 2012 年从华中科技大学交换到新加坡国立大学的，与董心书为师兄弟关系。而 Zil 联合创始人兼首席科学顾问 PrateekSaxena 为新加坡国立大学的计算机科学研究员，助理教授，拥有加州大学伯克利分校的计算机科学博士学位，董心书视其为老师，曾表示是受到他的影响才进入区块链行业。PrateekSaxena 是首席科学顾问，拥有加州大学伯克利分校计算机科学博士学位。

目前，虽然说 Zil 的价格一路上涨，技术也在不断更新，市场看好，但是对于公有链项目而言，最重要的就是谁能解决底层公有链的性能瓶颈，实现系统的可扩展性，大幅提高交易处理速度，谁就能成为下一个区块链 3.0。Zil 团队正在积极进行网络升级，用技术手段解决这些核心问题，赢得大众的认可。Zil 的愿景是要实现安全数据驱动的分散式应用程序，满足机器学习和金融算法的扩展需求。

5.4.2　分片技术

在 Zil 网络中，大的网络按照预先规定的节点数被划分为多个较小的网络，如图 5-12 所示，网络中有两个分片，每个分片独立处理一笔交易，然后打包成区块，称为**微块**（micro block）。然后网络中有一些特殊的节点，来将微块组合成**终块**（final block），这些节点称为**委员会节点**，后面会详细介绍目录服务**委员会**（directory service committee）的概念。最终，终块组成**交易区块链**（TX-blockchain）。也就是说，分片技术可以通过多个小的网络独立的处理交易，每个交易在特定的分片中打包进区块，最后再组合成区块链。图 5-12 中，微块 1 和微块 2 分别对应网络 1 和网络 2，所以在实际中，网络分片越多，微块数越多，能同时处理的交易也越多。

为了统筹和管理所有的分片，Zilliqa 中提出**目录服务委员会**（简称 DS committee），DS committee 也会生产区块，也就是 DS Block。DS 区块不同于交易区块，它不会存储交易信息，而会存储每笔交易对应的分片。DS 区块和一般的区块结构是一样的，在 Zilliqa 中它和交易区块链是两种不同的区块链，两者没有连接。那么一个节点加入 Zilliqa 中就有两个选择，加入 DS committee，或者加入普通分片里的节点，想加入哪个组织，只需完成对应的工作量证明即可，简单来说就是有两种工作量证明机制，节点选择一个完成后即加入对应的两个不同的组织。

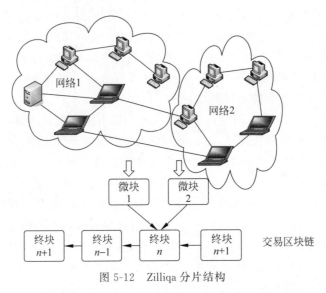

图 5-12　Zilliqa 分片结构

比特币的 PoW 共识算法（工作量证明）解决了长期困扰着计算机科学家的拜占庭将军问题，基于算力的系统是可靠的。在 PoW 区块链中，每个事务都是某个块的一部分，每个块的创建都需要巨大的计算量，但是同时也造成了巨大的资源浪费。Zilliqa 的替代方法利用了 PoW 的优点以及实用的拜占庭容错（PBFT）协议。矿工们使用 PoW 在 Zilliqa 区块链上建立他们的身份。一旦确定了身份，矿工就被分配到一个共识组，其中可以运行多轮 PBFT 共识。执行一个 PoW 将多个块写入链中，从而提供更大的保证奖励。在 Zilliqa，每个月需要执行大约 12 小时的 PoW，这时显卡满负载运行。在其余时间内，显卡将以闲置模式运行，消耗最少的电量。矿工将消耗更少的能量，从而使开采成本比其他基于 PoW 的区块链低得多。

Zilliqa 为矿工和用户带来了另外两项好处。首先，随着网络的扩展，每笔交易的总能源成本将保持不变。其次，Zilliqa 的交易费用将远低于比特币或以太坊的交易费用。在以太坊网络上矿工会优先处理较高交易费用的交易，而 Zilliqa 区块链上矿工只会受交易能够处理的规模的大小所激励。因此大大降低用户的交易费用。

前面说过，在 Zilliqa 中节点可以有两种选择——加入 DS committee 或者成为分片中的普通节点，只需完成对应的工作量证明。具体的方法分为如下两步。

1. 加入 DS committee

节点加入 DS committee 需要完成 PoW_1，其工作量证明内容如图 5-13 所示。

Algorithm1：PoW₁ for DS committee election

Input：i：Current DS-epoch，DS_{i-1}：Prev. DS committee composition

Output：header：DS-Block header.

1　**On each competing node**：

　　//从 DS 区块链中随机抽取一个 epoch

　　//DBi－1：第 i 个 epoch 前的最新一个 DS-Block

2　　r_1←**GetEpochRand**(DB_{i-1})

　　//从交易区块链中随机抽取一个 epoch

　　//TBj：第 i 个 epoch 前的最新一个 TX-Block

3　　r_2←**GetEpochRand**(TB_j)

　　//pk：节点公钥，IP 为节点 IP 地址

4　　nonce，mixHash←**Ethash-PoW**(pk，IP，r_1，r_2)

5　　header←**BuildHeader**(nonce，mixHash，pk)

　　//header 包括 pk、nonce 以及其他字段

　　//IP. header 发送给 DS committee 的成员

6　　**MulticastTo DS$_{i-1}$**(**IP**，header)

7　　**return** header

图 5-13　加入 DScommittee 的 PoW 内容（引自 Zilliqa 技术白皮书）

很好理解，根据当前的 DS-Block 获得一个随机数 r_1，再根据 TX-Block 获得一个随机数 r_2，再加上节点的公钥和 IP 地址，这四项同时作为参数，计算 nonce 值，从而完成 PoW₁。

2．加入分片节点

节点加入分片节点需要完成 PoW₂，其工作量证明内容如图 5-14 所示。

Algorithm 2：PoW₂ for shard membership

Input：i：Current DS-epoch，DS_i：Current DS committee composition

Output：header：DS-Block header.

1　**On each competing node**：

　　//从 DS 区块链中随机抽取一个 epoch

　　DBi-1：第 i 个 epoch 前的最新一个 DS-Block

2　　r←**GetEpichRand**(DB_{i-1})

　　//pk：节点公钥，IP 为节点 IP 地址

3　　nonce，mixHash←**Ethash-PoW**(pk，IP，r)

　　//IP，header 发送给 DS committee 的成员

4　　**MulticastTo DS$_{i-1}$**(**IP**，header)

5　　**return** nonce，mixHash

图 5-14　成为普通节点的 PoW 内容（引自 Zilliqa 技术白皮书）

不同于比特币和以太币中的 PoW，Zilliqa 中工作量证明不是生产区块的资格证明，而是用来生成节点身份和避免女巫攻击（sybil attacks）的手段。

当有一笔交易时，会根据交易的地址位数，将交易分配到对应的分片中。每个分片中有一个 leader，负责在每个分片中发布处理交易的消息。leader 发布消息后，每个节点开始检

验信息的正确性。当有 2/3 以上的节点通过后，leader 将交易打包进区块中。在 Zilliqa 共识协议中，如果领导者是诚实的，它可以不断地推动共识小组中的节点就新的交易达成协议。但是，如果领导是拜占庭，它可以有意地延迟或丢弃来自诚实节点的消息，并减慢协议。为了惩罚这些恶意领导者，协议会定期更改每个分片的领导和 DS committee。这可以防止拜占庭领袖在无限期的时间内拖延共识协议。由于所有节点都是有序的，下一个领导者将以循环方式进行选择。事实上，产生每一个微块后分片的领导者都会改变，并且在每产生一个区块之后 DS committee 的领导者也会更改。

5.5　超级账本

超级账本（hyperledger）是区块链 3.0 最典型的代表，它是由非营利性组织 Linux 基金会发起成立的，致力于企业级区块链开发及应用的开源项目，该项目试图打造一个透明、公开、去中心化的分布式账本项目，作为区块链技术的开源规范和标准，让更多的应用能更容易地建立在区块链技术之上，打造可以跨行业的区块链应用解决方案。在此之前，全球大多数区块链项目都要从底层开始摸索，在没有执行标准的情况下，缺乏行业间的通力协作。超级账本项目的目标是建立一个跨行业的开放式标准及开源代码开发库，允许企业根据自己需求创建自定义的分布式账本解决方案，以促进区块链技术在各行各业的应用。

在众多应用中，区块链分布在几个兴趣社区中。第一个社区由比特币这样的特定项目专注于为网络上所有想要在开放区块链上测试、构建和使用替代数字货币的人提供完全开放的技术。

包括去中心化应用程序在内的第二个社区由 Solidity 开发人员在以太坊虚拟机（ethereum virtual machine，EVM）上构建，为开发智能合约提供了无授权技术，为参与者提供绝对的开放和隐私保护。在以太坊上构建 DApp，需要熟练掌握特定技能，如使用 Solidity 语言进行编程。

此外，第三批区块链创新者试图克服无限制去中心化的常见问题，他们的目标是开发"去中心化瓶颈问题解决方案"。业务合作伙伴将相互合作，以 KYC（know your customer）概念为基础创建信任关系并进行交流。Linux 基金会的超级账本项目就属于第三个社区。

超级账本项目的所有源代码均托管在 Gerrit 和 GitHub 上，有兴趣的读者可以前往查阅。目前，超级账本主要包括以下项目：

（1）Fabric：最早由 IBM 和 DAH 于 2015 年年底发起研究的区块链平台架构，以区块链基础核心平台为目标，包括 Fabric CA、Fabric-API、Fabric SDK 等子部件。该框架具有组件可拔插、授权通道通信机制及支持 Java、Python 和 Go 等多种语言的特点，便于研究人员开发。该架构支持使用 PBFT、Raft 等新型共识机制，适用于企业级业务。作为最受大众关注的超级账本项目,Fabric 的发展非常迅速,在某些领域的应用也取得了非常好的成绩,具有很大的发展空间和开发潜力。

(2) Sawtooth:是由 Intel 主导开发并贡献的区块链平台架构,以数字金融资产管理为目标,包括 arcade、core、dev-tools、validator、mktplace 等子项目。基于 Sawtooth 框架的项目可以根据实际业务场景自主选择不同的共识机制,默认使用时间流逝证明共识机制(Proof of Elapsed Time,PoET)。这种机制杜绝了通过 ASIC 专用硬件"作弊"的可能,可靠性由 Intel CPU 硬件保障。Sawtooth 分布式账本平台支持运行智能合约,同时具有模块化程度高、可定制能力强等特点,有很大的开发价值。

(3) Iroha:由 Soramitsu 公司和 Hitachi 公司等多家日本企业联合开发,目标是为超级账本提供 C++开发环境,为移动和网页应用提供基础构架支持。Iroha 项目的核心是为分布式账本提供基础设施,构建数据会员服务、共识算法、P2P 网络传输及智能合约等组件的基础构架,利用 iOS、Android 和 JavaScript 资源库的便利资源保证网络安全运行。受 Fabric 的影响,Iroha 项目的构架设计和智能合约服务形式等方面与 Fabric 项目很相似。

(4) Blockchain-explorer:由 DTCC 牵头发起,与 IBM、Intel 等公司合作研发的区块链浏览器。该项目提供 Web 操作界面,通过界面可快速查看、调用、部署区块或事务,读取相关数据、网络信息、链码和事务序列,以及任何其他保存在账本中的相关信息。

(5) Cello:由 IBM 团队于 2017 年 1 月提出,目标是将"区块链即服务"部署模式应用于实际开发情景,减少创建、管理和终止区块链所需要的工作量。Cello 项目使应用开发者不需要学习如何逐步搭建和维护超级账本网络,可直接通过可视化面板来部署和管理多条区块链。

(6) Indy:由 Sovrin 基金会于 2017 年 3 月发起,提供基于分布式账本技术的数字身份管理机制。

(7) Composer:由 IBM 团队发起并维护,定位为区块链开发协同工具,提供面向链码开发的高级语言支持。该项目可以简化区块链网络创建过程,加速智能合约开发和部署。

(8) Burrow:由 Monax 公司于 2017 年 4 月发起,定位是一个通用的智能合约执行引擎。该项目的前身为 eris-db,基于 Go 语言实现。Burrow 项目提供了支持以太坊虚拟机的智能合约区块链平台,并支持 Proof-of-Stake 共识机制和权限管理,可以提供高效的区块链交易。

(9) Quilt:是对 W3C 支持的跨账本协议 Interledger 的 Java 实现,Interledger 协议也被称为 ILP,是一种账本间交易的协议,用于跨系统间(包括分布式账本和非分布式账本)的价值传输。Quilt 通过 ILP 的实施来提供账本系统间的互操作性。

(10) Caliper:由华为公司于 2018 年 3 月发起,定位是区块链平台性能的测试工具。用户可以在定义好测试集的情况下针对自己的区块链网络进行性能测试,获取一系列的测试结果并生成测试报告。

（11）Ursa：由 Intel、Sovrin、IBM 等企业的开发者共同研发，是一个共享加密库，提供密码学相关组件。该项目旨在提高网络安全性，同时也以避免重复的加密工作为目标。

（12）Grid：由 Cargill、Intel 和 Bitwise IO 公司发起，是一个框架和库的集合，提供帮助快速构建供应链应用的框架。

在这些项目中，Fabric 是最出名的一个，一般谈到超级账本指的都是 Fabric。下面介绍 Fabric 的架构和关键技术，包括多链多通道、账本设计等，以及链码的编写和部署流程，最后简单说明 Fabric 的一些不足。

5.5.1　公有链、私有链和联盟链

在具体介绍 Fabric 之前，先来简单介绍一下区块链的分类。根据不同的用户需求及适用场景，区块链可以分为公有链（public blockchain）、私有链（private blockchain）和联盟链（consortium blockchain）这三类。

1. 公有链

全世界任何个体或团体可以随时自由加入公有区块链网络来读取网络中的数据信息并发起交易，且合法交易可以获得该区块链的有效确认。任何个体都能参加公有链的共识过程，以此为依据，决定哪些区块可以被添加到区块链中，明确当前网络状态。公有链通常被认为是"完全去中心化"的，任何个人或团体都不能控制或篡改其中的数据。多数公有链通过代币奖励机制来鼓励参与者竞争记账，以此来保证数据的安全。公有链是出现最早的区块链类型，也是目前世界上应用范围最广的类型，典型的公有链有：比特币区块链、以太坊。

2. 私有链

与公有链完全相反，私有链网络的读写权限由某个组织或个人完全控制，数据读取规则由网络所属组织规定，通常具有很大程度的访问限制。与公有链相比，私有链中的节点数目少且可信度较高，因此达成共识的时间相对较短、交易速度更快、效率更高、成本更低。私有链属于"许可链"，这意味着每个参与节点都需要经过认证，这样可以更好地保护隐私，并且能做到身份认证等金融行业必需的要求。相比传统的中心化数据库，私有链能够防止组织内部某些节点故意隐瞒或篡改数据，并在发生事故后能够迅速追责。因此，很多金融机构更倾向应用私有链技术。私有链主要应用于企业内部，代表有 Linux 基金会、R3 Corda 平台。

3. 联盟链

联盟链介于公有链和私有链之间，可实现"部分去中心化"。联盟链由若干个组织或机构共同参与管理，每个组织或机构控制一个或多个节点，所有节点共同记录交易数据，采用 PBFT、Raft 等新型共识机制保证账本的唯一性和安全性。联盟链属于"许可链"，参与者需要经过许可才能加入，并且只有这些参与的组织和机构能够对区块链中的数据进行读写和发起交易。从某种角度来看，联盟链也可以被看作特殊的私有链，只是私有化程度相较私有链更低，但是其同样具有成本低、效率高的特点，适用于不同领域的业务。典型的联盟链有：

R3 区块链联盟、超级账本、俄罗斯区块链联盟等,其中为大众所熟知的就是开源的超级账本项目中的 Hyperledger Fabric 子项目。

5.5.2 Fabric 网络架构

Fabric 的架构历经了两个版本的演进,最初接触的 0.6 版本只能被用来进行商业验证,无法被应用于真实场景中,主要原因就是结构简单,基本所有的功能都集中在 peer 节点,在扩展性、安全性和隔离性方面有着天然的不足。因此,在后来推出的 1.0 正式版中,peer 节点的功能被拆分,共识服务从 peer 节点剥离,独立为排序节点提供可插拔共识服务。更为重要的一个变化就是 1.0 正式版中加入了多通道(multi-channel)功能,可以实现多业务隔离,相比于 0.6 版本发生了质的飞跃。

如图 5-15 所示,由多个分布式节点组成的网络层位于 Fabric 1.0 网络架构的最底部。这些节点共同构成一个 P2P 的网络,采用 Gossip 协议进行节点间的数据传输及定位感知,同时使用 gRPC 框架实现接口调用功能。

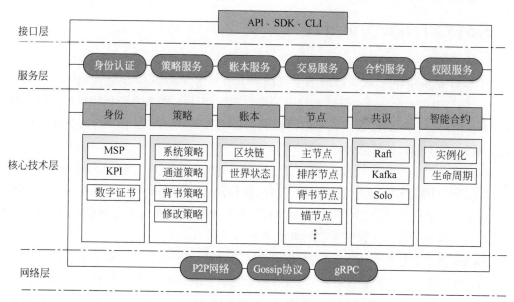

图 5-15 Fabric 1.0 架构图

核心技术层中的身份认证技术确保加入网络的用户有一定的信任基础,同时根据身份确定参与者在区块链网络中拥有的各项权限。策略是一组规则,这些规则定义了如何制订决策和达到特定目标的步骤,是基础架构管理的机制。分布式账本存储有关业务对象的重要事实信息、对象属性的当前值,以及导致这些当前值的交易历史。节点是网络的一个基本元素,它们承载账本和智能合约。在 Hyperledger Fabric 网络中,节点分类较多,每种节点都有特定的权限和工作。共识简单来说就是概率一致性算法,这些算法最终以高概率确保账本的一致性,Fabric 的设计依赖于确定性共识算法,因此可以保证经过排序节点的区块都是一致的和正确的。智能合约定义了生成添加到账本的新交易的可执行逻辑。

服务层包括 Fabric 所提供的多项服务,其中最基本的记账服务,用于记录交易信息或重要数据;身份认证服务用于确定参与者身份,增强信任基础。策略服务可以定义管理机制,帮助管理者更好地控制网络的运行状态;智能合约服务帮助用户更好地编写适用于特定场景的合约代码,目前支持用 Go、Java 或者 Node.js 开发;权限服务用于分配不同的权限给不同的用户。

在接口层方面,Fabric 提供 API 接口方便使用者进行应用开发。对于客户端应用,Fabric 目前提供 Node.js、Java SDK 及 Go SDK 等开发工具集合。开发者还可以通过命令行界面(command line interface,CLI)高效便利地测试 chaincode 或查询交易状态。

通过对 Fabric 架构的分析,可以看出技术层是整个架构的核心部分,且其中的技术具有很强的专业性,对于想学习 Fabric 的人来说,一定要对这些技术有一定的了解。下面将逐项介绍 Fabric 的关键技术。

5.5.3　Fabric 关键技术

1. 身份认证

Hyperledger Fabric 区块链网络中有许多不同的参与者,每个参与者地位并不完全等同,为了区分不同的参与者并保证参与者的可信基础,Fabric 引入身份认证机制。每个参与者都有一个封装在 X.509 数字证书中的数字身份,这些身份确定了参与者对区块链网络资源的确切权限和拥有的信息访问权限。

Fabric 中数字身份的颁发是通过公钥基础设施(public key infrastructure,PKI)实现的,PKI 为网络提供安全通信的软件、硬件、规程及人员等要素的集合。虽然区块链网络并非简单的通信网络,但它也依赖 PKI 标准来确保各类网络参与者之间的安全通信,并确保发布在区块链上的消息得到正确的身份验证。

PKI 有四个关键要素:数字证书、公钥和私钥对、证书颁发机构及证书吊销列表。

(1) 数字证书:数字证书是一个文档,其中包含与证书持有者有关的一组属性。最常见的证书类型是符合 X.509 标准的证书,该证书对网络内部参与者的身份详细信息进行编码。证书通过密码学技术来记录证书拥有者的所有属性,避免证书被篡改,所以在 Fabric 中一般将各类节点的 X.509 证书视为无法更改的数字身份证。

(2) 公钥和私钥对:也称非对称加密,每个用户有两个密钥,这两个密钥之间可以互相解密,一般情况下用户保留私钥并将公钥公布。私钥和相应公钥之间的独特关系是安全通信的关键技术。用私钥签名的消息可以由公钥进行验证,以此来保证信息来源受信任;用公钥加密的信息,只能由拥有私钥的用户来解密,以此保证信息的私密通信。

(3) 证书颁发机构:为参与者提供可验证数字身份的机构,在 Fabric 中称证书颁发机构为 CA。

（4）证书吊销列表：证书吊销列表（certificate revocation list，CRL）是一个对证书的引用列表，CRL 中都是由于某些原因被吊销的证书。验证者可以通过 CRL 检查被检验者证书是否仍然有效。

前面已经介绍了 PKI 如何提供可验证的身份，下一步是了解如何使用这些身份来代表区块链网络的受信任成员，这就需要用到管理服务提供商（managed service provider，MSP）。

MSP 是 Fabric 中提供抽象化成员操作的组件。MSP 的实现表现为一组文件夹，这些文件夹被添加到网络的配置中，并用于定义身份，以及身份的管理与认证。MSP 通过列出成员的身份或授权某些 CA（certification authority）可以为其成员颁发有效的身份，从而定义信任区间，并将身份转换为角色。

为了更好地理解 MSP 与 PKI 之间的关系，举一个简单的例子。可以将前面介绍的 PKI 中的证书颁发机构比作发行信用卡的提供商，它分配了许多不同类型的可验证身份，由 MSP 确定商店接受哪些信用卡提供商（可验证身份）。这样，MSP 就将身份（信用卡）转换为了角色（在商店购买商品的能力）。

在 Fabric 网络中，根据作用域的不同，可以将 MSP 分为本地 MSP 和通道 MSP，这二者功能几乎一样，但作用范围不同。本地 MSP 定义节点的权限，通道 MSP 在通道级别定义了管理权和参与权。

2. 策略

策略是使 Hyperledger Fabric 与以太坊或比特币等前两代区块链网络有所不同的主要原因之一。Fabric 是经过许可才能参加的区块链网络，其用户身份可以被基础结构识别，有一定的信任基础，因此这些用户能够在启动网络之前决定网络的治理策略，或在网络运行过程中随时修改策略。

策略是一组规则，这些规则定义了如何制定决策及实现特定目标的步骤。策略通常描述为"谁"和"什么"，例如用户对资产的访问权和控制权。在 Fabric 区块链网络中，策略是一种管理基础架构的机制。在通道中添加或删除成员，更改区块的形成方式和智能合约上链所需签名数目的标准，这些行为及谁可以执行这些行为均由策略定义。简而言之，各级参与者在 Fabric 网络上执行的所有操作均由策略控制。

在 Fabric 网络中，策略是实施在不同层次上的。每个策略域管理着网络运行的不同方面。图 5-16 是 Fabric 策略层次结构的直观表示。

策略有很多分类，例如系统通道配置、应用通道配置、背书策略、签名策略及修改策略。下面简单介绍这些策略的具体内容。

（1）系统通道配置：每个网络的创建都是从创建排序系统通道开始的，系统通道配置中的策略控制排序服务所使用的共识机制，定义如何创建新区块，同时规定了联盟中哪些成

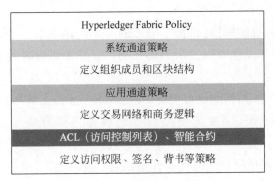

图 5-16　Fabric 策略层次结构图

员有权创建新应用通道。

（2）应用通道配置：应用程序通道是为联盟组织提供的专用私密通信通道。应用通道配置中的策略控制在通道中添加或删除成员的能力，且规定了需要经过哪些组织批准才能将链码上传到通道上。

（3）背书策略：Fabric 网络中交易需要经过背书节点背书（拟运行），每个智能合约的背书策略规定了调用该智能合约进行交易需要哪些背书节点进行背书并签名。

（4）签名策略：签名策略定义了需要多少成员认可签名后才能认定业务有效。这种策略是最常见的策略之一，它们可以构建出非常具体的规则，在语法上支持 AND、OR 和 NOutOf 的任意组合。例如，OR（Org1，Org2），意味着要满足该策略，至少需要来自 Org1（组织 1）中的一个成员，或者 Org2（组织 2）中的一个成员的签名；如果是 AND（Org1，Org2）则要求两个组织的成员必须同时签名。

（5）修改策略：定义了如何更新策略，同时也规定了批准策略更新时需要的签名。每个通道配置都包括对修改策略的引用。

3．账本

账本是 Hyperledger Fabric 中的一个关键概念。它存储有关业务对象的重要事实信息、对象属性的当前值及导致这些当前值的交易历史。在 Hyperledger Fabric 网络中，账本由两个不同但相关的部分组成，如图 5-17 所示，一个是世界状态，另一个是区块链。

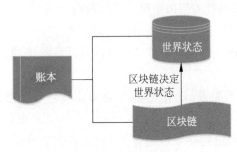

图 5-17　Fabric 账本

世界状态：一个保存账本状态当前值的数据库。用户可以通过应用程序直接访问状态的当前值，而不需要遍历所有交易日志来计算。一般情况下，状态表示为键-值对。由于状态值可以被创建、更新和删除，所以世界状态可以频繁发生更改。世界状态数据库目前主要包括 LevelDB 和 CouchDB 两种，默认使用 LevelDB 数据库，该数据库适用于账本状态为简单键值对的情况。CouchDB 数据库支持查询和更新复杂的数据类型,适合应用于账本状态是 JSON 文档的情况。

区块链:以区块的形式记录决定当前世界状态的所有交易日志。区块链的数据结构与世界状态不同,里面内容一旦写入就无法篡改。由于区块链数据结构只涉及极少量的简单操作,因此一般以文件的形式实现。

区块链的结构是互连区块的顺序日志,其中每个区块包括三个主要部分。

(1) 块头:包含当前区块编号、当前区块的哈希值及上个区块块头的哈希值。

(2) 区块数据:包括按顺序排列的交易列表。

(3) 区块元数据:包括区块创建者的证书和签名,用于其他节点验证该区块。

4. 节点

节点是区块链网络最重要的基本元素之一,Hyperledger Fabric 网络中的节点与比特币、以太坊等公有链中的节点有所不同。公有链中所有节点的功能、地位、权限几乎完全相同,而在 Fabric 中,节点的分类非常具体,每种节点都有自己的工作与权限。下面介绍 Fabric 网络中的各类节点。其中,前四种节点都属于组织内部的节点,统称为 peer 节点。

(1) 主节点:组织内部唯一和排序节点通信的节点,一般由配置文件指定,如果下线则可以通过选举策略重新选举。

(2) 背书节点:运行交易、智能合约得到模拟结果,再将模拟结果返回给用户进行验证,为交易做保障。Fabric 区块链网络中的交易和智能合约一般只在背书节点上运行一遍。当所有的检验、排序完成后,交易结果将记录于区块链上,形成不可篡改的记录。

(3) 记账节点:最普通的节点,除记账外没有其他功能。主节点和背书节点同时也可以是记账节点。

(4) 锚节点:锚节点用于组织之间通信,一个组织可以有 0 个或多个锚节点。如果一个节点需要与其他组织中的节点联系,它可以通过在该组织的通道配置中定义的锚节点进行通信。

(5) 排序节点:排序节点属于组织外的节点,并不属于 peer 节点。Fabric 的共识机制是由排序节点来完成的。它主要做两件事:①从全网客户端接收交易,将交易按规则排序;②将排完序的交易按固定时间间隔打包成区块,发放给主节点。

peer 节点托管了账本副本实例和链码副本实例,使 Fabric 网络可以避免由于单点故障导致的网络瘫痪。每个 peer 节点可以通过加入多个通道来托管多个账本和智能合约,应用程序和管理员想要访问这些资源,就必须先与 peer 节点进行交互。这就是为什么 peer 节点被认为是 Fabric 网络最基本的结构。当节点刚创建时,它既没有账本也没有链码,需要创建和安装。

图 5-18 中,Peer 1 和 Peer N 在通道 a,组成区块链 A;Peer 2 和 Peer N 在通道 b,组成区块链 B;Peer 1、Peer 2 和 Peer N 在通道 c,组成区块链 C。三个通道组成了三个相互

独立的链，peer 节点只需维护自己加入链的账本信息，感应不到其他链的存在。这种模式与现实业务场景有诸多相似之处，不同业务有不同的参与方，不参与某业务时不应看到该业务相关的任何信息。

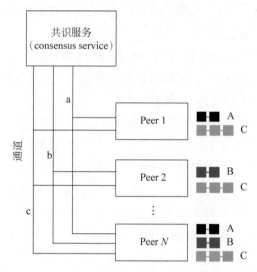

图 5-18　peer 节点托管多个账本和智能合约示意图

5．排序服务和共识机制

如以太坊和比特币等公有区块链网络，任何人都可以不经过许可就加入并参加共识过程。因此，这些系统依赖概率一致性算法，这些算法最终以高概率确保账本的一致性，但仍然可能产生账本"分叉"情况。分叉的原因可能是网络中的不同参与者对交易排列顺序有不同的规则。

Hyperledger Fabric 的工作原理有所不同。它具有一个名为 orderer 的特殊节点（也可称为"排序节点"）来执行对交易的排序，所有排序节点一起工作构成排序服务。Fabric 的设计依赖确定性共识算法，因此可以保证经过排序节点的区块都是一致且正确的。账本不会像比特币等公有链网络中那样出现分叉。

Fabric 交易流程如图 5-19 所示，共分为 6 步，首先客户端需要经过 CA 的认证（图 5-19中的"0.登记注册"），许可后才能成为区块链的一个节点。之后的五个步骤分为三个阶段（交易提议、排序打包、验证提交），这三个阶段确保区块链网络中所有 peer 节点的账本保持一致。这里重点介绍的是排序服务在交易流程中起到的作用。

第一阶段：交易提议。

第一阶段包括流程图中步骤 1 和步骤 2，客户端将交易建议发送给背书节点，背书节点将调用智能合约以生成交易建议响应，但并不会直接将模拟交易结果应用于账本，而只是将建议响应返回给客户端查看。

第二阶段：排序打包。

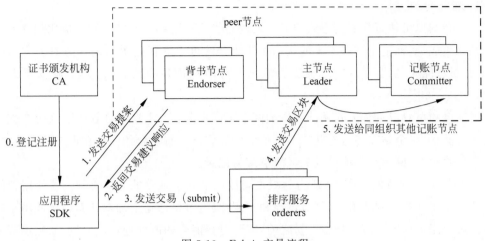

图 5-19 Fabric 交易流程

交易的第一阶段完成后,客户端收到一组来自背书节点的已背书的交易建议响应。在第二阶段(步骤3),客户端将包含已背书的交易建议响应发送给排序节点。排序节点同时从许多不同的客户端应用程序接收交易,并将交易按事先定义的顺序排序打包成区块。

第三阶段:验证提交。

第三阶段包括步骤4与步骤5,将排序打包好的区块分发给通道上各个组织的主节点,以便进行最终验证和提交。主节点收到排序节点发来的区块,将区块再分发给组织内部其他有记账权力的节点,记账节点分别验证交易的背书签名是否满足条件,但一般不会检验交易本身。当条件满足时,记账节点将所有区块中的交易应用于账本进行记录;当条件不满足时,依旧会保留交易记录,但不会将交易结果应用于世界状态。

Hyperledger Fabric 网络中,排序节点之间对交易的排序达成共识的实现方法有下面这几种。

(1) Solo:排序服务的 Solo 实现仅用于测试,并且仅由单个排序节点组成。它在 Fabric v2.0 中已被弃用,并可能在将来的版本中完全删除。

(2) Kafka:Apache Kafka 是一种碰撞容错(crash fault tolerance,CFT)实现,它使用 "leader 和 follower"节点配置。Kafka 利用 ZooKeeper 集合进行管理,从 Fabric v1.0 开始便可以使用基于 Kafka 的排序服务了,但许多用户发现管理 Kafka 集群的额外开销较大,不适合中小型用户使用。

(3) Raft:Raft 是从 Fabric v1.4.1 开始使用的新版共识机制,它是一种基于 Etcd 中 Raft 协议实现的 CFT 排序服务。Raft 同样遵循"leader 和 follower"模型,每个通道选举一个 leader 排序节点,follower 排序节点复制其决策。Raft 排序服务应该比基于 Kafka 的排序服务更易于设置和管理,并且它的设计允许不同的组织为分布式排序服务贡献节点。

6. 智能合约

智能合约以可执行代码的形式定义了不同组织用户之间交互的规则。应用程序调用智能合约来生成、查询记录在账本上的交易。智能合约可以为任何类型的业务对象实施管理规则，执行智能合约即可在满足条件的情况下自动执行各项条款，比人工业务流程高效得多。

智能合约可以以编程方式访问账本的两个不同部分：一个是不可变地记录所有交易历史的区块链，另一个是保存这些状态当前值的世界状态。智能合约主要在世界状态下放置、获取和删除状态，或者查询不可变的区块链交易记录。

在 Fabric 区块链网络中，通道为组织之间提供了完全独立的通信机制。若使用智能合约则需要先将其提交到通道上，经过审核和实例化后，可供通道上的参与者进行调用。各组织在使用智能合约于通道中进行交易之前，需要对智能合约的管理达成一致，如确定背书策略。同时智能合约还可以调用同一通道内或不同通道间的其他智能合约，使智能合约的开发更加简便高效。

5.5.4　Fabric 样本网络构建过程

前面介绍了 Hyperledger Fabric 区块链网络的网络架构与关键技术，接下来对 Fabric 网络的形成过程进行简单讲解。整个样本网络构建过程大致分为以下六部分。

1. 建立网络

构建 Hyperledger Fabric 区块链网络的首要工作是由网络创建者定义网络配置，再通过网络配置定义排序服务。

如图 5-20 所示，组织 R1 是整个 Fabric 网络 N 的创建者，由该组织定义网络配置 NC，

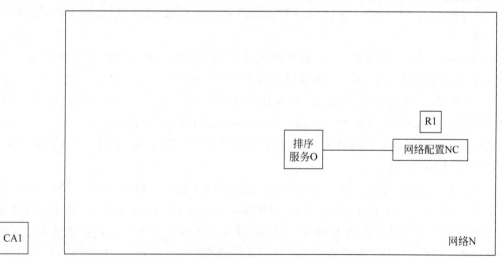

图 5-20　Fabric 网络构建——建立网络

再通过网络配置 NC 定义排序服务 O,启动排序服务后 Fabric 网络初步形成。根据策略,排序服务 O 目前由组织 R1 中的管理员进行配置和启动,并托管在组织 R1 下。证书颁发机构 CA1 用于为组织 R1 的管理员和网络节点颁发数字证书。网络配置 NC 规定了组织 R1 在整个网络中的各项权限,同时也定义了排序服务的各项策略。

2. 添加网络管理员

如图 5-21 所示,网络建立初期,由组织 R1 单独定义网络配置 NC,并对网络进行管理。在这一阶段,将添加组织 R2 作为网络管理员,与 R1 共同管理网络。此后,R1 和 R2 在网络配置中享有同等的权利,共同管理网络 N(实际情况可能需要添加多个组织作为网络管理员,这里为了简化仅添加一个组织 R2)。同时添加证书颁发机构 CA2,用于为组织 R2 中的用户颁发数字证书。

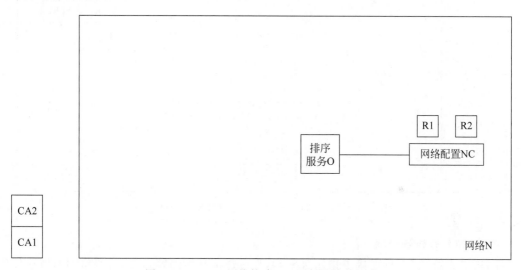

图 5-21　Fabric 网络构建——添加网络管理员

前面介绍的构成排序服务的节点运行在组织 R1 的基础结构上,由 R1 管理和启动。但在 R2 加入网络并成为管理员后,R1 可以分出一部分排序节点交由 R2 进行管理,这样就可以构建一个多组织、多节点的排序服务,更有利于网络的去中心化。

3. 定义联盟并创建通道

Hyperledger Fabric 属于联盟链,需要定义联盟来进行交易和数据传输。在本阶段,将定义一个联盟,并为该联盟创建一个专用通道进行通信。

如图 5-22 所示,网络管理员定义一个联盟 X1(根据网络配置 NC 的规定,只有作为管理员的组织 R1 或 R2 可以创建新的联盟)。该联盟包含两个成员,组织 R1 和 R3,联盟的定义存储于网络配置 NC 中。请注意,一个联盟可以有任意数量的组织参加,这里为了简化,只定义两个组织作为一个联盟。

定义完联盟后,要为该联盟创建一个专用通信通道。通道通信是 Hyperledger Fabric

主要的通信机制，联盟的成员可以通过该机制相互通信，一个网络中可以有多个通道。

如图 5-22 所示，使用联盟定义 X1 创建通道 C1，通道 C1 由独立于网络配置 NC 的通道配置 CC1 控制。CC1 由组织 R1 和 R3 共同制定和管理，网络管理员 R2 在通道 C1 中没有任何权限。通道 C1 使用排序服务 O 进行交易排序打包。这里强调一点，虽然网络配置 NC 看起来级别较高，但它并不能直接影响通道配置 CC1，通道配置仅由通道管理员管理，这也体现了 Fabric 网络去中心化的特点。而通道之所以重要，是因为它为联盟成员之间的私密通信提供了一种保密机制，允许组织共享基础结构的同时保持数据隐私。

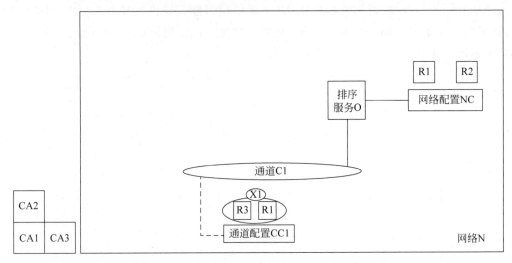

图 5-22　Fabric 网络构建——定义联盟并创建通道

4. 添加节点和客户端

刚建立的通道 C1 只连接了排序服务 O，没有连接其他内容，在本阶段将用通道连接各组件，如客户端和 peer 节点，并在节点上添加账本和智能合约。

如图 5-23 所示，在通道 C1 中添加节点 P1、节点 P3 和客户端 A1、客户端 A3，节点 P1 和客户端 A1 归组织 R1 管理，节点 P3 和客户端 A3 归组织 R3 管理。节点 P1、节点 P3、客户端 A1、客户端 A3 及排序服务 O 中的排序节点可以通过通道 C1 相互通信。

区块链网络中节点的主要作用就是托管账本和智能合约，供各类成员访问。如图 5-23 所示，节点 P1 和 P3 均托管了账本 L1 和智能合约 S1。可以认为账本在物理上托管于各个节点，但逻辑上托管于通道。例如，节点 P1 和节点 P3 都托管了账本 L1（存储于本地物理设备上），但通道 C1 中每个节点的账本 L1 都应该是完全一样的（逻辑上唯一），所以说账本逻辑上托管于通道。

当智能合约安装到节点上并在通道中实例化后，客户端便可以调用智能合约进行交易和数据访问。如图 5-23 所示，节点 P1 和节点 P3 均安装了智能合约 S1（实际每个节点可以安装多个智能合约，这里为了简化仅展示智能合约 S1），客户端 A1 或客户端 A3 便可以通过调用智能合约进行交易或访问申请。

至此,已经建立了一个比较完整但相对简单的 Hyperledger Fabric 区块链网络。

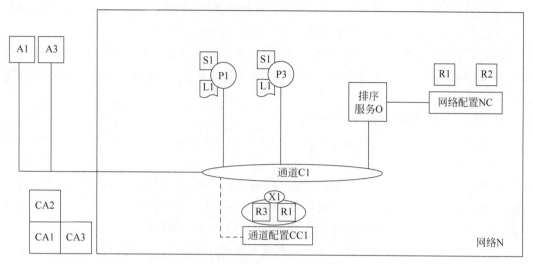

图 5-23　Fabric 网络构建——添加节点和客户端

5. 添加另一个联盟定义并创建通道

一个 Fabric 网络可以包含多个联盟和相对应的多条通道。目前网络 N 仅定义了一个联盟和一个通道,在本阶段将定义另一个联盟并为其创建专用通道。这样可以更直观地了解网络、联盟和通道之间的关系。

如图 5-24 所示,将组织 R4 添加进网络中,然后由网络管理员 R1 或 R2 在网络配置 NC 中添加新的联盟定义 X2,其中包括组织 R3 和 R4。接下来为联盟 X2 创建一个新的专用通

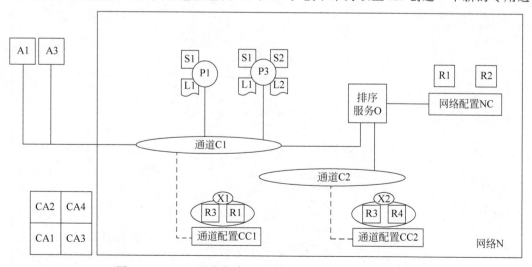

图 5-24　Fabric 网络构建——添加 X2 联盟定义并创建通道

道 C2，该通道具有独立于网络配置 NC 的通道配置 CC2，该通道配置由组织 R3 和 R4 定义。再次强调，通道配置 CC2 并不受网络配置 NC 的直接控制，也和另一个通道配置 CC1 无关。CC2 仅由 R3 和 R4 制定，规定了通道 C2 的一些管理策略，也定义了 R3 和 R4 的管理权限。如果想要对 CC2 进行修改，则只能由组织 R3 或 R4 进行。

可以看出，一个网络中可以定义多个联盟，每个联盟有自己的专用通道，其他非联盟组织无权干预联盟通道内的管理和通信（即使是网络管理员）。这种模式体现了 Fabric 网络的去中心化性质。

6. 添加节点并将节点加入多个通道

定义完新联盟并为其创建专用通道后，本阶段将节点和客户端连接到通道，使其能进行正常通信。

如图 5-25 所示，与之前添加节点和客户端的过程一样，将属于组织 R4 的节点 P4 加入网络并将其连接到通道 C2，将属于组织 R4 的客户端 A4 也连接到通道 C2。到这里可以发现，组织 R3 比较特殊，它既是联盟 X1 的成员也是联盟 X2 的成员，而属于组织 R3 的节点 P3 也比较特殊，该节点加入了两个通道。在这里强调一点，一个节点是可以加入多个通道的，但是节点上不同通道的账本和智能合约是不能直接共通的，它们在节点内部是被隔离开的，不同通道的账本和智能合约可以交互但不是在一个节点内部进行。

节点 P3 和 P4 均加入了通道 C2，并托管了账本 L2 和智能合约 S2。客户端 A3 和 A4 连接到通道 C2 后，可以调用智能合约进行交易和访问。这里要强调的是，智能合约不仅要在节点上安装，还必须在通道上进行实例化之后才能被其他成员调用。同时，每个节点和通道可以安装多个智能合约，这里为了简化所以只展示了一个。

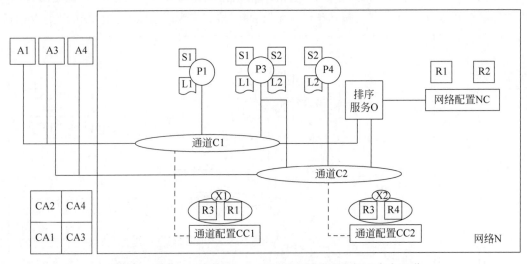

图 5-25　Fabric 网络构建——添加节点并将节点加入多个通道

至此，创建了一个具有两个通道、三个 peer 节点、两个智能合约和一个排序服务的四组织网络。该网络由四个证书颁发机构支持,并为三个客户端提供账本和智能合约服务,客户端与节点通过两个通道分别进行交互。

5.5.5　Fabric 多机部署

Fabric 单机部署一般只用于学习和测试,实际应用时建议使用多机部署网络。这里说的多机部署网络,是指在真正的多台服务器上,使用配置和可执行文件来启动不同角色,以此构成的网络。

构建多机网络最少需要 2 台服务器,一台作为 orderer,一台作为 peer 节点。这里为了更贴近实际,使用 5 台服务器,一台作为 orderer,设置两个组织,每个组织拥有 2 台 peer 服务器,另外还需准备一台服务器作为客户端,并在每台设备上都安装 go 和 docker 软件。

首先,进行角色 IP 规划:

```
cli(客户端)IP: 192.168.2.5
orderer(排序节点)IP: 192.168.2.11
peer0.org1(组织 1peer 节点 0)IP: 192.168.2.21
peer1.org1(组织 1peer 节点 1)IP: 192.168.2.22
peer0.org2(组织 2peer 节点 0)IP: 192.168.2.31
peer1.org2(组织 2peer 节点 1)IP: 192.168.2.32
```

接下来配置域名解析,在所有机器的/etc/hosts 中追加以下信息:

```
192.168.2.11 orderer.example.com
192.168.2.21 peer0.org1.example.com
192.168.2.22 peer1.org1.example.com
192.168.2.31 peer0.org2.example.com
192.168.2.32 peer0.org2.example.com
```

关闭所有服务器的防火墙:

```
systemctl stop firewalld.service
systemctl disable firewalld.service
```

在启动各个服务器之前,要提前准备好 MSP、创世块及各个角色的相关配置文件等材料。这些材料均在客户端生成,然后按角色定义分配给各个服务器,注意私钥文件等隐私文件不要泄露。可以在 cli 中创建目录"/opt/work/deploy",用于存放各类相关文件。

生成 MSP 文件的命令是 cryptogen,需提供配置文件 crypto-config.yaml:

```
OrdererOrgs:
    - Name: Orderer
      Domain: example.com
      Specs:
          - Hostname: orderer
PeerOrgs:
    - Name: Org1
```

```
        Domain: org1.example.com
        EnableNodeOUs: true
        Template:
          Count: 2
        Users:
          Count: 1
      - Name: Org2
        Domain: org2.example.com
        EnableNodeOUs: true
        Template:
          Count: 2
        Users:
          Count: 1
```

运行以下命令生成 MSP 材料：

```
bin/cryptogen generate -- config = ./crypto - config.yaml
```

运行结束后，会得到一个 crypto-config 目录，共有 109 个目录，107 个文件。可以用 tree 命令查看结果。接下来运行下列命令，生成创世块、通道配置块和两个锚节点更新文件。

```
mkdir channel - artifacts
# 生成创世块
bin/configtxgen - profile TwoOrgsOrdererGenesis - channelID byfn - sys - channel \
- outputBlock ./channel - artifacts/genesis.block
# 生成通道配置文件
bin/configtxgen - profile TwoOrgsChannel - outputCreateChannelTx \
./channel - artifacts/channel.tx - channelID mychannel
# 生成 Org1 的锚节点更新文件
bin/configtxgen - profile TwoOrgsChannel - outputAnchorPeersUpdate \
./channel - artifacts/Org1MSPanchors.tx - channelID mychannel \
- asOrg Org1MSP
# 生成 Org2 的锚节点更新文件
bin/configtxgen - profile TwoOrgsChannel - outputAnchorPeersUpdate \
./channel - artifacts/Org2MSPanchors.tx - channelID mychannel \
- asOrg Org2MSP
```

完成之后，会在 channel-artifacts 目录中生成 4 个文件：

```
channel.tx
genesis.block
Org1MSPanchors.tx
Org2MSPanchors.tx
```

接下来需要准备角色相关的配置文件。orderer 对应的配置文件名为"orderer.yaml"，可以到官方源代码中去复制，然后根据自身需求进行修改。完成后可以执行"start.sh"命令启动 orderer 服务。所有的 peer 服务器对应的配置文件都称为"core. yaml",同样可以从官方源代码中复制、调整。完成后执行"start. sh"启动服务。

客户端是指连接 peer 服务器的客户端,所以在使用客户端时,需指定待连接服务器的名称和 MSP 材料。本范例中使用的客户端是终端,建议为每个 peer 服务器准备独立的客户端目录,这样可以分开启动黑屏窗口作为客户端,互不干扰,使用起来比较方便。

后面的操作基本上都是在客户端中完成的,首先进入 peer0. org1. example. com 的客户端目录,运行第一条命令,查看客户端是否可用:

```
cd Admin@org1.example.com
./peer.sh channel list
```

检测完成后,执行下列命令创建通道。通道只要创建一次就行,不限制在哪个客户端中操作,创建命令完成之后,会生成通道创世块文件,默认命名为"通道名. block"。

```
cd Admin@org1.example.com
./peer.sh channel create - c mychannel - f ../channel-artifacts/channel.tx \
- o orderer.example.com: 7050 -- tls -- cafile tlsca.example.com-cert.pem
```

命令中需要输入通道名称(-c)和通道配置文件(-f)。

完成后在当前目录中生成通道创世块文件"mychannel. block",所有节点在加入该通道时都要用到该文件。接下来,在所有节点的客户端中,执行加入通道的命令:

```
./peer.sh channel join - b mychannel.block
```

参数输入只有一个。创建的通道是生成的通道创世块文件 mychannel. block,如果是在其他客户端目录下,需要输入正确的文件路径。命令执行成功将会返回"Successfully submitted proposal to join channel"的信息。

一个组织一般情况下设置一个锚节点,所以一个组织只需执行一次更新锚节点命令。更新组织 1 锚节点:

```
cd Admin@org1.example.com
./peer.sh channel update - f ../channel-artifacts/Org1MSPanchors.tx \
- o orderer.example.com: 7050 - c mychannel -- tls \
-- cafile tlsca.example.com-cert.pem
```

命令成功会返回"Successfully submitted channel update"信息。

至此,多机网络已经部署完成。如果想进一步验证网络是否可用正常工作,可以使用官方提供的测试智能合约进行检验。

5.5.6 超级账本智能合约开发

这里以超级账本 Fabric 1.1 和 Mac 系统为例,逐步安装超级账本的依赖库。Go 的版本要求大于 1.10,在 Mac 中可直接使用 Homebrew 安装,十分方便。这里比较特殊一些,NodeJs 9.0 以上的版本暂时不兼容,支持版本为 8.9 以上 9.0 以下。推荐使用 nvm 进行

NodeJs 的版本控制。

首先安装 nvm，安装命令为：

```
brew install nvm
```

nvm 安装成功后，可以用 nvm 安装 NodeJs：

```
nvm install 8.10
```

最后，切换 NodeJs 版本：

```
nvm use 8.10
```

切换到自己的工作区，运行下面的命令下载 Fabric 相关的运行包：

```
curl - sSL https://goo.gl/6wtTN5 | bash - s 1.1.0
```

这里下载的文件包含一些节点镜像，文件体积较大，可能需要等待较长时间。

安装完成后，启动网络。

切换到例程所在目录：

```
cd fabric - samples / first - network
```

生成网络配置文件：

```
./byfn.sh - m generate
```

启动网络：

```
./byfn.sh - m up
```

Chaincode 是部署在 Hyperledger Fabric 网络节点上，可以用来与分布式账本进行交互的一段代码。Chaincode 在验证节点上的隔离沙盒（Docker 容器）中执行，并通过 gRPC 协议被相应的验证节点或客户端调用和查询。

下面以一个简单的例程进行说明。

```
func (t * Chaincode) Invoke(stub shim. ChaincodeStubInterface) pb. Response {
    function, args : = stub. GetFunctionAndParameters()
    switch function {
    case "creator":
        return t. creator(stub, args)
    case "creator2":
        return t. creator2(stub, args)
    case "call":
        return t. call(stub, args)
    case "append":
        return t. append(stub, args)
    case "attr":
        return t. attr(stub, args)
```

```
    case "query":
        if len(args) != 1 {
            return shim.Error("parametes's number is wrong")
        }
        return t.query(stub, args[0])
    case "history":
        if len(args) != 1 {
            return shim.Error("parametes's number is wrong")
        }
        return t.history(stub, args[0])
    case "write": //写入
        if len(args) != 2 {
            return shim.Error("parametes's number is wrong")
        }
        return t.write(stub, args[0], args[1])
    case "query_chaincode":
        if len(args) != 2 {
            return shim.Error("parametes's number is wrong")
        }
        return t.query_chaincode(stub, args[0], args[1])
    case "write_chaincode":
        if len(args) != 3 {
            return shim.Error("parametes's number is wrong")
        }
        return t.write_chaincode(stub, args[0], args[1], args[2])
    default:
        return shim.Error("Invalid invoke function name.")
    }
}
```

以上合约代码可以通过以下命令来获取。

```
mkdir -p $ GOPATH/github.com/introclass
cd $ GOPATH/github.com/introclass
githttps://github.com/introclass/hyperledger-fabric-chaincodes.git
```

下载完成后,通过以下命令进行安装。

```
cd /opt/app/fabric/cli/user/member1.example.com/Admin-peer0.member1.example.com
./3_install_chaincode.sh
```

超级账本可以采用多种语言进行来发,包括 Go、Java 等,相比于以太坊开发过程相对复杂。超级账本和以太坊也有相似的地方,都允许合约的相互调用。总的来说,超级账本的资料比较少,能够参考的企业级项目也很少,但是有 IBM 等公司的技术支持,超级账本目前的问题也会被解决。

5.6　区块链即服务

区块链即服务（blockchain as a service，BaaS）是一种帮助用户搭建、维护及管理企业级区块链网络和应用的服务平台。BaaS 将计算、通信和存储等资源整合，连同上层的区块链记账功能、应用开发功能、配套设施功能一起转换为可编程接口，让区块链应用的开发及部署过程变得简单高效。同时将网络构建标准化，保障区块链应用的安全可靠，为区块链业务的稳定运营提供有力支撑，最大程度地缓解运营过程中出现的弹性不足、安全性较低及性能不够高等难题，让开发者可以专注开发。

BaaS 服务形态极大地加速了区块链技术在各行业的落地应用，促进实体经济与区块链深度融合。区块链云服务是 BaaS 中最流行的模式，也可以将 BaaS 狭义地比作区块链云服务。

如图 5-26 所示，在整个区块链云服务体系中，底层最基础的是 IaaS（infrastructure as a service，基础设施即服务），将 CPU、内存和网络等计算资源作为服务提供给消费者，用户可以在这些基础设施上自行部署和运行软件。PaaS（platform as a service，区块链平台即服务），提供多种区块链底层平台，如联盟链 Fabric、公有链 Ethereum 等。用户可以直接基于底层区块链平台进行应用开发，而无须费力搭建平台。位于顶层的是 SaaS（software as a service，软件即服务），将区块链技术的具体软件应用作为服务提供给用户，用户可在各种设备上直接访问，而不需要管理控制任何云计算基础设备。

图 5-26　区块链云服务体系

BaaS 本质上是区块链设施的云端租用平台，因其特性使得计算、平台、软件等资源得到了最大程度的利用和共享。BaaS 不仅可以提供节点租用、通道租用及工具租用等服务，必要时还将提供关键技术支持。BaaS 的具体服务能力包括区块链节点及整链搭建能力、区块链应用开发能力、区块应用部署能力及区块链运行监控能力。

BaaS 致力于提供企业级区块链基础设施、技术平台，基于面向服务的基础设计原则。BaaS 具有简单易用、扩展灵活、安全可靠、云链结合、运维可视及合作开放等特点，能够为用户低成本、高效地搭建安全、灵活、可靠的企业级区块链。

5.6.1　BaaS 总体架构

BaaS 总体架构主要分为管理平台和运行态两个部分。如图 5-27 所示，BaaS 管理平台主要分为资源管理、区块链管理和平台管理三个部分。

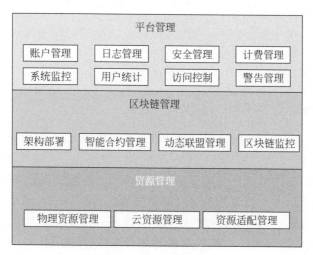

图 5-27　BaaS 管理平台

资源管理是对底层资源的管理，其中包括云资源管理及物理资源管理等。

区块链管理是针对区块链技术组件的管理，如智能合约管理、动态联盟管理、架构部署及区块链监控。

平台管理为使用 BaaS 的用户提供一些通用的管理服务，其中包括日志管理、账户管理、安全管理及计费管理等常用服务。

如图 5-28 所示，BaaS 的运行态主要包括四个层面：资源层、基础层、业务层及应用层。

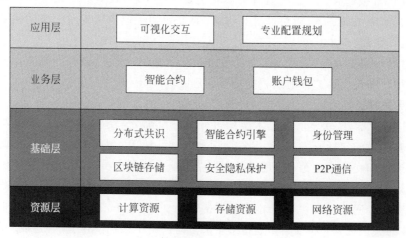

图 5-28　BaaS 运行态

位于底层的资源层包括计算资源、存储资源、网络资源等 IaaS 服务，为上层区块链基础提供强大的计算能力、巨大的存储空间及高速的网络，支撑整体运行态。

区块链基础层提供各类区块链技术组件，其中包括开源的 Hyperledger Fabric、Corda 及非开源的蚂蚁区块链、TrustSql 等区块链架构，为上层业务应用提供高性能、低成本、安全可靠的企业级区块链系统。

业务层向用户提供标准智能合约接口，用户可以根据实际应用环境构建专门的智能合约。

应用层为用户提供一些安全、快捷、可靠的区块链应用。

5.6.2　BaaS 基本模块设计

BaaS 的设计主要分为两部分：管理平台设计及底层关键技术设计。

1. 管理平台设计

如图 5-27 所示，BaaS 管理平台主要分为三个层次：资源管理层、区块链管理层及平台管理层。资源管理层中各个模块均是管理基础资源的，如计算力、网络、云平台等，主要与 IaaS 云平台进行交互。区块链管理层的服务面向的是平台需求用户，负责提供区块链平台的创建、管理及安全监控等，且一般情况下该层支持多种底层区块链。平台管理层的各个模块向用户和平台管理员提供常用的日志、计费和账户等管理功能。

在资源管理层中，物理资源管理模块负责管理 CPU、服务器等物理设备；云资源管理模块负责实现云资源的管理调度；资源适配管理模块负责各种资源调度 API 的封装，为区块链管理层各模块提供统一的资源管理接口。

在区块链管理层中，架构部署模块负责构建区块链系统整体架构，其中包括对各类节点的安装部署、配置和软件升级等操作；智能合约管理模块主要对智能合约的上传、安装、实例化、升级、调用权限等功能进行管理，某些区块链平台提供智能合约购买服务，用户可以在智能合约商店直接购买；动态联盟管理模块主要应用于联盟链场景，动态联盟管理包括联盟链的创建、新成员的加入、策略设置等功能；区块链监控模块负责对区块链网络和节点的运行状况进行监控。

在平台管理层中，账户管理一般分为管理员账户和用户账户，管理员账户用于管理平台自身设置，用户账户由客户注册后根据需要创建区块链。

2. 底层关键技术设计

如图 5-29 所示，区块链底层技术架构可分为三个部分：基础设施、技术组件及应用组件。其中，基础设施包括开发环境、运营管理和测试环境等；技术组件包括共识机制、数据存储、安全通信和交易模型等；应用组件主要指智能合约及成员管理等上层应用。

作为 BaaS 底层技术模块的核心，技术组件主要包括可插拔的共识机制、多类型数据存储支持、加密安全通信及区块链网络交易模型。

可插拔的共识机制：所谓共识是指多个节点对网络中某些操作、流程达成一致，而共识机制就是达成共识所用到的算法及规则。区块链服务技术架构中需要支持可拔插的共识机制,用户可根据自身需求选择共识算法。目前比较常用的共识算法有 PoW、PoS、DPoS、PBFT、Raft 等。

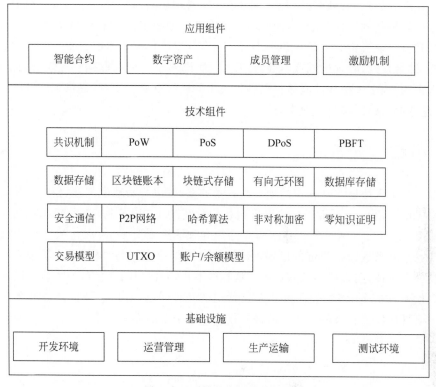

图 5-29　区块链底层技术架构

多类型数据存储支持：区块链账本的分布式存储是指每个节点都维护逻辑唯一的账本的副本。其中,每个节点都按照特定的存储模式存储完整的交易数据,传统区块链的存储模式是块链式存储。但随着区块链 3.0 时代的到来,某些新型区块链项目提出了非块链式的存储模型,其中最典型的就是有向无环图(DAG),该模式可以有效解决安全、高并发、可扩展性低和数据量过大等问题。某些区块链还使用数据库来保存账本状态当前值,如以太坊和 Fabric,目前比较流行的数据库有 LevelDB 和 CouchDB。

加密安全通信：作为区块链的底层传输模式,P2P(peer-to-peer,点对点)是无中心、依靠对等节点交换信息的互联网通信技术。P2P 网络具有较强的并行处理能力和较高的信息交换效率,同时设备资源消耗也比较低,可以满足区块链节点的多项通信需求。区块链系统还使用多种密码学技术对数据进行加密保护,如使用哈希算法将不能明文的数据转换为哈希值进行记录,保护数据隐私安全;使用非对称加密技术,产生公私钥对进行加密数据传输,保证数据在通信过程的安全;采用零知识证明对某些无法直接展示的信息进行安全验证。

区块链网络交易模型：目前主要存在两种区块链网络交易模型,一个是以比特币为代表的 UTXO(unspent transaction output,未花费的交易输出)模型,另一个是账户/余额模型。账户/余额模型是生活中最常见的一种模式,银行使用的就是这种模式。UTXO 模式没有余额概念,只有一系列交易记录,通过追溯交易记录判断是否有能力进行目前的交易。

随着区块链技术的推广普及,越来越多的企业注意到其商业价值并开始尝试将区块链技术应用到自身业务中。但是一些中小型企业在开发区块链技术的过程中常常遇到技术门槛高、安装部署复杂、管理运维成本高等问题。为了解决这些问题,加快区块链的落地应用,占据未来市场,很多大型厂商开始推出各种类型的区块链服务平台,提供区块链基础设施和服务,打造企业级的区块链产业生态。

5.7　小结

本章介绍了区块链 3.0 相关的项目和技术方案,解决交易速度问题,使得区块链技术更好地落地应用。EOS 通过 DPoS 共识机制替代传统的 PoW 机制,减少节点的竞争从而加快交易速度;Zilliqa 是通过分片技术提高并行处理速度;Cardano 通过权益证明机制实现价值转换;超级账本以联盟链的形式推动区块链跨行业应用与协作,通过框架方法和专用模块提高可扩展性,用开放协议和标准发展性能和可靠性。BaaS 平台为企业级区块链应用提供基础设施和服务,解决使用区块链过程中的各种问题,加快企业区块链业务的落地速度。这些项目都代表着目前区块链的最新技术和未来发展方向。

思考题

1. 区块链的演进路线分为哪几个阶段? 每个阶段各有什么特点?
2. 区块链 2.0 面临什么问题?
3. 商用操作系统有什么主要特点?
4. 商用操作系统是否为去中心化的区块链技术?
5. 商用操作系统采用的 DPoS 算法和比特币采用的 PoW 算法在效率上有什么区别?
6. DPoS 的时间片机制有什么作用?
7. Cardano 是一个开源的、分散的公共区块链和加密货币项目,它的目标是什么?
8. 如何理解 Cardano 的"区域自治"?
9. ADA 的分层与 EOS 的分片技术这两种概念有何区别?
10. 如何理解 Cardano 系统中的下述过程。

$$\text{SEED} \dashrightarrow \boxed{\text{FTS}} \dashrightarrow \text{ELECTED\_SLOT\_LEADERS}$$

11. 简述 Zil 网络中分片技术的流程。
12. 为了统筹和管理所有的分片,Zilliqa 提出目录服务委员会,那么 DS Block 和交易区块有什么相同点和不同点?

13. Zil 在交易过程中,如果领导者是诚实的,它可以不断推动共识小组中的节点就新的交易达成协议,如果领导是拜占庭会怎么样?

14. Fabric 架构在 1.0 正式版中的主要改变是什么?

15. 简述 Fabric 的特点、架构和运行机制。

16. 简述 Fabric 中的"多通道"功能。

第6章

热门币种和区块链应用

目前的区块链项目有几千个,而基于区块链的物流、版权以及金融等应用也在不断尝试并推出相关应用。大体上,按照功能分类,一种是目前最受关注的公链;一种是其他项目的分叉,例如比特币就有几十种分叉;最后一种就是基于各种应用场景的区块链项目,这里面有的是面向金融业,有的是面向物联网。有人说 2018 年是区块链爆发的一年,也是大浪淘沙的一年,真正有价值的区块链项目必定还会大放异彩,但同时大部分项目会被淘汰。在 1061 个全球主要的区块链项目中,中国(包括香港特别行政区、澳门特别行政区和台湾省)区块链项目数为 563 个,占总数的 53.07%;美国区块链项目数为 161 个,占总数的 15.17%;中美两国的全球区块链项目总数为 724,占比 68.24%,是区块链项目的最大市场。本章将介绍目前热门区块链项目的技术创新和应用场景。

6.1 公链类

公链类区块链项目致力于为用户提供 DApp 开发平台,使得用户能够很方便地开发自己的 DApp。之前章节的 EOS、AE 和 Zil 都是公链类项目,而且目前还有很多非常值得关注的公链类区块链项目。公链类项目代表了底层技术与基础设施层,主要是提供区块链底层的协议代码和基础硬件设施。基础协议通常是一个完整的区块链产品,类似于计算机的操作系统,它维护着网络节点,仅提供 API 供开发者调用。这个层次是一切的基础,使用网络编程、分布式算法、加密签名、数据存储等技术来构建网络环境、搭建交易通道以及制定节点的奖励规则,典型的例子是国外的 Ethereum(以太坊)、EOS、Aeternity 和国内的 NEO(小蚁)、Tron(波场)。下面介绍 Tron 和 Aeternity。

6.1.1 Tron

Tron 是在 2017 年 8 月由孙宇晨推出的区块链项目,中文名称为波场。波场从诞生之初就伴随着质疑,很多人最开始并不看好波场。但随着波场团队在技术研发上投入大量的资金和人力,波场慢慢地被投资者所关注,热度逐步上升,其代币 TRX 一度涨到 0.67 元,是 ICO 价格 0.01 元的 67 倍。截至 2018 年 7 月,波场的市值约为 155 亿元,在整个数字货币市场中排名第 11 位。波场代币 TRX 的当前市值为 0.23 元,总发行量为 1000 亿元,当前流通超过 657 亿元,已经在包括全球十大主流交易所在内的 35 家交易所上市。

按照官方的说法,波场以推动互联网去中心化为己任,致力于为去中心化互联网搭建基础设施。旗下的波场协议是全球最大的基于区块链的去中心化应用操作系统协议之一,为协议上的去中心化应用运行提供高吞吐、高扩展、高可靠性的底层公链支持,并且通过创新的可插拔式智能合约平台更好地兼容以太坊的智能合约。波场是基于区块链的去中心化内容协议,其目标在于通过区块链与分布式存储技术,构建一个全球范围内的自由内容娱乐体系,这个协议可以让每个用户自由发布、存储、拥有数据,并通过去中心化的自治形式,以数字资产发行、流通、交易的方式决定内容的分发、订阅、推送,赋能内容创造者,形成去中心化的内容娱乐生态。目前波场公司发布了"陪我"App,可以在这个社交直播平台通过 TRX 打赏,类似在直播平台用人民币换取的相应物品打赏。

波场作为去中心化的内容协议,与中心化的互联网结构相比,具有以下 4 个基本特征:

(1) 数据自由。自由而不受控制地上传、存储并传播包括文字、图片、音频和视频在内的内容。

(2) 内容赋能。通过内容的贡献和传播获得应有的数字资产收益。

(3) 内容生态。人人发行数字价值。个人可以自由地发行数字资产,他人则可以通过购买数字资产享受数据贡献者不断发展所带来的利益与服务。

(4) 基础设施。分布式的数字资产会匹配一整套完整的去中心化基础设施,包括分布式交易所和自治性博弈、预测、游戏系统。

对于波场来说,其整个体系的实现预计会是一个为期 8～10 年、涉及 6 个步骤的庞大工程。具体来说,实现路径如下。

1. Exudos(出埃及记)

2017 年 8 月—2018 年 12 月,基于点对点的分布式的内容上传、存储和分发机制。出埃及记阶段,波场将建立在以 IPFS 为代表的分布式存储技术之上,为用户提供一个完全自由可依赖的数据发布、存储、传播平台。

2. Odyssey(奥德赛)

2019 年 1 月—2020 年 6 月,区块链技术将为内容产生、分发和传播建立一整套充分竞争、回报公平的经济机制,激励个体,赋能内容,从而不断拓展系统的边界。

3. Great Voyage(伟大航程)

2020 年 7 月—2021 年 7 月,人人发行数字价值。波场基于区块链的优势,解决收益衡量、红利发放和支持者管理三大难题,实现从"粉丝经济"向"粉丝金融"的重大转变。波场基于区块链以波场币(TRX)为官方代币的自治经济体系使得个人内容生产者在体系内的每一笔收入和支出都公开、透明且不可篡改。通过智能合约,支持者们可以自动参与内容生产者的数字资产购买并按照约定自动共享成长红利,不需要任何第三方进行监督即可公正地完成全部流程。

4. Apollo（阿波罗）

2021 年 8 月—2023 年 3 月，价值自由流动：去中心化的个体专属代币交易。当每个波场体系内的内容生产者都可以发行自己的专属代币时，则系统必须拥有一整套完整的去中心化交易所解决方案，方能实现价值的自由流动。

5. Star Trek（星际旅行）

2023 年 4 月—2025 年 9 月，流量变现：去中心化的博弈与预测市场。全球博弈市场规模于 2014 年超过 4500 亿美元。波场内容平台所带来的流量为构建去中心化的线上博弈平台提供了可能。开发者可以通过波场自由搭建线上博弈平台，提供全自治的博弈预测市场功能。

6. Eternity（永恒之地）

2023 年 4 月—2025 年 9 月，流量转化：去中心化的游戏。2016 年，全球电子游戏市场规模达 996 亿美元，其中手机游戏市场规模达 461 亿美元，占比 42%。波场为构建去中心化的线上游戏平台提供了可能。开发者可以通过波场自由搭建游戏平台，实现游戏开发众筹，并为普通投资者提供参与投资游戏的机会。

目前，波场已经完成主网上线，随着技术的不断完善，波场的价值会被越来越多的人发现。

6.1.2　Aeternity

Aeternity 的代币为 AE 币，与 EOS 的定位比较接近，整个项目的主旨就是要对现有的以太坊底层系统进行优化和创新，打造超越以太坊的下一代高速率智能公链。Aeternity 由号称"以太坊教父"的德裔计算机科学家 Yanislav Malahov 于 2016 年主导发起。AE 号称"欧洲以太坊"，它是一个底层公链，致力于解决比特币、以太坊在扩展性、隐私保护、交易速度等方面的固有缺点，号称是新一代区块链网络。Aeternity 建立了一支坚实的团队，目前正在测试网络中进行最终安全审核。它在以太坊的基础上，进行了诸多的创新，主要的技术亮点是去中心化预言机（oracles）和图灵完备状态通道（state channels）。与比特币和以太坊相比，Aeternity 在隐私性和交易速度上都要更胜一筹。

比特币和以太坊在发布时都是革命性的，但目前在实际应用中它们的弊端渐渐显露，与新兴的数字货币相比也没有太多优势。现有的数字货币有各种各样的形式，有的就是单纯的面向转账；另一部分区块链技术是以应用为基础，依靠加密来加强应用程序参与；还有一些，类似 Aeternity，它是针对智能合约和分布式应用的区块链平台。Aeternity 承诺提供比以太坊更高效、更具可扩展性的智能合约解决方案，而以太坊则因为像 Crypto Kitties 这样只有单一功能的应用而使网络一度达到瘫痪的状态。

前面说到，Aeternity 项目有一个非常特别的技术就是去中心化预言机，又称先知机或神谕者。Oracles 通常是任何区块链的薄弱环节，它具有检查和平衡的功能，以维持网络中的分散和信任。准确性和诚实性与预测市场相平衡，用户可以根据来自神谕的输入数据进行赌注。预言机实现了现实世界的数据和智能合约之间的联系。预言机比图灵完备计算模式更加强大。任一在 AE 网络注册的用户都可以设定"是非题"以及问题是现在还是在未来任意时间被回答。根据不同的时长,用户需要提交不同数量的 AE 币作为保证金。时间截止后,如果没有反诉,那么保证金会返还给用户。如果存在反诉,那么最终结果由机器裁决。现在市面上做预言机的项目有很多,主要有两种,一种基于以太坊,如 Augur;一种基于量子链的菩提。然而这两种预言机依然承载着基础链的问题,容量限制速度。所以 AE 的预言机,结合状态通道,为大规模预言的实现提供可能。另外,预言机在某种意义上也具有对赌的功能,具有一定的想象空间。

预言机的理念并非 AE 首创,在 AE 之前的 truthcoin、Augur 和 Gnosis 等项目已经提出了预言机概念。Aeternity 提供了基于代币 AE 作为奖惩手段的博弈体系,确保通过公共智慧和博弈来取得可靠的链外数据,实现信息采集和上链,使得区块链生态和现实生活世界之间有了可信任的连接,这将对于一些复杂问题有很大的帮助,也成为 Aeternity 相对于以太坊和 EOS 的明显差异之一。

截至 2018 年 5 月 18 日,Aeon(Aeternity 的加密货币)目前的市值为 888'430'163 美元。其流通供应 233'020'472 AE(总供应量为 273'685'830),每枚硬币 3.81 美元。与以太坊和 NEO 的 GAS 模型一样,Aeon 用于支付网络中进行打包交易的节点花费的时间和计算空间。其 ICO 于 2017 年发布,在其最初的 ICO(相当于约 540 万美元)期间收集了 121'212 个 ETH 和 324 个 BTC。此外,Aeternity 使用 Cuckoo Cycle 挖掘算法,该算法改进了像以太网那样困扰 Blockchain 2.0 的 ASIC 挖掘装置集中化问题。

与 NEO(以及与以太坊兼容的等离子体区块链层)一样,Aeternity 使用它所谓的状态通道来启用侧链和离链计算。它是一个用 Erlang 编写的分散式区块链,可以开发不间断的、始终可用的 DApp。Aeternity 的智能合约是纯粹的功能选项,仅仅存在于状态通道中。用户仅在侧链上进行互动。只有在意见不一致的时候,代码、智能合约才会涉及区块链。整个模式就像一个具有自我裁决能力的数字法庭。

根据 Aeternity 的白皮书内容,为了保证交易速度,绝大多数的交易是不被写在主链上的,而通过侧链的平行状态通道去实现。只有当交易双方产生分歧时,交易才会放到主链上进行裁决记录。状态通道之间互不影响,个别交易不影响整个网络,这是 AE 和以太坊最大的区别。根据白皮书测算,一个状态通道可以满足 32 次/秒的转账,而整个交易网络加起来,理论上可以满足的交易次数是无限的拓展。另外,状态通道对双方交易的身份、金额、时间等没有区块记载,直接保护了用户的基本隐私,可以实现相对的匿名保护。

值得一提的是不同于大多数区块链项目,Aeternity 所用语言为 Erlang 语言,这是一种小众的面向并发的语言,也正是这种语言为实现并行通道提供了可能。Erlang 语言简洁、易于修改,但难以学习,全球懂的人预计不到 1 万。在这种语言的环境下,局部的崩坏是被允许的。任何一个或几个状态通道的崩坏不影响整个网络的运行。

侧链对于区块链的可扩展性非常重要,特别是在企业级别,可以在任何给定时刻存储或处理 5 亿字节的数据。虽然 Aeternity 可能看起来不是很早,但实际上它已历经很长一段时间的开发,它的分散式 oracle 模型可以汇集忠诚的用户群。另一个重要的区别是大多数区块链对系统的 CPU 或 GPU 收费,但 Aeternity 利用了 RAM 的强大功能。随着固态硬盘变得更加广泛，甚至 SD 芯片和拇指驱动器获得更多空间，其运行成本也会随之降低。

6.2 分叉类

顾名思义，分叉类区块链项目就是从原有区块链上独立分叉出来的一条区块链。一般是由于该区块链受到攻击后为了挽回损失，或者由于区块链社区为了提高性能而发起的。关于分叉的概念在第 7 章会有详细的介绍，简单讲就是通过节点的技术更新，新的节点产生新的区块，而同时没有更新的节点也继续生产区块，旧的区块不再能兼容新的区块链，所以就会从原有链上分叉新的区块链。值得注意的是，一般情况下，一个区块链项目的创建之初是通过技术手段或者其他手段尽力避免分叉的，这是因为分叉的发生往往伴随着不确定性，难以与最初的技术兼容。

6.2.1 Bitcoin Cash

BCH 是 BTC 的"硬分叉"，2017 年 8 月 1 日从 478558 号区块上开始。将区块大小限制由 1MB 提高到 8MB。

比特币自成立以来，围绕比特币有效扩展的能力一直存在疑问。比特币是一种加密货币，存在于区块链内的计算机网络中。这是革命性的分类账记录技术。由于几个原因，它使得分类账更难以篡改：已经记录的交易由很多节点完成而不是一个节点；这个网络是分布式的，它存在于世界各地的计算机上。

比特币技术的问题在于交易速度，特别是与处理信用卡交易的银行相比。Visa 每天处理 1.5 亿笔交易，平均约 1700 笔/秒交易，比特币网络每秒可处理多少交易？7 笔，交易大约需要 10 分钟来处理。随着比特币用户网络的增长，等待时间将变得更长，因为有更多的事务需要处理，而处理交易的底层技术却没有更改。

围绕比特币技术的争论是如何提高交易验证过程的速度。这个核心问题有两个主要的解决方案，可以使每个块中需要验证的数据量更小，使验证更快、更便宜；或者使数据块更大，从而可以一次处理更多的交易信息。2017 年 7 月中旬，代表 80%～90% 比特币计算能力的矿池和公司投票通过采用了一种名为 SegWit2x 的隔离见证技术。SegWit2x 通过从每次交易中需要处理的数据块中删除签名数据，并将其附加到扩展块中，使每个块中需要验证的数据量更小。据估计，签名数据占每个区块处理数据的比例高达 65%，因此这不是一个微不足道的技术转变。

比特币现金则是另外一种方式。比特币现金是由比特币矿工和开发商发起的，他们同样关注加密货币的未来，以及它有效扩展的能力。但是，这些人对采用隔离见证技术持保留意见。他们觉得 SegWit2x 并没有以有意义的方式解决可扩展性的基本问题，也没有遵循中本聪最初提出的路线图。此外，引入 SegWit2x 技术不够透明，有人担心其引入会破坏货币的分散化和民主化。

2017 年 8 月 1 日，一些矿工和开发商发起了所谓的硬分叉，有效地创造了一种新的货币:比特币现金。比特币现金增加到 8MB 的块大小,以加快验证过程,具有可调整的难度级别,以确保链的生存和交易验证速度。

比特币现金的总发行量和比特币一样都是 2100 万枚,截至 2018 年 8 月总市值约 140 亿美元,占据数字货币市场的第 4 名,可见比特币现金的潜力和价值。

6.2.2 Ethereum Classic

2016 年 6 月,黑客利用智能合约的漏洞转移了以太坊最热项目 TheDAO 市值 5000 万美元的以太币。为了挽回投资者资产,以太坊社区最终做出投票表决,大部分参与者同意更改以太坊代码,希望索回资金。为此,以太坊进行硬分叉,做出一个向后不兼容的改变,让所有的以太币(包括被黑客占有的)都回归原处。由于此次硬分叉是通过区块链公开进行的,因此虽然存在着反对的意见,但随着越来越多人对于硬分叉的支持,以太坊最终实施了在第 1920000 区块高度上的硬分叉方案,分成了两条链,分别称为 ETH chain 和 ETH classic chain,代币分别称为 ETH 和 ETC。之后便出现了以太坊经典区块链版本及其代币 ETC 以太坊经典。以太坊的"官方"版本 ETH,还是由其原始开发者进行维护的,以太坊经典 ETC 则是由一个全新团队进行维护。

这是主流区块链为了补偿投资人而第一次通过分叉来变更交易记录。分叉以前就持有以太币的人在分叉后会同时持有 ETH 和 ETC,存在交易所或在线钱包中的以太币也不例外。此次分叉衍生出来的两个市场,总价值超过 12 亿美元。硬分叉发生后,ETH 和 ETC 的货币政策也走到了岔路口。ETH 目前没有上限,处于持续增发阶段,使得以太币成为抗通胀的货币。抗通胀是通胀的一个特例,通胀率每年递减。而 ETC 已经回归了奥地利经济学派的传统,按照比特币的方式进行了减产规划,最后的发行总量不会超过 2.3 亿美元。区块链的核心是共识机制,ETC 开发者社区已经表示不会类似 ETH 改用 POS,ETC 采用 POW 共识算法,让任何动态组网接入的节点都有利可图。

关于交易速度,ETH 平均 25s,升级之后会缩短。ETC 平均 14s,升级之后维持在 10~14s(根据 ECIP-1010 和 ECIP-1036 协议)。在区块容量方面,随着 ETH 日交易量逐渐达到 500 万美元,ETH 的区块容量日渐饱和,这种情况与最近比特币的交易费用问题类似,可以通过对区块扩容得到解决。ETC 目前的区块容量还有很大空间,随着越来越多的人接受 ETC,区块容量也会随着增加,与 ETH 一样。

目前,越来越多的以太坊矿工投入大量算力到这款经典区块链中,ETC 交易量上涨,不仅仅是因为理念上的符合,更是因为他们看到了保护交易安全及赢得相关挖矿奖励的价值。以太坊经典 ETC 面世后一两天的数据让人印象深刻,其网络的哈希率是 544GH/s,占了以太坊网络哈希总量的 13%。

ETC 支持高效的货币转账(相比比特币及其变体块),专注于物联网应用,同时运行着经过数学验证的以太坊虚拟机(EVM)。许多区块链社区都有集中式领导,这意味着顶层的一些人会为其他人做出决策。ETC 的社区在建立之初就考虑过这个问题,为了避免这种情况,发展和讨论的责任由多方分担,以防止由单一领导者的决策所带来的问题。

用户的 ETC 账户在任何时候都不能被修改,此功能是与比特币和其他加密货币共享的理念。一些区块链遵循不同的"治理"理念,允许参与者利用其社会和经济权力对其他人的账户余额进行投票。想象一下,如果您银行的所有成员都认为您违反了法律,那些拥有最大余额和恶名的人投票取走了你的钱,而又没有触犯法律。ETC 的一个基本思想是永远不会允许这种情况发生,而历史先例已经证明了这一点。

6.3　应用类

通用应用及技术扩展层主要是为了让区块链产品更加实用以及面向开发者提供服务以便构建基于区块链技术的应用,这一层使用的技术基本没有限制,之前提到的分布式存储、机器学习、大数据等技术均可被使用。

对于每种技术的发展是寻找合适的应用场景。现在应用最为成熟以及广泛的行业是数字货币与金融,这与区块链的起源有着密不可分的联系。区块链项目在金融领域的探索主要集中在支付、房地产金融、企业金融、保险、资产管理、票据金融等。在国内,不仅是新兴区块链创业企业,如中国银联、招商、民生等银行还有蚂蚁区块链、众安科技在内的科技巨头都已经开始布局并落地了相应的平台与项目。利用区块链的去中心化、不可篡改的特性对于金融各个环节的风险有了更好的把控,从而降低了金融流程中的成本。

在数字货币这个领域衍生出了大量数字货币交易所、钱包和投资的项目。在国内,由于金融监管部门的严格管制,比特币交易等数字货币相关领域的发展有很大阻力。但在 2017 年上半年,央行成立了数字货币研究所。

区块链应用较为早期的 2C 类业务主要衍生在娱乐社交领域。在音乐创作中区块链就可以帮助创作者规避抄袭的争议。基于区块链所做的虚拟偶像、游戏、直播等项目让虚拟财产交易和保护更加透明。曾有机构预言供应链和物联网将是区块链迅猛发展的下一片沃土。这得益于区块链带来的交易共享性和不可篡改性,提高了供应链在物流、资金流、信息流等实体协作沟通效率,缓解了多方协作时的争议。在能源领域应用最为广泛的是智能电网。针对每一度电,用区块链就可以从来源到使用建立完备的数字档案,为电站提供数据支持和资产评估依据。区块链还可以释放分布式资源的多余电力,如回购民用屋顶太阳能产生的冗余资源。针对医疗的数据安全和患者隐私保护,区块链的匿名和去中心化的特性得到了很好的应用。这让医联体之间进行远程数据共享、分布式保障与存储管理更加安全。

6.3.1　Ripple

Ripple(瑞波)是全球货币之间的互联网,包括美元、欧元、人民币、日元等各国法定货币以及比特币等各种数字货币,交易确认在几秒以内完成(平均 3～5s),没有跨行异地以及跨国支付费用。Ripple 打造了未来电子支付平台,颠覆了传统的支付行业。

其代币 XRP 专门为企业设计,能够给跨境支付提供流动资金,可靠地解决银行和商家的所有需求,而且速度快,成本低(目前 XRP 约 0.5 美元)。

Ripple 付款协议的前身 Ripplepay 最初由加拿大温哥华的程序员瑞安·富格(Ryan Fugger)于 2004 年开发。Fugger 当时在货币交易所工作,在看到货币交易系统的缺陷后,构思了新系统的想法,他的意图是开发一个去中心化的货币系统,可以有效地让个人和社区创造自己的货币和钱包。第一代系统 RipplePay. com 诞生于 2005 年,能通过全球网络为社区用户提供安全的支付服务。

到 2014 年,Ripple Labs 参与了与协议相关的几个开发项目,例如发布了 iPhone 的 iOS 客户端应用程序,允许 iPhone 用户通过手机发送和接收任何货币。此 Ripple 客户端应用程序不再存在。2014 年 7 月,Ripple Labs 提出了 Codius 项目,该项目旨在开发一种"编程语言无关"的新智能合约系统。

自 2013 年以来,越来越多的金融机构采用该协议向消费者"提供替代汇款选项"。Ripple 允许零售客户、公司和其他银行进行跨境支付,并引用 Larsen 所说"Ripple 通过创建点对点和透明的转账简化了交换流程,银行无须支付相应的费用——银行费用。"第一家使用 Ripple 的银行是慕尼黑的 Fidor 银行。该银行于 2014 年初宣布了这一合作关系。Fidor 是一家位于德国的在线银行。同年 9 月,位于新泽西州的 Cross River 银行和堪萨斯州的 CBW 银行宣布它们将使用 Ripple 协议。到 12 月,Ripple Labs 开始与全球支付服务 Earthport 合作,将 Ripple 的软件与 Earthport 的支付服务系统相结合。Earthport 的客户包括美国银行和汇丰银行等,业务遍及 65 个国家。该伙伴关系标志着 Ripple 协议的首次网络使用。仅在 2014 年 12 月,XRP 价格上涨超过 200%,帮助 Ripple 超越莱特币成为第二大加密货币,并将 Ripple 的市值设定为接近 5 亿美元。2017 年 12 月 29 日,XRP 短暂成为第二大加密货币,市值达 730 亿美元。

2015 年 2 月,Fidor 银行宣布其将使用 Ripple 协议实施新的实时国际汇款网络,并且在 2015 年 4 月下旬宣布西联汇款计划"试验"Ripple。2015 年 5 月下旬,澳大利亚联邦银行(Commonwealth Bank of Australia)宣布将试验 Ripple 与银行转账有关的问题。自 2012 年以来,Ripple Labs 的代表宣布支持政府对加密货币市场的监管,声称法规有助于企业发展。Ripple Labs 同意采取补救措施以确保未来的合规性,其中包括仅通过注册货币服务业务(MSB)处理 XRP 和 Ripple Trade 活动的协议,以及其他协议,如增强 Ripple 协议。增强功能不会改变协议本身,而是将 AML 事务监控添加到网络中并改进事务分析。截至 2017 年,服务器的当前版本(称为波纹)是 0.70.1。

2015 年和 2016 年标志着 Ripple(公司)的扩张:2015 年 4 月在澳大利亚悉尼开设办事处,2016 年 3 月在英国伦敦开设欧洲办事处,2016 年 6 月在卢森堡也开设了办事处,许多公司随后宣布了与 Ripple 的试验和合作。

6.3.2　MIOTA

MIOTA(埃欧塔,IOTA)是一种新型的数字加密货币,专注于解决机器与机器(M2M)之间的交易问题。通过实现机器与机器间无交易费的支付来构建未来机器经济(machine economy)的蓝图。IOTA 提供高效、安全、轻便、实时的微交易,并且不产生交易费用。它是开源的、去中心化的数字加密货币，是专门为物联网而设计的，支持实时微交易，并且能够简单方便地进行扩展。它是第一个用于整个生态系统的、基于非区块链技术的加密货币。

IOTA 可能又被认为是一种山寨币，但事实是 IOTA 远非一种山寨币，它超越了区块链技术，是区块链技术的延展。基于有向无环图（DAG）开发了一个名为缠结（Tangle）的网状网络。Tangle 协议使用并行验证：新事务必须先由前两个验证。每个进行交易的节点都将参与共识所需的挖掘。使用 IOTA 的人越多，网络就越快。IOTA 提供无限的可扩展性、微交易和量子阻力。

IOTA 已经为现代互联网面临的物联网（IoT）可扩展性问题做好了准备。区块链和加密货币有许多看似标准的东西。例如，矿工处理算法以换取货币奖励，然后这些奖励再用于支付交易费用。虽然这些功能经常被复制，但它们并不是唯一的做法。IOTA 完全专注于机器对机器通信，可以作为支持智能家居和智能城市技术的基础。在探索物联网以及 IOTA 如何加速其进展之前，可以先看看 MIOTA 如何在公共交易所上市。

截至 2018 年 7 月 8 日，MIOTA 的市值为 3 158 185 693 美元。这是基于 MIOTA 的总供应量 2 779 530 283 枚，每枚硬币的兑换率为 1.14 美元。截至目前，MIOTA 的最高价格是 5.24 美元。

MIOTA 受 Binance 等流行的加密交换支持，但需要首先在 CoinBase 将法定货币兑换成 BTC 或 ETH。每个交易所都会收取费用，因此在投资前请注意这一点。价格稳定受一般加密市场的影响，但强大的战略合作伙伴关系可确保长寿，其中博世和大众是两个备受瞩目的现实合作伙伴。

MIOTA 无法开采，整个网络都是为物联网效率而打造的，该过程比传统的区块链更快，这意味着它可以扩展以支持比人类使用的更大的网络。未来物联网预计将有超过 500 亿台连接设备。这包括从 Fitbits 和智能汽车等消费设备到仓储、零售、制造、物流、运输、医疗保健、政府等企业物联网的所有设备。

例如，自动驾驶汽车已经在包括内华达州和加利福尼亚州在内的几个州颁发了驾驶执照。谷歌、苹果和 Uber 等公司正在竞相与汽车制造商和市政当局合作，以建立一个相当于当前互联网规模的数据基础设施。

IOTA 网络最初由 David Sonstebo、Sergey Ivancheglo、Dominik Shiener 和 Serguei Popov 创建。然后他们在柏林成立了 IOTA 基金会非营利组织来管理它。它的工作方式与比特币相似，但是以可扩展的方式适用于支持物联网交易。然而，麻省理工学院的数字货币计划在 2017 年 9 月的项目代码中被发现了一个漏洞。它使用了一个名为 Curl-P 的内部哈希函数进行加密，这在加密圈中非常不受欢迎，因为网络上的数据可能更容易被干扰、损害。显然，没有什么能在网上完全安全，但出于某种原因需要有安全标准。例如，早在 2011 年，索尼 PlayStation Network，即最大的游戏社区之一，遭到黑客攻击，危及超过 7700 万用户的宝贵数据。受到攻击的漏洞是一个过时的 Apache 服务器版本，在攻击前几个月没有更新，由于索尼执行关键安全升级的速度太慢，因此该服务器受到了损害。

6.3.3　Stellar

恒星币(Stellar),一个由前瑞波币(Ripple)创始人 Jed McCaleb 发起的数字货币项目,用于搭建一个数字货币与法定货币之间传输的去中心化网关。将通过免费发放的形式提供给用户,其供应上限为 1000 亿,其中 95% 数量的恒星币用于免费发放。恒星是一个多元化的团队,董事会成员包括前 Square 首席运营官 Keith Rabois、Stripe 首席执行官 Patrick Collison,而狗狗币联合创始人 Jackson Palmer 以及 AngelList 联合创始人 Naval Ravikant 作为该项目的顾问。

现在 Stellar 从发展中国家着手,在中小企业以及个人跨境货币转移和支付的市场中发力,发展速度非常快。与 IBM 在跨境支付网络的方向合作已经让其代币 xlm 的价格从人民币不到 0.3 元涨到现在的 1.7 元左右。对于数字货币来讲,最终应用价值会对价格产生长期的影响。其实恒星网络从技术角度讲是非常先进的,和比特币一样恒星网络也是去中心化分布式账簿系统。但是恒星网络中没有类似于比特币挖矿的系统,所以节省了大量的能源,提高了效率。不过,这也是恒星币没办法涨到比特币这个价格的原因之一。

6.4　平台类

由于数字货币的火爆,数字货币交易平台也变得异常活跃,而一些交易平台也推出了相应的虚拟货币。这些币种的发行方为交易平台,所以功能都是围绕着数字货币的交易和平台的运营。平台币有别于一般区块链项目的代币,平台币的价值完全来自于平台(也就是交易所)。

6.4.1　KyberNetwork

KyberNetwork 是一种基于以太坊的协议,允许具有高流动性的数字资产(如各类加密代币)和加密数字货币(如以太币、比特币、ZCash)的即时交易和兑换,提供无须信任的去中心化即时交易与支付服务。KyberNetwork 引入了一个新的智能合约接口,使得现有的钱包在不修改代币合约密码的前提下接收任何现有的或未来的代币,以此让用户从智能合约和平台支持的币种中获益。KyberNetwork 通过构建各类实用的交易 API,允许以太坊账户轻松地接收各类加密代币形式的用户付款。

集中交换存在安全漏洞,而且处理时间缓慢,因此不断受到抨击。在某些情况下,从交易所提取资金可能需要数天时间。流行的分散交易所也存在缺陷,它们通常没有足够的流动性来支持大量活跃的交易,而且当订单保持在链上时,改变交易的成本可能很高。KyberNetwork 提供分散的链式交换,但删除了订单簿。这使平台能够以最低的成本即时安全地加密交换。除了交换之外,KyberNetwork 还可以作为媒介在人与人之间转移 Token。这对于 P2P 传输以及 ICO 非常有用。一个人发送的 Token 不必与接收者想要接收的特定 Token 相匹配。Kyber 在转移期间进行交换的简单的例子如下:Bob 欠 Sally 0.01 ETH。不幸的是,Bob 只有 REP。Sally 真的想要 ETH,而不是 REP,所以他们使用 KyberNetwork 协议解决交易问题。Bob 在

Kyber 网络接口上看到转移的转换率为 1 ETH＝16 REP。他向 Kyber 提出要求转换 0.01 ETH 值的 REP 并将其发送给 Sally 的请求。Kyber 合约（控制代币储备库）首先检查 Bob 在合约中包含足够的 REP 以进行转换。批准后，将 0.01 ETH 发送到 Sally 的地址。使用 KyberNetwork 标准合约钱包，Sally 似乎会直接从 Bob 的地址获得资金。最后，Bob 的 REP 和一小笔费用被添加到 ETH 发起的预留池中。

KyberNetwork 的设计中包含了如下几个新的特点：

（1）不同于现有的交易所维护一个全局的交易指令集，KyberNetwork 维护一个储备库，在这个库内保存着适量的加密代币，以维护交易的流动性。储备库中的储备由 Kyber 合约直接控制，合约根据整体储备状况获取每个交易代币对的兑换率。这些比率由储备管理者快速更新，而 Kyber 合约将为用户选择最佳的比率。当把代币 A 兑换为代币 B 的请求到达时，Kyber 合约会检查准确数量的代币 A 是否已被记入合约，然后再将相应数量的代币 B 发送到发送方指定的地址。相应数额的代币 A 在扣除手续费之后，将被记入提供代币 B 的储备中。

（2）KyberNetwork 推出了一个新型标准合约钱包，允许 Kyber 合约代表用户将用户新近兑换的代币发送到其目的地址。目的地址在接收已经兑换过的代币时就好像代币是从发送方直接发送过来的，而不是来自 Kyber 合约。

（3）KyberNetwork 的长期计划还包括采用 EVM 语言的未来功能在以太坊上构建一个高效的 ZCash-Relay（ZCash 中继链）。以太坊上的 ZCash-Relay 将使之能够支持 ETH 和 ZEC 之间的跨链交易。KyberNetwork 还使用诸如 Polkadot 和 Cosmos 这样的未来平台，以实现更宽泛的跨链交易和支付功能。

（4）Kyber 合约拥有良好的模块化构造，使其在设计上具备高度可扩展性，即允许动态添加任意新的代币或将现有代币从兑换列表中删除。因此，未来可以与任意代币或数字资产协作。

KyberNetwork 是一个链上的去中心化交易所，为用户提供多种有用的应用，包括构建各类实用的交易 API 并将之提供给商家和用户，以便他们能够轻松且"无须信任"地即时兑换代币。这个交易所不存在交易指令集。用户会在发送交易之前获悉各类代币间的兑换率，并收到相应数量的代币。用户也无须支付任何额外的费用（除了交易所消耗的燃料费用）。KyberNetwork 通过合理定价兑换率所产生的利差获取利润。

KyberNetwork 中的参与者共分为 5 种角色：

（1）在网络中发送和接收代币（Token）的用户。KyberNetwork 的用户包括个人用户、智能合约账户和商家。

（2）为平台提供流动性的（一个或多个）储备实体（Reserve）。它可以是平台自己的储备库或者由其他者注册的第三方储备库。根据是否从公众那里取得贡献，储备库也被分为公共的和私有的两类，即不接收他人贡献的私人储备和接收外部贡献并与贡献者分享利润的公共储备。

（3）为储备实体提供资金并分享平台的利润贡献者。这类参与者只存在于公共储备库中,从公众那里接收贡献来创建储备库。

（4）维护储备库、决定兑换率并将该比率反馈给 KyberNetwork 的储备管理者。

（5）Kyber 网络运营商,负责在网络中添加、删除储备实体以及将代币对列入/移出交易列表。最初,Kyber 团队作为运营者引导平台的早期发展,后期将转向适当的分散治理,设置去中心化的管理来接替团队的运营者角色。

所有这些角色与 KyberNetwork 智能合约的互动方式不同,如图 6-1 所示是每一个活动者间的交互过程。每一位参与者都以不同的方式独立地与智能合约交互。用户在单个交易中同时发送和接收代币,而无须等待来自储备实体或 KyberNetwork 运营者的任何响应。KyberNetwork 运营者负责添加和删除储备,而储备管理者每经过一个固定的周期(一般而言是几秒)决定新的兑换率并将该比率提供给合约。主合约依靠储备实体来保证高流动性。

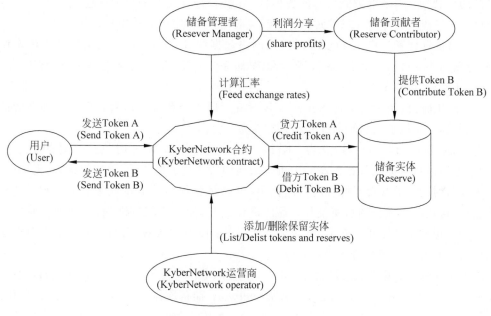

图 6-1 KyberNetwork 合约结构

KyberNetwork 通过使用网络中现有的储备来保证高流动性。不同的储备由不同的储备管理者直接管理,这一系列行为不一定与 KyberNetwork 的运营者有关。KyberNetwork 允许多个储备共存(通过消除储备垄断)以获得更优的价格,(通过利用其他来源)保证更佳的流动性。此外,除了 KyberNetwork 的运营者外,该网络也允许不同的人或者机构来管理自己的储备。这样,KyberNetwork 就可以通过将某些低交易量的代币的管理工作转移到相应的储备管理人员身上,来实现对这些代币的支持。通过这种方式,愿意承担低交易量代币交易/兑换风险的各方都可以为自己创建这些代币的储备,并在 KyberNetwork 注册。需要注意的是,KyberNetwork 不持有任何在其上注册的储备资金。当交易/兑换请求到达时,KyberNetwork 将从所有可处理该请求的储备中获取兑换率。然后 KyberNetwork 会选择最佳的比率并执行该请求。

KyberNetwork 为储备管理者创建了一个平台，他们可以利用自身的闲置资产在平台中获利。通过为用户的交易请求提供服务，储备实体从利差中获利，而这个利差是由他们自己决定的。当然，储备实体可以随时进行交易，而不必加入 KyberNetwork。但由于 KyberNetwork 的网络效应，加入 KyberNetwork 将会获得更高的收益。此外，KyberNetwork 还提供储备信息面板软件，帮助储备管理者管理其储备投资组合。储备信息面板将包含标准的和流行的交易算法/策略，以便储备管理者自动定价并重新调整其投资组合。

KyberNetwork 系统中包含以下主要部分。

（1）智能合约：KyberNetwork 包括多个合约。作为主要入口，让用户和储备管理者进入系统的主合约；用来维护储备库的各种合约；提供方便交互的合约钱包。

（2）用户钱包：具有友好界面的电子钱包应用程序，用于支持用户操作。

（3）储备管理者门户：通过业绩展示、网络数据统计以及支持不同策略和算法来制定价格/重新协调，从而帮助储备管理者管理储备。储备管理者通过该门户与网络（或 KyberNetwork 合约）进行交互。

（4）操作面板：帮助 KyberNetwork 运营者管理整个系统。运营者可以添加新的储备或将之删除，也可以通过该面板来更改网络参数。

总之，KyberNetwork 的特点为：KyberNetwork 是一个能即时执行交易的请求交易所，用户在转出自有原始代币的瞬间即可获取他们所要兑换的代币，无须保证金，无须确认，也无须等待时间；运营者不持有用户的代币，可以避免代币被盗用或丢失的情况；交易在链上进行，这使得智能合约可直接与交易所进行交互，无须第三方干预，并达到以原生不支持的各类代币的形式来进行接收/支付业务的目的；KyberNetwork 的运行不需要对以太坊的基础协议和现有的智能合约进行修改。

KyberNetwork 发行了总量为 215 625 349 枚的 KNC（KyberNetwork Crystal）代币，目前流通 134 132 697 枚。在运营之前，KyberNetwork 储备库需要预购并且存储 KNC 代币。在每笔交易中，交易量中的一小部分 KNC 将由储备库支付给 KyberNetwork 平台。这是储备库支付给平台的费用，以换取对平台的运营权并从平台的交易活动中获取利润。从这些费用中收集的 KNC 代币，除去运营开销及支付给合作伙伴的部分，余下的将被销毁，也就是让其不再流通，销毁的代币可以潜在提升其余 KNC 的价值。

6.4.2　OKB

OKB 作为国内老牌交易所 OKEX 的平台币，还没发行已经引来很多关注。平台币有别于一般区块链项目的代币，平台币的价值完全来自于平台（也就是交易所）。

所有的平台币都可以抵消在交易所进行买卖时所产生的手续费，这是平台币明面上的用途。如果只有这一层用途，显然炒作空间并不会很大，所以各交易所陆续推出各种眼花缭乱的活动，赋予平台币更多的价值。OKB 将周手续费的 50% 以 BTC 的形式返还给用户，

相当于是把占交易所可持续利润的相当一部分分给了 OKB 持有人。同时,平台的功能还包括:

(1) 支付 OKEX 交易平台的手续费,并且可享受折扣。这是平台币最基本的用途。

(2) 支付 OKEX 融资融币利息,并且可享受折扣。

(3) 参与 OKEX 上币投票,更公平地决定 OKEX 上线的数字资产种类,持有 OKB 的人才能投票,类似火币的 HT。

(4) 支付认证商家保证金具体体现在法币交易平台上。

(5) 购买专属客服服务,享受更专业、更贴心的客户支持,这就是 VIP 服务,有点类似 QQ 的 VIP,VIP 客服专享,不用等待。

(6) 购买专属的 VIP 服务,独享 API 交易服务器,独享 API 交易网络和 IP 地址,提升 API 访问速率限制,享受更快的交易体验,类似 QQ 超级 VIP,花费的 OKB 越多,VIP 的功能越多,特别是当需要工具访问网站的时候,这个功能价值就体现出来了。

所以,OKB 的价值在于:

(1) 手续费折扣。逐步享有手续费折扣抵扣融资融币利息。此方法相当于是给 OKB 一个基础应用,任何在 OKEX 交易的用户都可以通过消耗 OKB 去抵消自己的手续费,因此在一定程度上又减少 OKB 的流通数量,随着时间的推移可能会进一步放大 OKB 的价值。

(2) 上币投票权。加密货币项目方如果想在 OKEX 上币,那么就需要用 OKB 进行投票。市场上一度流传,如果想在币安上某种新币,需要交纳 1 亿元的上币费,虽然现在币安有投票上币的玩法,但是可以用来当票投的只有 bnb。也就是说,任何一个项目想上币安,就必须持有或者用户持有大量的 bnb 才有可能上交易所。币安的玩法如此,那么 OKB 也完全有可能采用此方法。这也是 OKB 能作为落地区块链应用的重要原因。

(3) 作为数字资产交易。在币币交易区与热门币种交易,流动性高;进行币币交易算是开放流动性,让持有任何币种的人都可以兑换成 OKB,进一步增强了 OKB 在市场上的存在度。

(4) OKEX 专享积分活动。OKB 拥有者独享活动参与权;平台的独有用户激励方法,可以把交易所想象成大型超市,OKEX 的专享积分就相当于超市的会员积分服务,每逢过年过节可以去超市用自己的消费积分换点赠送的商品。至于未来 OKEX 上的用户积分如何使用还要等待官方的具体公告。

(5) 认证商家保证金。可作为场外法币交易保证金、场内杠杆交易保证金;如果玩过比特股内盘的小伙伴对于保证金业务肯定不会陌生,OKB 作为保证金可以让你在不花费法币的情况下获得场外交易者的资格,这样可以减小自己的资金压力,把更多的资金用在交易的法币流通中。

(6) 增值服务。VIP 专属客服服务,以及更多增值。如果用户是 OKB 的大量持有者而且是个单身男青年,可以拥有自己的专属客服,除了能够高效快速解决用户的平台使用问题,还能抚慰你的心灵(纯属臆测,具体等待官方公告)。

6.5 其他

下面介绍数字货币中比较热门的一些项目，它们也有很高的市值，有必要了解一下。

6.5.1 LiteCoin

莱特币受到了比特币（BTC）的启发，并且在技术上具有相同的实现原理，莱特币的创造和转让基于一种开源的加密协议，不受到任何中央机构的管理。莱特币旨在改进比特币，与其相比，莱特币具有三种显著差异。

（1）莱特币网络每 2.5 分钟（而不是 10 分钟）就可以处理一个块，因此可以提供更快的交易确认。

（2）莱特币网络预期产出 8400 万个莱特币，是比特币网络发行货币量的 4 倍之多。将要存在的莱币币总数是将要存在的比特币总数的 4 倍。每个 LiteCoin 区块的初始奖励是 50 个 LiteCoins。LiteCoins 的产生率每 840 000 个块减少一半，即比比特币块多 4 倍。因为 LiteCoin 块的生成速度比比特币块快 4 倍，这意味着 LiteCoin 的货币通胀遵循与比特币相同的轨迹，因此在 2020 年，所有莱特币的 3/4 已经生成了。由于 LiteCoin 的总货币供应量比比特币的总货币供应量大 4 倍，这意味着如果 LiteCoin 价值超过 0.25 比特币，那么 LiteCoin 的市值（以及购买力）将大于市值比特币，在（可能是不正确的）假设下，由于用户丢失了他们的加密密钥，大约相同比例的莱特币和比特币被销毁。

（3）莱特币在其工作量证明算法中使用了由 Colin Percival 首次提出的 scrypt 加密算法，这使得相比于比特币，在普通计算机上进行莱特币挖掘更为容易。为了工作证明，比特币使用高度可并行化的 SHA-256 哈希函数，因此比特币挖掘是一项令人尴尬的并行任务。LiteCoin 使用 scrypt 而不是 SHA-256 来证明工作。scrypt 哈希函数使用 SHA-256 作为子例程，但也依赖于快速访问大量内存而不仅仅依赖于快速算术运算，因此使用 ALU 并行运行许多 scrypt 实例更加困难。这也意味着专用 scrypt 硬件（ASIC）的制造成本将远远高于 SHA-256 ASIC。由于现代 GPU 具有足够的 RAM，它们确实对 LiteCoin 挖掘有用，尽管对 CPU 的改进不如比特币挖掘那么重要（在将 Radeon 5870 GPU 与四核 CPU 进行比较时，速度提高约 10 倍而不是 20 倍）。

6.5.2 Tether

Tether 即 Tether USD（简称 USDT），中文名称为泰达币。发行 USDT 的 Tether 公司，原名 Realcoin，注册地为马恩岛和中国香港地区。2014 年，Realcoin 公司更名为 Tether。2015 年，Tether 公司发行的 Tether 在交易平台 bitfinex 和 Poloniex 上线。

因为 USDT 是与美元等值的，1USDT＝1 美元，区别于其他的虚拟货币，在涨跌幅上不会出现巨大的波动，只跟随美元汇率的变化而变化，价格非常稳定，所以它最重要的意义就是避险，它能在市场暴跌时救你一命。例如你买了 BTC，当 BTC 暴跌的时候，如果没有 USDT，那么你将无法进行仓位的控制，无论你如何进行币币交易，任何时候都只能是处于满仓状态。但是有了 USDT,则当币价下跌时,可以立刻把币换成 USDT,从而保证你的资产不缩水。

Tether 公司在《Tether 白皮书:一种利用比特币区块链交易的法币代币》中定义 Tether 为:"Tethers,是一种法币挂钩的数字货币,所有 Tethers 都是通过 Omni Layer 协议在 Bitcoin 区块链上以代币形式首次发行,每个发行流通的 Tethers 都与美元一比一挂钩,相对应的美元总量存储在中国香港 Tether 有限公司(即一个 Tether 币为一美元)。凭借 Tether Limited 的服务条款,持有人可以将 Tethers 与其等值法定货币赎回/兑换,或兑换成 Bitcoin。Tether 的价格永远与法定货币的价格挂钩,其挂钩发币的储存量也永远大于或等于流通中的币量。在技术方面,继续遵从比特币区块链的特点与功能"。

Tether 在其白皮书中这么解释说"以法定货币支持的数字代币为个人和组织提供了一个强大而去中心化的方法,同时又能使用一种熟悉的会计单位来交换价值。创新的区块链可审计,并有加密保护。由资本支持的代币发行商和其他市场参与者可以利用区块链技术和嵌入式共识系统,以熟悉的、波动较小的货币和资产进行交易。为确保交易价格的稳定性,我们提出了一种方法,以维持 Tether 这种加密货币代币与其相关的现实世界资产(法定货币)之间的一对一储备比率"。在 Tether 拥趸或普通投资者的眼中,此番表述诚意满满;不过,在批评者眼中,这只是 Tether 官方的一家之言。

简单地说,Tether 是一种特殊的加密货币,通过 Omni Layer 协议在比特币区块链上发行。与每天价格都在剧烈波动的比特币不同,Tether 的代币是为稳定而设计的。Tether 发行的与美元挂钩的代币为 USDT,即 USDTether,其价格一直保持在 1 美元附近——因为 Tether 表示,每一枚代币在银行账户里都有 1 美元作为支持。类似地,Tether 也发行以欧元挂钩的代币 EURT,即 EURTether。

USDT 是一种通过 Omni Layer 协议实现的用于进行比特币区块链交易的加密货币资产。每个 USDT 单位的背后都以一张 Tether 公司预存持有的美元作背书,这些货币都可以通过 Tether 平台承兑赎回。USDT 可以被用于转移、存储、支付消费等,就像比特币或其他任何加密货币一样,用户可以在支持 Omni Layer 协议的钱包(如 Ambisafe、Holy Transaction 或 Omni Wallet)之间进行交易和 USDT 存放。

USDT 和其他 Tether 货币的建立都是为了加速国家货币的流通,为了给用户提供一个稳定的对比特币的对价币种,并为现金兑换和当前不受信赖的钱包价值审计提供支持。USDT 通过价值储量保证以提供一种可替代的偿付能力证明。

6.6　热门应用

目前基于区块链或者分布式技术的应用层出不穷。下面介绍几个国内外非常热门的应用,它们有的极具创新性,有的具有大量的用户。

6.6.1　IPFS

星际文件系统(interPlanetary file system,IPFS)是一个面向全球的、点对点的分布式文件系统，目标是为了补充（甚至是取代）目前统治互联网的超文本传输协议（HTTP）。IPFS 将所有具有相同文件系统的计算设备连接在一起，实现永久的去中心化保存和共享文件。它通过底层协议可以让存储在 IPFS 网络上的文件在全世界任何一个地方快速获取。在 IPFS 中，任何文件会根据其内容生成一个哈希值：①该哈希值可以唯一标识该文件；②相同内容的文件，其哈希值是相同的；③数据只会生成一次，降低存储冗余度；④文件一旦被修改，哈希值就变化，这可以防止篡改文件内容；⑤为文件建立版本管理，可以追溯文件修改历史；⑥文件内容被切分为很多数据块，以键值对（key value）的形式存储，数据块采用有向无环图方式连接。

IPFS 网络基于文件内容进行寻址，而不像传统的 HTTP 一样基于域名寻址，即根据文件的哈希值在整个网络中寻找文件，而不是通过文件保存位置来寻找文件。这种内容寻址只需要验证内容的哈希值，无需中心化的服务器，让获取内容的速度更快、更安全、更健壮。IPFS 也设计了激励机制，通过使用代币（Filecoin）的激励作用，让各节点有动力去存储数据。Filecoin 是一个由加密货币驱动的存储网络。矿工通过为网络提供开放的硬盘空间获得 Filecoin，而用户则用 Filecoin 来支付在去中心化网络中存储加密文件的费用。下面介绍如何加入 IPFS 网络。

从 IPFS 官方网站上下载 IPFS 软件，安装完毕后，在 DOS 中输入命令：

```
ipfsinit
```

在个人计算机上配置 IPFS，初始化完成后，个人计算机就成为一个 IPFS 网络中的节点，这时会给每个节点分配一个 ID。查看 ID 的命令是：

```
ipfs id
```

如图 6-2 所示是运行情况。

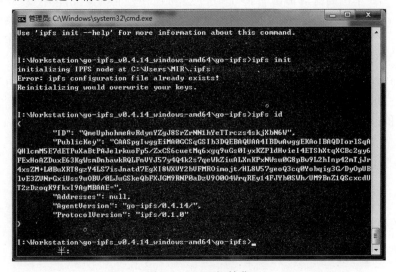

图 6-2　IPFS 初始化

分配 ID 证明安装成功，这时可以启动 IPFS 客户端。启动 IPFS 的命令是：

`ipfs cat`

启动 IPFS 后的窗口如图 6-3 所示。

图 6-3　启动 IPFS

启动后可以直接上传一个本地文件到 IPFS 网络中。

首先，创建一个文本文件，文件名为 liuxiaowei.txt，文件内容为"Hello liuxiaowei!"。

上传文件的命令为：

`ipfs add liuxiaowei.txt`

文件可以是文本文件，如 liuxiaowei.txt，也可以是其他类型的文件，只要将想要上传的文件名添加即可，如图 6-4 所示。

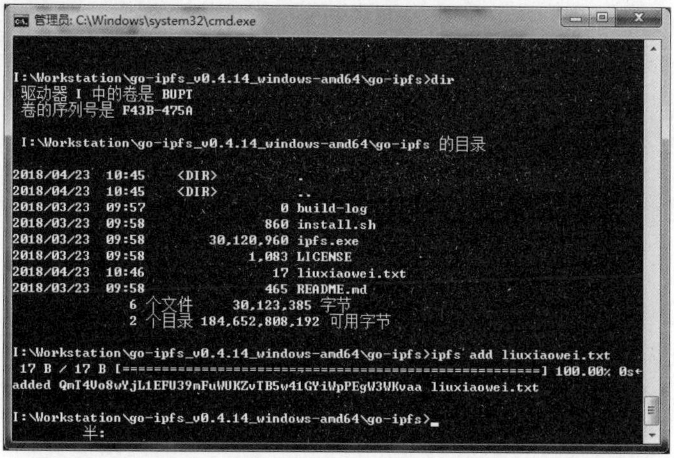

图 6-4　上传本地文件到 IPFS 网络

上传成功后会给文件分配一个哈希值，这个哈希值对应的就是上传的文件，这时在浏览器中输入返回的哈希值就可以直接在线查看文件内容，如图 6-5 所示。

Hello liuxiaowei!

图 6-5　在浏览器中查看上传的内容

目前已经出现了很多基于 IPFS 的应用，例如基于 IPFS 的视频网站，用户直接在网站上输入电影文件的网络 ID，就可以直接观看对应的视频，这个 ID 与之前上传文件得到的 ID 相同。这种方式因为不是传统的 HTTP 协议，通过分布式的存储，用户可以获得更高速的下载速度。尤其是这种分布式的存储技术和区块链能够很好地结合，大的区块链数据一般也通过 IPFS 网络存储。伴随着区块链技术的不断进步，IPFS 这类应用也会在越来越多的领域出现。

6.6.2　Sweatcoin

Sweatcoin 是一款基于区块链技术的应用程序，集健康追踪和网络微支付于一体。只要用户真正运动，它就会发放一些虚拟货币奖励，如图 6-6 所示。

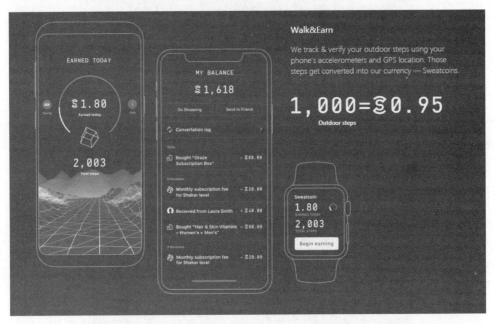

图 6-6　Sweatcoin 奖励机制（图片来自官网）

具体来说，这款应用程序的流程很简单。首先，它会与用户手机上的运动追踪功能相结合，记录用户每天的运动步数。其次，只要用户的运动步数达到 1000 步，就能够拿到第一笔奖励，也就是该应用程序的专属虚拟货币 Sweatcoin。最后，等用户拿到的代币奖励达到特定数量时，就可以用来兑换礼品卡、航空公司信用积分、电视机以及其他奖项，如图 6-7 所示。必须强调，这些奖励可都是实实在在的。毕竟大家本来就应该运动，现在有了它，不仅能强身健体,还能赚钱兑奖,何乐而不为呢？说不定你就能得到一台全新的电视机或价值1000 美元的达美航空(Delta Air Lines，Inc.)信用积分。

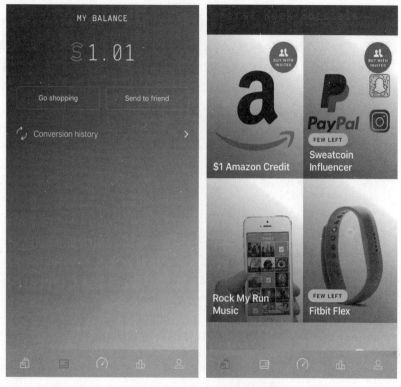

图 6-7　Sweatcoin 购买相关商品

为了确保数据的真实性,Sweatcoin 采用区块链技术,让黑客难以改动数据。创始人Fomenko 宣称他们采用了防篡改的区块链技术来管理分配 Sweatcoin,就像大家熟知的比特币一样。Fomenko 曾于访问时表示,最终希望能将 Sweatcoin 的汇率与英镑挂钩,成为一个稳定的虚拟货币。目前汗币采取了同法定货币相似的中心化的发行方式,汗币由经认证的行为来发行,要涉及大量的用户运动信息和地理位置,所以不可能公开这些信息。但是一旦发行,又要极力维护汗币的偿付和交换能力,所以使用中心化的方式就是最好的。目前 Sweatcoin 只在美国、英国等少数几个国家开放下载,一经推出就占据手机 APP 排行榜前几名。这种运动＋奖励的机制也被很多领域采纳,出现了读书＋奖励、学习＋奖励等虚拟货币奖励措施。

6.6.3　ShipChain

ShipChain 是面向物流业的全新区块链平台。如今,物流是一个巨大的产业,在 2015年全球物流业的价值是 8.1 万亿美元,共运输货物 5500 万吨,而预计到 2023 年,物流市值会达到 15.5 万亿美元。想象一下,整个供应链中的一个完全集成的系统,从货物出厂的那一刻起,到客户家门口的最终交付；联合无信任、透明的区块链合同。这就是 ShipChain。

ShipChain 平台基于一个简单而强大的解决方案，允许在所有运营商之间对整个供应链进行统一跟踪。其生态系统将涵盖所有货运方法，并将包括可与现有货运管理软件集成的开放式 API 架构。

与传统的物流相比，ShipChain 平台统一了以太坊区块链上的货件跟踪，使用侧链跟踪每个智能合约中的各个加密地理路径点，如图 6-8 所示。使用该系统，每个加密航路点的含义仅可供货运本身所涉及的各方解释。这为托运人提供了更多的供应链可视性，并使运营商能够轻松沟通。有关载荷、地理航路点和其他基本信息的信息将在侧链中进行记录和公开验证。在货物交付和确认时，合同已完成并存储在主区块链中。

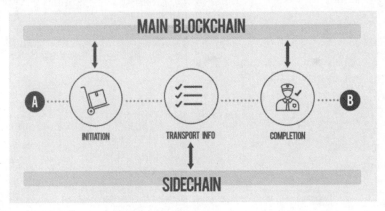

图 6-8　ShipChain 区块链（引自 www. shipchain. io）

传统的物流由各个公司承担，虽然现在物流的速度越来越快，但是这种传统的物流不够透明，其安全性也无法保障。而基于区块链技术的物流应用就是通过区块链数据透明的特点，让用户实时追踪货物信息。而数据都是存储在分布式的网络中，能最大限度地保护数据的安全。

6.6.4　MUSE

MUSE 是一个全球的音乐行业区块链平台，每首在 MUSE 上发布的歌曲都会被记录到区块中的输入所有版权信息的某一位置。歌曲中的每个参与者（主记录方和组合/发布方）都可以构建数据，创建一个丰富、透明、值得信赖且不断更新的数据库。从流媒体平台到音乐零售网站，全球各地的企业将通过使用 MUSE 中包含的开放数据准确地知道要支付哪些版权所有者，从而解决目前困扰音乐世界"谁付钱?"的问题。

MUSE 数据库中的每条歌曲条目都包含支付正确的版税收件人所需的信息，无论他们是个人、公司还是版税收集组织。收到的资金会按照指示立即自动分配，如图 6-9 所示是 MUSE 的区块信息。

基于区块链的音乐平台的优点主要体现在以下几方面。

1. 颠覆了音乐版权的使用模式

区块链技术能将每首在区块链平台上注册过的新歌曲的数字内容，以及词曲、唱片说明、封面、版权授权、用户使用信息等所有相关信息完整地保存起来。由于区块链的分布式记录方式是独立存在的,不属于任何单一实体(平台),也无法篡改,因此音乐创作人不需要唱片公司也能够注册自己的作品版权。

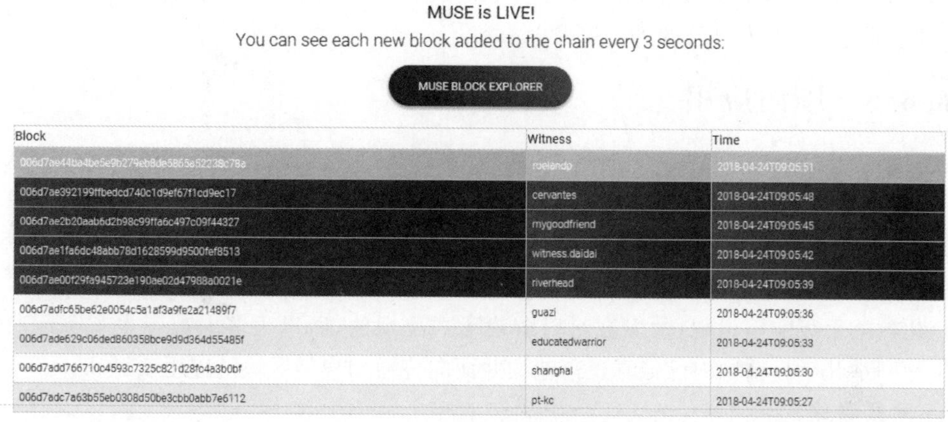

图 6-9　MUSE 生产区块

现在美国的 Ujo 音乐公司允许音乐人通过区块链平台支持下的智能合约,来实现录音、推广、授权和直接获取他们作品的版权使用费。这意味着音乐人通过区块链平台,可以完全抛弃唱片公司或互联网音乐公司以及它们的营销平台,直接面对用户。

2．颠覆了现有的商务模式

如今互联网行业内的版权费用支付链条不仅复杂而且冗长,通常要经过版权代理方、唱片公司、艺人经纪、流媒体服务商、互联网音乐平台等多方才能最终到达音乐人手里,通常要等上半年甚至一年。但经过多方扣除费用后,音乐人所拿到的版权收入已所剩无几。

区块链平台能够在音乐人和消费者群体之间构建起直接联系,从而保证音乐人能够非常及时、便捷地收取消费者支付的版权费,同时也避免了中间环节的克扣。

流程更新为:只要用户在区块链平台上提出使用请求,智能合约立马会将所请求的音乐作品权限开放给用户,同时将用户所支付的钱款扣除一定的平台服务费后,直接汇入作品版权所有者的加密钱包中。在此过程中,每首歌曲的价格由版权所有者制定,这也让用户有更多的选择。

3．颠覆了用户的盗版行为

为什么大部分用户不愿意付费使用音乐?其主要原因在于,用户可以找到许多可以复制甚至传播盗版音乐的方法和途径。但区块链技术有望解决盗版音乐问题。现在区块链技术支持一种 dot blockchain 的编解码器和播放器,通过该软件,可以记录每首歌曲独有的播放记录,致使该歌曲无法被其他任何播放器所播放。另外,版权所有者也可以选择基于区块链技术的 P2P 文件分享方式,利用发放奖励和激励的方式来鼓励用户通过区块链平台发布和传播音乐,这样,进行发布与传播音乐的用户就成为该音乐的"分销商",从而使版权所有者和"分销商"均可以从中获得收益。

当然，还有别的创新的方式（或玩法）也可以用于防止盗版。使用区块链技术的 PeerTracks 比特币音乐平台可以让粉丝通过购买平台独有货币"艺术家币"来投资自己喜爱的艺术家，而"艺术家币"会根据艺术家受欢迎的程度涨跌。一样的道理，音乐家可以发行个人的"艺术家币"来为自己的计划筹款。

6.6.5　国内应用

到目前为止，建立在区块链上面的项目层出不穷，创业者们极力想在各行各业中融入区块链技术，因此开启了一波"区块链＋"的互联网革命浪潮。在这股浪潮里，国内的互联网巨头们也不甘落后，2016 年开始，陆陆续续地发布区块链发展白皮书，并随后开始了各种各样区块链应用的探索，目前有很多已经真正落地的区块链应用，不过在众多的区块链应用里，还没有比较大众化的杀手级应用出现，大多数是以游戏形式出现的，所以很多人都不太了解区块链应用。下面列举几个目前国内已经真正落地的并面向普通用户的区块链应用项目。

1. 网易星球

网易星球是网易公司推出的一款区块链游戏，玩家通过登录获取游戏中的代币"黑钻"，并根据用户的"原力"奖励不同数量的黑钻。星球基地通过区块链加密存储技术帮助用户管理数字资产，让用户的数据真正为自己所有，也可以让需求者在星球基地中进行直接交易，并利用黑钻进行结算。

同时，用户通过在"星球"上进行浏览、交易、社交等所有活动，可以增加原力值，原力是获取黑钻的一种方式，原力越高，黑钻越多。

"星球"后续可进行信息安全存储、去中心化价值交换等功能。原力类似比特币中的算力，所以用户通过游戏中的任务提高自己的原力。网易星球通过区块链去中心化加密技术，为每个用户管理数字资产，并使用黑钻进行交易，如图 6-10 所示。

网易星球的核心技术包括：

（1）区块链身份。每个用户的个人信息都存储在区块中，一旦创建，就无法被修改。

（2）信息安全存储。用户的所有信息将通过区块链技术加密存储，必须经过本人同意才可以被查看。

（3）去中心化价值交换。用户之间的价值转移在区块链上进行，没有中心化的机构。

针对星球用户多样化的需求，星球提供各种"区块链＋"场景应用。目前，星球已对"区块链＋竞猜""区块链＋资讯"等场景进行了探索，利用区块链"去中心化"的特点，持续创新星球生态价值的实现方式。例如世界杯期间网易星球上线的世界杯竞猜活动，所有信息均记录在区块链上，用户可通过区块链浏览器追溯所有押注信息。

2. 百度莱茨狗

2018 年 2 月，百度上线了一款区块链电子宠物游戏——"莱茨狗"，如图 6-11 所示。莱茨狗游戏页面显示，"莱茨狗"是"百度区块链技术赋能的数字狗，无法被修改和销毁"。百度莱茨狗有点类似于以前的电子宠物，但是简单许多，不需要喂食。用户提供了 10 只形态各异的宠物狗供领养,每只都具有独一无二的基因,并且被系统冠以体型、花纹、眼睛、瞳色、嘴巴、肚皮色、身体色、花纹色 8 种外貌特征,每个特征都有稀有和普通两种属性,莱茨狗拥有普通、稀有、卓越、史诗、神话、传说 6 种等级。未来可以交易莱茨狗获得利益。

莱茨狗数字狗并不具备现金交易功能,领取时可获得微积分,未来用户可通过使用百度内部产品获得微积分,微积分仅可用于狗市中相应数字狗的购买,不具有任何其他功能。也可以在狗市中,通过数字积分——微积分,购买心仪的区块链宠物莱茨狗,而在宠物狗价格上升到一定程度时,用户可以卖出。

可以看出,每只莱茨狗的价值由其等级决定,而决定其等级的因素就是上述身体属性的稀有度。除此之外,基于区块链技术,可保证狗的唯一性,并对数据进行确权,令每只数字宠物狗都不可复制,并且不可被修改和销毁。据悉,该项目首页上显示着这些宠物狗具有"唯一、值得收藏"的特性。因此很明显,支持用户在区块链上当"狗奴"的驱动力,就是每只莱茨狗的升值潜力。

图 6-10　网易星球首页

图 6-11　百度莱茨狗

6.7　小结

　　本章介绍了目前比较热门的区块链项目和已经投向市场的区块链应用，它们中很多都是市值排名前十或者是表现足够抢眼的项目，尤其是目前热门的几个应用，其用户量逐渐增加，获得了普遍关注。这些项目通过区块链这种全新的分布式机制，为用户提供更加安全、高效的服务，解决了传统中心化方式的弊端。

思考题

1. 列举几种公链类区块链项目，简单说明其主要特点。
2. 简述分叉类区块链项目出现的原因，并举例说明。
3. KyberNetwork 有哪些优势？该网络的参与者分为哪几种角色？
4. 莱特币与比特币相比有哪些差异？
5. 简述 Ripple 网络的共识过程。
6. 简述星际文件系统的特点。
7. 音乐行业区块链平台 MUSE 有哪些优势？

第 7 章

区块链常见问题

本章将深入分析解答区块链技术及数字货币领域的一些常见问题,包括区块链分叉、51%攻击、交易费、跨链、可扩展性等问题。并通过对常见问题的分析,重新理解区块链的内涵。

7.1 区块链分叉

由于比特币网络是去中心化的结构,因此网络中不同节点需要对如何保证网络的一致性达成共识。实际上比特币是通过存储在区块链中的交易记录表示的,故网络中每一个参与者都需要认可全网的单一链条中的数据,才能保证全网的一致。而分叉就是这个单一链条变成了两条。有两种原因可能会导致区块链出现分叉:基于相同共识机制产生的分叉和因为协议底层规则改变导致的分叉,如图 7-1 所示。

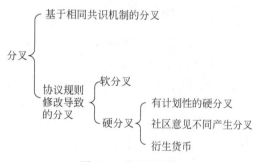

图 7-1　分叉的类别

其中,基于相同共识机制产生的分叉是暂时性的。这种分叉产生于全网矿工在进行新区块的算力竞争时不同矿工同时挖掘出相同高度的区块的情况下,此时全网就会产生两条不同的链条。但这是暂时性的,两条链总会有一条率先挖掘出下一个区块,而网络节点会依照累计工作量证明最大的原则选择长链为唯一的主链。这种分叉并不会对网络的功能产生任何影响,最终网络还是会在一个统一的区块链上重新收敛。

但是如果开发者出于添加新功能或修改现行代码的核心规则的目的,对区块链网络的底层规则进行了修改,就会产生硬分叉和软分叉两种情况。不同于由于挖矿产生的短暂性分叉,这种分叉改变了现有网络参与者所遵循的共识规则,需要参与者的承认并进行应用的更新才能确保网络节点完整性的情况下实现链条的重新收敛。

7.1.1 基于相同共识机制的分叉

基于相同共识机制的分叉是指网络中各节点保存的区块链数据出现临时性差异的现象，这种分叉未更改共识机制或底层协议规则，最终整个网络会根据累计工作量最大原则重新收敛至一致状态。

此类分叉的发生条件是，两名矿工几乎在同时算得了正确的工作量证明的解，他们将挖掘出的新区块传播给各自的临近节点，这些临近节点再向周围节点继续传播，导致网络中的一些节点收到了一个候选区块，另一些节点收到了另一个候选区块，最终全网出现两个不同版本的区块链。最新的区块包含的交易数据大致相同，可能在交易的排序上有所不同。但这种分叉是暂时性的，总有一方会率先发现工作量证明的解并传播出去，所有节点会接纳累计工作量证明最大的区块链为主链，最初接受了不同候选区块的节点被迫改变了主链数据，与其余节点保持一致，这也叫链的重新共识。

更短的区块产生时间一方面提高了区块链网络中的交易确认速度，另一方面也会更频繁地导致区块链分叉现象的发生。如果一味追求全网在所有时间的一致性，那么就会导致更长的交易确认时间，出块速度需要在两者间进行权衡考虑。在比特币网络中，将区块间隔设计为 10 分钟，便是在更快的交易速度和更低的分叉概率间做出的协调。

7.1.2 硬分叉

当共识机制发生变化，网络中一部分节点按照与网络其余部分节点不同的一致性规则运行时，硬分叉就会产生。硬分叉发生后，如果节点不进行规则的更新，网络不会重新收敛到单个链条，那么分叉就是永久性的。没有升级到新的共识机制的任何节点都不能再参与网络，这些节点在硬分叉发生的情况下会被强制到一条单独的链上。

这种情况下新旧节点无法兼容，遵循旧规则的节点无法识别校验按照新规则创建的交易和块，这些区块对于旧节点而言是无效的。同时，遵循旧规则的节点将禁止和断开发送这些无效交易和区块的节点，如果节点想要验证依据新规则产生的交易或块，那么只能进行软件的升级，否则就无法加入支持新规则的网络。最后旧节点只保留连接到旧节点，升级后的新节点连接到新节点，网络将自发分为两部分。无论支持新旧共识规则的节点有多少，只要有运行该规则的节点，那么就会存在运行该规则的链条，两条链永远是共存的，如图 7-2 所示。

出于不同的分叉目的，硬分叉可大致分为三类。

1. 有计划性的硬分叉

网络中所有节点都同意转移到新链条，进行底层代码的更新和升级，区块链网络中不会有第二条链的产生。门罗币的硬分叉和以太坊中的拜占庭分叉便是有计划性硬分叉的实例。

门罗币分叉指的是在 2017 年 1 月，核心团队决定通过硬分叉加入 RCT 环形保密算法，增加门罗币的安全性和匿名性，全部节点均进行了此次代码的升级。

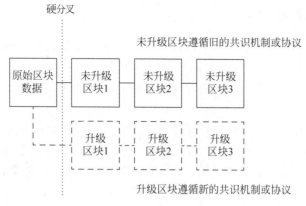

图 7-2　硬分叉

以太坊拜占庭硬分叉是为了升级到大都会阶段[以太坊"四步走"发展路线：Frontier(前沿)、Homestead(家园)、Metropolis(大都会)和 Serenity(宁静)]需要经历拜占庭分叉和君士坦丁堡分叉，拜占庭硬分叉的修改内容包括：增加 REVERT 操作符，允许处理错误不需要花费掉所有的 Gas(EIP 140)；优化了交易流程，现在交易接收方可以包括一个状态字段，用以指出交易成功还是失败(EIP 658)；在 alt_bn128(EIP 196)和配对检查上(EIP 197)增加椭圆曲线和标量乘法，允许 ZK-Snarks 和其他加密数学；支持大数模幂(EIP 198)，实现 RSA 签名验证和其他加密应用；支持可变长度返回值(EIP 211)；增加 STATICCALL 操作符，允许对其他合约进行非状态改变调用(EIP 214)；修改难度调整公式，将叔块计算在内(EIP 100)；冰河期/难度炸弹延期一年，区块奖励从 5 个以太币降到 3 个以太币(EIP 649)。

2. 社区意见不同产生分叉

区块链网络中的一部分人出于对功能的完善等目的对代码做了比较大的修改，创造了新链，但剩余的一部分人对修改持反对态度所以未进行升级，导致最后网络中产生了两条链，如比特币现金和以太坊经典。

比特币现金实现了比特币的扩容方案，使用 8MB 大区块，不支持 SegWit，将自己从比特币网络中分离出来。

以太坊经典指的是，在 2016 年 6 月，以太坊的大热项目 TheDao 被黑客利用智能合约漏洞进行攻击，损失了 5000 万美元的以太币损失，为了挽回损失，以太坊进行了硬分叉，但是一部分人认为区块链的特性应该维持交易不可逆拒绝分叉，因此产生了以太经典。以太坊经典是真正做到了交易不可逆的区块链。

3. 修改底层代码衍生出的货币

利用比特币的开源代码，对底层代码进行修改从而衍生出来的替代性去中心化货币，此类衍生货币使用了与比特币同样的创建块链的方式来实现自己的电子货币系统，如莱特币、域名币、点点币、狗狗币、极光币等。其中，莱特币主要创新在于选择 scrypt 作为工作量证明算法，并显现了更快的货币参数。

7.1.3 软分叉

软分叉区别于硬分叉，实现了区块链在不分叉情况下完成共识机制的修改。当网络中只有一部分节点升级了共识规则的前提下，未升级的旧节点和客户端仍然能够按照先前的规则校验添加新的交易或者区块，不要求所有节点升级或者未升级的节点必须脱离更新后的主网络。

严格意义上软分叉并不是分叉，而是作为一种渐进的升级机制对原本的共识机制增加了约束条件。软分叉是与共识机制的前向兼容，允许未升级的客户端和节点能够继续和新规则同时工作，它不要求所有节点升级，未升级的节点仍可以参与交易的验证，识别校验新区块，维护网络的兼容性。

但软分叉并非对未升级节点的工作全无影响，旧节点只能收到有效交易，同时挖掘出的区块无法被升级后节点接纳。因为进行了软分叉后的新节点有更为严格的共识机制，这些条件是旧节点产生的区块无法全部满足的，所以产生的区块不会被全网接纳。如果旧节点想要进行新区块的挖掘，那么也必须要进行系统和应用的更新。

软分叉在技术上也比硬分叉升级更为复杂，一方面升级后增加了要进行代码维护的未知成本；未经升级的客户端将更符合更为宽松的验证条件的交易视为有效，同时不评估修改的共识规则的方法也增加了安全漏洞的可能性。另一方面软分叉是不可逆转的，如果软分叉升级在被激活后被回退，根据新规则创建的任何交易都可能导致旧规则下的资金损失。

7.1.4 分叉情况分析

软分叉实现了前向兼容，实际上是加强了协议规则。未升级的节点遵循的协议规则相比较升级后的节点，更为宽松。因此，旧节点生成的新区块对于进行了软分叉升级的节点而言是无效的。硬分叉则相反，反而是对协议规则进行了一定程度的放宽。采用硬分叉升级后的新规则产生的新区块，对于未升级的节点而言是无效的，具体示意图如图 7-3 所示。

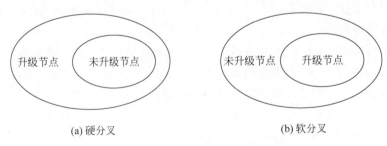

(a) 硬分叉　　　　　　　　　　　　　(b) 软分叉

图 7-3　硬分叉和软分叉对比

在软硬分叉的具体场景中起重要作用的是全节点和矿工节点，矿工代表着网络的算力。当网络中的不同比例的节点和矿工进行升级或选择不升级时，进行分叉的结果是不相同的。

1．全部节点和矿工选择升级

无论软分叉还是硬分叉，在全部节点和矿工都选择升级的情况下，网络都不会产生分叉，如图 7-4 所示。

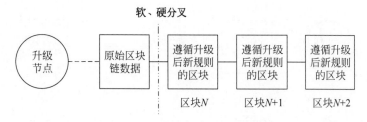

图 7-4　全部节点和矿工选择升级后

如果是全部节点和矿工都选择不升级，那么分叉没有实际意义，所有节点遵循旧规则进行新区块的挖掘。

2．一个全节点和 1% 的算力未升级

只有一个全节点未升级，未升级的 1% 的算力继续遵循旧规则的区块的挖掘，剩余的全部节点和算力均升级并遵循新的规则。

软分叉是前相兼容，升级后产生的新区块能够兼容旧规则，未升级的旧节点能够校验认同升级节点产生的遵循新规则的新区块。因为升级的算力占全网算力的 99%，处于算力的绝对统治地位，故进行软分叉后产生的均为新区块，新旧节点为同一区块链，不会产生分叉，如图 7-5 所示。

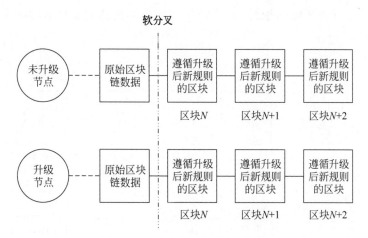

图 7-5　软分叉——一个全节点和 1% 的算力未升级

遵循旧规则的区块链如果想要追赶新链，只能加大算力投入。在遵循旧规则的哈希算力明显不占优的情况下，对于升级的节点是不会意识到有遵循旧规则未升级的节点产生的新区块的，而对于旧节点，这就相当于对区块链进行了全新的改组。

同样的情景下，硬分叉的情况不尽相同。硬分叉后升级的挖矿节点产生的新区块与旧规则是不兼容的，即使全网只有1%的算力缓慢产生遵循旧规则的区块，未升级的节点和升级的节点在硬分叉后延长的还是两条完全不同的区块链，如图7-6所示。

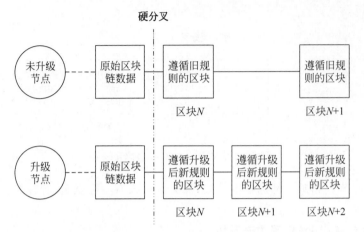

图 7-6　硬分叉——一个全节点和1%的算力未升级

3．一个全节点和99%的算力未升级

只有一个全节点未升级，剩余的节点遵循升级后的新规则，1%的算力用来产生遵循新规则的新区块，99%的算力产生遵循旧规则的区块。

软分叉后升级节点的约束条件更为严格，无法认同遵循旧规则产生的区块，这样升级的节点和未升级的节点在软分叉实施后会看到两条不同的链，产生了区块链分叉现象。因为只有1%的算力进行新区块的挖掘，所以升级后的节点接纳的新区块链增长很慢，具体如图7-7所示。

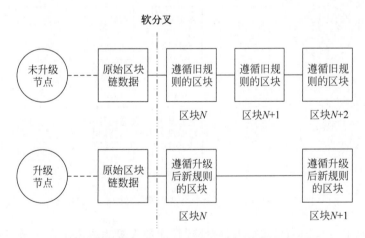

图 7-7　软分叉——一个全节点和99%的算力未升级

在这种情况下，绝大多数矿工能够用于产生新区块的交易内容都来自唯一一个未升级的全节点，如果旧节点想要维持这种状态，就必须增大购买力的投入。否则为了足够验证交

易内容,也为了让几乎全网的节点对其产生内容进行认同和接纳,遵循旧规则的矿工很快就会升级到遵循新规则的版本。如果对于升级的节点加大算力投入,遵循新规则的链就会以更快的速度产生分叉,直到追上并超越遵循旧规则的区块链,才能形成区块链的重组。

对于硬分叉,未升级的矿工节点产生的区块与选择进行硬分叉后升级的规则兼容,但是硬分叉后升级的矿工节点挖掘出的区块与旧规则不兼容。在未升级的矿工节点算力占优的情况下,网络不会产生区块链分叉。无论升级节点还是未升级的节点最终都共有遵循旧规则产生的区块链为主链。升级的算力产生的遵循新规则的新区块能够被升级后的节点认同,但是新区块产生速度过慢,节点在面对分叉的情况下会自动选择工作量大的长链,最后导致网络进行分叉升级失败,如图7-8所示。

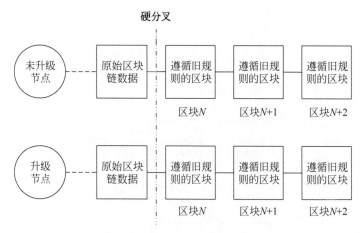

图 7-8　硬分叉——一个全节点和 99% 的算力未升级

硬分叉和软分叉在这类场景下的不同之处在于,硬分叉升级后的节点不会拒绝遵循旧规则的算力产生的区块,所以即使网络中大部分节点为硬分叉后升级的全节点,网络中也不会产生分叉。如果想让网络成功进行硬分叉升级,需要加大算力投入取代旧规则产生的区块链。

4. 一个全节点和 1% 的算力升级

只有一个全节点和 1% 的算力升级,剩余的全节点和算力均遵循旧规则和协议。

软分叉的情况下,未升级的算力产生的遵循旧规则的区块不被升级的区块认可,升级的节点只会接纳升级后的算力产生的新区块,一定会产生区块链分叉,如图7-9所示。

硬分叉升级的节点能够接纳未升级算力产生的遵循旧规则的区块,因为未升级算力占优,升级和未升级的节点以未升级算力产生的区块链为主链,不会产生分叉,如图7-10所示。

7.1.5　比特币分叉

比特币发生的分叉可大致分为客户端分叉和货币分叉。

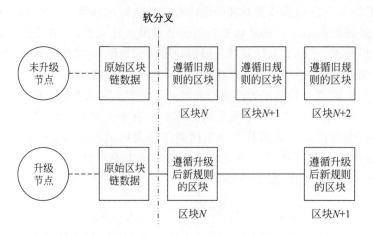

图 7-9　软分叉———一个全节点和 1% 的算力升级

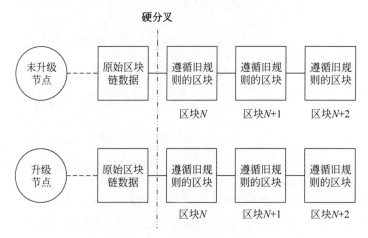

图 7-10　硬分叉———一个全节点和 1% 的算力升级

典型的客户端分叉包括比特币 XT（Bitcoin XT）、比特币经典（Bitcoin Classic）、比特币无限（Bitcoin Unlimited，BU），这三种客户端分叉和 Bitcoin core 一样，是比特币市场上的完整节点客户端，也就是比特币钱包，用户可以通过下载它们来管理自己的比特币。

货币分叉包括比特币现金（Bitcoin Cash，BCH）、比特黄金（Bitcoin Gold，BCG）和比特币私人（Bitcoin Private，BTCP），实行后又取消的如 Segwit2x（B2X）。实际上比特币中的货币分叉还衍生了多种数字货币，还包括超级比特币（Super Bitcoin，SBTC）、比特币克拉西奇（Bitcoin Clashic，BCHC）和 Bitcore（BTX）。

1. 客户端分叉

1）BitcoinXT

Bitcoin XT 由加文·安德烈森（Gavin Andresen）和迈克·赫恩（Mike Hearn）推出，安德烈森曾为 Bitcoin core 的首席开发者，他们提出的方案旨在解决 1MB 区块容量过小的问题,让比特币网络中可以承载更多的交易。他们将 BIP 101(比特币改进协议)在 Bitcoin XT 中实施。按照规则,如果 1000 个连续产生的新区块中有 75%的区块选择支持 BIP 101,那么 Bitcoin XT 将启动扩容,初始上限为 8MB,一旦支持率满足条件,设定激活,这个限制将每两年翻一番,最高将达到 8GB。

但是 Bitcoin XT 一直没有获得足够的支持,赫恩也在中途退出了该项目。根据比特币统计网站的计算,该软件在 2015 年 8 月获得最高的节点支持率,超过了 1000 个节点。从 2016 年 3 月后便持续下降,截至 2017 年 1 月,只有不超过 30 个节点支持该软件。

2017 年 8 月 25 日,Bitcoin XT 客户端开始支持 BCH。

2) Bitcoin Classic

Bitcoin Classic 与 Bitcoin XT 类似,都是为了解决区块容量过小的问题,考虑到当时网络状态,将原始 1MB 区块扩容到 2MB。安德烈森希望在区块严重阻塞到来之前将区块进行扩容,但是其提出的早期方案对于网络要求较高、扩容速度过快等原因导致接受人员较少,Bitcoin Classic 的开发人员之一乔纳森·图米姆(Jonathan Toomim)提出的 2~3MB 的扩容方案则没有矿工或矿主表示明确的反对。图米姆和安德烈森等开发人员基于实际的测试和调查结果,开发了 Bitcoin Classic。2016 年初,网络中运行 Bitcoin Classic 的节点一度超过 2000 个,占据全网的 1/3,但从 2016 年 3 月后占比开始下降。

2017 年 11 月 11 日,Bitcoin Classic 关闭,不再更新,并宣告 BCH 是比特币可扩展性(scalability)的唯一希望。

3) Bitcoin Unlimited

Bitcoin Unlimited 指能让矿工自定义区块大小来解决比特币扩容问题的方案和运行这一方案的比特币客户端。Bitcoin Unlimited 将自己确立为 Bitcoin Core 的竞争性替代品,不同于 Bitcoin core 旨在通过群体共识达成区块扩容方案,Bitcoin Unlimited 希望通过让市场决定理想区块大小来永久结束区块大小的争论。"Bitcoin Unlimited 不是一个无限制区块化的硬分叉,实际上是一种在不分裂网络的情况下提高区块大小限制的工具,是一种寻找和执行共识的工具。"(Bitcoin Unlimited 官网)

Bitcoin Unlimited 在 2017 年 3 月的全网支持率一度接近 40%。

2. 货币分叉

BCH 在第 5 章中已经进行了详细的介绍,这里不再进行赘述。将大致介绍其他几类从比特币分叉衍生的数字货币。

1) Bitcoin Gold(BCG)

BCG 在 2017 年 10 月 25 日硬分叉,分叉的目的是给普通用户以公平机会,利用 GPU 就能参与到挖矿中,BCG 采用 Equihash 作为工作量证明算法,使得专用挖矿机(ASIC)的挖矿速度无法得以提高。BCG 于 2018 年 5 月 18 日遭受了双重支出攻击。

2) Bitcoin Private(BTCP)

BTCP 在 2018 年 2 月 28 日硬分叉,是比特币和 Zclassic(Zclassic 是 Zcash 的一个分支)的合并分支,添加了零知识证明协议,付款信息会在区块链上公布,但是交易的发件人、收件人和其他数据无法识别，增强了交易的匿名性，另外也增大了区块的大小。BTCP 比任何现有的基于比特币的货币都更具有安全性，同时也不会牺牲交易速度。

3）Super Bitcoin（SBTC）

按照 Super Bitcoin 团队的说法，SBTC 于 2017 年 12 月 17 日进行硬分叉试验。SBTC 的区块容量大小为 8MB，总发行量为 2121 万个，多出来的 21 万个为分叉预挖币，根据团队说法，SBTC 将融入智能合约、闪电网络、零知识证明以及移除动态检查点保护，2018 年陆续增加了这些功能。

4）Bitcoin Clashic（BCHC）

BCHC 是在 2017 年 8 月 1 日比特币现金分叉时，通过一次恶意的硬分叉产生的。可以认为是山寨版 BCH，目前基本没有钱包和交易商支持 BCHC。Bitcoin Clashic 是一个典型的硬分叉反面案例，执行分叉操作很容易，但若得不到社区、矿工、投资者的认可，即便激活了硬分叉最终也是死掉。

5）Bitcore（BTX）

BTX 严格地说并不是比特币的分叉币，而是使用比特币技术建立的全新数字货币，开发团队为 Bitcore，第一个 BTX 诞生于 2017 年 4 月 24 日。BTX 的总发行量为 2100 万个，区块大小达到了 20MB，支持 SegWit。BTX 使用 Timetravel 10 算法，Diff64_15 难度调整机制，使用 GPU 挖矿，并且每隔 2.5 分钟就可以生成一个区块。BTX 的分发方式比较特别，除去挖矿外，还有空投与快照索赔两种获取方式。Bitcore 团队每周会空投发放 3% 的 BTX 作为奖励。此外，比特币的持有者在特定的日期，通过对比特币网络拍照，也可以索取 BTX 奖励。

7.2 51%攻击问题

对于采用区块链为底层技术的分布式网络，无论采用工作量证明、股权证明还是其他证明算法，都无法避免的问题是，当一个或一群拥有了整个系统中大量算力的矿工出现之后，他们就可以通过攻击网络的共识机制达到破坏网络安全性和可靠性的目的。51%攻击发生的前提就是当一群矿工控制了整个网络 51% 或以上的算力。

实际上，算力攻击是一个概率问题，中本聪在《比特币：一种点对点式的电子现金系统》中对此进行了阐述。

$$p = 诚实节点制造出下一个节点的概率$$

$$q = 攻击者制造出下一个节点的概率$$

$$q_z = 攻击者最终消弭了 z 个区块落后的差距的概率$$

$$q_z = \begin{cases} 1 & p \leqslant q \\ \left(\dfrac{q}{p}\right)^z & p > q \end{cases} \tag{7-1}$$

假定 $p > q$，那么攻击成功的概率就因为区块数的增长而呈现指数化下降。由于概率是攻击者的敌人,如果他不能幸运且快速地获得成功,那么他获得成功的机会随着时间的流逝就变得愈发渺茫。考虑一个收款人需要等待多长时间,才能足够确信付款人已经难以更改交易了。假设付款人是一个支付攻击者,希望让收款人在一段时间内相信他已经付过款了,然后立即将支付的款项重新支付给自己。收款人生成了新的一对密钥组合,然后只预留一个较短的时间将公钥发送给付款人。这将可以防止以下情况:付款人预先准备好一个区块链然后持续地对此区块进行运算,直到运气让他的区块链超越了诚实链条,方才立即执行支付。当此情形,交易一旦发出,攻击者就开始秘密地准备一条包含了该交易替代版本的平行链条。然后收款人将等待交易出现在首个区块中,再等到 z 个区块链接其后。此时,他仍然不能确切知道攻击者已经进展了多少个区块,但是假设诚实区块将耗费平均预期时间以产生一个区块,那么攻击者的潜在进展就是一个泊松分布,分布的期望值为

$$\lambda = z\,\frac{q}{p} \tag{7-2}$$

当此情形,为了计算攻击者追赶上的概率,将攻击者取得进展区块数量的泊松分布的概率密度乘以在该数量下攻击者依然能够追赶上的概率。

$$\sum_{k=0}^{\infty} \frac{\lambda^k \mathrm{e}^{-\lambda}}{k!} \cdot \begin{cases} \left(\dfrac{q}{p}\right)^{z-k} & k \leqslant z \\ 1 & k > z \end{cases} \tag{7-3}$$

展开为

$$1 - \sum_{k=0}^{\infty} \frac{\lambda^k \mathrm{e}^{-\lambda}}{k!} \left(1 - \left(\frac{q}{p}\right)^{z-k}\right) \tag{7-4}$$

计算该过程的 C 语言代码如下:

```c
#include <math.h>
double AttackerSuccessProbability(double q, int z)
{
    double sum = 1.0;
    double p = 1.0 - q;
    double lambda = z * (q / p);
    int i, k;
    for (k = 0; k <= z; k++)
    {
        double poisson = exp(-lambda);
        for (i = 1; i <= k; i++) poisson *= lambda / i;
        sum -= poisson * (1 - pow(q / p, z - k));
    }
    return sum;
}
```

可以选取几个值,结果如下(摘自中本聪《比特币:一种点对点式的电子现金系统》):

$q=0.1$		$q=0.3$	
$z=0$	$p=1.000\,000\,0$	$z=0$	$p=1.000\,000\,0$
$z=1$	$p=0.204\,587\,3$	$z=5$	$p=0.177\,352\,3$
$z=2$	$p=0.050\,977\,9$	$z=10$	$p=0.041\,660\,5$
$z=3$	$p=0.013\,172\,2$	$z=15$	$p=0.010\,100\,8$
$z=4$	$p=0.003\,455\,2$	$z=20$	$p=0.002\,480\,4$
$z=5$	$p=0.000\,913\,7$	$z=25$	$p=0.000\,613\,2$

$$z=6 \quad p=0.000\,242\,8 \quad z=30 \quad p=0.000\,152\,2$$
$$z=7 \quad p=0.000\,064\,7 \quad z=35 \quad p=0.000\,037\,9$$
$$z=8 \quad p=0.000\,017\,3 \quad z=40 \quad p=0.000\,009\,5$$
$$z=9 \quad p=0.000\,004\,6 \quad z=45 \quad p=0.000\,002\,4$$
$$z=10 \quad p=0.000\,001\,2 \quad z=50 \quad p=0.000\,000\,6$$

从结果可以看出，随着块数的上升，攻击者赢得的概率呈指数下降。这也是很多交易需要等待 6 个或者 6 个以上区块才会进行最终确认的原因，因为一旦超过 N 个确认区块，攻击者想要成功的概率值就接近于 0。

当攻击者算力超过 50% 的时候，就可以控制区块链。由于这群矿工可以生成绝大多数的块，他们就可以通过故意制造块链分叉来实现"双重支付"，即通过取消在旧分叉上的交易记录，然后在新分叉上重新生成一个同样金额的交易，从而实现双重支付；或者通过拒绝服务的方式来阻止特定的交易或者攻击特定的钱包地址。

举个例子，假设李雷在韩梅梅的咖啡店里买了一杯咖啡，咖啡店接受比特币作为一种支付手段。韩梅梅在收到李雷的转账通知（而非交易确认通知）之后，就给李雷提供了咖啡。一般情况下，这笔交易会被放入交易池中，等待矿工把自己纳进新区块中。但是李雷拥有全网 51% 的算力，他并不想为这杯咖啡付钱，于是他利用自己手中的算力进行攻击。

网络中其余算力均收到了这笔交易，加入候选区块中进行算力竞争，同时李雷也开始对于新区块的挖掘。但是他将这笔交易的内容进行了篡改，将李雷支付给韩梅梅的交易改成了李雷支付给自己的账户的交易。李雷开始对包含了这笔伪交易的区块进行计算，因为李雷拥有全网 51% 的算力，所以他成功挖掘新区块的可能性更大。假设李雷成功算得新区块的工作量证明解，那么他就将一个伪造的交易加入了主链。现在网络中有两条链，一条是正确交易内容的主链，另一条是伪造链。李雷会利用手中的算力继续在伪造链上进行新区块的挖掘，算力占优会比其他一般的矿工更容易计算成功。到下一个区块被挖掘后，按照区块链重新达成共识的最长链原则，全网的节点都会选择这条伪造链作为现在的主链，这笔经过篡改的交易就被全网认可成为"真实的交易"。这时韩梅梅不会再收到李雷的转账，但是咖啡已经给李雷，具体过程如图 7-11 所示。

防范 51% 攻击一方面要避免大的矿池公司集中掌握算力，以避免超过半数的算力集中在某一个或某几个人手中；另一方面，建议收款方在交易确认后等待 6 个区块后再完成交易内容，如果李雷想要篡改这笔交易，那么这个时候除了包含交易内容的区块数据，还需要完成 6 个区块内容的更新，对于任何一个矿工都是一笔巨大的工作量。当然，等待确认的区块数越多，交易的安全系数越高。

有理论表示，在比特币网络中，大部分的矿工都是诚实矿工。因为矿工的收益主要来源于两部分，一部分是赢得算力竞争后，网络给予的挖矿奖励，最初是 50 个比特币，但随着区块数目的增加该项奖励会逐渐减少；另一部分是确认交易时付款方赠予的交易费。如果屡次发生 51% 攻击，用户会质疑该数字货币的安全性，并丧失信赖，比特币失去用户群体也就失去了其价值,矿工进行51%攻击所获得比特币也就失去了价值。

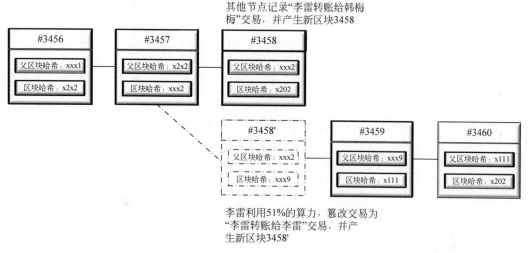

图 7-11 51%攻击举例

　　然而事实上,很多采用区块链为底层技术的数字货币并不像理论中所说的这么安全。有研究人员专门建立了一个名为crypto51的网站(具体网址为https://www.crypto51.app/),用于估计对不同加密货币发起51%攻击的成本。在黑客通过51%攻击致使价值1800万美元的BTG被盗事件发生之后,研究人员建立了这个网站,目的是通过估算攻击成本,促使人们讨论可能存在的问题和解决方案。通过数学计算,攻击一个价值接近10亿美元的加密货币仅需每小时不到1万美元的成本,如果加上区块奖励,成本甚至会更低。研究人员描述了他们创办网站的初衷:"让人们更多地关注市值较小的加密货币存在的一些显著问题。哈希算力很容易重新调整目标,所以人们不仅可以租用哈希算力,大型的矿池完全可以重新调整矿机在数小时内对市值较小的加密货币发动定向攻击。"对于不同加密货币进行51%攻击的成本计算如图7-12所示。

PoW 51% Attack Cost

This is a collection of coins and the theoretical cost of a 51% attack on each network.

Learn More

Name	Symbol	Market Cap	Algorithm	Hash Rate	1h Attack Cost	NiceHash-able
Bitcoin	BTC	$109.05 B	SHA-256	50,162 PH/s	$452,538	1%
Ethereum	ETH	$21.10 B	Ethash	226 TH/s	$154,537	4%
Bitcoin Cash	BCH	$7.37 B	SHA-256	3,190 PH/s	$28,782	16%
Litecoin	LTC	$3.08 B	Scrypt	247 TH/s	$32,621	6%
Monero	XMR	$1.77 B	CryptoNightV7	577 MH/s	$12,427	13%
Dash	DASH	$1.56 B	X11	2 PH/s	$8,573	29%

图 7-12 51crypto-不同加密货币进行51%攻击成本计算示意图

仅 2018 年上半年，加密货币 Verge(VXG)就遭受了三次 51％攻击：4 月 4 日、5 月 22 日和 5 月 29 日，连续三次攻击表明 Verge 团队并没有堵住安全漏洞，挖矿的分布不足以抵御 51％攻击的可能。类似的还包括 BTG、ZenCash、MONA 和 ECN。因此，许多小型的数字加密货币更需要重新审视自身的安全性，时刻考虑遭受 51％攻击的可能性。

7.3　交易费估计

通过以太坊交易需要 Gas 费用，一般来说，Gas 越高，交易确认速度越快。大多数人在交易时都采用钱包默认的交易费，当然这是可行的。然而有时人们为了提高交易确认速度，愿意付出更多的以太币，有时人们为了节约以太币愿意承受较慢的交易速度。但是交易费与交易确认时间两者的关系并不是线性的，也就是有时花费了大量的手续费，而交易速度却没有很大的提升。因此有必要给用户一个交易费用的参考，来权衡费用和交易时间，如图 7-13 所示，Gasstation 做了一个评估站点。

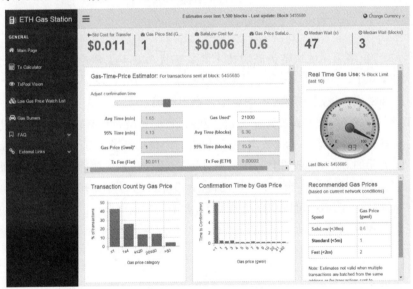

图 7-13　Gasstation 首页

在 Gasstation 站点，用户可以输入预测的时间，网站会直接给出需要的最低手续费。通过选择不同的手续费，网站也可以计算出交易确认的估计时间，如图 7-14 所示。

Gasstation 的原理是每次计算时，收集前 10 000 个区块的数据，根据这些区块的交易时间和交易费用，拟合一个泊松模型，根据这个数据模型估计当前用户的请求。Gasstation 也是了解当前 Gas 市场状况的重要资源，并且使用 Gasstation 是免费的，这也是它的优势。同时，Gasstation 还能给出最近的前 100 个区块的交易费，如图 7-15 所示。

Gasstation 旨在提高交易的透明度、交易确认时间和矿工收益。以太坊长期的发展依靠的是一个健康有效的 Gas 市场。

图 7-14　不同的交易费计算不同的时间

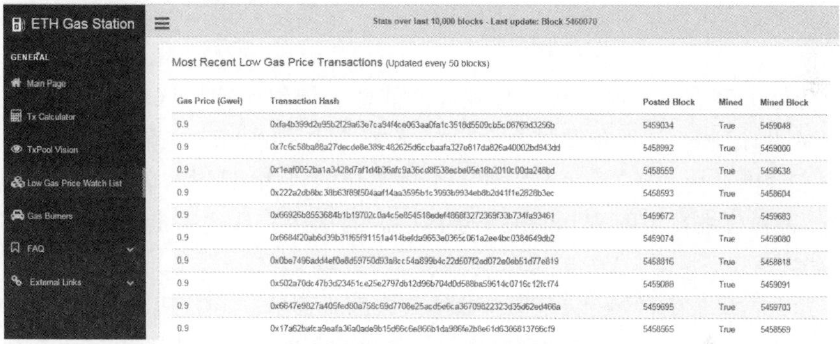

图 7-15　前 100 个区块的交易费

7.4　中心化问题

区块链以其去中心化的概念成为当前商界和学术界的讨论热点。人们希望使用区块链创建一个信息被安全地存储在世界上无数设备上的系统。无论比特币还是以太坊等区块链都是分布式的,但是很难做到完全的去中心化。去中心化和分布式在概念上还是有很大的区别。去中心化网络一定是分布式的,但分布式网络不一定是去中心化的。要求区块链去中心化的目的是保护区块链网络免受故障、攻击和合谋篡改等问题的困扰。讨论区块链是否是完全去中心化,需要在以下几方面进行:

(1)区块链能够容忍多台设备崩溃但是系统正常运行,因为区块链数据是存储在非常多的设备上的,即使有一部分设备崩溃,但是还有很多副本存在,支撑系统的运行。从这一点来讲区块链是接近去中心化的。

(2)持币的份额是由这个人或组织控制的算力在系统中的比例决定的。但是在特殊情况下,有恶意攻击者出现时会有所不同。区块链被设计成一个分散的系统。但是,矿工在采矿池中集中是一种趋势。到目前为止,排名前 5 的矿池共同拥有比特币网络中总算力的

51%以上。除此之外，自私挖掘策略表明，总计算能力超过 25% 的矿池可以获得比合理份额更多的收入。合理的矿工会被吸引到自私的矿池中，那么最终矿池会轻松超过总能量的 51%。由于区块链用户数目越多系统越健康，因此应提出一些方法来解决此问题。在这一方面看区块链不是完全的去中心化。很多用户会担心在区块链设计之初，没有预料到会出现像矿机（使用 ASIC 芯片）这种算力很大的设备，那么这些设备会不会造成算力集中乃至导致中心化？答案是不会。这个问题恰好被中本聪设置的难度系数调整环节所解决。为了挖到更多的比特币，用户把矿机组成矿池，把矿池再组成矿场，垄断算力。但在完全去中心化的理念下，这种集中算力的方法是没有效果的。中本聪设置每在 2016 个区块结束后，都要根据算力调整难度系数，使得挖矿所需时间保持在 10 分钟左右，不会因为算力的增大而垄断。门罗币是一个典型的例子，当比特币大陆发布门罗币矿机之后，门罗币社区迅速做出反应，改算法让矿机失效。于是比特币大陆只能硬着头皮按照原来的算法继续挖矿，产生出了 XMC（门罗经典）这种新币。而 XMR（门罗币）一直保持只用 CPU 和 GPU 挖矿，更加地去中心化。

（3）比特币历史上曾出现过交易时将黄色信息上传到比特币区块链的情况，因为区块链去中心化的设计理念，这些信息被永久地存储在了区块链上。如果将区块链技术应用到现实生活中实现商业化的转变，可能需要一个中心化的机构来监控，防止在区块链上出现黄赌毒等信息，否则很难在中国或其他国家获得广泛的推广。从这一点看，区块链不能是完全的去中心化。

（4）对去中心化最大的挑战，在于对公链未来的发展方向和代码升级上有极大的影响。比特币的公链由 bitcion core 来维护，但是每次有改动，都是先在线下进行一系列激烈的谈判博弈，达成共识之后，再由 bitcoin core 实施。而 BCH（比特币现金）的出现就是谈判破裂的结果，所以虽然比特币本身是去中心化的，不依赖于可信的中介就可以进行交易。但是围绕着公链的发展，博弈过程和现实生活中的政治博弈并没有太大的区别。所以虽然这种去中心化的系统是去中心化的，但是人在其中还是能发挥很大的作用。为了使某一种技术成为主流或者推动技术的进一步发展，可能会进行博弈并且掺入政治元素，人为因素的添加使得系统在本质上讲不是完全去中心化的。最经典的两个区块链应用中，以太坊的权力结构还没有比特币去中心化。以太坊在发展初期的 TheDao 漏洞造成了大量比特币被盗，仅仅凭借 Vitalik Buterin 和其身边少数几个人的影响力，就足以强行回滚 ETH（以太币）。并且带走了 90% 的算力进行分叉，而分叉出来的新币依然采用 ETH 的名字，真正的以太坊被命名为 ETC（以太经典）。

从这两个例子可以看出，所谓的去中心化是在应用层面的，在发展层面，区块链总是需要一定程度的中心化。从另外一个角度看，如果一个组织是无序的，那么当他遇到选择发展方向的时候，将会无从选择。EOS 背后的理论是，既然一定程度的中心化不可避免，那么也可以直接用区块链归置中心化节点。也就是说，EOS 和 ADA 将链下的博弈转移成链上的博弈，而链上的博弈是更加去中心化的。虽然 EOS 投资方法和策略有待改进，但是一切以链上投票为准的方法，相当于形式化了比特币和以太坊的链下讨论的过程。与传统的纯链下博弈相比,更向去中心化靠拢。

7.5 跨链技术

2016 年,以太坊创始人 Vitalik 为银行联盟链 R3 写的关于跨链互操作的报告中,提到三种跨链技术:公证人机制(notary schemes)、侧链及中继(sidechains/relays)、哈希锁定(Hash-locking)。除此之外,随着技术的进步,近些年出现了分布式私钥控制技术(distributed private key control)等新的跨链解决方案。

1. 公证人机制

公证人机制下,每个节点都是一个公证人,如果从节点中获得超过 2/3 的节点签名,那么就表示这个公证是有效的。这个过程和选举投票非常类似,超过 2/3 的人投票同意提案就通过,反之为不通过。这种方式优点就是简单,缺点就是需要去信任一个或多个实体节点,信任这些节点的过程实际上就加入了中心化的元素。

最典型的例子就是瑞波(Ripple)网络的 Interledger 协议。为了实现不同账本间的协同,瑞波提出了 Interledger 协议。Interledger 协议设计的初衷是建立一套适用于所有记账系统,能够包容所有记账系统的差异性协议,从而建立一个全球统一的支付标准。Interledger 将目前使用的记账系统联系在一起。跨系统交易产生时,如图 7-16 所示,两个不同的记账系统通过第三方"连接器"或"验证器"进行连接[10]。此协议会创建资金托管并用密码学对其加密,所以记账系统和"连接器"之间不需要信任。直到转账参与双方对资金达成共识时便可互相交易。除了交易参与者可以跟踪交易外,任何人不会直接看到交易详情。

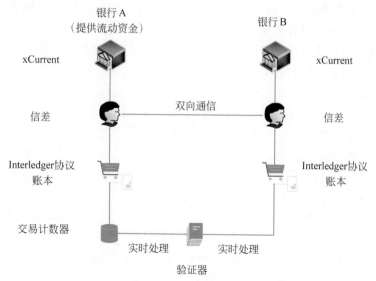

图 7-16 瑞波网络中银行间交易过程[10]

为了保护内部数据，金融机构基本上都是运行各自的记账系统，即使是应用区块链技术，也是使用私有链或者几家信任机构之间建立联盟链。这些金融机构宁可费时费力使用瑞波源代码搭建自己的私链，也不会图简单直接连接到瑞波网络上。想要建立一个全球支持的金融传输协议很难，但是可以开发一个连接所有记账系统的协议。Interledger 协议转换在理论上可以兼容任何在线记账系统，从而使银行之间无须中间代理银行就可以直接交易。

2. 侧链及中继

在侧链及中继中，侧链指的是在主链上连通另外一个区块链（即侧链），主链和侧链之间互相可以双向通信。侧链存在的条件：一般来说主链通常支持 SPV，主链向侧链提供 SPV proof 来验证主链中发生的事件。侧链其实是一个纯粹的结算系统，是在原有区块链的基础上负责结算，而不是像其他加密货币一样排斥现有的系统。

著名的比特币侧链 BTC Relay 是一种基于以太坊的智能合约。通过这个智能合约，可以允许用户在以太坊区块链上验证比特币交易，将比特币和以太坊安全地连接在一起。BTC Relay 使用区块头创建一种轻型的比特币区块链副本，以太坊 DApp 开发者从智能合约向 BTC Relay 进行 API 调用来验证比特币网络活动。但是通过智能合约作为桥梁获取比特币网络数据的过程中，不可避免地加入了中心化因素。BTC Relay 进行的跨区块链通信的尝试是极有意义的，打开了不同区块链交流的通道。

中继技术是在两个链中存在第三方数据结构可以将两个链连通。旨在解决区块链技术的传播和接受的即时拓展性和延伸性两个问题。

Polkadot 项目中认为实行中继功能的链叫作中继链，其他区块链都是平行链。在交易进行的过程中，Polkadot 将在原有链上的 token 转入通过类似多重签名控制的地址中锁定，在中继链上的交易结果由中继链中的签名者来决定是否生效，如图 7-17 所示。

除此之外，还引入了举报监督交易的功能。通过中继链，可以将多个平行链连接到一起，由验证人管理这些跨链交易。Polkadot 目前还是以以太坊为主，实现其与私链的互连，并以其他公有链网络为升级目标，最终目标是让以太坊直接与任何链进行通信。

3. 哈希锁定

Lightning network（闪电网络）提供了一个可扩展的比特币微支付通道网络，极大提升了链外的交易处理能力。如果交易双方在区块链上预先设有支付通道，就可以多次、高频、双向地实现快速确认的微支付；如果双方无直接的点对点支付通道，闪电网络也可以利用通向双方的中间点的支付路径，实现资金在双方之间的可靠转移。闪电网络的关键技术是 HTLC（哈希锁定技术）。哈希锁定起源于闪电网络的 HTLC。交易进行时，首先哈希锁定时会根据交易产生一个随机数 $H(R)$，在 T 时刻到来之前，人之间交互信息猜出交易的哈希值，如果收款方能向付款方初始一个适当的 R（称为秘密），则资金转账成功；如果在 T 时刻之后收款方未能提供一个正确的 R，则资金将自动解冻并归还给付款方。闪电网络就是在这种安全方式下通过技术加密方式进行转账的。

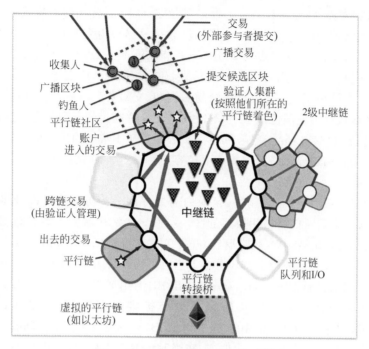

图 7-17　Polkadot 跨链通信过程[11]

4．分布式私钥控制

加密资产通过分布式私钥生成与控制技术被映射到 Fusion 公有链上。多种被映射的加密资产可以在其公有链上进行自由交互。实现和解除分布式控制权管理的操作称为锁入（lock-in）和解锁（lock-out）。锁入是对所有通过密钥控制的数字资产实现分布式控制权管理和资产映射的过程。解锁是锁入的逆向操作，将数字资产的控制权交还给所有者[12]。不同于瑞波币和 BTC Relay 关注资产转移，也不同于 Polkadot 和 Cosmos 关注跨链基础设施，新出现的 Fusion 实现了多币种智能合约，在其上可以产生丰富的跨链金融应用。

以上四种跨链技术中，大多数是可以互操作的，只有哈希锁定是交叉依赖，不能双向操作。此外，四种跨链技术全部支持跨链资产交换，其中公证人机制、侧链及中继技术和分布式私钥控制还支持跨链资产转移。从目前对跨链技术的评价来看，跨链技术在向更便捷、更全面的方向不断发展完善。

7.6　区块链的可扩展性

随着交易量日益增加，区块链变得庞大。每个节点必须存储所有交易信息并且需要得到验证。此外，由于原始的块大小限制和生成新区块的时间固定，比特币区块链每秒只能处理近 7 个交易，不能满足实时处理数百万交易的需求。与此同时，由于矿区的产能非常小，矿工选择手续费高的交易会导致小规模交易延迟。以太坊的数字猫收藏游戏

CryptoKitties(加密猫)已经在其平台上处理了超过 1200 万美元的销售额。但是难以摆脱以太坊拥堵的网络带来的巨大影响。为了让转账交易尽快得到确认,用户付给矿工的交易费也逐渐上升。目前,每笔交易占用 225B,每字节出价 130sat(约 1.75 美元),有 90% 的可能被打包进新区块。这笔费用对于大金额汇款来说微不足道,比银行转账便宜十几倍,但是不适合买早饭之类的小额交易。要解决交易量饱和、交易费高昂的现状,想要加快发展区块链的应用、扩大区块链的使用范围,必须解决提升交易吞吐量的瓶颈问题,进行扩容。

区块链的扩容主要分为链上扩容和链下扩容。以矿工集团为代表的大区块派支持链上扩容,以开发者为首的二层网络派支持链下扩容。

1. 链上扩容

目前区块存储信息量是有限制的,区块内需要存储一些历史信息以供将来验证交易。历史交易数量多了以后可能会占用较多的区块空间。大区块派的扩容策略很容易解释,就是提升区块上限。2010 年,中本聪隐退后,开发工作交给了 Gavin Andresen。2015 年 5 月,他提出在 2016 年 3 月 1 日进行 20MB 扩容。当时平均区块大小已经达到 400KB,几位开发者提出了持续发展的扩容方案:Jeff Garzik 提出 BIP100,矿池在区块链上投票,每个难度周期根据投票结果取 75% 算力同意的区块大小扩容或缩容,每次最多改 5%;Gavin Andresen 和 Mike Hearn 提出 BIP101,先扩到 2MB,然后每两年翻倍。随着多年的发展,这时中国已经成为比特币算力最集中的地方,在当时世界五大矿池(F2Pool、AntPool、BitFury、BTCC、http://BW.com)中,其中四家中国矿池在 2015 年 6 月联合拒绝了 Gavin Andresen 的 20MB 提议,要求让步到 8MB。理由是中国的网络条件不佳,如果单个区块过于庞大,传输过程中就会多一两秒,这一两秒的差距会影响矿池收益。后续可持续扩容方案里,四家中国矿池反对 BIP101,支持 BIP100。目前看来,当时的 8MB 估计是正确的,BIP100 的协商扩容也是不错的后续扩容方法。

当然,贸然扩大区块的方案是不可行的。第一,假设区块为 2MB 则容纳 4000 笔交易,平均每秒 7 笔,平均确认时间没有改变,而交易费最多只能下降一半,所以比特币仍不适合小额交易,也不适合快速支付的应用场景。如果有大区块策略让比特币处理 VISA 级别的交易量,区块上限要提升到 0.25GB。这意味着区块链每年要增加 13TB 的存储量,全节点的运营成本会非常高,节点将会更加中心化。第二,验证和同步时间延长,分叉概率增加,势必会带来极大的安全漏洞。第三,如果真的对区块进行逐步的扩大,每次扩大都会产生一次硬分叉。硬分叉会带来极大的安全风险,同时是修改历史遗留错误的最好机会。既然要极力避免硬分叉,也有其他扩容的方案,又何必把三次机会浪费在这儿。

2. 链下扩容

区块链在快速性和安全性的权衡中找到一个更好的平衡点,将是扩容区块链的一个主要方向。Core 开发组内受雇于 Blockstream 公司的人,纷纷表示 1MB 上限应该保持,然后使用第二层方案来处理交易容量。2015 年 12 月,Core 开发组的一些人提出了隔离见证 Segwit 方案,据称可以达到 1.3MB 扩容效果,更好支持第二层方案。无奈之下,2016 年 1 月,Gavin Andresen 带着 Jeff Garzik 和 Peter Rizun 等另开一个开发组 BitcoinClassic,并获得了包括 AntPool 和 BW 矿池在内的 50％以上算力的支持,计划在支持率 75％的时候进行硬分叉到 2MB 上限,希望在区块严重阻塞到来前将区块扩容。开发组甚至专程来了一趟中国参观矿场,实地测试网络情况。Core 对 Segwit 安利的也很厉害,双方的竞争十分激烈。2016 年 2 月,中国矿业达成共识,在 90％算力支持下进行 2MB 扩容而不是 75％。很快,中国矿业在中国香港与 Core 达成共识,2016 年 4 月发布了 Segwit,2016 年 7 月发布的非见证部分扩容到 2MB 的硬分叉代码,见到硬分叉代码后矿业激活 Segwit 软分叉,并在 2017 年 7 月激活了 2MB 硬分叉,并约定只在生产环境内运行与共识协议系统兼容的软件。

隔离见证 Segregated Witness 区块记录交易的具体信息和数字签名,但是对于普通用户来讲,只关心具体交易信息,并不需要验证。隔离验证就是把区块内的数字签名信息"拿出去",放在一个新的数据结构中(当审核统计区块大小时,数字签名不会被计算在内),让区块承载更多笔交易。2017 年 8 月,隔离见证激活,比特币单个区块的信息处理能力提高至以前的 1.7 倍,隔离见证是 Segwit2x 扩容方案的第一步,已经在莱特币和比特币上成功实施。

把 scriptSig 从基本结构里拿出来,放在一个新的数据结构中。隔离见证重新整理了每个交易内容的布局方式。把脚本签名从交易内容的结构里面拿出来,放到了最下面,并有一个指针 Pointer 指向它,如图 7-18 所示。

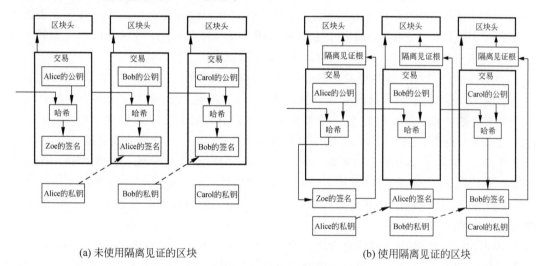

(a) 未使用隔离见证的区块　　　　　　　　　(b) 使用隔离见证的区块

图 7-18　使用和未使用隔离见证的区块结构区别

扩容路线的软硬之争还在继续。以 Core 为首的"不扩容"一派,坚持认为不能修改 1MB 上限,而应该用其他的第二层的方法绕过上限。"硬扩容"一派则认为唯一的扩容方法是提高 1MB 上限。双方都指责对方的路线会导致中心化。Classic 彻底没戏以后,扩容一派人士开始寻觅其他的选择。2016 年 10 月突然冒出来一个比特大陆投资的新矿池 ViaBTC(10％算力),部署了 BitcoinUnlimited,呼吁使用 BitcoinUnlimited 来扩容。BitcoinUnlimited 是 Peter Rizun 基于 Jeff Garzik 的 BIP100 提出的方案,使用 EB、AD、MG 信号的动态区块上限,协商区块上限。矿业大佬江卓尔和 Roger Ver 携 btc.top 和 http://

bitcoin.co 矿池支持 BitcoinUnlimited。

2016 年 11 月，Core 开发组放出 Segwit 代码，并要求大家在 11 月 19 日开始投票，激活线为 95%。可是 BitcoinUnlimited 和 Segwit 的支持率大约都在 30% 上下，直到 2017 年 3 月，AntPool 开始支持 BitcoinUnlimited。可是，BitcoinUnlimited 客户端反复出了几次 Bug，名誉大损，越来越多人开始相信"Core 开发组技术好"。另一边，Core 提出极端方案 UASF，主张在 8 月 1 日后孤立不支持 Segwit 的区块使支持率达到 100%，以激活 Segwit。中间派一度提出采用 bcoin 开发组的"扩展区块"软分叉来妥协，但 Core 开发组还是不同意。

Sergio Lerner 提出 Segwit2mb，后改名为 Segwit2x，主张回归香港共识，合并激活 Segwit 软分叉和 2MB 硬分叉。2017 年 5 月，占有 83% 算力的矿池在纽约达成协议（没有邀请 Core 开发组），开始准备 Segwit2x。85% 以上的矿业在 BTC 链区块上写 NYA 表示支持。舆论认为纽约共识的达成，表示 Core 开发组已经彻底失去了对 BTC 的主导权。其实，Segwit2x 方案等于是彻底否认了一年以来的斗争，然后重启之前的香港共识。同时，AntPool 发布 UAHF 方案，表示如果 Segwit2x 未能及时激活，AntPool 在 8 月 1 日时进行硬分叉对抗 UASF。

2017 年 7 月，Craig Wright 突然在荷兰扩容会议上露面，表示大力支持 BitcoinUnlimited 路线，反对 Segwit 技术，并称将筹措相当于全网 20% 的算力做 non-Segwit 矿池，用于在主链干扰 Segwit 或硬分叉一条没有 Segwit 的链。UAHF 方案后来在 8 月 1 日进行 8MB 上限的硬分叉，分叉出来的新链币以 BitcoinCash 为名，简称 BCH 或 BCC。

2017 年 8 月，BCH 得到极端派的全力支持，但价格冲高一次后就一直跌。BTC 链上 Segwit 激活，纽约共识第一阶段完成。接踵而来，一些矿池和公司宣布放弃或者称自己从来没有支持过 2MB 升级的方案。许多交易所决定在 2MB 硬分叉后继续以 1MB 链为 BTC，以 2MB 链为 B2X，并且 B2X 的期货价格非常低，Segwit2x 计划面临失败。2017 年 11 月 8 日，矿业和 Jeff Garzik 主动宣布 Segwit2x 的第二阶段 2MB 硬分叉搁浅。Segwit2x 的半途而废，等于是中间派调解"软扩容"和"硬扩容"的尝试彻底失败。Core 和其支持者得到了 Segwit 的激活，区块上限继续保持锁死在 1MB，和平扩容的愿景彻底破灭。因此，大量中间派开始倒向支持极端派的 BCH。

中间派的退出，让中本聪的比特币彻底分为两条链，拥有相同的历史账簿及共通的矿业资源、老用户和商业支持。但是两条链有着截然不同的发展思路。从此，扩容斗争进入双链对抗的时代。

目前扩展区块链链下的主流趋势是侧链、分片和 DAG 技术三种。比特币主张用侧链技术扩容区块链，以太坊主张用分片技术扩容区块链。

1）侧链

侧链让币安全地在比特币主链转移和其他区块链之间转换，实际应用是比特币的闪电网络。侧链最早是对比特币提出的，它的定义是让比特币安全地从比特币主链转移到其他区块链，又可以从其他区块链安全地返回比特币主链的一种协议。以闪电网络为例，A 和 B 可以把比特币放入一个多重签名钱包中锁定在链上，这个钱包被多方认可，然后进行交易签名更改双方各自能取回的比特币数量,交易双方可以随时关闭交易通道。最后一笔经过签名且包含最新余额动态的交易,最终会被广播并写到比特币的区块链上。另一种情况是 C 想和 A 交易,但双方没有建立支付通道,不过 A 和 B、B 和 C 都各自建立了支付通道,这时 C 就可以通过 B 和 A 达成交易,B 其实在整个交易过程中充当着一个网关的角色。整个过程实际上不需要在主链确认,因为都是几方之间倒来倒去的账务记录,因此交易速度会非常迅速。只有当关闭交易通道时,才会最终确定各自的余额并写进主链区块。

基于二层支付通道的闪电网络(第 3.6.3 节)是比特币目前最有前景的解决方案,闪电网络利用哈希时间锁合约(hashed time-lock contracts,HTLC)让使用者在比特币主链上锁定一笔资金,开通链下的支付通道。之后的交易完全不受主链出块速度影响,将交易速度降为毫秒级,交易量也提高多个数量级,交易双方不需要信任第三方,交易费用接近零,可以实现亚聪级支付额,可以实现流式支付。全程用洋葱网络的方式传递交易信息,增加匿名性。并且跨链交易也变得简单。交易双方如果长期合作,支付通道可以无限期延续下去,不必定期在主链上结算;如果一方试图通过提前结算谋取利益,另一方可以在一个预定时期内阻止不诚实的行为,还可以外包给不能控制自己资金的第三方监督执行,即使自己的闪电网络钱包离线也能防止被攻击。

功能如此强大的闪电网络根本不需要对比特币硬分叉,相较于大区块扩容的优势非常明显。不过它也遭到大区块派的各种攻击。抨击主要集中在以下三点。

(1)闪电网络到 2017 年 1 月才发布 v0.1-alpha 公测版。但如果去 GitHub 就会看到开发团队非常活跃。闪电网络和其他复杂的软件系统一样需要时间才能完成。最大的技术障碍已经被隔离见证清除,闪电网络沦为 vaporware 的可能性已经很低。

(2)闪电网络会造成二层网络节点的中心化。因为早期的闪电网络设计受制于交易延展性(transaction malleability)攻击漏洞,时间锁必须设定期限,支付双方需要定期在主链结算并开通新的支付通道,这样会导致普通用户为了节省结算交易费与少数资金锁定期特别长的大节点建立通道,增加了中心化的可能。然而 2018 年比特币主链已经通过软分叉激活了隔离见证,正好填补了交易延展性漏洞,间接地允许闪电网络创建无限期合约,不仅简化了系统、降低了交易费用,还降低了中心化风险。另外,早期闪电节点很少,暂时会用 irc 或 tracker 之类中心化的节点发现机制,但未来应该会像 BitTorrent 那样,过渡到类似 DHT 的去中心化方案。

(3)有些人认为闪电网络违背了中本聪意志。理由是 2008 年的比特币白皮书只写了链上交易,主链之外的二层交易网络偏离了比特币的最初设计。但事实上中本聪本人做的诸多改动就早已偏离了自己的设计。例如比特币早期不设区块上限等。在区块链的进化过程中,这些设计缺陷应该逐步被认识和修正。

从技术角度分析,闪电网络扩容方案完胜大区块策略,它会给比特币带来新的活力和影响力。利益受到二层支付网络侵蚀的集团会继续诋毁它,但在隔离见证成功激活之后已经丧失了压制闪电网络的一张王牌。

除了闪电网络,RSK 其实也是侧链的框架。闪电网络解决的是比特币支付问题,而

RSK 则是通过侧链为比特币创建了一套类似以太坊的图灵完备的智能合约平台。

2）分片

可扩展性是以太坊网络承接更多业务量的最大制约。支持分片功能之前，以太坊整个网络中的每个节点都需要处理所有的智能合约，这就造成了网络的最大处理能力会受限于单个节点的处理能力。以太坊项目未来希望通过分片机制来提高整个网络的扩展性。EOS的分片协议是 Region。

分片是一组维护和执行同一批智能合约的节点组成的子网络，是整个网络的子集（universe）。分片后，同一片内的合约处理是同步的，彼此达成共识，不同分片之间则可以是异步的，可以提高网络整体的可扩展性。设置一个区块链，在这个区块链系统中有 100 个各自不同的宇宙，每个宇宙都是一个独立的账户空间。使用者可以在某个宇宙中拥有一个账户，该用户发起的交易也只会对交易相关的宇宙产生影响。分片技术有两种类型：网络分片和状态分片，以太坊正在开发的技术是状态分片。两种技术的不同之处在于，在网络分片中，不是每个节点都必须处理每条信息，但是每个节点都必须存储网络中其他分片的信息；如果使用状态分片，每个节点都只存储它们自己处理过的信息子集，虽然这减少了每个节点的负担，但分片之间的互通会变得复杂。

简单来说，侧链是通过"外部嫁接"另一个链到主链，分片就是将主链进行"内部分割"，无论侧链还是分片，也会为效率牺牲一定程度的"去中心化"。

3）DAG

DAG（Directed Acylic Graph）是有向无环图。这是一种有顶点和边的图结构，它可以保证从一个顶点沿着若干边前进，但永远不能回到原点。

在 IOTA 这个项目中，提到的 Tangle（缠结）就属于 DAG 的一种数据结构。从本质上讲，以太坊使用的底层数据结构是 Blockchain，而 IOTA 的底层数据结构则是 DAG，IOTA已不属于"区块链"，但它依然属于"去中心化"的范畴。

在 DAG 的拓扑结构下发起一笔交易时，首先需要找到网络里的两笔交易并验证它们的合法性，然后做微量的 PoW 计算，把自己的交易与它们绑定，再广播到网络。而刚刚发出的交易会被后来的交易以相同的方式验证。验证此交易的其他交易越多，则此交易的确定性越高。当达到一个临界值时，就认为这个交易被确定了，这和比特币 6 个区块确定交易状态的思想一致。简单来说，IOTA 是把算力作为交易的一部分。想加入网络，必须先成为矿工做出微量的算力贡献，也因此它是去中心化的。DAG 的优势可以做到高并发（理论上是无限多的并发），这意味着它可大幅提升交易速度。

7.7 其他问题

7.7.1 地址是否会重复

私钥是系统随机产生的随机数，那么会不会存在不同的用户生成相同的私钥？或者黑客利用穷举随机数的方法对账户进行攻击。那么私钥会重复吗？

如果想要通过穷举私钥来对账户进行攻击，代价是十分高昂的。假设穷举私钥的步骤为：随机生成私钥→检查该私钥是否有钱→返回1（重复）。2^{256} 近似于 10^{77}，而到目前为止，人类可观测的宇宙中的原子数约为 10^{80}，这个数字集合是很大的，很难穷尽所有数字，再对它进行逐一的验证。就比特币网络而言，假设比特币的用户达到了 100 亿，猜中一个比特币地址的概率是 $1/10^{67}$。有人利用计算机程序进行了一个大致的估算，程序猜 10 个私钥需要 15s，那么进行 10^{67} 次猜测需要花费的时间大概为 4.76×10^{59} 年。因此想要暴力破解比特币私钥，几乎是不可能完成的任务。

但是这是建立在系统产生的随机数是真正意义上的不可预测的、统计意义上的、密码学安全的随机数，这样才能保证随机数的可靠性。需要注意的是，大部分计算机程序和语言中的随机函数是利用确定的算法，通过一个"种子"（如"时间"）来产生"看起来随机"的结果，因此任何人只要知道算法和种子，或者之前已经产生了的随机数，都可能获得接下来随机数序列的信息，这样的可预测性的私钥就太不安全了。所以使用安全方法获得私钥是保证账户安全性的必要条件。

7.7.2 不同币种能否使用同一个私钥或者地址

有些用户可能会认为持有很多不同的币需要牢记不同的私钥很麻烦，希望使用同一个私钥来掌握所有的币种。从理论上讲这种想法是不能实现的，不同的币种是不能使用同一个私钥或者地址的。

以比特币和以太币为例，比特币私钥格式是 wallet. dat 文件＋密码，通过密码解密 wallet. dat 文件即可得到私钥。wallet. dat 记录的是比特币私钥和相关交易，是软件本身为了方便查询而采取的一种数据结构。这样查询本地址的交易时不必检索整个区块链（也可以编造假交易尝试去花费，但是其他比特币节点不会接受这笔交易）。每同步到一个新区块，都要更新 wallet. dat。对存放私钥的文件进行写操作，这既存在性能问题，也增加了写坏私钥数据的潜在风险。

以太坊私钥格式是 keystore 文件＋密码，通过密码解密 keystore 文件即可得到私钥。keystore 文件存储的内容只有私钥没有交易。

首先从客户端的存储方式上来看，比特币和以太坊就非常不同，基本上可以断定不能通用。

此外，比特币和以太坊的账户地址位数也不同，可以利用客户端生成一组私钥和地址，以太坊账户地址为 5a04412c22fee4a169d0959e30abcdbfeed61ac1（40 位），私钥为 8e80a597b87a15f8db1c63fe6fe60d084cb726bab23e67a446d3dc2f3b1e8954（64 位）。可以利用私钥生成网站，生成一组比特币私钥和地址，如图 7-19 所示，比特币账户地址为 1ErHkuV35573GSUNC4fLeEErN2TJbaADyR(34 位)，私钥为 L3ZfgrLrw4qXEZjd1NWh-cWxVvDqh72q3gLjgt1tZW2MBg4gu3jXk(52 位)。

可见，比特币私钥是 52 位十六进制数，而以太坊是 64 位十六进制数，所以不同区块链之间一般是不能通用私钥的。即使有些币种的私钥和地址位数一致，也不建议使用相同或者类似的私钥，否则丢掉一个私钥就相当于丢掉所有的私钥，也就是丢了所有资产。因此，在实际操作中，可以在交易平台上注册账号，利用平台托管自己的各种币，让平台来代你记住所有的私钥等信息，这样只需要记住平台的账号和密码就足够了。这样简单方便，但是需要对交易平台有足够的信任。

图 7-19　网页生成的私钥、公钥和地址

7.7.3　币和通证有什么区别

数字货币分为两类，一类叫 Coin（币），一类叫 Token（通证）。

Coin 是通用区块链上的货币，它是预埋在系统里面，为系统工作的激励机制，例如比特币为矿工提供激励。市值排名靠前的典型 Coin 还有以太坊、瑞波币、比特币现金、EOS、莱特币等。在 https://coinmarketcap.com/coins/ 可以查看当前市值排名前 100 的 Coins，如图 7-20 所示是该网站排名前 8 的货币列表。

#	Name	Market Cap	Price	Volume (24h)	Circulating Supply
1	Ⓑ Bitcoin	$120,904,826,725	$7,012.59	$4,676,963,239	17,241,112 BTC
2	♦ Ethereum	$28,738,239,635	$282.69	$1,551,744,091	101,661,470 ETH
3	✕ XRP	$13,260,387,526	$0.334435	$256,809,842	39,650,153,121 XRP *
4	▣ Bitcoin Cash	$9,395,176,419	$542.38	$349,183,122	17,322,163 BCH
5	◊ EOS	$5,562,053,938	$6.14	$756,545,819	906,245,118 EOS *
6	🚀 Stellar	$4,155,914,705	$0.221373	$52,876,250	18,773,321,834 XLM *
7	Ⓛ Litecoin	$3,528,577,781	$60.75	$221,260,625	58,080,804 LTC
8	☀ Cardano	$2,620,277,997	$0.101063	$61,497,455	25,927,070,538 ADA *

图 7-20　市值排名靠前的 Coin 列表

Token 是项目代币,必须与应用场景结合,如 SC BNB HT,通常有消耗或者燃烧机制。Token 代表了特定的资产或者某种效力,通常以现有的一个区块链为基础。Token 基本上可以表示任何一种可替换、可交易的资产。区块链的 Token 被大家熟知,是由于以太坊制定了 ERC20 标准,个人可以根据这个标准在以太坊上发行自己的 Token,Token 才流行起来。Token 是一种权益和价值,需要通过 Initial Coin Offering (ICO)来分发出去,也就是众筹,通过发行新的 cryptocurrency 或者 Token 来支持基金项目发展。类似于股票的 Initial Public Offering (IPO)。目前市值排名靠前的典型 Token 包括 Tether、OmiseGO、Zilliqa、Aeternity 等。在 https://coinmarketcap.com/tokens/可以查看当前市值排名前 100 的 Token,如图 7-21 所示是该网站排名前 8 的通证列表。

#	Name	Platform	Market Cap	Price	Volume (24h)	Circulating Supply
1	Tether	Omni	$2,785,500,824	$1.00	$2,789,335,730	2,782,140,336
2	Binance Coin	Ethereum	$1,029,222,031	$10.78	$24,087,205	95,512,523
3	OmiseGO	Ethereum	$593,774,190	$4.23	$24,586,039	140,245,398
4	0x	Ethereum	$414,157,687	$0.770551	$15,279,620	537,482,723
5	Zilliqa	Ethereum	$340,135,403	$0.044918	$19,337,394	7,572,326,021
6	Maker	Ethereum	$296,190,335	$443.25	$117,263	668,228
7	Aeternity	Ethereum	$262,145,430	$1.12	$5,818,691	233,020,472
8	Augur	Ethereum	$219,391,667	$19.94	$10,537,559	11,000,000

图 7-21 市值排名靠前的 Token 列表

7.7.4 如何查询历史交易记录

比特币是可以通过 API(application programming interface,应用编程接口)查询指定地址的历史交易的。在比特币区块链上,自己运行一个比特币网络的全节点,拥有了所有网络上的账本数据,再开发相应的服务端代码,去调用比特币网络节点客户端提供的 RPC 接口(listtransactions),即可获取到交易的细节。

在以太坊区块链中,官方没有提供类似的查询 API。针对是否要在客户端上添加此 API,在开源软件托管平台 GitHub 上(https://github.com/ethereum/go-ethereum/issues/1897)已经有激烈的讨论,但是目前还没有执行,例如有人提出的方案如图 7-22 所示。

This feature has been discussed on gitter in the past and we would like to see this get implemented for accounts and contracts.

Proposal

eth_listTransactions

Returns a list of transaction hashes for a given external or contract account

Parameters

String - the account or contract address

```
params: [
    "0x385acafdb80b71ae001f1dbd0d65e62ec2fff055"
]
```

Returns

DATA - A list of transaction hashes

图 7-22　以太坊增加历史查询 API 的建议

目前有效的解决方案有两种。

（1）调用第三方 API 接口。不仅能在官网上查询区块信息，而且提供了查询的 API，如 https://etherchain.org/apidoc。该方案简单，但受第三方制约，可能会收费，而且有访问频次的限制。

（2）自行维护数据。在每笔交易完成后，获取交易的 Hash，记录下来，通过 geth 查询每个区块的具体交易，录入自己的数据库中，然后通过 SQL 语句查询自己的数据。此方法就需要有一定的编码基础和设备投入。

7.7.5　转账是否有下限

在比特币中，转账是没有下限的，即使手续费为 0 也有可能被打包进区块中，但是在以太坊中，手续费为 0 的交易是永远不会被打包进区块的，所以比特币转账是没有下限的，但是以太坊有下限，至少要付交易手续费。这是为了阻止大量微额（dust）支付冲击网络（DDoS 攻击）。

在钱包中交易一般都是有转账下限的，钱包在众多输入（inputs）中筹备支付金额的时候尽量避免产生小于 0.01BTC 的金额变动，小于时要支付 0.0001 的手续费。这是为了确保系统稳定和防止区块链过快膨胀。例如，要向 OKCoin 比特币充值 5.005BTC，钱包尽可能地选择 3＋2.005 或者 1＋1＋3.005，而不是 5＋0.005。

在 OTCBTC 中要求单次提币数量不得少于 0.003BTC，在算力宝中单次提币数量不得少于 0.025BTC，在 GreenAddress 中至少要支付 1^{-8}BTC 作为手续费。

7.7.6 区块产生的速度

根据区块链的理论,可以定义交易速度的计算公式为

$$交易速度 = 单位区块容纳交易量 \times 区块产生速度 \tag{7-5}$$

下面以比特币和以太坊为例,分别计算这两个币种的交易速度。其他的数字货币与其类似,所以不再赘述。

1. 比特币

每个区块容纳的交易量(区块规模):

目前比特币系统,定义每一个区块的默认大小是 1MB,每 10 分钟产生一个区块,每个最基本的比特币交易的大小是 250B(普通的一输入二输出交易 225B),每秒处理速度为 1 024 000/250/600 = 6.8,则每秒可以处理 6.8 个比特币的交易。

比特币协议中,规定一个 256 位的整数 0x00000000FFFFFFFFFFFFFFFFFFFFFFFF-FFFFFFFFFFFFFFFFFFFFFFFFFFFFFFFFFF 为难度1,在当时的全网算力下大约需要 10 分钟的哈希计算工作量才可以满足小于或等于这个数的规则。后面的出块平均时间是通过难度调整来调节的,保证区块产生的时间维持在 10 分钟。

存储在区块中的 difficulty 指的是目标难度,和难度系数是有点区别的。以掷骰子为例,如果定义"小于或等于 6"这个规则的难度系数为 1,那么"小于或等于 3"的难度系数为 2,意味着要符合规则要求,需要 2 倍的工作量;"小于或等于 1"的难度系数则为 6,意味着该规则需要 6 倍的工作量。如果想确保 10 分钟这个工作时间恒定,那么当算力提高 n 倍时,难度值也需调高 n 倍。

在 bitcoin core 的代码里可以找到,难度的调整是在每个完整节点中独立自动发生的。每 2016 个区块,所有节点都会按统一的公式自动调整难度,也就是说,如果区块产生的速率比 10 分钟快则增加难度,比 10 分钟慢则降低难度,公式为

$$difficulty_{next} = difficulty_{prev} \times \frac{time\_to\_mine\_last\_2016\_blocks}{2weeks} \tag{7-6}$$

2016 个区块是两周里如果按 10 分钟出一个块的总块数。

2. 以太坊

以太坊区块大小没有限制,目前以太坊每个区块 Gas 值的限制约为 470 万,标准交易的平均 Gas 价格约为 21 000。以太坊每 10~19s 产生一个区块,每区块大约容纳 220 笔交易,以平均出块时间为 17s 来计算,以太坊每秒进行 13 笔交易。

难度调整公式:

$$difficulty_{block} = difficulty_{parent} +$$

$$int\left(\frac{difficulty_{parentblock}}{2048 \times \max\left(1 - int\left(\frac{timestamp_{block} - timestamp_{parent}}{10}\right), -99\right)}\right) +$$

$$int\left(2^{\left(\frac{number_{block}}{100000} - 2\right)}\right) \tag{7-7}$$

即

$$\text{difficulty}_{\text{block}} = \text{difficulty}_{\text{parent}} + \text{难度调整} + \text{难度炸弹}$$

式中　$\text{timestamp}_{\text{parent}}$——上一个区块产生的时间；

$\text{difficulty}_{\text{parentblock}}$——上一个区块的难度；

$\text{timestamp}_{\text{block}}$——当前区块产生的时间；

$\text{number}_{\text{block}}$——当前区块的序号；

$\text{int}()$——取整；

$\max()$——取最大值。

$$\text{难度调整} = \text{int}\left(\frac{\text{difficulty}_{\text{parentblock}}}{2048 \times \max\left(1 - \text{int}\left(\dfrac{\text{timestamp}_{\text{block}} - \text{timestamp}_{\text{parent}}}{10}\right), -99\right)}\right)$$

- 10s,难度向上调整 $\text{int}\left(\dfrac{\text{difficulty}_{\text{parentblock}}}{2048 \times 1}\right)$；

- 10~19s,难度保持不变；

- ≥20s,难度会根据时间戳差异 $\text{int}\left(\dfrac{\text{difficulty}_{\text{parentblock}}}{2048 \times (-1)}\right)$ 向下调整,从最大向下调整 $\text{int}\left(\dfrac{\text{difficulty}_{\text{parentblock}}}{2048 \times (-99)}\right)$。

难度炸弹 $= \text{int}\left(2^{\left(\frac{\text{number}_{\text{block}}}{100000} - 2\right)}\right)$。难度炸弹是共识算法的一部分,每增加 100 000 个块就会成倍增加难度。

另外,区块难度不能低于以太坊的创世区块,创世区块的难度为 131 072,这是以太坊难度的下限。

7.7.7　比特币为什么10分钟产生一个区块

比特币区块链网络中,10分钟产生一个区块是中本聪在写底层代码时设计好的。当然,通过更改代码区块产生的时间是可以随意设置的,如果设置成5分钟或者20分钟区块链也不会出现太大的问题,但是设定为10分钟,区块链出现的问题最少。假设区块传遍网络需要2分钟,约为全网生成区块时间的1/5,在传播过程中有节点生成新的区块的概率比较小。

如果区块生成时间小于10分钟,假设生成一个区块需要1分钟,区块传遍网络需要2分钟。那么在新产生的区块传输到一半的时候,还没收到区块的网络很有可能也生成了一个区块,这时就会产生分叉。这是很容易发生的,也就是说这个网络里长期存在至少一个分叉,是非常不安全的。因为,比特币网络规定想要攻击网络需要算赢所有的竞争者,也就是算力超过全网的50%。但是如果网络里长期存在两个以上的分叉,说明全网的算力被分摊了,只要算力超过每个分支的一半,即25%就可以进行攻击了。显然网络更容易受到攻击。

如果区块产生时间大于 10 分钟,假设生成一个区块需要 20 分钟,区块传遍网络需要 2 分钟。那么区块传播时间约为全网生成时间的 1/10,在传播过程中生成新区块的概率更小,区块链网络更加安全,但是等待确认交易的时间会变长,处理交易速度降低。这样也是不理想的。

如果需要协调区块大小和生成时间达到最优,有学者进行研究,最快支持每秒 27 笔交易。

7.7.8 如何防止双花问题

区块链中的双花,指的是同一笔资金被花费使用了两次,也就是拿同一笔资金进行了两笔交易。区块链网络防止双花产生的机制是,每笔交易都需要先确认对应比特币之前的状态,如果它之前已经被标记为花掉,那么新的交易会被拒绝。例如,先发起一笔交易,在它被确认前,也就是这个时间段的交易还未被记账成区块时,进行矛盾的第二笔交易,那么在记账时,这些交易会被拒绝。

可是,一些恶意攻击者利用区块链广播延迟的漏洞,刻意把第一笔交易向一半网络进行广播,把第二笔交易向另一半网络广播,小概率可能会出现恰好两边有两个矿工几乎同时取得记账权,把各自生成的区块发布出来,这时原来统一的账本就出现了分叉;但是在两个账本中各有一笔交易,无论最后选定哪一条分支为主链,攻击者都不会得到好处。接下来,下一个矿工会选择在其中一个分支上记账(假设是 A 分支),那么 A 链的长度长于另一条(假设是 B 分支),根据区块链的规则,长的这一个分支 A 会被认可,短的 B 分支会被放弃。交易就只有一笔有效,A 分支中的交易被认可。可以想象,如果攻击者足够聪明,在拿到 A 商品以后立刻变身成矿工连续争取到两次记账权,在 B 分支加入两个新块,变成最长链。这时,B 分支中的交易被认可,A 分支中的交易失效,但是攻击者已经拿到 A 分支中的商品,并且 B 分支中交易也合法。

事实上,攻击者在 B 分支落后的情况下要强行让它超过 A 分支,其实是挺难的。假设诈骗者掌握了全网 1% 的计算能力,那么他争取到记账权的概率就是 1%,两次就是 10^{-4}。如果甲乙双方在一笔交易确认后再等 5 个区块,也就是等 6 个区块被确认后再把交易对应的商品交付。这样,攻击者还能追上的概率就几乎为 0 了。除非,攻击者掌握了全网 50% 以上的计算力,那么他即使落后很多,只要时间足够也能追上,这就是比特币的"51% 攻击"问题,是一个区块链需要警惕的问题。

在比特币网络中,用户非常多,全网算力总和非常大,如果真掌握 50% 以上,挖矿的收益是大于恶意攻击的收益的。但是在小的区块链网络中就不好说了。况且,即使没有 50% 以上的算力,还是有机会成功的,只是概率低而已。所以交易记录在区块后最好等几个区块,再交换商品。这样大大降低攻击者的成功概率。

7.7.9 比特币区块大小为什么是 1MB

比特币的区块大小维持在 1MB,为了扩大规模、提高可拓展性,很多人提议要扩大区块容量。比特币使用隔离见证后，因为数据结构不同，一部分信息不计入区块大小，但是区块大小还是 1MB 不变，也就是说原本 1MB 的空间空出来一些可以记录更多的交易。间接起到了扩容的作用。

比特币网络中全网掌握着区块链副本，如果区块太大不利于传输和验证，可能造成安全问题。按照每 10 分钟产生一个区块的速度计算，一年至少会产生 10GB 左右的数据。这会占用节点的存储空间。容量占用太大会要求节点进行硬件升级，但是比特币的初衷是要做到真正的分布式、离散的网络，不能对设备的要求太高，那么普通用户将难以运行全节点，全节点变得只有少数硬件条件或者网络条件好的用户可以运行，更中心化。为了更好地发展成分布式网络，最好是让普通的计算机也能让运行节点参与进来，参与的用户越多就更能保证网络的健康安全发展。

由于区块链出现过几次较大规模的拥堵，有人提议要把区块大小扩大到 2MB、4MB、8MB 容纳更多的交易来缓解拥堵。如果把区块大小扩大，传输所需的时间也会相应提高。于是，只要传输速度和区块产生速度相比不可忽略，比特币的安全性就会严重地打折扣。例如，如果记录一个接近 1MB 的交易，现代的计算机验证该交易需时超过 30s。在 2MB 的区块下，验证一个 2MB 的交易需时 10 分钟。黑客可以通过这个延时对网络进行攻击。为了避免这种攻击，就有必要改动其他代码。如果扩容要更改区块大小或者修改难度，修改代码一定会产生硬分叉。硬分叉会带来更多的问题，因此扩大区块大小不能根本解决交易多少和区块容量之间的矛盾。

7.7.10　比特币矿工最终是否会消失

比特币的总量是 2100 万，以挖矿奖励的形式发行出来。最开始的挖矿奖励为 50 个，区块奖励每四年减半一次，现在每区块是 12.5 个。比特币可以划分到小数点后 8 位，按照中本聪的路线图，区块奖励挖到 2140 年几乎为 0，所有的比特币全部被挖出，比特币的发行总量不会再增加。是否还有矿工存在，要看那时矿工挖矿有没有利益可图，可以结合挖矿成本和挖矿奖励来分析。

首先，挖矿成本是不固定的，计算单次成本也是没有意义的。数字货币的挖矿难度是根据全网算力的多少自动调节。如果挖的人多，成本就会高一些，挖的人少，成本就会少一些。挖矿成本是可变的。当比特币价值不足以支持现有挖矿成本后，如果所有矿工所用的设备、效率、消耗电费等基本相同，那么就变成了协调博弈。如果全部都不挖矿，没有盈利；如果全部挖矿，会亏钱；但是如果一半挖矿一半不挖，挖的矿工赚钱不挖的还是亏钱。

其次，比特币的总量不再增加并不意味着挖矿拿不到奖励。矿工的奖励包括区块奖励和手续费奖励。交易给的手续费越多，优先打包的可能性越大。手续费的出现，一方面可以提高比特币转账的门槛，以防充斥太多垃圾交易，提高比特币的安全性，另一方面也可以激励矿工竞争记账，即使在比特币全部挖出之后，还能继续有动力来维护网络的发展。

2140 年以后，如果比特币还存在，那就说明比特币的应用已经非常广泛了。虽然区块奖励几乎为 0，但是这时矿工完全可以通过赚取手续费来维持自身开销。如果那时手续费很高或者在比特币价值高的情况下,矿工们的收益很高,挖矿的热情想必十分高涨。

7.7.11 区块链与数据库的关系

区块链其实是一个特殊的异地多活分布式数据库,它既不是万能的也不是一无是处的,区块链有它特定的适用场景。从宏观上看,区块链和分布式数据库的原理和机制几乎相同,从最本质的功能来看,数据库和区块链都是存储数据的一项技术,得益于这一点区块链的概念才引出了很多商业上的革新。

区块链的设计机制与传统数据库的内核和理念极为相似。可以说,区块链核心架构是数据库核心架构的一个子集。区块链中排列的账本就相当于数据库的日志,数据库是将操作按顺序写入日志,在区块链里面是按顺序写入账本。例如,第一,从传输和存储的数据结构上来看,区块链的链式结构来自传输数据库的事务日志。第二,数据库事务中的每一条操作记录都会有一个反向指针指向该事务中的上一条记录。区块链增加了区块间的反向哈希值作为指针,且引入了 Merkle 树结构进行快速校验处理。第三,区块链的存储体系本质上等价于数据库的事务日志。数据库中的大部分数据也是不可篡改的,只是现在大部分数据库没有公开事务解析日志,仅保存每一条数据的最终状态。

此外,区块链的共识部分也与数据库的一致性管理机制类似。例如,传统数据库的组成结构就是在多个节点之间实时复制数据。分布式数据库使用多副本自动选举的机制,PAXOS、RAFT 典型的多副本一致性管理算法,与区块链中 PBFT(拜占庭容错)的机制十分相似。

所以区块链更像一个拥有特定架构为特定目的而设计的分布式数据库。

区块链与数据库的不同点主要是去中心化。与区块链相比,数据库不是去中心化的,数据库必须有一个节点作为主节点负责读写,其他节点作为从节点只读,从而无法做到异地多主、多活的拓扑结构。区块链技术中,无论 UTXO、PoW、PoS 还是数字签名等一系列技术都是解决异地多活这个问题的。

从事务工程来看,数据库的事务机制是保障通用场景下的一致性原子操作,而区块链技术在满足异地多活的前提下,抛弃了通用业务场景,将原子操作通过特殊的事务日志结构全部集中到支付与结算业务,从而实现了结算场景下的异地多活原子操作。例如,比特币使用的 UTXO 结构在跨远距离网段的多活结构中,是一种替代传统事务交易日志结构的方式。区块链将几个操作合并在一条事务记录里面作为原子操作发送,并通过反向指针串联起来。同时 UTXO 并不记录每条事务的最终结果,只存储变更过程,这与传统数据库中事务存储的机制有着明显的区别。但是 UTXO 用于通用事务上局限很大,无法应用在非支付类业务场景。

UTXO 虽然只能适应支付类应用场景,但是这是值得数据库从业人员思考的思路。当前 UTXO 执行效率优化也是很大的问题,在比特币代码实现中,CTXMem 库对象中存在着大量的持有全局锁函数,由于 UTXO 要追溯每一个币的花费流程,在内存中形成一个巨大的树状模型,因此绝大部分需要跟踪交易的操作都需要对内存池进行全局锁定,导致执行效率相对低下。相比于传统数据库缓冲池的数据模型，比特币的 UTXO 有待优化。

共识部分对应着传统的一致性算法，解决谁来写的问题。现在使用的 PoW、PoS、DPoS、PBFT 对应着数据库的一致性算法，本质上解决了谁来作为永久化日志存储的基准的问题。为了能让所有节点达成一致，需要指定在某个时刻向一个节点看齐，时间跨度、用什么方式决定谁是基准节点，就是共识算法需要解决的根本问题。对于谁应该写这个问题的衍生问题是写入的是否真实，在传统数据库中是默认排除的。而区块链需要解决这个拜占庭问题。既要解决功能问题，又要在算法上降低不靠谱节点带来的影响。

总结来讲就是：

（1）区块链是分布式控制而数据库是集中控制。

（2）区块链能够查询历史记录，区块链记录下了交易过程，而数据库没有历史记录，数据库的信息在特定时刻是最新的。

（3）区块链没有数据保密，区块链中所有内容都可以通过区块链访问，而数据库有数据保密，只有数据库成员才能查看内容。

（4）区块链在运行协议的节点之间建立共识，所以耗费时间长，而数据库默认是可信任的，所以处理事务的速度更快。

7.7.12 区块链是否会造成巨大的计算力浪费

区块链分布式账本没有浪费计算资源。区块链的共识算法中，只有 PoW 需要进行哈希运算，其他共识算法如 PoS 和 DPoS 都是股权证明，并不需要哈希运算。比特币采用 PoW，通过哈希运算竞争记账权，但是不能认为完全是浪费计算资源，因为基于哈希运算的工作量证明算法的核心是引入计算成本来防止攻击者作恶。为了安全性而付出一定的代价，在现实世界中非常普遍，如地铁站的安检、发送信息时添加的冗余字段。因此，为了保证去中心化环境中的安全性，区块链中所有的参与者进行哈希运算是有必要的。

通过计算力成本保证安全性的措施可以这样理解：假设矿工恶意添加的区块没有加到最长链被大家认可，就是说矿工消耗了外部计算成本采购设备、电力等，但是没有得到奖励，相当于对恶意矿工的惩罚。默认其他矿工选择最长链作为主链，那么一个单独的矿工不能左右其他节点的行为，恶意"双花"会白白损失计算力，而什么都得不到。但是假设矿工掌握了全网 51% 的算力，他就拥有了最长链的话语权。所以就能发动双花攻击，一份资金可以花两次。但是从获益角度来看，即使发动了双花攻击，攻击者只能将自己的钱花出去两份，不能影响其他人的账本，从这一方面看，发动攻击的成本巨大，收益很低，不值得这样做。因此，将计算力成本引入分布式账本共识中，有效地保证了去中心化和安全。

当然，PoW 机制确实影响区块链的运行速度和容量，为了提升转账的性能，目前比特币和以太坊都在向脱离哈希运算的方向发展，就是向着脱离浪费资源的方向发展，向不需要计算哈希函数的 PoS 和 DPoS 演进，代价是牺牲了安全性、丢失了去中心化的特点。

7.7.13 是否会出现计算力极强的超级中心

不会,因为比特币的算力多少是市场化的行为,比特币每隔 2016 个区块根据全网算力重新计算调整一次难度,确保大约 10 分钟出一个块。这意味着比特币外部消耗资源多少和矿场运营成本以及比特币价格紧密联系。假设比特币价格不变,有一些人发现挖矿很赚钱,于是纷纷前来挖矿成立矿场。这势必造成全网算力飙升,挖矿难度增加,单位时间出币量减少。这时会有矿场老板发现挖矿收益抵不过电费,秉着不亏本的原则,会有很多矿场关闭,全网算力下降。坚持下来的矿场单位时间出币数增多,又开始盈利。然后反复循环下去。

如果有更强计算中心出来然后无止境地循环下去,必须在比特币只涨不跌的前提下才能保证不亏本,这明显不可能。

7.7.14 比特币公开所有交易是否不安全

数字资产安全分为财产安全和隐私安全。比特币之所以安全,是因为比特币利用了非对称椭圆加密技术,保证了只要私钥不泄露就能保证财产安全。比特币被黑通常是用户自己没有保管好私钥,或者将私钥托管给第三方机构造成泄露。比特币网络本身是相对安全的,自诞生以来还没有被黑客得手过一次。所以从技术层面看是没有任何问题的。

比特币网络账本是完全公开的,所以可以知道每一笔账的源头和去向,但是地址和现实的人之间的关系是不公开的。虽然可以基于 IP 地址来确定比特币地址对应的人,也可以基于实名制交易所里的记录确认交易关系,但是这很难做到。很少人会耗费这么多的资源来匹配比特币地址和现实的人。此外,有些注重隐私的用户还会使用多层代理来操作比特币,使得 IP 地址难以追踪。

结合以上两点,可以说比特币网络是安全的。

7.8 小结

本章对前面提到的区块链分叉问题、51%攻击问题、交易费估计、跨链技术以及可扩展性进行了详细分析,对区块链的去中心化和一些常见的问题进行了进一步的说明。通过这一章的介绍,使读者对一些常见问题有更深入的了解。

思考题

1. 导致区块链出现分叉的原因有哪些?

2. 为什么说基于相同共识机制产生的分叉是暂时性的?

3. 在比特币网络中,将区块间隔设计为 10 分钟,这是处于多方面的考量。各方面的权衡主要体现在哪里?

4. 简述硬分叉的产生原因和大致分类。

5．软分叉不要求所有节点升级，未升级的节点仍可以参与交易的验证。什么情况下旧节点也必须要进行系统和应用的更新？

6．尝试画出硬分叉1%哈希算力未升级的情况下，未升级的节点和升级的节点在硬分叉后的区块链。

7．简单描述51%攻击的过程。

8．通过以太坊交易需要Gas费用，那么Gas越高时交易确认速度就一定越快吗？

9．试讨论区块链是否有必要完全去中心化。

10．像矿机这种算力很大的设备，会不会造成算力集中导致中心化？

11．公证人机制中如何使公证有效？这样有什么缺点？

12．分布式私钥控制中，实现和解除分布式控制权管理的操作称为锁入和解锁，如何理解这两个概念？

13．进行链上扩容时，贸然扩大区块会造成什么负面影响？

14．分片技术有两种类型：网络分片和状态分片，以太坊正在开发的技术是状态分片。两种分片技术的不同之处在哪？

15．区块链会造成巨大的计算力浪费吗？

16．如何理解"软分叉实际上是加强了协议规则，硬分叉则相反，反而是对协议规则进行了一定程度的放宽"这句话？

第 8 章

区块链＋

随着对区块链技术研究的不断深入,学术研究领域开始提出各种"区块链＋新技术",例如,区块链＋虚拟化、区块链＋人工智能、区块链＋大数据、区块链＋云计算。与此同时,各行业也开始推进"区块链＋行业"的落地应用,例如,区块链＋金融、区块链＋物联网、区块链＋社交、区块链＋共享经济、区块链＋农业、区块链＋电商、区块链＋医疗、区块链＋教育、区块链＋法律、区块链＋保险。本章介绍几种区块链＋新技术的设计实现原理及项目应用情况。

8.1　区块链＋虚拟化

网络虚拟化在概念上和虚拟专用网(VPN)相近。它是在已有的物理连接基础上,产生新的逻辑网络,以达到高效、低成本配置安全网络的目的。网络虚拟化技术有多种实现方式,一种是基于加密的集中式传输方式。参与特定虚拟网的用户,无论在哪里,都会向固定的服务器发送信息,服务器接收到后,转发给特定设备。另一种是基于路由器的网络虚拟化。最新的基于路由器的虚拟化技术是使用 SDN 技术。通过 SDN 的控制器,统一配置路由器和交换机,实现用户的数据在路由层面进行控制的目的。两种方法都能实现对用户传输内容的安全隔离。不同的是,第一种方法是通过数据加密的方式在应用层实现安全传递,第二种方法是将数据放在不同的隔绝的物理线路进行安全传递。

网络功能虚拟化技术(NFV)主要解决的是当前网络中各种定制设备多种多样,网络升级和配置非常困难的问题。NFV 主要的构想是通过统一的设备,例如都基于 x86 的设备,实现网络层上各种设备的功能。当重新配置网络的时候,只需改变 x86 设备的软件,而无须进行硬件更新。

虽然 NFV 实现了网络的快速配置和更新,但是 NFV 有自己的缺点,一是 NFV 中 x86 模块需要完整系统支持,这将会带来能耗大和造价高的问题;二是因为 x86 是一个完整的系统,系统的漏洞具有相似性和普遍性,这将会给黑客更多的攻击空间继而带来非常大的安全隐患。反而,如果用特定芯片设计网络,因为模块多样化,所以黑客攻击网络的基础层面(如交换机、基站等)的可能性就更小。就如同三北防护林,都种植一种经济树木,虽然投入少，短期收益高，但是抗病虫（bug）能力弱，出现过很多次病虫大爆发的情况，从而造成了严重的经济损失和生态问题。

8.1.1　区块链技术服务于网络虚拟化

区块链技术具有分布式、安全可靠性等特点。同时，网络虚拟化也是基于分布式网络下的网络再划分。为了解决网络虚拟化中存在的问题，可以在网络虚拟化方案中引入区块链技术。

1. 区块链增加虚拟网的安全性

网络虚拟化中，用户可以通过设置新的虚拟节点，来实现网络化的新的应用，如社交应用等（组建兴趣小组、家庭网络等）。网络虚拟化技术不但能提供应用层的创新，同时也能改善网络结构，提高网络数据传输效率。基于上述特点，网络虚拟化技术越来越受到社会各界的重视。

在网络虚拟化中，节点是虚拟存在的，和物理实体不会存在一一对应的关系。虚拟节点的变动比较频繁，这种变动包含虚拟节点的新建、删除和修改属性。然而，虚拟节点因为完全脱离了物理设备而存在，所以很难做到对恶意虚拟节点的用户进行惩罚。这就导致虚拟节点的行为无法受到约束，进而阻碍虚拟网的发展。

利用区块链技术，可以有效解决上述问题。结合区块链中哈希技术产生的用户的唯一标识性和行为记录的不可篡改性，达到对虚拟节点进行历史行为溯源的目的，并依托区块链中的货币对相应的用户进行奖励或者惩罚。通过区块链技术，可以加强对虚拟网的监管力度，促进虚拟网的良性发展。

2. 区块链激励用户参与虚拟网的组建

虚拟化，尤其是网络虚拟化技术，需要利用底层的物理资源。但是，利用这些物理资源的时候，容易给拥有这些物理资源的用户造成比较大的负担。如何来回报这些物理资源的用户，或者如何记录每个用户的贡献大小是下面要探讨的问题。

网络虚拟化是运行在一个物理实体上的。但是，该物理实体所包含的设备分属于不同的用户。网络虚拟化技术为了实现节能和高效等目的，会导致网络中的流量和繁忙程度不均衡。在这种不均衡的情况下，一些设备的寿命和耗电量就会参差不齐。基于此，一些设备拥有者参与网络虚拟化的积极性就会受到影响，进而影响网络虚拟化的效率。为了提高用户的积极性，可以利用区块链技术，通过总账的形式，记录各个设备的贡献程度，并以数字货币的激励形式，发送给相应的用户。同时，网络虚拟化的使用者，为自己的服务通过数字货币的方式进行买单。在这种情况下，实现了网络虚拟化的良性发展。

这种解决方案也存在另一些问题，就如前面章节所说，区块链技术在资金结算过程中耗时比较大，并且需要多个矿工进行确认。这就会导致这种激励机制效率低下，或者说延长了结算时间。当前一些区块链技术加快了确认的时间，但是，区块链的基础是交易投票系统，用户的投票还是必不可少，而投票也会给用户带来麻烦，EOS系统第一次投票的失败就说明互联网中，要求多数用户投票的行为是低效的甚至是行不通的。

在网络虚拟化中,组建虚拟网的行为,是为了区域自治,提高区域内的信息安全。而区块链,虽然是面向全体成员的、广泛分布的。但是,区块链的某项应用是旨在面向某一方面的安全问题的解决。某一方面的成员的集合,在构成上,和网络虚拟化组成的网络的规模和形态是一致的。

网络虚拟化中,还有网络提供商为了降低维护成本,主动配置网络的需求。对应于区块链,区块链的用户都是对等用户。虽然区块链可以应用于不同的应用中,但是每个用户都是对等的,或者说是平等的。所以区块链的去中心化思想和分布式网络中的思想不谋而合。

8.1.2　虚拟化技术服务于区块链

区块链技术的发展不止局限于总账,还有很多其他的应用。但是当前的区块链技术还有很多缺点,其中一个比较大的问题是交易全网络参与,例如,比特币、以太币和瑞波币都需要整个网络中的全部用户参与到每笔交易中。虽然当前已经提出了一些可行的措施,例如Segwit、闪电网络、Raiden 网络、Plasma(与闪电网络类似,Plasma 是一系列在根区块链上运行的合约)和 Cardano 等来解决这个问题,但是,这些解决方案都没有系统地解决该问题,并且,其中的一种方案不能适用于其他区块链。另外,这种问题还衍生出分布式总账技术的另外一个问题:僵化问题。僵化问题是指一旦一种分布式总账配置完成后就很难再对其进行修改。此外,大多数现有的分布式总账平台是专有平台,每个平台都具有特殊的应用(例如,比特币面向加密货币,而 IOTA 面向物联网),这就会导致这些平台很难相互兼容。

1. 从信息互联网到价值互联网

分布式总账技术出现这些挑战并不奇怪。在信息技术的历史中,可以看到其他技术在初级阶段面临过类似的挑战。例如,在 1960 年大多数的计算机只针对特定的应用,如文字处理、计算机辅助设计和天气数据获取等。这些计算机互操作性很差,并且很难升级。另一个例子发生在网络领域,在 1990 年专用网络应用于不同的应用,例如,公共交换电话网络用于语音通话,IP 网络用于数据传输,电缆网络用于电视信号传输等。在 IT 领域,虚拟化技术在解决上述问题的时候扮演着核心角色。本质上,虚拟化指的是旨在提供底层资源(例如,硬件、计算、存储、网络等)的抽象的技术。通过提供资源的逻辑视图而不是物理视图,虚拟化可以显著提高性能,促进系统演进,简化系统管理和配置,并降低成本。实际上,虚拟化是 IT 最近发展的主要支持技术之一,包括云计算、边缘计算和网络功能虚拟化(NFV)。

传统的互联网原本是为了处理信息交换而设计的,例如使用电子邮件和网站。它从未被设计用于处理实际价值的交换。任何在线转账的人都不会直接转移价值。相反,人们正在通过银行、信用卡公司、西联汇款或 PayPal 等中介传递价值。这种第三方参与价值交换当然会带来巨大的成本。通过消除中介和促成直接信任,分布式账本技术(distributed ledger technology,DLT)实现了互联网一直在寻找并从未有过的突破。由 DLT 实现的价值互联网是互联网的第二个时代,在过去的 40 年里,人们拥有了信息互联网,现在,通过 DLT,人们将获得价值互联网。

为了成功实施价值互联网,可以先看看成功的信息互联网架构。图 8-1(a)显示了以通用网络层（即 IP）为中心的沙漏体系结构，它实现了全局互连。通过允许下层和上层技术独立创新，这种"瘦腰"架构已经成功实现信息互联网的爆炸性增长。

　　同样，可以设想价值互联网的"瘦腰"架构，如图 8-1（b）所示。这种体系结构中的瘦腰被称为分布式账本虚拟化技术（virtualization for distributed ledger technology，vDLT），它抽象了分布式账本所需功能。

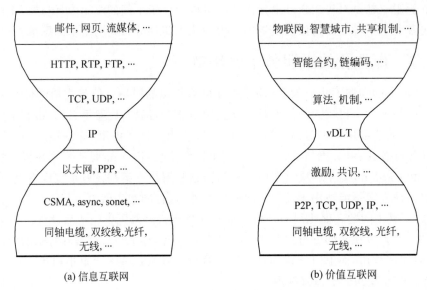

图 8-1　信息互联网和价值互联网的架构

2．计算和存储的虚拟化

　　从 20 世纪 60 年代开始虚拟化已经彻底改变了 IT 的发展方式。虚拟化的最初概念是 1966 年创造的一个术语：虚拟机管理程序软件。管理程序（hypervisor）是创建和运行虚拟机的软件。这个词是前缀 hyper 的混合词，意思是当时使用的原始操作系统的"上方"和"主管"。IBM 剑桥科学中心 CP-40 是第一个使用完整虚拟化的操作系统，它可以同时支持 14 台机器。由于虚拟机能够共享大型机的整体资源，而不是在所有用户之间平均分配资源，因此使用虚拟机与分时操作系统（OS）的主要优点是可以更有效地使用系统。

　　在 20 世纪 70 年代开发的 UNIX 是 OS 级虚拟化的一个例子。由于 UNIX 是用 C 语言编写的，因此只有小部分操作系统必须针对给定的硬件平台进行定制，而其余操作系统可以很容易地针对每个硬件平台重新编译，而无须进行任何更改。

　　桌面计算和 X86 架构的发展改变了计算机发展的方向，新的虚拟化技术应运而生。1987 年，Locus Computing 公司发布了 Merge，一个基本的虚拟化程序，它在 SCO-UNIX 环境下运行 MS-DOS。1997 年，Connectix 发布虚拟 PC，为 Mac 用户提供虚拟化。1998 年，一家名为 VMWare 的公司成立，并开始销售一种类似于 Virtual PC 的产品，名为 VMWare 工作站。

通过使用 UNIX 和 C 编译器,用户可以在任何平台上运行任何程序,但仍需要用户在他们希望运行的平台上编译所有软件。为了真正实现软件的可移植性,需要某种软件虚拟化。Java 是 Sun Microsystems 在 20 世纪 90 年代开发的。Java 允许人们编写应用程序,然后在安装了 Java 运行环境(JRE)的任何计算机上运行该应用程序。

虚拟化也是近代先进的云计算和边缘计算背后的主要支持技术之一。云计算已经非常流行,设备可以访问共享的计算和存储资源池。由于云端与终端设备之间的距离通常很大,因此云计算服务可能无法保证低延迟应用。为了解决这些问题,研究人员研究了边缘计算,以便将计算资源部署到更接近用户的位置,这可以有效提高需要大量计算和低延迟的应用程序的服务质量(QoS)。

图 8-2 显示了虚拟化的一个简短过程。可以看到,虚拟化一直在抽象底层资源方面发挥重要作用,因此人们可以专注于他们最关心的事情。现在,可以通过虚拟化访问硬件、操作系统、软件、存储和网络(网络虚拟化将在下面介绍)。因此,可以预见,虚拟化必将是 DLT 的下一步。

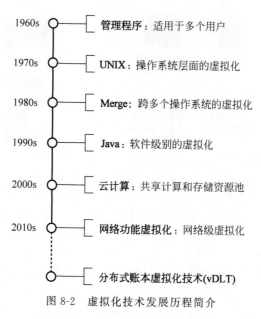

图 8-2　虚拟化技术发展历程简介

3. 网络虚拟化

随着互联网流量和服务的迅速增长,将虚拟化从计算和存储扩展到网络是大势所趋。最近,网络虚拟化已被广泛应用于互联网研究测试平台,如 G-Lab 和 4WARD。它旨在克服当前互联网对基础架构变化的阻力。网络虚拟化被认为是未来互联网最有前途的技术之一。特别是,2012 年网络服务提供商提出了 NFV 概念。这些服务提供商希望简化和加速添加新网络功能或应用程序的过程。之后欧洲电信标准协会(ETSI)网络功能虚拟化行业规范组继续推进 NFV 的发展和标准。

图 8-3 比较了传统网络设备方法与 NFV 方法。在传统网络中,网络服务在专用硬件上

运行。借助 NFV,路由、负载均衡和防火墙等功能被打包为商用硬件上的虚拟机(VM)。单独的虚拟网络功能(VNF)是 NFV 架构的重要组成部分。由于 NFV 架构虚拟化了网络功能并消除了特定的硬件,因此网络管理员可以在简化的配置过程中在服务器级别添加、移动或更改网络功能。

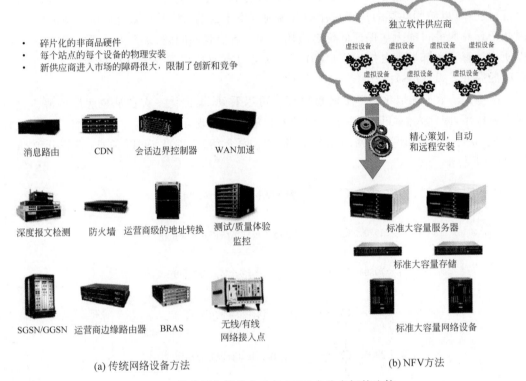

- 碎片化的非商品硬件
- 每个站点的每个设备的物理安装
- 新供应商进入市场的障碍很大，限制了创新和竞争

消息路由　CDN　会话边界控制器　WAN加速

深度报文检测　防火墙　运营商级的地址转换　测试/质量体验监控

SGSN/GGSN　运营商边缘路由器　BRAS　无线/有线网络接入点

(a) 传统网络设备方法

独立软件供应商

虚拟设备　虚拟设备　虚拟设备　虚拟设备

虚拟设备　虚拟设备　虚拟设备

精心策划，自动和远程安装

标准大容量服务器

标准大容量存储

标准大容量网络设备

(b) NFV方法

图 8-3　传统网络设备方法与 NFV 方法之间的比较

4．DLT 中的不同层

现有的 DLT 系统可以分为数据层、网络层、共识层、拓扑层、激励层、隐私层、契约层、应用层等几个层次,如图 8-4 所示。

本节首先描述 DLT 中的不同层,然后介绍 vDLT 的体系结构,最后是 vDLT 的应用程序编程接口(API)。

1) 数据层

DLT 体系结构中的数据层封装了不同应用程序生成的数据。在 DLT 的区块链形式中,每个区块都包含许多交易,并且被"链接"到前一个区块,从而产生一个有序的区块列表。每个区块主要由两部分组成：包含元数据的区块头和区块体。区块头包括父区块的哈希值、当前区块的哈希值、时间戳、nonce 和 Merkle 根。区块体存储通过验证的事务。在 DLT 的 DAG 形式中,交易数据直接添加到图中,节点通过引用并验证先前的交易来发布自己的交易。

图 8-4　现存的一些不同分布式总账技术所在的层

2）网络层

网络层定义 DLT 中使用的网络机制。该层的目标是分发、转发和验证从数据层生成的数据。通常可以将网络建模为 P2P 网络，其中对等方是参与者。数据生成后，将使用联网机制将其发送到对等节点。

3）共识层

共识层决定了共识算法。在分布式环境中，如何在不可信节点间高效地达成共识是一个重要问题。在现有的 DLT 系统中，有四种主要的共识机制：工作量证明（PoW）、权益证明（PoS）、实用拜占庭容错（PBFT）和委任权益证明（DPoS）。在 PoW 中，节点不断进行双重哈希运算来查找 nonce 值，该值很难生成但易于其他节点验证。与 PoW 相比，PoS 是一种节能机制。通过基于财富或年龄（即股份）等因素的随机选择的各种组合来选择下一个区块的创建者。PBFT 是一种容忍拜占庭错误的副本复制算法。DPoS 与 PoS 类似，PoS 和 DPoS 的主要区别在于 PoS 是直接民主的，而 DPoS 是代表民主的。此外，还有其他共识机制，包括 Ripple、Tendermint、带宽证明（PoB）、消逝时间量证明（PoET）、权威证明（PoA）和可检索性证明。

4）拓扑层

账本拓扑层定义了用于存储数据的账本拓扑。现有的 DLT 系统主要有两种拓扑结构：区块链和 DAG。区块链是一个不断增长的区块列表，使用加密技术进行链接和保护。相比之下，DAG 构建了一个交易图。由于交易不需要等待被包含到区块中，因此当节点接收到交易时，可以在 DAG 中快速确认交易。

5）激励层

DLT 中的激励层整合了经济激励措施，以激励节点为 DLT 系统贡献力量。具体来说，一旦添加新数据，将会根据节点的贡献对它们发布一些经济激励（例如，数字货币）。

6）隐私层

隐私层为 DLT 系统提供隐私保证。在大多数公有链系统中，所有网络参与者都可以公开交易。诸如发件人、收件人、金额等信息可以公开查看，至少地址是可追溯的。例如，要与区块链上的某个人进行交易，至少需要知道一个地址。因此，如果一个人给另一个人一些钱，这个人还可以看到下一笔钱走向。其次，如果碰巧某人知道来自现实世界的参与者的一些信息（例如，他们在一天中的什么时间交易了什么类型的资产），可以在区块链中进行搜索，然后推断他们的地址。为了提供隐私，可以加密存储在区块链中的信息，同时还获得数据来源、时间戳和不变性的好处。但是，这种性质的加密不能用于代表标记化资产转移的交易。如果参与者要加密他们的交易，那么所涉及的资产就不能被任何其他参与者安全地使用，因为没有人会知道资产实际在哪里。这些资产将不再具有集体意义，从而破坏了整个区块链观点。零知识证明的目的在于证明"这种资产转移是有效的"，而没有透露任何转移数据的重要信息。Zcash 使用一种相对较新的零知识证明技术，称为非交互式零知识证明（zk-SNARKs），其用来提供强有力的隐私保证。

7）契约层

契约层将可编程特性带入 DLT。可以使用各种脚本、代码和智能合约来实现更复杂的可编程事务。例如，智能合约是安全存储在以太坊中的一组状态响应规则。智能合约可以控制用户的数字资产，表达业务逻辑并制定参与者的权利和义务。当一个智能合约中的所有条款都由两个或两个以上的参与者达成一致时，合同将以密码方式签署并向区块链网络广播以进行验证。一旦预定义条件被触发，智能合约将根据规则独立并自动执行。以太坊是应用最广的支持智能合约的开源区块链平台。以太坊提供分布式虚拟机，以自动处理人们创建的各种服务、应用程序或合同。

8）应用层

DLT 的最高层次是应用程序，包括加密货币、物联网、游戏、智能城市等。虽然 DLT 仍处于起步阶段，但学术界和工业界正试图将这一有前途的技术应用于更多领域。

5. 分布式账本虚拟化技术架构（vDLT）

图 8-5 显示了 vDLT 的体系结构。资源由网络、计算、存储、密码学、共识和拓扑资源组成。虚拟资源是物理资源的抽象。抽象是使用虚拟化层（基于管理程序）实现的，虚拟化层将虚拟资源与基础物理资源分离。计算和存储资源可以用一个或多个虚拟机（VM）来表

示,而虚拟网络由虚拟链接和节点组成。虚拟节点是具有托管或路由功能的软件组件,例如封装在 VM 中的操作系统。虚拟链接是两个虚拟节点的逻辑互连,可以将它们视为具有动态变化属性的直接物理链接。

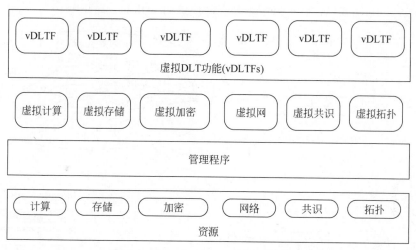

图 8-5 分布式总账技术的虚拟化架构

虚拟 DLT 功能(vDLTF)是网络基础设施内的一个功能模块,具有明确定义的外部接口和功能。因此,vDLTF 是部署在虚拟资源(如 VM 或容器)上的网络虚拟化的实现。单个 vDLTF 可以由多个内部组件组成,因此可以部署在多个 VM 或容器上。服务是由一个或多个网络虚拟化组成的 TSP 提供的服务。

6. vDLT 的应用程序编程接口(API)

开放的接口是加速 vDLT 部署的关键。这种方法允许多方独立开发 vDLT 体系结构的构建块,并使不同的应用程序能够选择最适合于他们应用需求的解决方案。同时,使用已有的标准、协议和接口技术,如 OpenStack,能够缩短开发 vDLT 框架的时间。对于软件实现,基于开源软件的开放框架是最灵活的方法。此外,为了确保提供 vDLT 的运营商级服务,需要对标准 API 进行一些扩展,如图 8-6 所示。

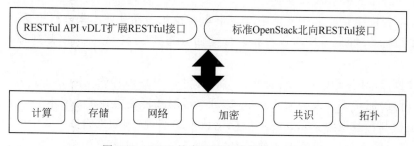

图 8-6 vDLT 的应用程序编程接口(API)

7. 基于 DAG 的 vDLT 和基于区块链的 vDLT

如图 8-7 所示，根据不同应用的不同要求，可以容易地配置区块链和 DAG。例如，对于需要低延迟和低交易费的应用，可以配置基于 DAG 的 vDLT。对于延迟和交易费要求不高的应用，基于 vDLT 的灵活性，可以配置基于区块链的 vDLT。

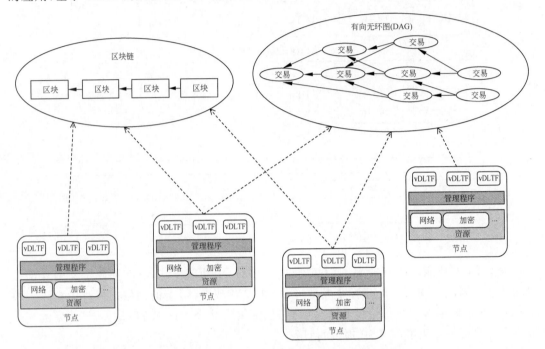

图 8-7   基于 DAG 的 vDLT 和基于区块链的 vDLT

8. vDLT 中的侧通道机制

使用侧通道机制（例如，闪电网络、雷电网络、Plasma 等），通常发生在分布式账本上的交互会在分布式账本外进行。侧信道机制可显著改善 DLT 的吞吐量。侧通道机制的工作步骤如下：

（1）部分分布式账本状态被锁定。

（2）参与者构建并加密签署交易，不必将其提交给分布式账本来进行更新。

（3）在稍后的时间点，参与者将状态提交回分布式账本，这会关闭侧通道并再次解锁状态。

其中步骤（1）和步骤（3）涉及向网络广播、支付费用并等待确认的分布式账本操作。相比之下，步骤（2）完全不涉及分布式账本，这可以帮助减轻底层分布式账本的负担。

侧通道机制可被视为分布式账本虚拟化技术的实现，例如来自图 8-8 中区块链的侧通道区块链，来自图 8-9 中 DAG 的侧通道 DAG 或甚至来自图 8-10 中 DAG 的侧通道区块链。借助 vDLT 的灵活性，侧通道机制可以轻松实现。

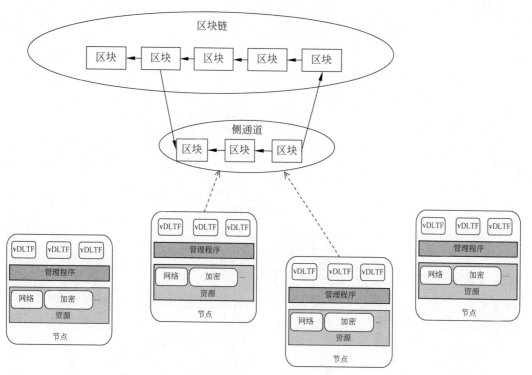

图 8-8 区块链的侧通道区块链

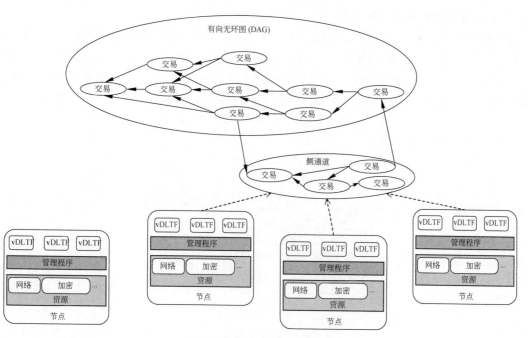

图 8-9 DAG 的侧通道 DAG

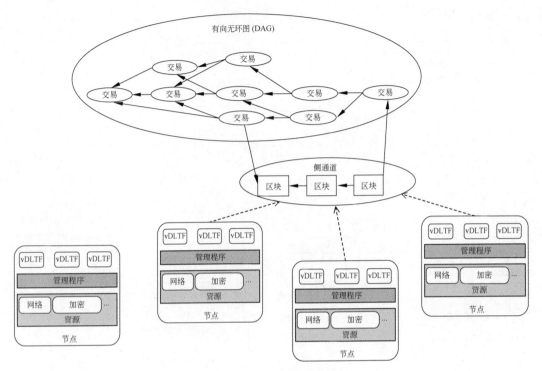

图 8-10　DAG 的侧通道区块链

9. vDLT 中的流量控制分离

现有的 DLT 僵化问题备受关注。具体而言,部署 DLT 后很难进行更改。实际上,这与现有 DLT 的另一个基本问题——治理问题有关。以太坊和以太坊经典拆分是典型的糟糕治理的例子。治理问题可以通过 vDLT 解决。特别地,一个节点可以虚拟化为一个流量节点或一个控制节点,如图 8-11 所示。控制节点可以用于 vDLT 的管理。

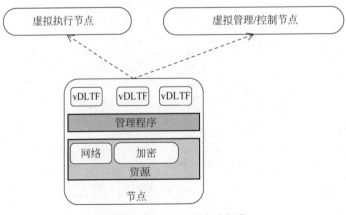

图 8-11　vDLT 中节点虚拟化

总之,加密货币底层的分布式账本技术具有很大潜力,它为人们创建新的经济和社会体系奠定了基础。然而,现有的 DLT 存在许多缺点,包括可扩展性问题、僵化问题和专业化问题等。因此,本书作者提出了一种新颖的虚拟化方法来应对现有 DLT 系统中的挑战。在 DLT 的虚拟化架构中,底层物理资源被抽象为虚拟资源,通过提供资源的逻辑视图,vDLT 可以显著促进 DLT 演进并简化系统的管理配置。

8.2 区块链+人工智能

人工智能技术,作为近年来最为火爆的技术之一,能为人们的生活带来巨大的便捷与智能化服务。区块链可以为人工智能的训练提供可靠有依据的数据,反过来,人工智能又可以提高区块链的效率。本节将介绍区块链与人工智能技术的结合与应用。

8.2.1 人工智能的起源与发展

人工智能(artificial intelligence,AI)的发展是以软硬件为基础,经历了漫长的发展历程。20 世纪三四十年代,以维纳、弗雷治、罗素等为代表发展起来的数理逻辑和图灵等人为先驱提出的计算思维,促进了智能计算方法的萌生。1956 年夏,人类历史上第一次人工智能研讨会在美国的达特茅斯(Dartmouth)大学举行,标志着人工智能学科的诞生。

1969 年,召开了第一届国际人工智能联合会议,此后每两年召开一次。次年,《人工智能》国际杂志(International Journal of AI)创刊。这些人工智能国际学术活动和交流对于促进人工智能的研究和发展起到积极作用。近年来,机器学习、深度学习、强化学习、演化计算、群智能等研究深入开展,形成人工智能的高潮。

人工智能是研究、开发用于模拟、延伸和扩展人的智能的理论、方法、技术及应用系统的一门新的技术科学,它有三大要点:一是数据,二是算法,三是计算能力。美国麻省理工学院的温斯顿教授认为:"人工智能就是研究如何使计算机去做过去只有人才能做的智能工作。"作为计算机科学的一个分支,人工智能企图了解智能的实质,并生产出一种新的能以人类智能相似的方式做出反应的智能机器,该领域的研究包括机器人、语言识别、图像识别、自然语言处理和专家系统等。人工智能从诞生以来,理论和技术日益成熟,应用领域也不断扩大,可以设想,未来人工智能带来的科技产品,将会是人类智慧的"容器"。人工智能可以对人的意识、思维的信息过程进行模拟。人工智能不是人的智能,而是像人那样思考甚至能超过人的智能。

人工智能和区块链有望基于双方各自的优势实现互补。人工智能代表先进生产力,区块链代表新的生产关系。这一说辞将现实世界的两个核心的概念范畴移植到虚拟世界和未来世界,有助于生活在现实世界的人类理解人工智能与区块链在虚拟世界和未来世界中的地位和相互关系。人工智能与区块链的关系就好比计算机与互联网之间的关系,计算机为互联网提供了生产工具,互联网为计算机实现了信息互联互通;人工智能将解决区块链在自治化、效率化、节能化以及智能化等方面难题,而区块链将把孤岛化、碎片化的人工智能以共享方式实现通用智能，前者是工具，后者是目的。

正是因为人工智能、区块链在生产和生活中越来越多地应用与落地，使得人们开始探索人工智能和区块链的协同甚至融合发展。"区块链和人工智能实现共存是最有价值的。"中科院外籍院士张首晟认为，区块链可以让数据市场变得更加公平。在人工智能中，为了让设备更加智能，需要不断地用新的数据去训练，如果要将机器学习的精准率从 90% 提高到 99%，它需要的不是已经学过的数据，而是和以前不一样的数据。而区块链技术，是新型的分布式数据库技术，因而在数据上，区块链和人工智能有合作的空间。区块链技术可以解决 AI 应用中数据可信度问题，有了区块链技术，AI 可以更加聚焦于算法。

AI 可以与区块链技术在数据领域结合，一方面是从应用层面入手，两者各司其职，AI 负责自动化的业务处理和智能化的决策，区块链负责在数据层提供可信数据；另一方面是数据层，两者可以互相渗透。区块链中的智能合约实际上也是一段实现某种算法的代码，既然是算法，那么 AI 就能够植入其中，使区块链智能合约更加智能。同时，将 AI 引擎训练模型结果和运行模型存放在区块链上，就能够确保模型不被篡改，降低了 AI 应用遭受攻击的风险。

区块链和 AI 是技术范围的两个极端方面：AI 是培养封闭数据平台的集中智能，区块链是在开放数据环境中推动分散式应用。如果找到一种智能的方法来使它们一起工作，那么总的积极外部性可能在一瞬间被放大。两者的结合也会有两种不同的方式，各有侧重：一是基于区块链，将 AI 的功能用于优化区块链（包括私链、联盟链、公链）的搭建，可以让区块链变得更节能、安全、高效，其智能合约、自治组织也将会变得更智能；二是基于 AI，利用区块链的去中心化和价值网络的天然属性，分布式解决 AI 整体系统的调配，给 AI 带来广阔和自由流动的数据市场、AI 模块资源和算法资源。

下面分别从人工智能对区块链的影响和区块链对人工智能的影响这两个角度出发，探索人工智能与区块链的结合所带来的优势与好处。

8.2.2　人工智能对区块链的影响

区块链本质上是一种新的数字信息归档系统，它将数据以加密的分布式总账格式存储。由于数据经过加密并分布在许多不同的计算机上，因此可以创建防篡改、高度可靠的数据库，只有获得许可的用户才能读取和更新数据库。尽管区块链极其强大，但也存在自身的限制。其中一些是技术相关的，而有的则来自于金融服务领域固有的思想陈旧的文化。区块链技术在近几年的高速发展中暴露出了许多问题，阻碍了其商业化进程，但结合人工智能技术，可以有效地缓解这些问题。

首先是电力消耗问题。挖矿是一项极其困难的任务，需要大量的电力以及金钱才能完成。凭借 AI 算法的优化，结合 PoW 和 PoS 的共识机制可节省区块链的电力及能源的消耗。人工智能的三大核心组成部分为数据、算法、算力，其中算法的优化可以节省算力，按照这个逻辑，将人工智能用于 PoW 共识机制和哈希运算，可大大提高计算效率，从而节省电力和能源。例如：新创企业 Matrix，利用 AI 将 PoW 与 PoS 结合使用，采用分层的共识机制,首先利用随机聚类算法在整个节点网络中产生多个小型集群并主要基于 PoS 机制选举出代表节点,再由选举出的代表节点进行 PoW 竞争记账权,相比全节点的竞争记账方式,可大大减少能源的浪费。此外,一个智能系统可以根据最终实时计算出特定节点成为第一个执行特定任务的节点的可能性,让其他矿工可以选择放弃针对该特定交易的努力,从而削减总成本。

其次是数据的冗余和扩展问题。比特币正在稳步地以每 10 分钟 1MB 的速率增长,这将大大增加账目的数量级。中本聪首次提出可以把"区块链修剪"(比方说删除有关已完成消费交易的不必要的数据)作为可能的解决方案,AI 可以引入诸如联邦学习(federated learning,可以直接在多台用户的手机上协作训练并改进 AI 算法,数据都保存在终端手机里,共享预测模型)等新的去中心化学习系统,或者引入新的数据分片技术来让系统更加高效。此外,实践证明,通过 AI 模型和算法的优化,还可实现区块链的自然进化、动态调整,还可有效地防止分叉的出现。

AI 可更加有效地管理好区块链的自治组织。传统上,如果没有关于如何执行任务的明确指示,计算机无法完成它们。由于区块链的加密特性,在计算机上使用区块链数据进行操作需要大量的计算机处理能力(如比特币挖矿等)。而人工智能可以使用更聪明、更周到的方式管理任务。就好比一个擅长破译密码的专家通过训练可以使其破译密码的速度越来越快,一个机器学习驱动的挖掘算法,如果给它提供了正确的培训数据,它可以几乎立即提高其专业技能,如果将技能用于社区管理,那么社区管理的效率就会大大提高。

AI 可以延展和提高智能合约的功能和效率。德勤(世界四大会计事务所之一)估计区块链验证和共享交易的总运行成本大概是每年 6 亿美元。区块链 2.0 的智能合约编写时需要用户仔细描述合约的参数细节以及执行过程,由于计算机语言的严谨性,这些合约往往会存在许多潜在的漏洞。将各类 AI 模型、智能审查机制等引入智能合约的编写,用户只需要提供合约的主要目的和关键内容,AI 虚拟机就可以在审核其安全性之后直接调用模型库的基础 AI 模型进行匹配、整合,满足大部分普通用户编写和使用智能合约的需求。

此外,人工智能还能在以下两个方面解决上链数据的真实性:一方面在数据上链之前,通过人工智能分析对数据进行异常分析;另一方面,上链后的数据也可以通过人工智能进行数据检测。

因此,利用人工智能技术,可以优化区块链的运行方式,使其更安全、高效、节能。

8.2.3 区块链对人工智能的影响

说到人工智能,就不能回避大数据。人工智能包含三个核心部分:算法、算力及数据,一个优秀的 AI 算法模型需要大数据的训练和充足的算力支持,从而进行不断地优化和升级。过去人类一直构思机器学习方法,但是苦于没有足够多的数据来训练和验证。互联网的爆发终于迎来了大数据时代,但当下的很多数据都掌握在少数的大公司内,如 Google、Facebook 等。而 AI 发展所需的,诸如:个人的消费记录、医疗数据、教育数据、行为数据等,却不能随意被个人支配。由于数据市场还未形成,中心化的大数据带来的结果就是信息孤岛。利用区块链的零知识证明技术，不但能够证明数据是有价值的，还可以隐藏真正隐私的数据。区块链将打破信息孤岛，使得数据市场变得更加公平，而激励机制使数据共享成为可能，这样就拥有了一个良性的数据市场，在鼓励数据共享的同时，能获得数据的来源，保障数据的可靠性和隐私性。区块链给 AI 带来分布式智能，并实现数据市场的自由流动。总的来说，区块链给人工智能技术带来的影响主要体现在以下几方面：

（1）区块链带来的分布式 AI，可以实现 AI 不同功能之间的相互调用，加快 AI 的发展速度。如今每个企业都在不同程度上对 AI 有需求，而当下的 AI 产品很少能满足企业的需要，而开发个性化的 AI 产品又有很高的技术壁垒和资金壁垒。即使可以雇佣开发人员来建立自定义 AI 产品的巨头，也很难聘请足够的 AI 专家来满足全部需求。想要真正迎接智能时代，就必须打破各个系统之间的界限，实现各个系统之间的相互调用。区块链是用一种分布式的方式来运行 AI 系统的复杂网络，整个网络就好比大脑，而网络中运行的不同 AI 节点，就好比脑区。即使大脑不控制人体内的每个系统，但基于分布式区块链的网络同样可以为人工智能的协调开发创造一个动态平台。在这个动态平台上，每个 AI 节点都可以调用其他 AI 节点的模块和工具包。此外，对于网络攻击者来说，攻击整个分布式网络比攻击个别 AI 系统更困难，分布式 AI 系统也会更安全。

（2）区块链可以打破封闭的 AI 开发模式、共享 AI 资源以及鼓励传统孤岛之间的数据共享。许多先进的 AI 工具只存在于由研究生或独立研究人员创建的 GitHub 中。这使他们不能触及，任何人都无法安装、配置和运行它们。大多数 AI 开发者是学者，而不是商人，外界无法访问到他们的算法和模型。区块链的共享机制和激励机制，可以鼓励 AI 模型的开发者共享其开发成果。机器学习、深度学习都需要有足够大的数据集，而创建和管理这种大型数据集是 AI 人员无法做到的，同时，目前封闭的开发模式也使开发人员难以共享数据集。

（3）区块链的分散性促进了数据共享。如果没有单个实体控制存储数据的基础架构，那么因共享数据而带来的摩擦就会减小。数据共享可以发生在企业内部（不同分公司之间的数据合并，可降低企业内审成本）、联盟数据库（综合银行的数据可以有效降低欺诈）或公共区块链上（能源使用数据＋汽车零部件供应链数据）。区块链上代币激励的方式给共享数据提供了一个激励机制的典范。如果有足够的前期收益，数据共享就会成为必然，当来自孤岛的数据合并时，可以获得新的数据集，对新的数据集进行训练时，又将会带来一个可以用于新业务的新模型。

（4）区块链还可用于审计追踪数据和模型，以获得更可靠的预测。众所周知，用于 AI 的数据越多，模型越好，但数据量与 AI 模型之间的正比例关系，建立在良好的数据质量的基础上。如果在垃圾数据上训练，也会得到一个垃圾模型，测试数据也是一样，因而数据也需要可信度，有效的数据训练出的模型也是有效的，这样模型既获得了声誉和可信度，也能被更加广泛地利用。

（5）去中心化的数据市场，可以减少数据共享所带来的摩擦。在分散管理的过程中，数据和模型作为知识产权资产进行交换，没有一个实体可以控制数据存储的基础设施，这使得组织更容易协同工作或共享数据。通过这种分散交易,将看到真正开放的数据市场。

(6)在区块链数据库中,权限就是资产,拥有权限的个人可以控制数据和模型的流向。创建可用于模型构建的数据以及自行创建模型时,可以预先指定许可权,以限制其他人使用它们的方式,例如读取权限或查看特定数据或模型片段的权限。作为权利持有者,个人/机构可以将这些数字资产许可权转让给系统中的其他人。

与当前的数据孤岛相比,未来加入区块链技术的分布式 AI 平台,希望达到的目标就是实现数据、算法、AI 资源(包括开发工具、数据包等)的自由调度,建立一个真正自由流动的市场。这个平台的价值在于底层协议的构建、数据、AI 资源的对接,而不仅指将资源引进平台。引入平台只是第一步,随后比较重要的是可以实现:通过数据/AI 接口可以调用这些数据和资源。再延伸,就是调用的方便程度和速度。

各种人工智能设备通过区块链实现互联、互通。统一的区块链基础协议让不同的人工智能设备在互动过程中积累学习经验,提升人工智能的智能。开源的公链用于管理人工智能,对外输出人工智能服务。算力通过区块链离散地组合起来,更多公司参与大规模计算,厘清分配奖励,成本端会发生大的变化,对中心化的算力机构依赖性变弱,甚至会出现新的组织形态,从而改变整个人工智能行业的布局。结合区块链技术,现有的数据寡头垄断即将结束,一个新的开放和自由数据的时代即将来临。

8.2.4　区块链＋人工智能产品

目前来说,区块链与人工智能结合的产品,仍处于一个探索阶段,目前大多数的产品,都是利用区块链技术来为人工智能的训练提供数据,并为这些用户提供奖励。下面介绍三种典型应用。

1. ObEN

ObEN 是美国一家开发 PAI(个性化人工智能,Personal AI)的创业公司。ObEN 想为每个人打造出自己的人工智能 PAI,它不仅长得像你,而且说话的声音也像,未来甚至还会拥有与真人相似的性格。这种个性化人工智能 PAI 会成为网络空间的个人助手,任何人都可以用它来社交,或者管理自己的任务。他们的产品在 2017 年 10 月的迪拜世界区块链峰会上,获得了创业大赛第一名。

区块链给 ObEN 中带来的优势就是信任,例如,在社交网络中,人们都希望每个人工智能 PAI 确实能够真实代表它的主人,这样才能放心交往、搭讪、打赏;如果一位明星想用虚拟形象 PAI 与粉丝互动,粉丝也希望能确认其背后就是明星官方的人工智能。以及交友行业,只有确立了人工智能背后是真实的人,用户才愿意付出时间与精力。

区块链社区可以看作一个诚信的社区,通过互相的认证,可以确保每个人的 PAI 都属于自己,代表自己,是自己在数字世界的映射。这正可以满足 ObEN 对 PAI 最核心的基本要求。与此同时,用户信任了自己的 PAI,就会放心、主动使用,从而贡献更多的个人数据,数据反哺 PAI,人工智能得到进步,进而为用户提供更好的人工智能技术,提供更好的服务,形成了一个融合的人工智能区块链体系。在 PAI 链上,人工智能与区块链是一个整体。

不仅如此，将区块链引入人工智能，PAI 链的矿工们将可以用区块链算力完成人工智能平行计算的任务。正如区块链上诞生了比特币一样，矿工们将因此获得 PAI 币的奖励。这样就把原先被浪费的算力和电力转化成先进生产力——人工智能 PAI，为社会创造了价值。每个人的数据都是自己的资产，由数据训练出来的 PAI 也是自己的资产。PAI 的人工智能功能越多，PAI 的数量越多，PAI 链的价值越高。

如果整个社会是以人为基础，那数字社会中的基础组成单元就是每个人自己在数字世界的映射——基于 AI 的 PAI，而且是可信的。使用人工智能形象 PAI 的人越多，整个数字社会的价值就越大，开发者可以在此之上开发越来越多的应用。ObEN 应用场景包括以下几方面。

（1）社交方面。除了上面提到的社交，明星还可以使用 PAI 进行粉丝管理。区块链上经过认证的明星人工智能可以增强真实感，用人工智能提升互动质量，实现以前不可能的互动体验。基于 Project PAI 公链还可以开发私链。例如经纪公司既可以将明星的作品、音像版权放在区块链上，增加交易的透明度和可追踪性，每次的交易都可以让各方即时拿到分成，又可以推出适合自己商业特点的 PAI 积分系统，让粉丝可以通过 PAI 体验与明星的人工智能互动。PAI 积分系统是单向的，用户只能通过 PAI 币领取并使用积分，积分不能变现、不能换回 PAI 币。这样既不会导致 PAI 币的通货膨胀，又可以让合作伙伴开发出适合自己商业特点的个性化积分系统。

（2）房产交易。目前的主要房产交易均是通过中介机构完成，由它们发布房源信息。但每个人都可以利用经过认证的 PAI，将自己房产信息发布在去中心化的区块链上，由它来保证每个房源的可信性，可以追踪性，以及让交易按智能合约履行。

（3）医疗方面。ObEN 希望用 PAI 助于临床和健康管理。郑毅表示，公司刚刚与美国医疗机构签署合作意向协议，为医生与患者开发虚拟形象 PAI，通过医生的 PAI 提醒病人注意遵医嘱，并改进生活习惯。例如健康状况较差的独居老人往往会存在抑郁的风险，而借助 PAI 虚拟形象（或许是医生、护士或一位家庭成员的 PAI）可以在日常生活中密切注意老人的生活，并督促正常饮食及锻炼。如果是一位老人熟悉的家人，还可以在某种程度上营造亲友就在身边的感觉，有正面的心理暗示作用。同样的，对于出院后处于康复期的患者，虚拟人工智能形象 PAI 也可以发挥同样的作用，减少患者再次入院的风险[13]。

2. 猎豹音箱

猎豹移动的小豹 AI 音箱是首款融合区块链技术的 AI 高级音箱。用户以音箱作为去中心化的"节点"参与进产品的质量改善、AI 能力的进化，从而获得 AI 积分的回报。只要保持音箱的在线、有效的人机交互、参与帮助 AI 进化的"数据标注"任务、共享个性化 AI 资源（如经过认证的自定义人机应答）等就有奖励。包括用户对音乐、有声读物的消费行为，也可以获得 AI 积分的激励回报。

然后，区块链的去中心化、不可抵赖、公开透明的特性，使得用户的权益永久地、安全地存储在区块链账簿上,实现对用户权益的有效保障;PoC(贡献证明)算法机制,使得可以公平地判定用户对生态的价值贡献。获得的 AI 积分,不仅可在猎豹联盟伙伴之间享受多元化的兑换回馈,还可实际兑换等价的数字服务、包括版权内容服务、数字娱乐产品,智能设备和其他增值服务。

3. Ocean Protocol

区块链数据公司 Ocean Protocol 将个人数据进行区块链商品化管理。他们认为:"分析过的数据组数量级越大,出现错误的概率就越小。"只有大公司才有实力进行大规模的数据采集、存储和分析整理,并在此基础上建造各种各样基于大数据训练的人工智能模型。Ocean Protocol 指出,2016 年,全球共产生了 17ZB(17 529 186 044 416GB)数据。由于数据中心化,只有少数大公司才能对这些数据进行收集、整理和分析,因此这 17ZB 数据中,仅有 1% 得到了合理利用并投入人工智能模型训练。原因就在于,数据中心化的前提下,数据的使用方式也缺乏透明度,当数据提供者无法对自己的数据进行有效管理时,很多人都选择不再进行数据分享。

Ocean Protocol 这家公司要做的事情就是,将用户数据打包扔进区块链网络——当这些数据被人工智能开发人员、研究机构或其他组织所使用时,数据上传者就会收到使用方提供的一定数量的加密数字货币作为补偿。这种思路主要带来的好处有三点:数据透明化,每一份数据的上传者、使用流向和成果都有迹可查;用户对数据拥有所有权和自主使用权;加密数字货币带来的有偿鼓励机制。

通过上述方式,提供数据的用户能将自己产生的数据变现,人工智能从业者能够获得与谷歌、亚马逊等大公司同样的甚至更为准确的模型训练数据——更重要的是,区块链中的大数据更加透明、有效,最终训练出来的算法模型出错概率会更小。即便真的出了问题,各方也都能知道问题究竟出在哪一步。

区块链势必会促进更干净、更有组织的个人数据市场的建立,而在人工智能训练和发展的各环节中,这也只是区块链能够触及的其中一环而已。

当人工智能模型的原始数据、基本算法和最终交互都与区块链技术发生碰撞时,数据的可用性提高了,算法的审计跟踪流程透明了,人工智能交互也能从信任的"黑匣子"中得到释放,并将促进更多、更好的新数据反馈至整个流程中用于进一步优化。

可以看出,今天的区块链和人工智能还刚刚起步,如果将其比作一个人,那么他们还是嗷嗷待哺的婴儿,还不具备自立的能力。因此,对于区块链和人工智能而言,当前最重要的使命依然是完善和成长。未来,只有两大技术都相对成熟,并且有一定规模的应用落地,两者的协同与结合才更有价值和空间。

8.3　区块链＋物联网

当前随着互联网的发展,除了人与人之间的信息交互,同时还出现了很多人与物、物与物的信息交互。人与物的信息交互中,包含人对物的监控(如安防、智慧城市、智慧医疗、智慧农业等）。物与物的信息交互，主要包括自动化的调配，主要面向的是无人监管下的系统自动化（如水库的水位自动调配等）。

物联网本质上是互联网的延伸和扩展，在这个网络中，物成为主体，可以智能地识别、定位、跟踪和管理，更好地为"人"提供智能的应用和服务。小到各种可穿戴产品，大到汽车、楼宇和工厂，物联网能使一切设备互联并具备智慧，如果说未来还有哪种技术可以彻底改变人类生活、工作和娱乐的方式，物联网绝对是其中之一。

8.3.1　整个物联网市场"盘子"有多大

根据相关权威机构预测，到 2025 年将达 11.1 万亿美元。显然中国的物联网是具有使用场景和应用场景的，如今"人人互联"已经逐步实现，"万物互联"的发展条件也基本具备，而且物联网作为构建在移动、社交、大数据、云计算基础上的一种社会数字化转型的重要驱动力，是实现供给侧改革的有效手段。

《"十三五"国家信息化规划》中多处提及物联网，工信部发布的《物联网"十三五"规划》中，也明确了物联网产业"十三五"发展目标。目前，国内的物联网应用规模与水平也在不断提升。智能交通、车联网、医疗健康、智慧城市等领域已经涌现了一批成熟的运营服务平台和商业模式。上面提到的区块链技术的发展，也将为物联网带来更多想象空间。由于区块链技术可以使大数据管理安全和透明，它将是物联网发展的最佳解决方案。

随着 IPv6 的全面普及，物联网中基于 IPv4 的地址短缺瓶颈将被打破，入网的设备总量将呈爆炸性增长，同时，因为基于 IPv6 的设备不再是传统的服务器/客户端的模式，更具平等性的分布式网络将会快速增长。

除此之外，未来物联网也不仅仅是将设备连接在一起，简单地完成数据采集，而是会连入更具智能的设备，以一定的逻辑规则进行自主协作，完成更有商业价值的应用。不仅实现"万物互联"，"万物对话"也极有可能。

8.3.2　物联网面临的问题

物联网面临的主要问题是设备多样化，设备数量庞大，监管这些设备需要消耗巨大的人力资源。尤其是物与物的信息交互过程中，无法确保设备之间进行信息交互的安全性。

1. 物联网安全性缺陷

由于缺乏设备与设备之间相互信任的机制，所有的设备都需要和物联网中心的数据进行核对进行身份验证。一旦数据库崩塌，会对整个物联网造成很大的破坏。而区块链分布式的网络结构，使得设备之间保持共识，无须与中心进行验证，这样即使一个或多个节点被攻破，整体网络体系的数据依然是可靠、安全的。

中心化的管理架构存在无法自证清白的问题，也即不管你是否窃取了参与方的隐私，都容易被怀疑，没有理性的方式可以证明你的清白，完全靠相互的自觉与信任。况且，个人隐私数据被泄露的相关事件时有发生，摄像头被网络直播的事屡见不鲜。而区块链技术可以通过将行为信息记录到区块链中，进而证明该用户的行为历史的合法性。这种证明方法也适用于除行为方面的其他地方。

2. 运营挑战

在商业模式和实际操作方面物联网也受到运营挑战,因为这需要多方达成一致,试想一下 IBM 物流的例子。

当前物联网生态体系依赖的是中心化的代理通信模式,不然就是服务器/用户端模式。所有的设备都是通过云服务器验证连接的,该云服务器具有强大的运行和存储能力。设备间的连接将会仅仅通过互联网实现,即使这只是在几米的范围内发生。虽然这样的模式已经连接通用计算机设备几十年了,并且仍然在支持小规模物联网网络,正如大家现在看到的那样,但是这满足不了日益增长的物联网生态体系的需求。当前的物联网解决方案是非常昂贵的,因为中心化云服务器、大型服务器和网络设备的基础设施和维护成本是非常高的,在物联网设备的数量增加到数百亿时,会产生大量的通信信息,这会极大地增加成本。

这种服务器/客户端模式会让数据传输的能耗比较大,而物联网中传感器往往是携带的电量比较小。所以,只有通过分布式的方法,才能延长物联网中传感器的寿命。但是分布式网络中,节点可以随意进出,给网络中带来安全隐患,出现仿冒节点的情况。区块链技术具有天然的解决分布式网络中存在的安全问题的技术能力。

8.3.3 区块链的解决方案

构建安全多终端系统的前提至少满足三个条件:第一,进入准则;第二,历史记录;第三,惩罚规则。进入准则保证物联网的收益(缴纳入网费等),是安全的第一道屏障(信息核准等);历史记录能够记录节点行为的一般信息,为征信等提供第一手信息;惩罚规则是针对节点的历史记录,制定惩罚类型。通过区块链技术的哈希技术等,可以为用户提供唯一的标识,用于进入准则;利用区块链的公账功能,可以完全地记录节点的历史行为信息;基于区块链的惩罚规则可以基于数字货币进行惩罚。因此可以预见,区块链技术在物联网应用上将大有可为。

如在上面提到的,记录和存储物联网的信息都会汇总到中央服务器,而目前数以亿计的节点已经产生海量的数据,而且未来这些信息将越来越多,这将导致中心不堪重负,难以进行计算和有效存储,运营成本极高。另外,智能设备的消费频次太低,一般来讲,物联网设备如同门锁、LED 灯泡、智能插板等可能要数年才换一次,这对设备制造商来说是个难题。大量物联网设备的管理和维护将会给运营商和服务商带来巨大的成本压力。

1. 区块链技术降低物联网的运营成本

区块链技术可以为物联网提供点对点直接互联的方式来传输数据,而不是通过中央处理器,这样分布式的计算就可以处理数以亿计的交易。同时,还可以充分利用分布在不同位置的数以亿计闲置设备的计算力、存储容量和带宽,用于交易处理,大幅度降低计算和储存的成本。

区块链技术叠加智能合约可将每个智能设备变成可以自我维护调节的独立的网络节点,这些节点可在事先规定或植入的规则基础上执行与其他节点交换信息或核实身份等功能。这样无论设备生命周期有多长，物联网产品都不会过时，节省了大量的设备维护成本。

即使克服了空前的经济和工程方面的挑战，云服务器仍然是一个瓶颈和故障点，这会颠覆整个网络。当人类健康和生命越来越依赖物联网时，这就显得尤为重要。个体入网后更容易被攻击，如果不参与物联网，设备也许相安无事，但入网后难免成为系统性网络攻击的炮灰。美国 Mirai 创造的僵尸物联网（Botnets of things）就曾经感染超过 200 万台摄像机等 IoT 设备，这些私人设备惨遭"奴役"。

区块链技术有望带来没有任何第三方"认证"物联网。它以非常一致的方式解决可扩展性、单点故障、时间标记、记录、隐私、信任和可靠性等挑战。区块链技术可以为两台设备提供一个简单的基础设施，通过一个安全可靠的时间标记的合约，直接将货币或数据等财产相互转移。为了实现消息交换，物联网设备将利用智能合约，然后模拟双方之间的协议。此功能使智能设备的自主运行无须集中授权。如果将点对点的交易延伸到人和人或人和物体/平台，得到的就是完全去中心化的可信数字基础架构。

有些行业正在测试区块链和物联网，例如保险业务正在利用区块链的智能合约来提高索赔管理等流程的效率。其他应用包括欺诈管理、法律合规的应用。在区块链和物联网的范围内，区块链和物联网在保险领域的应用将会非常有趣，并将越来越多地从纯粹的远程信息处理模式转向实时物联网数据的连接、各种智能自动化保险政策应用。

虽然看起来区块链在保险行业中应用还比较遥远，但值得注意的是，从物联网投资的角度来看，2017 年年初，IDC 预测近几年保险业将成为增长较快的行业之一，虽然主要关注在远程信息处理（智能合约可以应用）。

2. 区块链+物联网行业展望

马化腾曾表示带领团队攻关后发现区块链必须链接场景才有未来，而就像李开复也曾表示金融领域是人工智能技术最恰当的落地领域一样，作为同样的新兴技术领域，区块链从技术理念到落地也迫切需要这样的落地场景。

而物联网反过来就成了区块链梦寐以求的场景。在多数商业领域都呈现中心化特征的情况下，相较那些为了区块链而区块链，强行把不必要去中心化的领域也端上区块链，物联网终端设备的分散化无疑为去中心化提供了最好的施展场所。

此外，物联网所采用的 P2P（对等式网络）、NAS（网络附加存储）、CDN（内容分发网络）等分布式互联网技术也与区块链在技术层面天然亲和，这在互联网中也是一种特殊的存在。

随着区块链及侧链发展，会对物联网及智能系统开发产生若干重要影响。其一便是可使用区块链技术交换追踪个人设备历史，因为区块链作为账簿可记录个人设备及其他设备、网络应用、使用者之间的数据交换。

区块链技术可以使智能设备变作独立代理，自动执行各种转账。设想下一台自动售货机不仅实时监控汇报其仓库情况，并且可以从不同分销商处招标按价高者售，还可以在新品到库时自动付款（当然新品是根据客户购买历史采购）；或者一整套智能家居设备，如洗衣机、洗碗机、吸尘器根据时间及将电力损耗降至最低为目的相互间自动排序运行；或者一台车可自行检测、安排保养并付款。

在更抽象的层面讲,区块链网络本身有潜力作为独立个体代理,有些人称之为DAC(分布式自治机构)。这些DAC提供的去中心非信任网络,可作为传统上依赖于信任和中心化机制的银行及仲裁机构的补充。例如,可以安全传送机密信息的电子通信业务,所有权转移的担保交易,甚至包括验证并推送软件更新并自动安装,而这些软件是用来管理其他DAC。

出于安保的考虑,物联网应用中家庭监控日益得到人们的广泛关注。无线监控器因为其便宜,便捷安放,日益受到人民的喜爱。但是,无线监控器也给不法分子带来了可乘之机。各个旅馆被人偷放监控设备,窃取别人隐私的事时有发生。即使监控器一旦被发现,也很难追踪不法分子的身份。应用区块链技术,可以规定监控器生产厂商对每个监控器分配唯一的用户名,该设备的所有行为都会通过区块链技术记录下来,并且永远不可以被改写。在这种情况下,用户就不会轻易使用监控设备非法窃取别人隐私。

8.3.4 基于区块链技术的物联网应用

随着5G的脚步临近,物联网将获得网络基础设施的支撑,物联网的市场也逐渐成熟,同时很多公司纷纷跟进区块链技术,结合区块链和物联网的应用也逐渐浮出水面。下面分别介绍几种已经出现的应用。

1. IBM公司的区块链应用

IBM公司是最早宣布它们对区块链的开发计划的公司之一,它在多个不同层面已经建立了多个合作伙伴关系,并展现了它们对区块链技术的钟爱。它已经发表了一份报告,指出区块链可以成为物联网的最佳的解决方案。2015年1月,IBM公司宣布了一个项目——ADEPT项目,一个使用了P2P的区块链技术的研究项目。IBM公司还与三星专为下一代的物联网系统建立了一个概念证明型系统,该系统基于IBM公司的ADEPT(自治分散对等网络遥测),ADEPT平台由三个要素组成:以太坊、Telehash和BitTorrent。使用该平台,两家公司都希望带来一个能自动检测问题,自动更新,不需要任何人为操作的设备,这些设备也将能够与其他附近的设备通信,以便于为电池供电和节约能量。

2. Filament公司的区块链应用

Filament公司提出了它们的传感器设备,它允许以秒为单位快速地部署一个安全的、全范围的无线网络,设备能直接与其他10英里(mi)①内的TAP(虚拟网络设备)通信,而且可以直接通过手机、平板或者计算机来连接,该公司利用区块链为基础的技术堆栈操作,区块链技术可以使Filament设备独立处理付款,以及允许智能合约确保交易的可信。该公司成立于2012年,在2015年得到500万美元的来自Bullpen Capital,Verizon Ventures and Samsung Ventures的联合投资,在2017年又得到了1500万美元的风险投资,主要的投资方是Verizon风险投资部门Verizon Ventures和专注种子轮后期的公司Bullpen Capital领投,英特尔公司,美国航空公司JetBlue,芝加哥商品交易所(CME)风险投资部门,Lab IX,Backstage Capital,Tappan Hill Ventures。

---

① 1mi＝1.609 344km

3. Ken Code-ePlug

ePlug 是 Ken Code 的一款产品，根据 Ken Code 的白皮书，ePlug 是一个小型电路板，位于里面的"ePlug 认证"的电源插座和灯的开关。为了安全性与可靠性，该产品提供了可选的 Meshnet、分布式计算、端到端的数据加密、无线连接、定时器、USB 接口、温度传感器、触觉传感器、光线和运动传感器，以及为了提供提醒的 LED 灯，该产品以基于区块链的登录方式，来确保安全，一旦输入正确的网络地址、URL 时，ePlug 所有者会看到一个登录界面，最初，区块链平台如 OneName 和 KeyBase 将会被用于登录到 ePlug 的身份验证。

4. Tilepay

Tilepay（物付宝）是为现有的物联网行业提供一种人到机器或者机器到机器的支付解决方案。该公司开发了一个微支付平台，Tilepay 是一个去中心化的支付系统，它基于比特币的区块链，且能被下载并安装到一台个人计算机、平板或者手机上，所有物联网设计都会有一个独一无二的令牌，并用来通过区块链技术接收支付。Tilepay 还将建立一个物联网数据交易市场，使大家可以购买物联网中各种设备和传感器上的数据，并以 P2P 的方式保证数据和支付的安全传输。

8.4　区块链＋大数据

随着数字社会的不断发展，产生了越来越多的数据。如何在更好地发掘数据潜在价值的同时，保障用户的数据隐私，是一个亟待解决的问题。而区块链技术，则可以有效地解决此类问题。

8.4.1　大数据简介

大数据（big data）指无法在一定时间范围内用常规软件工具进行捕捉、管理和处理的数据集合，是需要新处理模式才能具有更强的决策力、洞察发现力和流程优化能力的海量、高增长率和多样化的信息资产。公认的大数据具有 4V 特点：Volume（大量）、Velocity（高速）、Variety（多样）、Value（低价值密度，即单个的数据拿出来分析没什么意义）。

数据本身不是有用的，必须要经过一定的处理。例如每天跑步带个手环收集的也是数据，网上这么多网页也是数据，数据本身没有什么用处，但数据里面包含一个很重要的东西，叫作信息。数据十分杂乱，经过梳理和清洗，才能够称为信息。信息会包含很多规律，人们需要从信息中将规律总结出来，称为知识。

数据的处理分为以下几个步骤：首先是数据的收集。数据的收集有两个方式：第一种方式是抓取或者爬取。例如搜索引擎就是这么做的：它把网上的所有的信息都下载到它的数据中心。第二种方式是推送，有很多终端可以收集数据。比如说智能手环，可以将用户每天的活动、心跳和睡眠等数据上传到数据中心。然后是数据的传输和存储。接下来对数据进行处理和分析。原始的存储数据多是杂乱无章的，含有很多无用的垃圾数据，因而需要清洗和过滤，得到一些高质量的数据。对于高质量的数据，就可以进行分析，从而对数据进行分类,或者发现数据之间的相互关系,得到知识。最后就是对于数据的检索和挖掘。检索就是搜索,将分析后的数据放入搜索引擎,当人们想寻找信息的时候,搜索即可。挖掘是从信息中找出相互的关系。所以通过各种算法挖掘数据中的关系,形成知识库,十分重要。

然而,大数据时代下,由于数据的开放性和共享性,势必引起风险及隐私保护问题。

8.4.2　大数据时代下的金融风险控制问题

在数据资源开发利用的过程中,大数据服务商都希望获得更多的数据,这样才能进行深入的数据分析和挖掘。但现实中,各方对于数据共享总是顾虑重重:政府在开放数据上束手束脚,担心泄露国家机密;个人有所顾虑,担心泄露隐私;企业把数据资源当作一种重要资产,不会轻易开放。

首先,大数据风控技术无法解决数据孤岛问题,即数据的开放和共享问题。目前,政府、银行、券商、互联网企业和第三方征信公司掌握的信息难以在短时间内互联互通,从而形成一个个信息孤岛。当交易在不同金融机构之间进行时,数据孤岛导致了信息的不对称、不透明,带来了大量的多头债务风险和欺诈风险。金融信贷行业若想利用大数据风控技术提升风控水平,就必须打破数据孤岛,解决信息不对称和信息获取不及时的问题。

其次,数据低质的问题也从一定程度上影响了大数据风控的质量。特别是来源于互联网的半结构化和非结构化数据,其真实性和利用价值很低。举例来说,由于社交网络中的数据主观随意性很强,这些在网上提取的社交数据根本不具有利用价值或者利用价值十分低,错误率高达50%。电商平台上的交易数据也由于一些刷单现象而失真。这些信息的收集与利用就如同垃圾的运进运出,几乎没有任何意义。基于这些低质数据的风控效果也会大打折扣。

最后,大数据风控过程中存在数据泄漏问题。近年来,数据泄漏风险事件屡见报端。2015年2月12日,汇丰银行大量秘密银行账户文件被曝光,显示其瑞士分支帮助富有客户逃税,隐瞒数百万美元资产,提取难以追踪的现金,并向客户提供如何在本国避税的建议等。这些文件覆盖的时间为2005—2007年,涉及约3万个账户,这些账户总计持有约1200亿美元资产,堪称史上最大规模银行泄密。Verizon 发布的全球调研报告 *Data Breach Investigations Report* 2015 显示,2015年网络安全事件共有79 790起,确认的数据泄露事件达到2122个。这些都大大降低了大数据风控的有效性和应用价值。

但是,通过引入区块链数据库,可以提高大数据风控的有效性。单从数据的角度来看,区块链是一个由所有参与者共同记录(而不是中心化机构单独记录)信息、由所有参与记录的节点共同存储(而不是存储在中心化机构中)并且不可随意篡改的数据库。在这个区块链数据库中,每个用户节点都拥有整个数据库的完整备份,并且当某个用户节点要对数据库写入数据时,它需要向区块链网络广播这些数据,以便其余用户节点对这些数据进行验证审核操作。只有全网共同验证和认可后,数据才能写入区块链,并且一旦数据写入区块链后,就不能随意修改或删除。这样一个用区块链技术构建的数据库,对于大数据风控有效性的提高有重要意义。

　　首先，区块链去中心化、开放自治的特征可有效解决大数据风控的数据孤岛问题，使得信息公开透明地传递给所有金融市场参与者。设想以下情况：一位客户同时向 A 银行和 B 银行各申请 100 万元的房屋抵押贷款，但其房屋价值只有 100 万元。如果两家银行加入了同一区块链，就能即时辨别出客户的交易行为和风险，避免放贷总额超过抵押值。除了交易主体外，监管部门也可以作为一个用户节点加入区块链，实时监控其他用户节点的交易信息，防范风险事件的发生，无须再等到事后申报。利用区块链中全部数据链条进行预测和分析，监管部门可以及时发现和预防可能存在的系统性风险，从而更好地维护金融市场秩序和提高金融市场效率。可见，区块链去中心化的特征，可以消除大数据风控中的信息孤岛，通过信息共享完善风险控制。

　　其次，区块链的分布式数据库可改善大数据风控数据质量不佳的问题，使得数据格式多样化、数据形式碎片化、有效数据缺失和数据内容不完整等问题得到解决。在区块链中，数据由每个交易节点共同记录和存储，每个节点都可以参与数据检查并共同为数据做证，这提高了数据的真实性。而由于没有中心机构，单个节点不能随意进行数据增减或更改，从而降低了单一节点制造错误数据的可能性。举例来说，在银行或交易平台内部建立私有链，一位客户构成一个节点，一方面可以避免大量数据由单一信息中心集中录入和存储，降低操作风险；另一方面，卖方单方面的刷单行为可以通过买方的验证得到遏制，从而保证数据的真实有效。伪造的数据若想通过区块链网络的验证，必须掌握该私有链中超过 50% 的计算能力，当节点足够多的时候，该私有链的控制成本急剧上升。另外，区块链中每个节点都有完整的数据副本，只有当整个区块链系统发生宕机时数据才会丢失，并且数据记录一旦写入就不能修改。因此，区块链具备公开、透明和安全的特点，可以从源头上提高数据质量，增强数据的检验能力。

　　最后，区块链可以防范数据泄露问题。由于区块链数据库是一个去中心化的数据库，任何节点对数据的操作都会被其他节点发现，从而加强了对数据泄露的监控。另外，区块链中节点的关键身份信息以私钥形式存在，用于交易过程中的签名确认。私钥只有信息拥有者才知道，就算其他信息被泄露出去，只要私钥没有泄露，这些被泄露的信息就无法与节点身份进行匹配，从而失去利用价值。对于来自数据库外部的攻击，黑客必须掌握 50% 以上的算力才能攻破区块链，节点数量越多，所需的算力也就越大，当节点数达到一定规模时，进行一次这样的攻击所花费的成本是巨大的。因此，通过区块链对信息存储进行加密，保证数据安全，防范大数据风控中可能出现的数据泄露问题，是区块链的重要应用之一。

　　在身份验证应用层面，由于合规合法制度要求，客户身份认证一直是金融等中介机构无法逾越的基础设施建设工作之一。过去，亲面亲签的认证方式既让客户体验度降低，又让中介机构为此投入大量人力和物力资源。目前，一些第三方身份验证服务提供商开始利用区块链去中心化、公正公开的特性，在比特币平台上为金融等中介机构提供去中心的第三方客户身份认证的服务。与此同时，利用大数据技术从数据端对引流的客户进行身份验证、特征筛选等，以此提高反套现、反欺诈和反作弊的准确度。

　　在金融合约应用层面，人为的操作风险和道德风险一直是大数据风控难以解决的问题之一。大数据风控主要针对消费者,对于金融机构的员工操作风险和道德风险层面,就显得有些捉襟见肘。区块链 2.0 技术的出现,使智能合约系统成为可能。基于区块链可编程的特点,可将合约指令嵌入区块链中,有效弱化中心系统在数据监控和验证中的作用,并消除人为操作因素可能引发的风险。金融机构逐渐开始布局构建区块链技术的智能合约系统,使合约的合规检查自动化。

毋庸置疑,对于大数据＋区块链的金融风控技术来说,区块链本身或许存在亟待完善的风险漏洞,国内外区块链行业专家也正在尝试全新的解决方案。首先,在信用风险方面,区块链企业或可与保险机构跨界合作,开发区块链信用保证保险和履约保证保险来获得更强的公信力;其次,在操作风险和道德风险方面,区块链或将在原有开放源代码基础上迭代自动投票恢复交易和资金冻结的功能模块,以此来防范类似于被盗事件中成员所引发的操作风险和道德风险;最后,在市场风险方面,基于区块链技术的数字货币或可锚定全球最具代表性的法定货币,如美元、人民币和欧元等。

区块链技术作为一种特定的数据库技术,将与大数据、风控技术实现优势互补,进而构建全新的数据组织方式。笔者相信,在不久的将来,两项技术在风险控制领域的跨界融合将会上升到公司级和国家层的治理层面,从而带领人们进入强信任背书时代。

8.4.3　大数据时代下的数据隐私及安全保障问题

在数据共享和流通的过程中,每个人都会担心自己的隐私被泄露,尤其是密码、手机号码、身份证号码等敏感信息,2018 年 3 月,Facebook(现更名为 Meta)公司被发现利用用户行为数据操纵美国大选,这次有 5000 万用户信息泄露,Facebook 公司面临潜在高达 2 万亿美元的罚款。此外,某些旅游网站和打车软件利用大数据对用户进行差异性定价,越是经常用的人,定价越高。这些事件都表明,一些商家为了利润或者其他目的,侵犯了用户的数据隐私安全。用户数据隐私的保护体现在用户数据的获取、告知、使用和审计。用户数据隐私的保护的对立面不是不分享数据,而是用户拥有被告知的权利以及控制数据使用范围的权利。

相对现在的数据库方案的完全不透明,以区块链为基础的解决方案具有数据存储透明,用户掌握自己的数据,只要用户授权,任何主体可以访问利用数据,数据访问记录可公开审计等优点。区块链技术是通过“加戳”和“加密”两种方式解决了数据流通和共享中的关键问题。利用区块链技术解决数据流通问题,带来的好处有以下几点。首先,区块链对数据进行注册、认证,确认了大数据资产的来源、所有权、使用权和流通路径,让交易记录是全网认可的、透明的、可追溯的。以前数据在传输的过程中没有数据源的定义,无法区分一手、二手还是三手,是否被人用过,但区块链就可以实现对是否使用、使用过几次的登记。这种方式最大的意义是可以让数据资产化,数据一旦产生,便永远带着原作者的“烙印”,即使在网络中经过无数次复制、转载和传播,还能明确数据的生产者和拥有者,这使得数据作为商品或资产进行交易时更有保障。数据的接收者对数据本身或交易情况有任何疑问,还可以根据记录进行查询和追溯。

其次，区块链技术可以通过多种加密技术保障数据不被泄露。在数据共享和流通的过程中，每个人都会担心自己的隐私被泄露，尤其是密码、手机号码、身份证号码等敏感信息，区块链技术恰好可以解决这个问题。业内专家介绍，当数据经过处理后是放置在区块链上，数字签名技术使得只有获得授权的人们才可以对数据进行访问；通过私钥既保证数据私密性，又可以共享给授权研究机构；数据统一存储在去中心化的区块链上，在不访问原始数据情况下进行数据分析，既可以对数据的私密性进行保护，又可以安全地提供给研究机构和研究人员共享。

最后，将区块链系统中的存储数据作为资产可以自由地在大数据平台中进行交易，从而达到两种技术融合的目的。例如，建立数据积分系统。当企业上传数据到区块链系统中时，根据数据价值系统可以给其一定的积分。当企业要进行数据查询时，需要扣除一定的积分。通过将数据作为资产的形式，以交易方式将区块链技术与大数据技术进行融合。

以 Facebook 公司为例，假如用户的隐私数据被加密后存储在区块链上，任何公司需要访问用户数据的时候需要获得用户的授权，用户可以选择授权访问明文数据或者加密数据，数据使用方可以直接在加密数据上进行数理统计运算，任何对用户数据的访问和授权都有可审计的记录。需要数据的公司为了激励用户分享数据，可以提供一些数字货币奖励。作为平台的 Facebook 公司，为了弥补广告收入的损失，作为平台的提供方，可以收取分成，Facebook 公司可以开发出更好用的产品和完善数据平台，发现数据分享的交易数字货币，开发智能合约，促进交易双方的合作场景。

由于数据经过融合处理后更有价值，导致各个数据产生平台之间的数据交易一直很活跃。例如 Facebook 公司的很大一部分收入就来自其销售用户数据；国内更是存在着大量的数据交易让各种电话诈骗横行。但是，2017 年我国用户隐私保护条例通过后，数据交易市场受到了打击，在国外，数据交易市场也一直饱受争议，一直通过诱导用户签订数据分享协议来规避法律限制。数据交易可以利用区块链实现数据交易虚拟经济市场，即用户的行为产生数据，加密后经过用户允许，由数据平台方接入数据交易市场，进行数据交易。

从技术形态上，可以组建一个开源协会，开发一条数据公链，定义行业标准数据交换的智能合约，发行数据交易的数字货币，根据数据数理和质量贡献来分配货币。各个平台可以利用自己的特定场景，开发自己的侧链。也可以采用自底向上的方案，先由各个平台公司自己开发独自场景的区块链，然后由第三方数据交易市场公司开发跨链交易。

这样长期发展下去，可以预测在未来，数据生产平台公司和数据使用公司很可能会分离为两个行业，通过引入区块链进行数据治理，有效分离用户数据的产生平台和利用用户数据盈利的商业平台，化解左右手互搏的矛盾，消灭现有各个平台公司基于垄断的数据孤岛，让数据流动和融合起来，产生最大的价值，更重要的是还给用户隐私的所有权，保护用户对自己行为数据被收集使用的知情权和控制权。

所以说互联网解决的是信息的传递和连接，区块链提供的则是价值的流动和连接。通过区块链的底层技术，能够让个人数据为用户自己所用并享受价值收益。

8.4.4 区块链与大数据结合下的应用场景

由于医疗、金融等系统变革难度较大,目前还没有具体的应用出现,但各界正在积极研究区块链技术的潜在应用场景以及相关的优势,接下来,将简单畅想未来区块链技术在大数据中的应用。

1. 医疗

人们通常看到的病历数据在医院后台,这些数据远不止于大家看到的内容。它不仅包括你目前的身体状况,还有很详细的既往史。如今医疗行业的痛点之一,就是病人不能拥有自己病历的所有权,且病历隐私很可能被泄露或恶意篡改。

虽然目前我国大型医疗机构普遍开展了互联网医疗业务,患者可以通过互联网进行挂号、咨询等基本医疗业务,节约了大量时间与资源。但是由于我国医疗资源分配严重不均,致使大型医疗机构每日人满为患,无论什么病症都涌向大型医疗机构,不仅浪费时间,更浪费医疗资源。此外,每家医疗机构的网络系统都是各自独立,即使有适合其他医疗机构的患者也不能将信息马上送达,并且患者的就医信息隐私安全依靠现有互联网技术也难以保障。而通过区块链技术搭建的医疗行业数据共享系统将有效解决医疗行业信息孤岛难题,使医疗资源效用最大化,具体流程如图 8-12 所示。具体而言:在医疗区块链系统中,患者可以就近就医,不必专门前往拥挤的大型医疗机构。就诊的医疗机构对于不能医治的患者,会将其就医数据传输到区块链系统。区块链系统会分析患者就医数据将其分配到其他适合的上级医疗机构,以最大化现有的医疗资源。同时,卫计委还可以通过对区块链系统进行实时审计与数据追溯,一方面可以监督医疗结构收费情况,另一方面可以杜绝患者骗保,防止内外勾结等行为[14]。

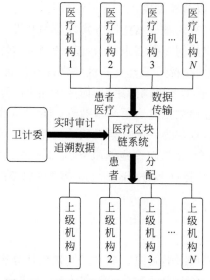

图 8-12 基于区块链的医疗系统示意图

2．金融征信服务

共享金融的发展核心在于征信数据搜集与分析的准确性，信用数据的缺乏与不足已经成为阻碍金融机构发展的重要原因。虽然随着大数据技术的发展，中国已经建立了网贷信用服务企业联盟，意在通过联盟内部数据共享，保障信用数据准确性。但是随着共享数据系统的数据量不断庞大，其问题不断显现：第一，数据存储过于集中，被盗取后风险极大；第二，随着数据总量的庞大，调取数据的延迟性不断增加；第三，传统大数据共享形式对硬件配置要求较高，数据汇总与更新速度将越来越慢。

将区块链技术加入金融征信系统中后，可有效解决传统大数据征信共享的弊端：第一，数据存储方式由中心化转为分布式，数据分散在区块链内部各节点，数据也不能被盗取；第二，区块链技术下的数据分享采用的是节点同步式，只要节点数据存储完毕，整个区块链系统内节点都可以查询到新的数据，保证数据实时共享；第三，数据上传与查询方式采用 P2P 模式，即点对点方式。每个节点都可以设置数据查询权限，如果要对该节点数据进行查询，必须要有密钥与地址才可以访问所需数据。这样，就可以有效解决金融共享过程中的数据隐私问题。

8.5　区块链＋云计算

区块链技术的发展和应用离不开大数据、云计算、物联网人工智能等新一代信息技术作为基础设施进行支撑，同时区块链技术也对以上这些信息技术发展具有推动作用。云计算服务具有大规模、高可靠性、低成本、按需服务、弹性伸缩等特点，可以为企业进行快速低成本的区块链应用开发。云计算与区块链结合，将会推动区块链技术的发展，使得区块链不仅在金融领域也在其他领域可以落地发展。

具体来说，利用云计算已有的基础设施服务实现应用开发加速，可以满足区块链生态系统中企业、机构对于区块链应用的多样需求。云计算的高可靠性与区块链的去中心化、数据不可篡改性等特点具有相同的目标。云计算和区块链的存储都是由普通存储介质组成，但是云计算存储是作为一种资源服务提供给用户，而区块链中的存储是指链上各节点空间，每个节点均是一个数据库，其存储数据具有不可篡改性。云计算也可以利用区块链这种不可修改的特性，将存储服务的数据作为一种公认有效的法律依据，提高存储安全性。

区块链与云计算紧密结合，在基础设施即服务（IaaS）、平台即服务（PaaS）、软件即服务（SaaS）的基础上创造出了区块链即服务（BaaS），形成将区块链技术框架嵌入云计算平台的结合发展趋势。

8.5.1　云计算

云计算是信息技术的一种范例，通过互联网（云）提供计算服务，包括服务器、存储、数据库、网络、软件等，提供这些服务的公司称为云提供商，云提供商通常使用"即用即付"的定价模式。云计算可以帮助用户专注于核心技术，而无须在 IT 基础设施架构和维护上花费资源。这些基于网络的、共享的计算资源池可以被用户方便地随机访问,同时这些资源池以最小化的管理或通过与云提供商的交互可以快速地提供和释放。云计算可以为用户提供低成本的数据中心扩展能力、IT 基础设施、软件以及各种新型应用并且可以保证用户质量。用户只需将基础设施包括传统的服务器、操作系统、存储运维等统一部署在一个平台上,而无须过多地关注该平台,只需在此平台上进行各种应用的开发。政府、企业、个人根据不同的需求部署不同应用,形成个性化的交付模式。

云计算为用户提供三种服务模式:基础设施即服务(IaaS)、平台即服务(PaaS)、软件即服务(SaaS)。

在基础设施即服务模式中,云提供商把计算基础(数据中心、服务器、存储等)等资源作为服务提供给用户使用,用户需要自己控制底层,实现基础设施的使用逻辑。用户通过互联网访问云提供商的资源和服务部署、运行和维护应用程序。

在平台即服务模型中,云提供商为用户提供平台级产品,包括操作系统、编程语言执行环境、数据库和 Web 服务器。软件开发人员无须购买和管理底层硬件设施,只需采取即用即付的方式从云服务提供商处购买所需资源,关注自己的业务逻辑,在云平台上开发和运行他们的应用程序。

在软件即服务模型中,用户可以访问应用程序软件和数据库,而云提供商管理运行应用程序的基础架构和平台。SaaS 也被称为"按需"软件,只有在用户需要时才被使用,定价模式是按用户每月或每年固定费用。由于用户软件是托管在服务提供商服务器上的,这为企业降低了 IT 运营成本,简化了用户管理和维护应用程序的流程。

8.5.2　云服务市场"区块链即服务"

区块链既可以公有也可以私有。由于企业需要私有区块链,将其作为企业应用程序或者服务的底层架构,如处理银行和金融交易制度的系统或企业内部协作平台,这些都可以基于区块链将交易和企业流程同步到不可篡改的分布式账本中,从而可以保证数据安全透明。公有链是完全去中心化的,通过代币机制鼓励参与者竞争记账以确保数据的安全性,典型代表有比特币和以太坊等。而私有链的写入权限是由某个组织或者机构控制的,参与节点权限有限且可控,由此需要大量的开发过程和强大的云计算能力,才能建立和维护分布式基础设施。

微软,IBM 两大巨头公司在 IaaS、PaaS、SaaS 的基础上提出区块链即服务(blockchain as a service,BaaS)的概念,它是一种结合区块链技术的云服务。这些企业从自己的云服务网络中开辟一个空间用来运行某个区块链节点,利用区块链开发云基础设施平台为企业提供服务。与普通节点及交易所节点相比,BaaS 节点提供基于区块链的搜索查询、交易提交、数据分析等一系列操作服务,这些服务可以是中心化的,也可以是去中心化的,可以用来帮助开发者快速生成必要的区块链环境,验证自己的概念和模型。BaaS 注重业务重塑过程,具有通用性,它使用现有区块链提供开放的服务。

用户根据区块链公链提供的基础设施开发公链应用,并为去中心化应用提供稳定可靠的云计算平台。例如在以太坊上使用智能合约开发公链应用，并在以太坊节点上运行对公众提供有效服务。在比特币上，利用比特币有限的功能，提供一些存证服务等。同时以联盟链为代表的区块链企业平台需要利用云设施完善区块链生态环境。目前在区块链领域，区块链即服务包括区块浏览器、数字货币交易平台和公链衍生应用，如存证型的公证通，公证通（Factom）是美国一家基于比特币的区块链技术，为商业和政府部门提供新的数据管理和数据记录解决方案的公司；数字身份型的 uPort，uPort 是基于以太坊基础的身份协议的团队，他们皆在基于区块链的方法来合理化用户分散、不安全的数字身份。

8.5.3　项目应用

本节将介绍国内外云计算平台与区块链结合提供区块链即服务，通过这些案例可以看到区块链＋云计算发展趋势是将区块链嵌入在云计算平台发展中为企业应用区块链技术提供服务。

1. 微软 Azure

微软 Azure 是一个不断扩大的并整合了云服务的平台，提供的功能包括分析、计算、数据库访问、移动解决方案、网络、数据存储和网络技术——所有这些功能都能快速、高效和经济地运行。它可能是全球最高效和流行的技术平台之一。

自 2015 年以来微软一直向其云计算平台添加 BaaS 模块，与一系列协议协同工作，偏重于以太坊区块链，合作大部分都是使用以太坊为基础的初创公司。

微软公司的区块链即服务解决方案是作为一种"沙盒"模式，其合作伙伴可以在微软提供的这个低风险环境中交互不同的技术，从智能合约到基于区块链的纳税申报服务等。企业可以寻求使用该平台上的加密技术和区块链相关的解决方案。定期还会有一些新的成员加入 Azure 的区块链即服务（BaaS）项目。吸引这些公司的原因正是该项目的优秀表现和分布式平台在实验和测试方面的低成本。

微软公司一直支持各种形式的区块链服务公司，合作伙伴包括以太坊、Ripple、BitPay、Emercoin 和 Multichain 等。

微软公司技术战略总监 Marley Gray 希望客户能访问每种区块链，所有 Azure 对所有区块链服务开放，为区块链产品打造一个教育与协作的环境，让用户在不断的实验和试错中学习。同时 Azure BaaS 平台将会规模化并扩展成认证的区块链市场，这意味着区块链技术供应商将接受更严格的安全检查。用户可以直接在 Azure 平台上部署区块链，也可以在当地的 Azure 数据中心部署区块链。在 Azure BaaS 服务中，区块链就像在云环境中的虚拟机一样被管理，用户可以快速添加区块链网络。

2. IBM Blockchain

IBM 公司于 2017 年推出 IBM Blockchain 致力于让开发者专注于区块链业务代码本身，提升开发和运维效率，帮助用户在 IBM 云上创建、部署和管理区块链网络。它是一种完全整合的企业级区块链平台，对期望采用区块链技术的企业提供增值服务，加速多机构商业网络的发展、治理和运营。

IBM 公司的 BaaS 平台基于由 Linux 基金会领导的超级账本项目 Hyperledger Fabric v1.0 和 IBM PaaS 云平台,提供端到端的区块链平台解决方案。通过保证区块链的底层网络和存储要求,IBM BaaS 可以提供区块链应用上线的自动化流程,对区块链提供全方位的运维管理,同时可与 P4、PureApp 进行集成。通过 IBM BaaS 平台,区块链网络可以基于模板快速搭建并且具有高可用性,通过私有区块链镜像存储,版本可以保持一致稳定,同时无缝对接 IBM PaaS 云平台底层服务,可以保证节点故障实现快速恢复,用户可以定制区块链功能和拓扑结构。由于区块链产品以一种高度可审计的方式建立,用户可跟踪网络中发生的所有活动,让管理人员可以在出现错误时进行审计跟踪。

IBM BaaS 平台应用场景包括三个方面。一是企业需要开箱即用的区块链平台,IBM BaaS 平台支持多租户场景,具备服务发现、共享存储、日志监控、DevOps 等企业级能力。二是企业需要高可用和动态扩展的区块链网络底层框架,IBM BaaS 平台集成 Kubernetes,支持 master 节点,共享存储,节点故障恢复,帮助应对高数据增长带来的挑战。三是企业希望集中内部开发资源于上层业务应用,而非底层架构,IBM BaaS 平台提供 SDK、CLI 样例,供企业开发团队基于 IBM PaaS 云平台灵活快速配置区块链网络。现在已有一些企业开发团队利用 IBM BaaS 平台,成功将区块链技术应用在商业场景中。如沃尔玛的基于 IBM 区块链平台的可溯源食品安全解决方案,北方信托与 IBM 区块链合作的用来提升用户体验的自动化私募流程[15]。

3. 亚马逊 AWS

亚马逊网络服务公司于 2018 年宣布推出一款区块链模板产品——AWS 区块链模板,基于 Linux 基金会的 Hyperledger Cello 开源框架,构筑 AWS 云端上的区块链即服务平台。AWS 区块链模板能够让 AWS 区块链 APP 用户更快捷地设置 Ethereum 或 Hyperledger Fabric 网络。在金融服务领域,AWS 正在与金融机构和区块链提供商合作以促进创新。DCG 是分布式账本技术领域公认的领导者,大部分投资都依赖于 AWS 云。DCG 通过与 AWS 等技术基础架构提供商合作,构建实验平台,帮助投资组合中的区块链供应商在安全的环境下与客户合作,同时为 AWS 上的区块链技术进行企业实验提供实验室环境。

4. 腾讯 TBaaS

国内互联网公司也利用自身的优势资源,积极加入 BaaS 平台的开发中。腾讯推出以腾讯云为基础的 TBaaS 平台系统,为企业市场用户提供金融安全级区块链基础设施服务,让用户在弹性开放的云平台上快速构建自己的 IT 基础设施和区块链设施,从而可以进行区块链开发、测试和部署企业级解决方案。TBaaS 腾讯云区块链开放平台在支持 Hyperledger Fabric 区块链网络技术的同时,也将支持 BCOS、TrustSQL、Corda 和 EEA 等不同区块链底层技术。

TBaaS 采用联盟链平台,通过定义统一的技术规范,任何企业都可以在其平台上轻松构建区块链服务。联盟链与公有链不同,其针对的是特定的企业或组织,由于不需要工作量证明(PoW),交易或提案的发起是通过参与方共同签名验证达成共识,提高了交易效率,计算成本大大减少。TBaaS 的联盟区块链平台,可一键式快速部署接入,拥有去中心化信任机制，支持私有链、联盟链或多链，具有私有化部署与丰富的运维管理等特色能力。在多云融合环境中，用户可以按照需求在底层区块链技术平台上搭建跨云平台联盟链。TBaaS 支持 TCE 私有云化部署方式，用户可以自主管控整个 TBaaS 平台。平台采用基于数字证书的 PKI 身份管理、多链隔离、信息加密、智能合约控制等手段保护私密信息。TBaaS 的应用场景包括金融、医疗、零售、电商、物联网、物流供应、公益慈善等行业[16]。

5. 百度 Trust

百度 Trust 是基于区块链技术的项目，它致力于打造最具易用性的区块链工具，以便捷的部署接入、可靠的去中心化信任机制、稳健的服务能力、丰富的运维工具以及过硬的系统性能为目标。依靠底层技术特性，能够安全、高效和低成本地进行追溯和交易，适用于数字货币、支付清算、数字票据、银行征信管理、权益证明和交易所证券交易、保险管理、金融审计等领域。该平台最大的特点是"开放"与"可定制"，用户可自行部署区块链节点，同时根据实际企业应用需求，对区块链各项目进行定制与灵活配置。同时百度 Trust 已经加入 Linux 基金会领导的 Hyperledger"超级账本"开源项目。目前，百度 Trust 已有一些应用案例，如基于 BaaS 平台和多链隔离的技术方案，利用区块链技术构建百度消费金融生态全闭环，实现了资产的授权跨链查询和穿透追溯，保证了信贷资产从生产到交易过程的真实透明。原创图片服务平台"图腾"，通过引入可信机构到区块链和区块链公开透明可追溯性，实现图片版权的权威确认，保护图片行业知识产权[17]。

6. 华为 BCS

华为公司也已推出区块链即服务平台（blockchain service，BCS），聚集于区块链云技术平台建设，使企业可以在华为云上快速、高效地搭建企业级区块链行业解决方案。该平台利用华为云 IaaS 和 PaaS 层为系统提供弹性可扩展的区块链资源，提供 Hyperledger 标准智能合约接口，用户可以使用华为云提供的各种解决方案（如供应链金融解决方案、游戏行业解决方案、供应链溯源解决方案、新能源行业解决方案等）、根据不同应用场景在分布式账本网络上构建不同的智能合约，允许客户构建以供应链、标记化证券资产和公共服务（如身份验证和财务审计）为重点的智能合约应用程序。区块链系统安全由华为云安全提供，华为云区块链服务提供联盟链方式，联盟链最重要的特点是节点的可控性和账本的安全。华为云安全可以为区块链节点、账本、智能合约以及上层应用提供全方位的安全保障。区块链服务平台具有极强的可靠性和扩展性，后续根据市场需求逐步支持 Corda 和 EEA 等优秀区块链框架，为上层应用低成本、快速地提供高安全、高可靠、高性能的企业级区块链系统[18]。

8.6　小结

本章介绍了学术研究领域提出的各种"区块链＋新技术"的设计实现原理，也介绍了一些"区块链＋行业"的落地项目应用情况。无论这些概念被冠名区块链 3.0，还是区块链 4.0，这些思路和方法本身都是区块链技术未来的发展方向。

思考题

1. 列举两种网络虚拟化技术的实现方式,并比较两种方式的相同点与不同点。
2. 为什么说设备拥有者参与网络虚拟化的积极性会被影响?
3. 能否基于区块链激励设备拥有者积极参与网络虚拟化?
4. 传统互联网有哪些局限? 如何突破它?
5. 简述 vDLT 中的侧通道机制。
6. 人工智能与区块链技术在数据领域能否结合?
7. 试讨论人工智能可以在哪些方面解决区块链落地应用遇到的问题?
8. 物联网发展目前面临哪些问题? 区块链技术能够缓解这些问题吗?
9. 试讨论利用区块链技术构建数据库有哪些优势?
10. 试讨论区块链技术如何与大数据结合?
11. 区块链可以实现数据源的确权,可以登记数据使用次数,请阐述这种功能的意义。
12. 简述 BaaS 节点的功能。

第 9 章 区块链十深度学习

深度学习是一种使用多层神经网络结构的学习框架,能够通过组合低层特征形成更加抽象的高层表示属性类别,并提取数据的分布式特征,从而模仿人脑的机制来解释数据。随着大数据的出现和高级并行计算能力的提升,新模型和新算法的验证周期大幅缩短,因此基于深度学习的各种新应用不断涌现。随着这些新应用的普及,各行业对于深度学习资源的需求也出现了爆发式增长。而目前区块链中广泛使用的工作量证明机制,正在消耗大量的计算资源做"无用功",如果能充分利用区块链网络中的海量计算资源做深度学习的计算和训练任务,那将会产生巨大的社会效益。

基于这个思想,本书作者正在研究和搭建基于区块链的深度学习平台,把来自各行业的深度学习任务分解为相对独立的子任务,将这些深度学习子任务替换区块链工作量证明中的哈希运算,有效地利用区块链节点的计算力进行分布式学习和训练,对深度学习任务有贡献的网络节点将类似矿工会获得数字货币的奖励,让区块链网络中的矿工做有价值的计算,激励更多有闲置计算资源的用户参与深度学习任务的计算。可以说,深度学习发展了生产力,将实现很多行业和应用的智能化,而区块链改变了生产关系,将激励更多的人进行共识协作,二者的有机结合将给人们的生产和生活带来巨大变革。

本章首先阐述深度学习的概念和常用框架,介绍几种移动端深度学习框架及应用实例;然后讨论区块链与深度学习如何结合、取长补短;最后介绍目前国内外区块链与深度学习结合的项目案例。

9.1 深度学习

机器学习是研究如何使用机器来模拟人类学习活动的一门学科,早在 20 世纪 50 年代就是当时的研究热点,然而受限于计算和处理能力,没有得到广泛的应用。近十年,随着大数据和图形处理单元(GPU)的普及,以及神经网络结构方面的新突破,机器学习经历了一场迈向深度学习的革命,并将人工神经网络重新定义为深度学习。深度学习的概念由 Hinton 等于 2006 年提出,之后迅速获得了十分广泛的应用,例如:自动驾驶、Alpha Go、数据挖掘、计算机视觉、自然语言处理、生物特征识别、医学诊断、证券市场分析、DNA 序列测序、搜索引擎、游戏和机器人领域。用深度学习构建的手写数字识别神经网络模型可以成功用在银行账单核查和邮政地址识别上，准确率能达到 99％。深度学习与传统机器学习不同，它的模型更加复杂深层，包括特征处理与学习，预测识别，而传统的机器学习则是人工进行特征处理，通过一个函数进行预测。深度学习以神经网络或其他模型为基础，通过设计模型结果与学习优化网络参数来优化模型性能和对不同任务进行应用。

深度学习是一种特征学习方法，将原始数据通过神经网络结构转变为更高层次的、更加抽象的表达，通过足够多的转换的组合，非常复杂的函数也可以被学习。神经网络可以被描述为一系列的线性映射与非线性激活函数交织的运算。神经网络的每一层的神经元计算其输入的加权和，权重代表模型参数，然后经过非线性激活函数输出至下一层相连接的神经元。其模型参数可以通过反向传播计算的梯度下降来联合优化。由于神经网络一般比较复杂，所以可以把复杂的神经网络学习看成深度的机器学习，即深度学习。神经网络的组成结构允许在这种模型的训练和测试中进行并行化处理，利用 GPU 在高性能并行计算方面的优势，神经网络的几乎所有工业应用都在 GPU 上运行，下一步深度学习将涉及专用硬件，如谷歌的 TPU（谷歌设计的硬件加速器）和其他嵌入式硬件平台。

深度学习通常有以下几种模型：卷积神经网络、循环神经网络、生成对抗网络和深度置信网络等。其中前两者属于监督学习，后两者属于无监督学习。监督学习是指训练数据的样本包括输入向量与目标向量（标签），而无监督学习中训练数据只是一组输入向量而无对应的目标值。

首先介绍用于图像处理领域的卷积神经网络（convolutional neural network，CNN）。与常规神经网络不同，卷积网络中各层的神经元是三维的，分别为宽度、高度和深度。卷积神经网络由卷积层（convolution layer）、池化层（pooling layer）、全连接层（fully connected layer）组成。卷积层中的神经元将只与前一层中输出的一小块区域连接，而不是采取全连接方式。每个神经元都计算自己与输入层相连的小区域与神经元权重的内积，卷积层会计算所有神经元的输出。池化层在空间维度（宽度和高度）上进行下采样（down sampling）操作从而将图像维度变小，全连接层会将计算分类进行概率计算与输出。卷积层的作用是进行特征提取，层数越深的卷积神经网络会提取具体的特征，越浅的网络提取抽象表层的特征。输出层具有类似分类交叉熵的损失函数（预测概率分布和真实概率分布的相似程度），用于计算预测误差。一旦前向传播完成，反向传播就会从输出层开始向输入层反向更新权重与偏差，以减少误差和损失。

与卷积神经网络不同，循环神经网络（recurrent neural network，RNN）是一种和时序相关的网络模型，网络输入不仅和当前输入有关，还与过去一段时间的输出有关。RNN 被发现可以很好地预测文本中下一个字符或者句子中下一个单词，并且可以应用于更加复杂的任务，如语音识别、自然语言处理等。循环神经网络通过使用带自反馈的神经元，能够处理任意长度的序列。长短期记忆网络是一种典型的基于门控制的循环神经网络，通过有选择地加入新的信息，并有选择地忘记之前累积的信息，可以解决简单循环神经网络的梯度爆炸和梯度消失问题。

深度置信网络（deep belief network，DBN）是一种可以有效学习变量之间的复杂依赖关系的生成式模型。它像一种大脑的模型，具有学习的能力，可以用在无监督和半监督的学习，如使用图像数据进行学习，学会使用特征理解其他图像，即使训练图像是无标记的。生成对抗网络（generative adversarial networks，GAN）是一种深度生成模型（deep generative model）。深度生成模型通过深层神经网络可以利用近似任意函数的能力建模一个复杂的分布，GAN通过对抗训练的方式使得生成网络产生的样本服从真实数据分布。

深度学习的一个重要应用是计算机视觉领域，计算机视觉是研究使机器如何去看的一种科学，其应用包括图像分类（image classification）、目标检测（object detection）、语义分割（semantic segmentation）和实例分割（instance segmentation）等。图像分类是对出现在某幅图像中的物体判定是其固定类别集合中的哪一类（上面提到的手写数字识别、计算机视觉系统识别项目ImageNet等都属于图像分类问题）。目标检测是在图像分类的基础上对每个类别的对象进行位置检测。语义分割和实例分割同属于图像分割问题。语义分割是将图像中每个像素分配到某个对象类别，而实例分割是在语义分割的基础上对每个类别的不同目标进行分类。在深度学习应用到计算机视觉领域之前，研究人员一般使用纹理基元森林（texton forest）或是随机森林（random forest）方法来构建用于语义分割的分类器。卷积神经网络不仅能很好地实现图像分类，而且在分割问题中也取得了很大的进展。基于深度学习的图像语义分割通用框架是前端使用完全卷积网络FCN进行特征粗提取，后端使用CRF/MRF（条件随机场/马尔可夫随机场，CRF尝试找到图像像素之间的关系：相近且相似的像素大概率为同一标签；CRF考虑像素的概率分配标签；迭代细化结果）优化前端的输出。FCN是基于传统的卷积神经网络，将原来的全连接层卷积化。SegNet是基于FCN结构的一种编码器解码器结构，编码器使用池化层逐渐缩减输入数据的空间维度，而解码器通过反卷积层（deconvolution layer）等网络层逐步恢复目标的细节和相应的空间维度。SegNet将最大池化指数（max pooling index，保存通过最大池化操作选出的权值在过滤器中的相对位置）转移至解码器结构，这使得在内存使用上，SegNet比FCN更高效。

Geoffrey Hinton、Yoshua Bengio和Yann LeCun在Nature上发表的深度学习综述最后总结了深度学习的三大发展方向是无监督学习、深度强化学习和自然语言理解。在数据集较大的情况下，有监督学习能得到较好的性能。但是在未来无监督学习能有更大发展，因为人类和动物通过观察这个世界来学习，这很大程度上都是无监督的。深度强化学习可以让智能体输入感知信息，如视觉，然后通过深度神经网络，直接输出动作，学会自己与环境交互进行学习。使用深度学习技术的各种应用如神经机器翻译、问答系统、文摘生成等都取得了不错的效果，效果的提升主要归功于注意力机制和循环神经网络相结合的强大能力。相信未来几年内还会有大量相关工作出现[19]。

随着人工智能和深度学习的发展，深度学习框架的出现可以让使用者便捷地进行深度学习模型的训练与推断。深度学习就像是搭积木，而深度学习框架就是积木，每个模型或算法就是积木的一个组件，用户只要根据自己的需要进行设计和搭建。主流的深度学习框架包括以下几个。

（1）Caffe 是一个兼具表达性、速度和思维模块化的开源深度学习框架。它由伯克利人工智能研究实验室（Berkeley Artificial Intelligence Research Lab）和社区贡献者开发。贾扬青在加州大学伯克利分校攻读博士学位期间创建了这个项目。Caffe 是纯粹的 C++/CUDA 架构（其内核由 C++ 编写），支持命令行、Python 和 MATLAB 接口，可以在 CPU 模式和 GPU 模式之间直接无缝切换。Caffe 的清晰性表现在模型与优化都由配置定义，无须硬编码，用户以文本形式而非代码形式就可以定义好自己的神经网络，并按自己的需要进行调整。Caffe 用于计算机视觉的研究，具有最快的卷积神经网络实现，但是不适用于文本、声音或时间序列数据等其他类型的深度学习应用。快速性使 Caffe 成为研究实验和行业部署的理想选择。Caffe 是第一个在工业上得到广泛应用的开源深度学习框架，也是第一代深度学习框架里最受欢迎的框架。

（2）TensorFlow 是一个开放源代码软件库，用于进行高性能数值计算。借助其灵活的架构，用户可以轻松地将计算工作部署到多种平台（CPU、GPU、TPU）和设备（桌面设备、服务器集群、移动设备、边缘设备等）中。TensorFlow 最初是由 Google Brain 团队（隶属于 Google 的 AI 部门）中的研究人员和工程师开发的，可为机器学习、深度学习和强化学习提供强力支持，并且其灵活的数值计算核心广泛应用于许多其他科学领域。TensorFlow 使用数据流图（data flow graphs）进行数值计算，提供了非常丰富的深度学习相关的 API（应用程序编程接口），包括基本的向量矩阵计算、各种优化算法、各种 CNN 和 RNN 基本单元的实现，以及可视化的辅助工具等。TensorFlow 允许我们用计算图（TensorFlow 的每一个计算都是计算图上的一个节点，而节点之间的边描述了计算之间的依赖关系）的方式建立计算网络，同时又可以很方便地对网络进行操作。TensorFlow 支持 Python 和 C++，用户可以基于 TensorFlow 的基础上用 Python 编写自己的上层结构和库，如果 TensorFlow 没有提供需要的 API，也可以自己编写底层的 C++ 代码，通过自定义操作将新编写的功能添加到 TensorFlow 中。TensorFlow 受到了工业界和学术界的广泛关注，TensorFlow 社区是 GitHub 上最活跃的深度学习框架。

（3）Theano 是另一个可以在 CPU 或者 GPU 上快速运行数值计算的 Python 库。这是 Python 深度学习中的一个关键基础库，可以直接用它来创建深度学习模型或包装库，大大简化了程序。它是为深度学习中处理大型神经网络算法所需的计算而专门设计的，由蒙特利尔大学蒙特利尔学习算法小组开发。它的一些突出特性包括 GPU 的透明使用、与 NumPy 紧密结合、高效的符号区分、速度/稳定性优化、动态 C 代码生成以及大量的单元测试。与 TensorFlow 类似，Theano 是一个比较低层的库。因此它并不适合深度学习，而更适合数值计算优化。遗憾的是，Youshua Bengio（MILA 实验室负责人）在 2017 年 11 月宣布他们将不再积极维护或开发 Theano。原因在于 Theano 多年来推出的大部分创新技术现在已被其他框架所采用和完善。

（4）深度学习框架在两个抽象级别上运行：低级别是指数学运算和神经网络基本实体的实现（TensorFlow、Theano、PyTorch 等），高级别是指使用低级别的基本实体实现神经网络抽象，如模型和图层。Keras 就是在高级别上运行的深度学习框架。Keras 是谷歌的人工智能研究员 François Chollet 开发的、使用 Python 编写的一个建立在 TensorFlow 和 Theano 之上的高级 API，最初是作为项目 ONEIROS（开放式神经电子智能机器人操作系统）的研究工作的一部分而开发的。它的开发重点是实现快速实验，用户只需几行代码就能构建一个神经网络并且 Keras 能够以最小的延迟将 idea 转换到结果。Keras 允许简单快速的原型设计，支持卷积网络和循环网络以及两者的组合，并可以在 CPU 和 GPU 上无缝运行。Keras 目前是人工智能领域对新手最友好，也是最易于使用的深度学习框架之一。

（5）PyTorch 在学术研究者中很受欢迎，也是相对比较新的深度学习框架。Facebook 人工智能研究组专门针对 GPU 加速的深度神经网络编程开发了 PyTorch，来应对一些在它前任数据库 Torch 使用中遇到的问题。由于编程语言 Lua 的普及程度不高，Torch 永远无法经历 Google TensorFlow 那样的迅猛发展。因此，PyTorch 采用了已经为许多研究人员、开发人员和数据科学家所熟悉的原始 Python 命令式编程风格。同时它还支持动态计算图，这一特性使得它对时间序列以及自然语言处理数据相关工作十分友好。PyTorch 提供运行在 GPU 或 CPU 上、基础的张量操作库，内置的神经网络库，模型训练功能，支持共享内存的多进程并发（multiprocessing）库。

（6）MXNet 是一个全功能、灵活可编程和高扩展性的深度学习框架，支持深度学习模型中的卷积神经网络和长期短期记忆网络等。MXNet 由学术界发起，包括数个顶尖大学的研究人员的贡献，这些机构包括华盛顿大学和卡内基梅隆大学。MXNet 主要面向 R、Python 和 Julia 等众多语言，支持分布式，非常方便地支持多机多 GPU。资源利用率高，对深度学习的计算做了专门的优化，GPU 显存和计算效率都比较高。MXNet 的单机和分布式的性能都非常好。亚马逊 AWS 选择 MXNet 作为其深度学习 AMI 的库，并且还为 MXNet 的开发提供软件代码和投资。

9.2 移动端深度学习

随着 AI 技术的发展，越来越多的公司希望将深度学习模型部署在移动端，以优化用户体验。然而主流的深度学习模型往往对计算资源要求较高，导致较高的功耗，同时模型内存比较大，如果直接部署到移动端设备上运行模型，速度较慢，难以直接部署到消费级移动设备中。常用的解决方案是将复杂的深度学习模型部署在云端，移动端对待识别的数据初步预处理后上传至云端，再等待云端返回识别结果。优点是这个方式部署相对简单，将现成的框架（Caffe、Theano、MXNet 等）做下封装就可以直接拿来用，由于云端服务器性能较好，能够处理比较大的模型。但这对网络传输速度的要求较高，在网络覆盖不佳地区的用户使用体验较差，同时数据上传至云端后的隐私性也难以保证。在这种情况下，移动端深度学习应运而生，它是一种离线（offline）的方式，将深度学习模型在服务器中进行训练，然后通过移动端深度学习框架对其进行转换，从而可以在移动设备本地上进行部署推断。下面介绍几种移动端深度学习模型。

9.2.1 移动端深度学习框架

对于手机来说,并没有统一的硬件标准,也没有统一的 GPU 型号,所以就很难做到一个框架支持所有手机,因此目前多个公司都给出自己的移动端深度学习框架。由于手机 GPU 没有独立显存,利用 GPU 的框架未必比单 CPU 框架速度快,因此目前支持 GPU 的移动端深度学习框架不多。本节介绍几种国内外移动端深度学习框架的特点与应用场景。

1. Caffe 2

Caffe2 是 Facebook 于 2017 年 4 月推出的在 Caffe 基础上进行重构和升级的全新开源深度学习框架。Caffe2 一方面集成了诸多新出现的算法和模型,另一方面在保证运算性能和可扩展性的基础上,重点加强了框架在轻量级硬件平台的部署能力。可以部署在 iOS、Android、英伟达 Tegra X1 和树莓派(Raspberry Pi)等在内的各种移动平台上。用户只需要加载 Caffe2 框架,然后通过几行简单的 API 接口调用(Python 或 C++),就能在手机 APP 上实现图像识别、自然语言处理和计算机视觉等各种 AI 功能。现在 Caffe2 代码也已正式并入 PyTorch,使 Facebook 能在大规模服务器和移动端部署时更流畅地进行 AI 研究、训练和推断。

2. TensorFlow Lite

TensorFlow Lite 是谷歌公司于 2017 年 11 月发布的用于移动端和嵌入式设备的轻量化框架。TensorFlow Lite 支持机器学习模型在较小二进制数下和快速初始化/启动的设备端上进行推断,允许跨平台运行,目前支持的平台包括 Android 和 iOS,针对移动设备进行优化,包括大幅提升模型加载时间,支持硬件加速。TensorFlow Lite 目前支持很多针对移动端训练和优化好的模型。TensorFlow Lite 发布一个月后,谷歌即宣布与苹果达成合作——TensorFlow Lite 将支持 Core ML。TensorFlow Lite 为 Core ML 提供支持后,iOS 开发者就可以利用 Core ML 的优势来部署模型。目前,该框架还在不断更新与升级中,随着 TensorFlow 的用户群体越来越多,同时得益于谷歌的背书,TensorFlow Lite 极大可能会成为在移动端和嵌入式设备上部署模型的推荐解决方案。

3. Core ML

苹果公司在 2017 年 6 月推出面向开发者的全新机器学习框架——Core ML,能用于众多苹果的产品,包括 Siri、相机和 QuickType。据官方介绍,Core ML 带来了极速的性能提升和机器学习模型的轻松整合,能将众多机器学习模型集成到 APP 中。它不但有 30 多种层支持广泛的深度学习,而且还支持诸如树集成、SVM 和广义线性模型等标准模型。

4. SNPE

Snapdragon Neural Processing Engine(SNPE)是高通公司在 2017 年 7 月推出的面向骁龙移动平台设计的深度学习软件框架。SNPE 帮助开发人员充分利用骁龙的异构计算能力在高通骁龙芯片所有内核上(CPU、GPU 和 DSP、HVX)运行深度神经网络。SNPE 目前支持卷积神经网络和递归神经网络/LSTMs,以及 Caffe/Caffe2、TensorFlow 和用户/开发者自定义层,开发者可以利用离线网络转化工具调试并分析网络性能,API 和 SDK 文件(包括示例代码)也非常易于集成到客户应用中。SNPE 将向多个行业(包括移动、汽车、医疗健康、安全与图像)的开发者提供他们所需的工具,以实现移动终端神经网络驱动的人工智能应用。例如,Facebook 已宣布计划将 SNPE 集成到 Facebook 应用的相机功能中,以促进 Caffe2 支持的增强现实(AR)特性实现。相较于通过一般的 CPU 实现,Facebook 可利用 SNPE,基于 Adreno GPU 实现 5 倍的性能提升,从而在拍摄照片和直播视频时,实现更流畅、无缝且逼真的 AR 特性应用。

5. MACE

MACE(mobile AI compute engine)是小米公司在 2018 年 6 月正式发布的用于移动端异构计算设备优化的深度学习模型预测框架。它的特点是支持异构计算加速,可以在 CPU、GPU 和 DSP 上运行不同的模型,实现真正的生产部署。在框架底层,MACE 针对 ARM CPU 进行了 NEON 指令级优化,针对移动端 GPU,实现了高效的 OpenCL 内核代码。针对高通 DSP,集成了 nnlib 计算库进行 HVX 加速。同时在算法层面,采用 Winograd 算法对卷积进行加速。MACE 支持 TensorFlow 和 Caffe 模型,提供转换工具,可以将训练好的模型转换成专有的模型数据文件,同时还可以选择将模型转换成 C++ 代码,支持生成动态库或者静态库,提高模型保密性。目前 MACE 已经在小米手机上的多个应用场景得到了应用,其中包括相机的人像模式、场景识别等。

6. ncnn

腾讯优图实验室于 2017 年 7 月公布了成立以来的第一个开源项目 ncnn,这是一个为手机端优化的高性能神经网络前向计算框架。ncnn 是纯 C/C++ 实现,无第三方依赖,库体积很小,部署方便,跨平台,支持 Android 和 iOS。ncnn 为手机端 CPU 运行做了深度细致的优化,采用 ARM NEON 汇编级优化,计算速度极快。精细的内存管理和数据结构设计,内存占用极低。支持多核并行计算加速。支持卷积神经网络,支持多输入和多分支结构,可计算部分分支,以减少计算量。ncnn 在手机端 CPU 端运算速度在开源框架中处于领先水平,目前已在腾讯多款应用中使用,如 QQ、Qzone、微信、天天 P 图等。

9.2.2 移动端深度学习实例

随着移动端深度学习框架的出现,移动端深度学习应用也迅速发展,下面介绍利用上述深度学习框架进行移动端深度学习应用开发的实例(运行环境：Ubuntu 16.04)。

1. 实例1：移动端语义分割应用

前面已经简单介绍过深度学习中语义分割模型,实例 1 是将语义分割模型 DeepLab 部署到移动端设备上,目的是将标签(如人、狗、猫等)逐像素分配给输入图像。DeepLab 是谷歌推出的一种语义分割模型,结合了深度卷积神经网络(DCNNs)和概率图模型(DenseCRFs),同时创新性地将空洞卷积应用到 DCNNs 模型中,在现代 GPU 上运行速度达到了 8FPS,在 Pascal 语义分割挑战中获得了第二的成绩。

本实例使用的是 TensorFlow Mobile,它旨在部署机器学习应用在移动端设备上,适用于 iOS 和 Android 等移动平台。TensorFlow Mobile 适用于成功拥有 TensorFlow 模型并希望将模型集成到移动环境中的开发人员。使用 TensorFlow Mobile 将深度学习模型部署到安卓设备上包括三个步骤：将训练好的模型转换成 TensorFlow Mobile 可识别使用的模型文件，将 TensorFlow Mobile 依赖项添加到移动应用程序中，在 AndroidStudio 中构建在应用中使用深度学习模型执行推断。值得注意的是，TensorFlow Lite 是 TensorFlow Mobile 的升级版。在 TensorFlow Lite 上开发的应用程序将具有比 TensorFlow Mobile 更好的性能和更小的网络模型。在安卓 8.1 以上中，TensorFlow Lite 使用安卓神经网络 API 进行加速。TensorFlow Lite 目前为开发预览阶段，没有涵盖所有案例。TensorFlow Lite 支持选择性的运算符集，因此默认情况下并非所有模型都适用于 TensorFlow Lite。然而，TensorFlow Mobile 完全覆盖了功能。由于 TensorFlow Lite 不支持语义分割模型中的一些运算符，所以本案例使用 TensorFlow Mobile。

实例中使用的深度学习模型是 TensorFlow DeepLab Model Zoo 中在 Pascal VOC 2012 数据集上训练的 DeepLab 模型 mobilenetv2_coco_voc_trainaug，其中网络骨架使用 MobileNet-v2，这是谷歌推出的一个轻量级的神经网络结构，在保证一定准确率的情况下通过降低参数量从而更好地运行在移动端。

在安卓手机上部署语义分割模型包括以下步骤：

（1）训练好的 TensorFlow 模型，其中包括 ckpt 和 pb 文件，下面以上述介绍的模型 mobilenetv2_coco_voc_trainaug 为例进行演示。值得注意的是需要固化模型，即将该模型的图结构和权重固化到一起，涉及将其所有变量转换为常量写入 pb 文件中。此外，固化模型必须是符合 Google Protocol Buffers 序列化格式的单个二进制文件。这样才能将其与 TensorFlow Mobile 配合使用。通常使用 TensorFlow 源码中的 freeze_graph 工具进行固化操作合成 pb 和 ckpt 文件生成固化模型文件 frozen_inference_graph.pb 文件，然后用 optimize_for_inference、quantize_graph 进行优化（此实例中模型已经过固化）。

（2）运行命令行，从 TensorFlow 模型库中下载 DeepLab 源代码

```
git clone https://github.com/tensorflow/models.git
```

将训练好的模型和固化模型放在 models/research/deeplab/下的新建文件夹 model 下，包括以下三个文件：

```
frozen_inference_graph.pb
model.ckpt-30000.data-00000-of-00001
model.ckpt-30000.index
```

（3）在 GPU 上训练的模型中有些运算符在 TensorFlow Mobile 上可能不支持，需要进行转换。修改 export_model.py 文件中

```
semantic_predictions = tf.slice(
        predictions[common.OUTPUT_TYPE],
        [0, 0, 0],
```

```
        [1, resized_image_size[0], resized_image_size[1]])
```

为

```
semantic_predictions = tf.slice(
        tf.cast(predictions[common.OUTPUT_TYPE], tf.int32),
        [0, 0, 0],
    [1, resized_image_size[0], resized_image_size[1]])
```

运行命令行，进入 export_model.py 所在文件夹执行以下命令：

```
python export_model.py \
    -- checkpoint_path model/model.ckpt - 30000 \
    -- export_path ./frozen_inference_graph.pb \
    -- model_variant = "mobilenet_v2" \
    -- num_classes = 21 \
    -- crop_size = 513 \
    -- crop_size = 513 \
    -- inference_scales = 1.0
```

执行完以上脚本语句即可在当前文件夹下生成新的 frozen_inference_graph.pb 文件，这就是将要部署到移动端的深度学习模型。

（4）在 Android studio 创建 Android 项目，将 TensorFlow Mobile 依赖项添加到 build.gradle 中：

```
implementation "org.tensorflow:tensorflow - android: $ {project.ext.tfVersion}"
```

（5）将转换后的模型文件 frozen_inference_graph.pb 执行以下命令部署在手机中（需连接手机并运行 USB 调试）：

```
adb shell mkdir /sdcard/deeplab/
adb push frozen_inference_graph.pb /sdcard/deeplab/
```

（6）集成了 TensorFlow Mobile 库的项目就可以调用相关 TensorFlow API 来加载并运行模型。TensorFlow Mobile 中提供了接口可以让我们调用模型。我们创建了 deeplabmodel 类，在类中进行初始化和调用 TensorFlowInferenceInterface 加载和运行模型，以下为加载模型并进行预测的代码：

```
private final static String MODEL_FILE = "/sdcard/deeplab/frozen_inference_graph.pb";
private final static String INPUT_NAME = "ImageTensor";
private final static String OUTPUT_NAME = "SemanticPredictions";
public final static int INPUT_SIZE = 513;
private static TensorFlowInferenceInterface sTFInterface = null;
public synchronized static boolean initialize() {
    final File graphPath = new File(MODEL_FILE);
    FileInputStream graphStream;
    ...
```

```
        sTFInterface = new TensorFlowInferenceInterface(graphStream);
        ...
    }
//传入经过处理的存储图像信息的字节数组 mFlatIntValues
sTFInterface.feed(INPUT_NAME, mFlatIntValues, 1, h, w, 3 );
//运行模型
sTFInterface.run(new String[] { OUTPUT_NAME }, true);
//取得预测结果
sTFInterface.fetch(OUTPUT_NAME, mOutputs);
```

（7）在 Android Studio 中运行项目并部署到手机上。至此已经成功将模型部署到移动端。

2．实例 2：移动端手写数字识别

实例 2 是在移动设备上实现手写数字识别。MNIST 是一个简单的计算机视觉数据集，它包含手写数字的图像集。本实例使用的是 TensorFlow Mobile。

在安卓手机上运行手写数字识别包括以下步骤：

（1）按照常规方法使用 MNIST 数据集训练一个手写数字识别模型。

（2）利用 TensorFlow 中的 tf.graph_util.convert_variables_to_constant 函数，将模型转换为运行在移动端的模型。最后训练模型保存为 mnist.pb 文件。

（3）移植到 Android 端进行下一步的模型移植，首先需要两个文件：libtensorflow_inference.so 和 libandroid_tensorflow_inference_java.jar，可以从网上下载，或者在本地生成。具体方法见官方技术文档 tensorFlow/examples/android/README.md。把训练好的 pb 文件（mnist.pb）放入 Android 项目中 app/src/main/assets 下，若不存在 assets 目录，右击选择 Main→New→Directory，输入 assets。添加生成的 jar 包打开 Project view，将 jar 包复制到 app→libs 下 ，选中 jar 文件，右击选择 add as library。打开 Project view，将.so 文件复制到 app/libs/armeabi-v7a 下。

（4）配置 build.gradle 文件，添加以下命令：

```
minSdkVersion 18
targetSdkVersion 26
versionCode 1
versionName "1.0"
testInstrumentationRunner"android.support.test.runner.AndroidJUnitRunner"
multiDexEnabled true
ndk{
    abiFilters "armeabi - v7a"
}
```

（5）创建 Java 文件加载模型并实现移动端的功能。加载模型的方法为：

```
private static final String MODEL_FILE = "file:///andriod_asset/mnist.pb";
```

（6）在 Android Studio 上编译项目，编译成功后会生成软件安装包。将软件安装包安装到手机上，至此已经成功在手机上部署手写数字识别。

9.3　区块链与深度学习的结合

本节将要讨论两个问题：区块链系统中遇到的问题如何用深度学习去解决，区块链的去中心化（分布式）、不可篡改等特点如何解决深度学习在进行敏感数据的访问管理和分布式模型训练时所面临的挑战。

9.3.1　利用深度学习改进区块链

区块链的应用场景在于分布式计算、安全隐私和可信计算，如何将区块链与深度学习在数据分析、预测方面的优势相结合，实现区块链和深度学习的融合，是很多学术研究人员关心的问题。深度学习以其强大的计算能力可以帮助区块链系统更加智能。由于区块链的加密特性，在传统计算机上使用区块链数据进行操作需要大量的计算机处理能力。例如，用于挖掘比特币区块链上的块的哈希算法采用一种强力算法，通过有效地尝试每个字符组合，直到找到适合验证交易的字符。深度学习以一种更加智能的方式管理区块链任务，因为当它开始学习并成功解决了一些任务后，将会变得越来越有效。同样机器学习动力挖掘算法可以以相似的方式解决上述问题。例如利用深度学习硬件的空余算力进行挖矿等。

由于技术应用、平台防护等原因，区块链正在面临着一些网络攻击，如51%攻击等。最近，区块链平台 EOS 被发现存在一系列的高危安全漏洞。此漏洞可以导致攻击者利用 EOS 上的节点进行远程攻击，直接控制和接管 EOS 上运行的所有节点。所以区块链网络的安全问题不容小觑，而深度学习可以帮助区块链增强其网络安全性。深度学习技术结合行为性、预测性、图形和描述性及规范性分析，不仅能习得过去经验教训，而且可以预测非法活动、可疑用户行为、欺诈和异常现象，将区块链数据转变为有价值的情报。

大型挖矿节点通常使用大型计算中心，这会带来大量电力消耗。根据机构估计，区块链参与者的总能耗可能与塞浦路斯的耗电量一样多。如果可以利用深度强化学习对比特币网络进行任务与资源调度，以寻找最优的控制策略，减少电力消耗，这将提高比特币网络的整体效率。

9.3.2　利用区块链改进深度学习

深度学习的三大驱动力分别是数据、算法和算力。深度学习通过处理大量数据，如训练庞大数据集或者进行高吞吐量数据流处理，将会训练出更好的模型，并且全新的数据将会训练出全新的模型。而如果有足够的效益，区块链可以鼓励独立节点间数据共享，从而可以带来更多、更好的数据。然而数据方面存在来源安全性、隐私保护等方面的问题。利用区块链技术可以增强数据可信性，在构建模型以及实际运行模型中的每一步，该数据的创造者可以简单地为该模型标上时间戳，并加到区块链的数据库中。通过这样，如果在数据供应链上发生漏洞，就可以更好地了解其位置以及如何应对。用户可以知道数据和模型的来源，从而得到更可靠的深度学习训练模型和数据。而计算能力与服务器的 GPU 能力等有关,一些较大规模的深度学习模型需要强大的算力才可以训练。这导致计算能力成为制约一些中小企业及个人等进行深度学习训练的瓶颈,而区块链具有的去中心化特点可以建立分布式深度学习平台以充分利用企业和机构等闲置算力。

区块链去中心化的特点可以让数据在各个节点共享,每个节点可以上传数据,同时区块链的不可改变(可追溯)性也可以审计跟踪每个数据的使用情况,每个数据都不可被改变。数据共享可以带来更好的模型甚至更新的模型,同时每个节点可以共享控制深度学习的训练数据和模型。审计跟踪可以对数据源头进行追本溯源,提高了数据的可信度。私有机器学习(private machine learning)允许在不泄露私人数据的情况下进行训练,区块链的激励特性可以允许系统吸引更好的数据和模型使其更加智能。这将会导致更加开放的市场,任何人都可以出售他们的数据同时保持他们的数据私密性,而开发人员可以使用激励措施为他们的算法吸引到最佳数据。

区块链还可以让深度学习数据和模型变成原生资产,从而导致一个去中心化的数据和模型交换中心。用于训练和测试的数据模型成为知识产权,提供了一个防止篡改的全球公共注册中心,用户只有拥有私钥,才可以转让版权。版权转让作为类似区块链的资产转让来进行,从而有去中心化的数据模型交换中心。如果用户构建的数据可用于构建模型,可以预先对构建好的模型指定许可证,从而有效控制上游对数据的使用[20]。

9.4 项目应用

本节将介绍国内外区块链与深度学习结合的项目案例,通过这些案例可以看到区块链＋深度学习的目的都是将区块链的去中心化、不可篡改等特点应用在敏感数据的访问管理、分布式深度学习、分布式数据交易等方面。

9.4.1 基于区块链的深度学习平台

目前本书作者正在研究和搭建基于区块链的深度学习平台,把来自各行业的深度学习任务分解为相对独立的子任务,将这些深度学习子任务替换区块链工作量证明中的哈希运算,有效地利用区块链节点的计算力进行分布式学习和训练。

深度学习之所以称之为"深度",是相对于传统的人工神经网络方法来说具有多个隐藏层,这些深层的模型通过特征的组合,逐层将原始输入转换为高层的抽象特征,然后经过最后的输出层得到最终的任务目标。通过这种深层的特种提取,深层模型实现了十分强大的表达能力。深度学习一般具有大型的数据集和可观的计算能力。一般在计算力足够的情况下,高质量数据的量越大,训练出来的深度模型就会越准确。但是从用户或者第三方机构的角度来看,贡献的大量数据带来了极大的隐私风险,如医疗保健部门、政府办公室等,出于隐私和法律法规,他们不能将这些数据分享出来。此外,使用安全性强的区块链技术,用户更愿意将自己的数据(如视频、语音、文字等)分享出来集中使用,在庞大的网络中所有用户贡献的数据构成一个大型数据集，更利于训练出高质量的深度学习模型。

基于区块链的深度学习平台，采用深度学习中的分布式训练方式，用深度学习的计算任务替换区块链工作量证明中的哈希运算，有效地利用区块链节点的计算力，激励网络中的节点贡献闲置的 GPU 资源，做有价值的计算并和矿工一样获得数字货币的奖励。分布式训练更有利于运算资源的扩展，通过若干台机器的协作，学习效率可以达到与参与节点数目呈线性关系的提高，这极大地减少了运算时间。分布式训练更有利于运算资源的扩展，通过若干台机器的协作，计算效率可以达到接近线性效果的增长，这极大地减少了运算时间。区块链作为一种热门的分布式网络，节点间的信息传递遵循固定的共识算法，无须节点间互相信任就能按照规则自行判断信息是否有效。区块链技术能够在隐私性和安全性上给予大数据最大的保障，结合了区块链的深度学习是一种自主保护隐私的深度学习技术。

在分布式学习中，不是由单个中心服务器收集和处理数据，而是将数据的处理分配给各个用户（算力贡献者），由用户贡献出自己的算力进行深度学习模型的训练。现行的分布式深度学习方式大致可分为两种：数据并行和模型并行。

1. 数据并行

数据并行训练神经网络的方法是，在每个设备上使用原数据的副本，在每个数据副本上同时使用不同的批量进行训练，然后聚合梯度来更新模型参数。

假设参与深度学习训练任务的用户分为三种：发起人、算力贡献者和验证贡献者。任务开始前默认已经分配好算力贡献者和验证贡献者。某项任务的发起人就是发起人用户。它负责定义任务内容，如输入数据的属性、模型的预期输出、测试数据集、模型的准确度和相应的财务报酬。

算力贡献者通过下载任务数据针对给定的任务训练合适的算法模型，并将训练好的模型发布给验证贡献者。算力贡献者的参与方式是贡献出 GPU 或 CPU 的算力完成模型训练。

验证贡献者将从算力贡献者处接收到的模型进行融合，然后在加密的测试数据集上评估模型的性能和计算贡献者的贡献。最终的算力贡献者的贡献和报酬是验证贡献者通过多数表决确定的。同时验证发起人也会得到一定的算力报酬。验证贡献者参与的主要方式是提供硬件资源来验证模型。发起人、算力贡献者和验证贡献者的网络模型如图 9-1 所示。

这样，用户（发起人）发布任务信息和数据，将任务广播到所有节点；算力贡献者使用发布的数据来训练自己的深度学习模型；然后由用户（验证贡献者）聚合所有用户的模型，一个深度学习任务由发布到完成的具体流程如图 9-2 所示。

将区块链分布式网络中参与此次深度学习任务的节点分为三种：发起人、算力贡献者和验证贡献者。

（1）用户（发起人）发布一笔交易，内容包括深度学习模型以及融合模型、深度学习任务、模型参数、共享数据（包括大部分公开的训练集和极小部分加密的测试集）和决策接口。数据存储方法有两种：存放在交易中，随着交易广播到各个节点。每个交易可容纳的数据

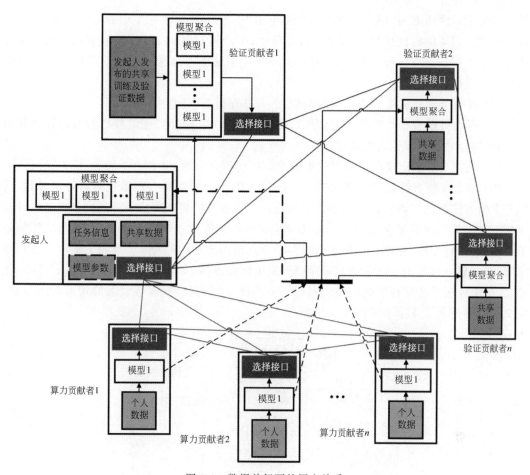

图 9-1 数据并行下的用户关系

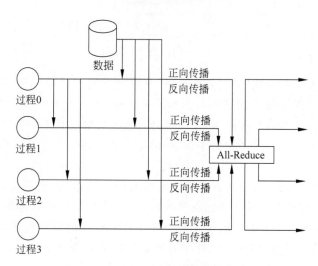

图 9-2 深度学习训练示意图

量极为有限，此方法适用于数据量非常小的情况。存放在 IPFS（inter planetary file system）中，将对应的地址哈希值存放在交易中，节点通过访问 IPFS 获取节点信息。此方法适用于大多数深度学习任务，数据量的大小不受限制。节点通过数据对应的哈希值即能访问全部数据。

（2）所有节点完成参数初始化的同步，所有进程拥有相同的参数。

（3）算力贡献者在此后每一轮训练过程中，每一个进程分别完成自己的前向计算和后向计算，并得到每个参数的更新量。

（4）向周围节点广播自己得到的更新量。

（5）节点将所有已接收的进程进行同步（All-Reduce），对所有的参数更新量求平均，得到基于所有进程训练数据的平均参数更新量。注意这里的更新方法可分为同步更新和异步更新。可以采用同步更新 All-Reduce 方法去掉中心化的节点，使得每个节点只与它相邻的节点通信。每个节点存储一份权重的副本。节点只需要从它的相邻节点把它们的权重副本拿来，与自己的权重副本求平均值就可以得到更新的参数，如图 9-3 所示。Xiangru Lian 在论文[21]中证明了在这种情况下整个网路的平均权重依然收敛，而且收敛的速度越来越快。论文中最多使用了 112 个 GPU。

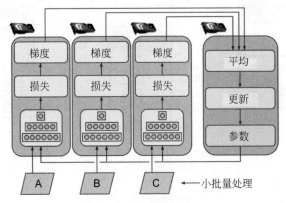

图 9-3　同步更新示意图

如果采用异步更新的方法，通过异步更新，只要副本完成计算梯度，它就会立即使用它们来更新模型参数。没有聚合（删除 mean），没有同步，如图 9-4 所示。各个副本独立于其他副本工作。由于无须等待其他副本，使用这种方法每分钟进行更多的训练步骤。此外，虽然每个步骤仍然需要将参数更新到每个设备，但每次更新都发生在不同的时间，因此带宽饱和的风险会降低。

推荐在数据并行中使用异步更新。因为它没有同步延迟，并且更好地利用带宽。但是实际上，当副本基于某些参数值更新出新参数时，这个新参数将被其他副本多次更新（如果有 N 个复制品则平均 $N-1$ 次），但是不能保证计算出的梯度指向的是正确的方向。当梯度严重过时时，会导致减慢收敛速度，引入噪声和摆动效应，甚至使训练算法发散。

有几种方法可以减少参数更新的影响：降低学习率；丢弃过时的参数；调整批处理大

小；在前几个时期使用一个固定的副本的参数。在训练开始时，陈旧的梯度往往更具破坏性，当梯度较大且参数尚未落入成本函数的低点时，较高的梯度可能将参数推向相反的方向。

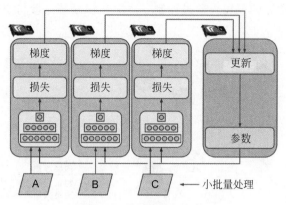

图 9-4　异步更新示意图

（6）进行下一轮的训练计算。

（7）重复步骤（3）～（6）。直到训练集全部训练完毕，节点将参数聚合。将模型数据写入区块广播给周围节点。

（8）共识过程。验证贡献者进行本地验证后，不理想的模型直接丢弃，理想的模型将汇总成模型候选集（candidate set），并将模型候选集广播出来，如图 9-5 所示。

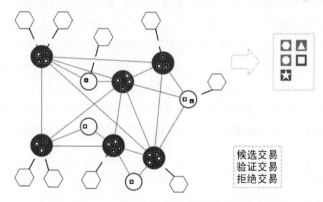

图 9-5　验证贡献者广播模型候选集

每个验证贡献者把自己的最佳模型候选集作为提案发送给其他验证节点。验证贡献者收到提案，就会对比提案中的模型和本地的模型候选集，选择最好的那一个放入候选集。当获得超过 50% 的票数时，则该模型进入下一轮。验证贡献者把超过 50% 票数的模型作为提案发给其他节点，同时提高所需票数的阈值到 60%，重复步骤 3 和 4，直到阈值达到 80%，如图 9-6 所示。

每个验证贡献者在经过 80% UNL 节点确认的模型中选择最优的正式写入本地的区块

中。每个验证节点将本地区块广播给全网，然后对比自己的本地区块和收到的区块是否一致，若正确率超过 80%，则确认此本地区块为有效区块，写入区块链中。算力贡献者的节点获得 $c\%$ 奖励。验证贡献者中，提供正确模型的验证贡献者获得 $a\%$ 的区块奖励，提供错误模型的承担 $b\%$ 区块奖励的惩罚。通过控制 a、b、c 来激励节点参与挖矿。

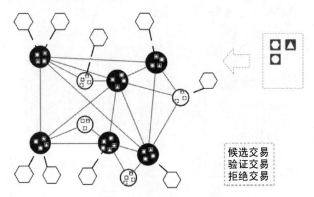

图 9-6　验证贡献者投票

2．模型并行

多个用户运行单个神经网络，需要将模型切割成独立的块，将任务分配到不同节点上的不同设备中，并在不同的用户设备上运行每个块。通过多个用户并行运行，可以非常容易地在所有设备上并行训练或运行。

但是，模型并行性非常棘手，它的实际效果取决于神经网络的体系结构。对于完全连接的网络，这种方法没什么优势。直观地说，分割模型的一种简单方法是将每个图层放在不同的设备上，但这种方法起不到加速的作用，因为每个图层在它执行任何操作之前需要等待前一个图层的输出各层（各用户）之间的通信十分频繁，如图 9-7 所示。所以也许可以垂直切片。例如，每层的左半部分放在一个设备上，右边部分放在另一个设备上，会稍微好一点，如图 9-8 所示。因为每层的两半确实可以并行工作，但问题是下一层的每一半都需要两半的输出，因此还是有很多跨用户通信。因为跨设备（用户）通信很慢，这很可能完全抵消了并行计算的好处。

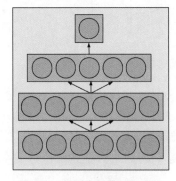

图 9-7　水平分割模型示意图

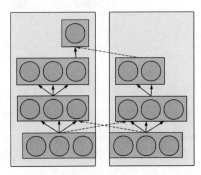

图 9-8　垂直分割模型示意图

但是,一些神经网络体系结构(如卷积神经网络)包含仅部分连接到较低层的层,因此更容易地跨设备分布块。

简而言之,模型并行性可以加速运行或训练某些类型的神经网络,但不是全部,并且需要特别小心和调整,例如确保需要在同一台机器上运行最多的设备。

模型并行情况下一个深度学习任务由发布到完成的过程同数据并行十分类似,唯一的不同点是发起人需要将模型拆分,验证贡献者需要将拆分出的模型聚合起来。相对数据并行来说复杂一些,其余过程完全相同,各用户间的关系如图 9-9 所示。

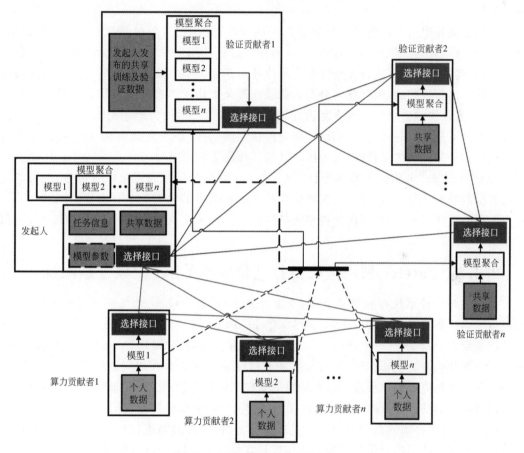

图 9-9　模型并行下的用户关系

9.4.2　DeepMind 可验证的数据审计项目

个人医疗数据的敏感性以及每次与数据交互需要得到适当授权并经过患者同意。例如,持有健康数据的组织不能简单地决定开始对用于提供护理的患者记录进行研究,或者将研究数据集重新用于其他未经批准的用途。谷歌的 DeepMind 是一家以机器学习平台而闻名的公司,它从区块链的机制获得启发,提出了"可验证的数据审计"(verifiable data audit)

的项目，致力于提供科技健康服务，可以帮助临床医生预测、诊断和预防严重疾病。

DeepMind 作为一个数据处理者服务于其医院合作伙伴，在他们指导下提供安全的数据服务，医院始终保留完全的监管控制。现在，只要 DeepMind 的系统接收或接触该数据，就会创建该交互的日志，以便在以后需要时进行审核。每次与数据进行任何交互时，都会开始向特殊数字分类账添加条目，生成一个称为"加密哈希"的值。此哈希过程很特殊，因为它不仅汇总了最新条目，还汇总了分类账中的所有先前值。这使得其他机构或个人无法有效地返回，即使仅改变其中一个条目，因为这不仅会改变该条目的哈希值，还会改变整个树的哈希值。

分类账及其中的条目将共享区块链的一些属性，这是比特币和其他项目背后的想法。与区块链一样，分类账将仅附加，因此一旦添加了数据使用记录，以后就无法删除。和区块链一样，分类账可以让第三方验证没有人篡改任何条目。但它在几个重要方面也与区块链不同。区块链是分散的，因此任何分类账的验证都是由广泛的参与者共识决定的。为防止滥用，大多数区块链要求参与者重复进行复杂的计算，并产生巨大的相关成本。这对于卫生服务来说并不是必需的，因为人们已经拥有可信赖的机构，如医院或国家机构，可以依靠这些机构来验证分类账的完整性，避免区块链的一些浪费。

DeepMind 的"可验证的数据审计"项目是一个完全值得信赖的高效分类账，它可以捕获与数据的所有交互，并且可以由医疗保健社区中有信誉的第三方进行验证。同时构建了一个专用的在线界面，合作医院的授权人员可以使用它来实时检查 DeepMind Health 数据使用的审计跟踪[22]。

9.4.3 Faceter 利用区块链打造低成本的 AI 视频监控系统

当前视频监控系统存在效率低下、功能性差、可扩展性较差、许可证的高成本和 IT 基础设施成本昂贵等特点。Faceter 根据目前存在的问题，第一个提出针对消费者的分散式视频监控系统。Faceter 是一个智能视频监控系统，为相机提供"眼睛"——人脸识别、物体检测和实时视频内容分析。在下一个阶段，所有这些能力将被合并成一个单一的特征：能够"理解"情况并相应地做出反应。这种计算的低成本使得它们对于小企业和大众消费者来说是可以负担得起的；它们甚至可以与连接到互联网的最简单的摄像机结合使用。

Faceter 的主要组成部分是分散式基础设施，利用神经网络进行复杂的数据处理，同时使用雾计算和区块链的分散计算能力以实现计算低成本。Faceter 计划通过吸引 GPU 资源的个体所有者以及使用经济实惠的解决方案来构建自己的计算网络，如 SONM（一种分散式的全球"雾超级计算机"，用于主机托管到科学目的的通用计算）或 Golem（建立在以太坊平台上的去中心化计算机算力租赁平台），而不是昂贵的云服务。Faceter 通过使加密货币的矿工进入分散的计算网络来执行识别计算，从而为矿工提供更高的创收机会，大大降低了产品的成本。Faceter 使用智能合约为雾计算网络提供灵活透明的支付选项以及识别机制。同时 Faceter 希望解决数据保护的问题，宣称不会将源视频流暴露到可信环境外，只有匿名数据才能转移到分散网络。Faceter 拥有自己的令牌作为在智能视频监控服务和网络参与者的消费者之间进行支付的基础。

Faceter 网络的主要参与者是 GPU 资源(节点)的所有者。智能合约将在每个节点结束时显示,合约将用于提供计算能力的补偿。分散的环境需要对连接节点的可信度进行特殊验证。为了确保执行的计算质量,生产率较低的节点将验证其他节点的性能,并重复执行计算。高性能的节点应该被完全加载任务,而不那么强大的节点将被赋予相同任务的碎片。计算结果将通过智能合约进行比较,如果参与者有足够的确认信息,他们每个人将从形成的余额中获得他们的部分奖励。如果负责验证的节点接收到不同的计算散列,这将证实矿工的不诚实行为,并将导致它们在新计算机之间断开并重新分配积累的奖励。Faceter 称这个概念为"验证识别"。任务的工作性能和验证的分布将通过特殊的协调器节点(视频集线器),这些节点将位于可信区域中,而不像所有其他节点使用无价值的非个人数据[23]。

9.4.4　Neuromation 平台

由于深度学习采用大规模的神经网络,训练此种网络需要大量标签准确的数据集,传统上对数据集做标注具有挑战性且成本高昂。Neuromation 提出了一种解决方案,构造保证数据标注精度合成具有完美准确标签的大型数据集。合成数据可以快速合成和渲染,完全准确,并且可以进行修改以改进模型和训练本身。目前没有可用的通用工具集可以帮助大规模使用合成数据。Neuromation 平台将改变这种状况:合成数据用于训练,小型验证集由真实的手动标记数据组成。

Neuromation 正在创建一个分布式平台来服务于未来各方面合成数据生态系统。该平台将允许用户创建数据集生成器,生成大量数据集,训练深度学习模型。用户还可以在平台市场上交易数据集和模型。供应商将为用户创建数据生成器,一组神经化节点将使用该生成器快速创建大量虚拟数据集。然后,用户可以选择一组深度学习体系结构来训练该数据。另一组神经化节点将在创纪录的时间内训练该深度学习模型。每个执行的服务(数据集生成、模型计算)或销售数据(数据集、数据生成器)由专用货币 Neurotoken(NTK)计算的奖励来容纳。Neuromation 平台将运行拍卖模式,允许客户直接与服务提供商协商价格。

Neuromation 能够为开发商提供更加民主化、更加先进的人工智能访问方法,通过区块链广泛部署 GPU 算力池,通过神经网络的平台,可以挖掘和训练创造合成数据。其计划在未来两年内,通过组建 20 万颗 GPU 处理器的算力池实验室,依靠区块链使它们互相衔接协同运算,为人工智能、图形图像、3D/VR 以及商业数据合成等多个领域提供运算服务。Neuromation 平台与特定行业的合作伙伴合作,建立 Neuromation 实验室开发合成数据并培训实时应用的深度学习模型。Neuromation 计划开设一个企业自动化实验室,其中合成数据方法将有助于在制造、供应链、金融服务和农业行业中实施解决方案[24]。

9.4.5　OpenMined 利用区块链技术分散人工智能

传统的人工智能将数据集中到单个计算集群,集群存在安全的云中,而结果模型将由中央机构拥有。使用 OpenMined,AI 模型可以由多个所有者管理,并且模型将在一个看不见的分布式数据集上安全地训练。OpenMined 社区的使命是为隐私、安全、多所有者管理的 AI 创建一个可访问的工具生态系统。通过使用密码学和私有机器学习方面的先进技术扩展 TensorFlow 和 PyTorch 等流行库实现这一目标。

隐私是 OpenMined 的核心。通过利用联盟学习（federated learning）和差异隐私（differential privacy）两种隐私保护方法，允许数据所有者在模型培训过程中保持数据私密。通过将模型引入数据来完成联盟学习，这将允许数据所有者维护其信息的唯一副本。差异隐私是一组用于防止模型在学习过程中意外记忆训练数据集中存在的秘密的技术。在安全方面，OpenMined 通过支持多方计算和同态加密两种安全计算方法允许在不安全的分布式环境（如最终用户设备）中训练模型。当模型具有多个所有者时，多方计算允许个人共享模型的控制而不看其内容，使得没有唯一的所有者可以使用或训练。而当模型具有单个所有者时，同态加密允许所有者加密其模型，以便不受信任的第三方可以训练或使用该模型而无法窃取它。

OpenMined 的运行过程如下：数据科学家在 PyTorch、TensorFlow 或 Keras 等框架中创建模型，定义他们愿意为训练模型支付的奖励，并请求特定类型的私人训练数据（即个人健康信息、社交媒体帖子、智能家居元数据等）。提交后，模型将被加密/共享并上传到 OpenGrid 网络。这可以是企业内的私人网络，也可以是社区积极支持的公共网络。OpenGrid 网络的成员称之为"矿工"，如果他们拥有模型所需的正确数据，则匿名从 OpenGrid 下拉加密模型。然后，他们在其设备上本地训练加密/共享模型。由于每一方都不为另一方所知，矿工根据他们的本地培训上传新版本的模型。他们提交的内容与他们提高模型准确性的程度相称。一旦满足成功标准，模型就由私钥或仅由数据科学家持有的共享解密。在整个过程中任何一方都无法访问彼此的数据或知识产权。

目前 OpenMined 正在进行 PyTorch 中隐私保护的联盟学习和安全预测，构建 Python 中的私有网络。作为 OpenMined 的主要产品，数据科学家应该能够将联盟学习和安全预测纳入其现有的深度学习基础设施。这允许在私有云中进行培训，同时最大限度地降低泄露知识产权或私人培训数据的风险[25]。

9.4.6　华大基因区块链

为了推动区块链在生命大数据行业的应用，华大基因用来解决健康医疗及生命大数据应用的三类矛盾：数据应用与隐私保护的矛盾、数据确权与交互共享的矛盾、数据安全与加密成本的矛盾。在生物智能计算方面，通过将区块链技术与深度学习等智能算法融合，预先明确算力提供者、算法提供者和数据提供者三方的权责并做好利益分配，才能有效促进基因大数据的挖掘。在区块链上进行待训练数据的身份与权属认证，并通过智能合约发布训练需求，激励算法提供者贡献智慧。算法提供者既可以在本地可信环境中训练模型，还可通过区块链接入第三方算力平台。智能模型训练完成后，其科研与产业应用价值可通过预先定义好的规则回馈给各方。华大区块链创新性地将区块链技术用于匹配数据供需方，为数据挖掘引入广泛的市场参与者，从而形成一个多方协作的算法市场与智能计算系统，既可为数据确权,又可最大化发挥数据价值,为最终实现生物智能奠定基础。

9.5　小结

　　本章介绍了深度学习的概念和常用框架,也介绍了几种移动端的深度学习框架和应用实例,讨论了区块链与深度学习如何互相改进,分析了目前国内外区块链与深度学习结合的项目案例。总而言之,深度学习发展了生产力,将实现很多行业和应用的智能化,而区块链改变了生产关系,将激励更多的人进行共识协作,二者深度融合将给人们的生产和生活带来巨大变革。

思考题

　　1. 列举几种目前广泛应用的深度学习模型。
　　2. 列举几种常用的深度学习框架。
　　3. 列举几种移动端深度学习框架。
　　4. 试论述能否利用深度学习改进区块链。
　　5. 试论述能否利用区块链改进深度学习。
　　6. 简述分布式深度学习的思路及两种训练方法。
　　7. 简述基于区块链的深度学习平台实现方案。

参 考 文 献

[1] 以太坊. 以太坊项目[EB/OL]. [2022-03-17]https://www.ethereum.org/.

[2] 以太坊. 以太坊网络状态[EB/OL]. [2022-03-17]https://ethstats.net/.

[3] chfast. Aleth-Ethereum C++ client，tools and libraries[EB/OL]. [2022-03-17]https://github.com/ethereum/aleth.

[4] Thomas L，Long C，Burnap P，et al. Automation of the supplier role in the GB power system using blockchain-based smart contracts[J]. CIRED - Open Access Proceedings Journal，2017(1)：2619-2623.

[5] Augur. 分布式预测机和预测市场协议[EB/OL]. [2022-03-17]https://www.augur.net/.

[6] Makerdao. 维持区块链的稳定[EB/OL]. [2022-03-17]https://makerdao.com/.

[7] WeiFund. 分布式众筹[EB/OL]. [2022-03-17]http://weifund.io/.

[8] BoardRoom. 区块链治理工具箱[EB/OL]. [2022-03-17]http://boardroom.to/.

[9] UjoMusic. 创造者的门户网站[EB/OL]. [2022-03-17]https://ujomusic.com/.

[10] Ripple. XCurrent 处理付款 [EB/OL]. [2022-03-17] https://ripple.com/ripplenet/process-payments/.

[11] EthFans. 关于 Polkadot 与 Parachains[EB/OL]. [2022-03-17]https://ethfans.org/posts/434.

[12] Fusio. 互联网价值观的新时代[EB/OL]. [2022-03-17]https://www.fusion.org/.

[13] 硅星闻. 人工智能遇上区块链,比你想象的还有潜力[EB/OL]. [2022-03-17]https://www.sohu.com/a/219423165_313323.

[14] 刘海英. "大数据＋区块链"共享经济发展研究——基于产业融合理论[J]. 技术经济与管理研究，2018(1)：91-95.

[15] IBM. IBMBlockchain[EB/OL]. [2022-03-17]https://www.ibm.com/blockchain/platform.

[16] Tencent. 腾讯云区块链服务 TBaaS[EB/OL]. [2022-03-17]https://cloud.tencent.com/product/tbaas.

[17] Baidu. 度小满金融区块链开发平台[EB/OL]. [2022-03-17]https://chain.baidu.com/.

[18] Huawei. 华为区块链白皮书 [EB/OL]. [2022-03-17] https://static.huaweicloud.com//upload/files/pdf/20180411/20180411144924_27164.pdf.

[19] Lecun Y，Bengio Y，Hinton G. Deep learning.[J]. Nature，2015，521(7553)：436.

[20] 机器之心. 区块链对人工智能的变革：去中心化将带来数据新范式[EB/OL]. [2022-03-17]http://www.tisi.org/4826_55.

[21] Lian X，Zhang C，Zhang H，et al. Can Decentralized Algorithms Outperform Centralized Algorithms? A Case Study for Decentralized Parallel Stochastic Gradient Descent [J]. http://cn.arxiv.org/abs/1705.09056.

[22] Deepmind. Trust，confidence and Verifiable Data Audit[EB/OL]. [2022-03-17]https://deepmind.com/blog/trust-confidence-verifiable-data-audit/.

[23] Faceter. 白皮书-faceter[EB/OL]. [2022-03-17]https://tokensale.faceter.io/Faceter_Whitepaper_zh.pdf.

[24] Neuromation. Neuromation White.paper [EB/OL]. [2022-03-17] https://neuromation.io/files/Neuromation_white_paper_zh.pdf.

[25] OpenMined. Building Safe Artificial Intelligence[EB/OL]. [2022-03-17]https://www.openmined.org/.